王红卫 等编著

机械工业出版社
China Machine Press

图书在版编目（CIP）数据

CorelDRAW X8 案例实战从入门到精通 / 王红卫等编著 .—北京：机械工业出版社，2017.9

ISBN 978-7-111-57868-0

Ⅰ . ① C… Ⅱ . ①王… Ⅲ . ①图形软件 Ⅳ . ① TP391.413

中国版本图书馆 CIP 数据核字（2017）第 213429 号

这是一本专门为从事平面设计工作人员编写的全实例型图书，精选常用的 15 个设计种类，涉及标志、名片、特效文字、企业 VI、CD 光盘包装、折页画册、插画艺术、手提袋包装、手绘 POP、进站主页、手绘招贴、书籍装帧、商业海报等，堪称商业设计的经典案例合辑。本书不仅向读者传授设计技能，更是教授读者如何提升自己的设计思想，如何让设计作品富有灵性，赋予设计作品新的生命。

本书提供了可下载的高清语音视频教学文件，以及书中所有案例的调用素材和源文件，视频讲解将精要知识与商业案例完美结合，助您快速成为设计达人。

本书适用于学习 CorelDRAW 的初、中级用户，从事平面广告设计、工业设计、CIS 企业形象策划、产品包装造型、印刷制版等工作的人员以及电脑美术爱好者。

CorelDRAW X8 案例实战从入门到精通

出版发行：机械工业出版社（北京市西城区百万庄大街 22 号　邮政编码：100037）
责任编辑：夏非彼　迟振春　　　责任校对：闫秀华
印　　刷：中国电影出版社印刷厂　　　版　　次：2017 年 9 月第 1 版第 1 次印刷
开　　本：188mm × 260mm　1/16　　　印　　张：23
书　　号：ISBN 978-7-111-57868-0　　　定　　价：79.00 元

凡购本书，如有缺页、倒页、脱页，由本社发行部调换
客服热线：（010）88379426　88361066　　　投稿热线：（010）88379604
购书热线：（010）68326294　88379649　68995259　　　读者信箱：hzit@hzbook.com

前　言

CorelDRAW X8是加拿大Corel公司发布的CorelDRAW新版本，该版本通过全新自定义、字体管理、编辑工具和兼容性，丰富广大艺术家和设计爱好者的创意旅程。

本书内容

本书基于畅销书《CorelDRAW案例实战从入门到精通》系列书升级改版而成。全书针对CorelDRAW X8新增及改进功能进行了全面的修订，将笔者多年的平面设计经验与培训方面的教学总结，以软件技术、制作流程为主线，全面讲解软件使用、图形绘制及商业案例设计等方面的专业知识。

笔者通过理论知识与实例操作相结合的形式，一改传统同类图书冗长的讲解方式，力求用简捷的操作步骤实现完美的视觉设计效果，全面展示CorelDRAW X8在商业设计中的应用。

全书内容包括常用的15个设计种类，涉及标志、名片、特效文字、企业VI、CD光盘包装、折页画册、插画艺术、手提袋包装、手绘POP、进站主页、手绘招贴、书籍装帧、商业海报、商业包装等。书中每个案例都融入了作者在实践中积累的思路与创作技巧，以由浅入深、从简到繁的方式讲解，具有较强的实用性和参考价值，让读者轻松学习CorelDRAW X8在各种设计中的应用，并希望读者能通过案例的制作，汲取一些深层次的平面设计理念和美术设计知识。

本书特色

1．全新写作模式。“实例说明+学习目标+详细步骤操作”。每个案例都详细地解析了技术点及相关设计知识，并以详细的操作步骤解析了制作方法，为读者提供广泛的设计思路，使读者能够以全新的感受掌握案例设计制作及设计手法。

2．提供云盘下载。包括69个案例的全程制作细节与注意事项语音讲解，同时提供全书所有案例的调用素材及源文件。下载地址为：http://pan.baidu.com/s/1o7MxsSU（区分大小写），如果下载有问题，请电子邮件联系booksaga@126.com，邮件主题为“CorelDRAW X8案例实战从入门到精通”。

3．突出重点难点。在写作中穿插技巧

提示，读者可以随时查看，在不知不觉中学习到专业应用案例的方法和技巧。

4. 针对想快速上手的读者，从入门到精通。在全面掌握软件使用方法和技巧的同时，掌握专业设计知识与创意手法，从零到专迅速提高，让一个初学者快速入门，进而创作出好的作品。

读者服务

本书由王红卫主编，同时参与编写的还有张四海、余昊、贺容、王英杰、崔鹏、桑晓洁、王世迪、吕保成、蔡桢桢、王红启、胡瑞芳、王翠花、夏红军、李慧娟、杨树奇、王巧伶、陈家文、王香、杨曼、马玉旋、张田田、谢颂伟、张英、石珍珍、陈志祥等，在创作的过程中，由于时间仓促，错误在所难免，希望广大读者批评指正。如果在学习过程中发现问题或有更好的建议，欢迎发邮件至smbook@163.com与我们联系。

编者

2017年8月

目录/Contents

HEART
DIAMOND RING

九江国际
JIUJIANG INTERNATIONAL

九久钻石
JOHNGLE DIAMOND

远东时尚
FAR EAST FASHION

HEART
DIAMOND RING
李建国 顾问
Li Jianguo Consultant
电话：010-12345811 手机：15902911052
E-mail:lijianguo@yahoo.com

WOW

非凡之旅

YEAH!

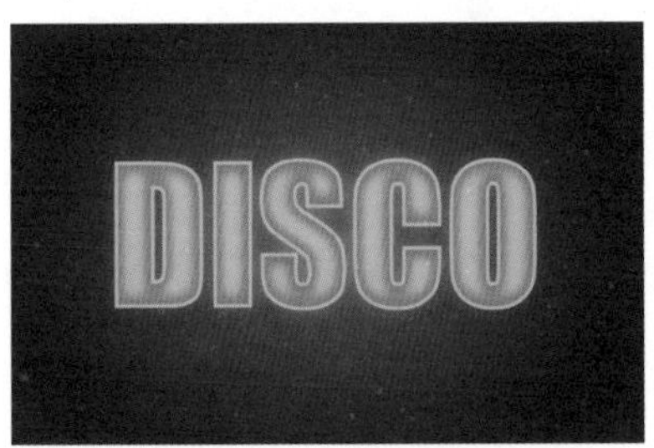
DISCO

时代音乐
TIME MUSIC

WE HAVE A
COMMON HOMELAND
共同的家园

九江国际
JIUJIANG INTERNATIONAL

rENDAO

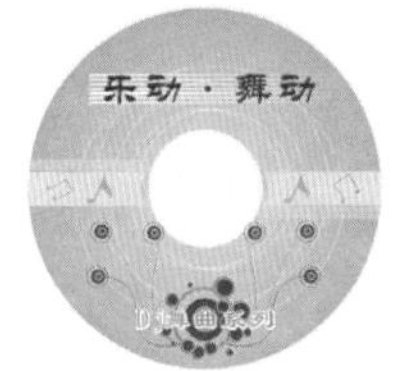

乐动 · 舞动

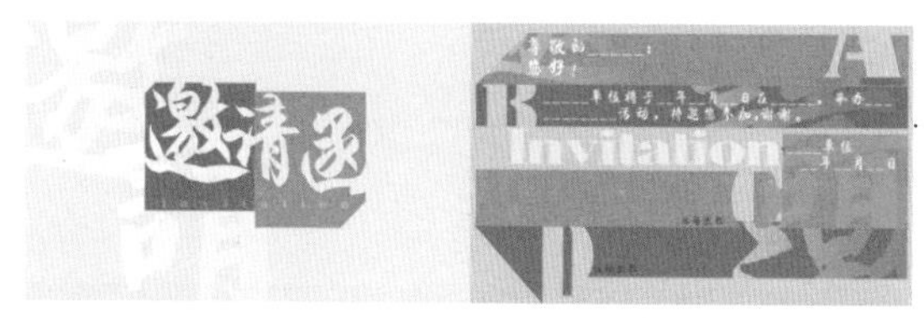
邀请函
Invitation

庞州市伟业建材市场
商户须知

17
MON

LAX-HKG
09-8
LAX
7F
14:00
LAX
First

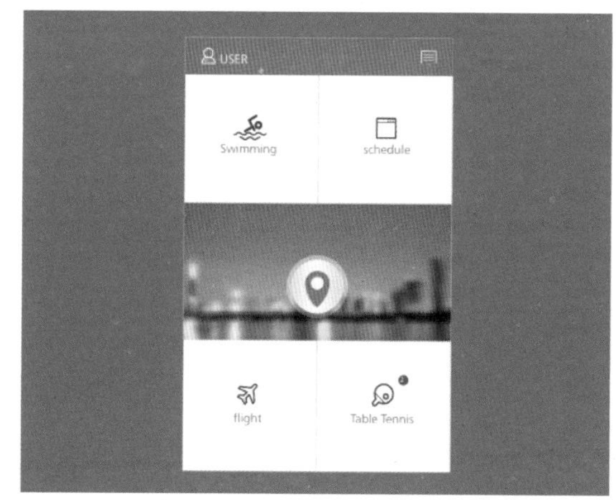

USER
Swimming
schedule
flight
Table Tennis

梓兴地产
ZIXINGGROUP

新款上市
品牌理念
维修保养
春季郊游 就要自在!

HOME
SPORT
BALL
TRAVEL
ABOUT
STORY
Mount Brazil
Football field
Second venues
WELCOME TO
THE WORLD CUP
OPEN YOUR WORLD CUP TOUR

WE
ARE
Lost
youth
YILU
路
JIANSHI
捡
拾
青
春

星
物
语
CONSTELLATION STORY
摩羯座
12月22日-1月19日

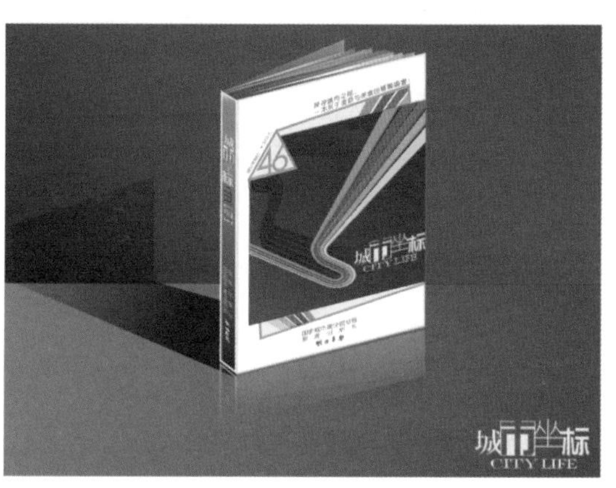
城市坐标
CITY LIFE

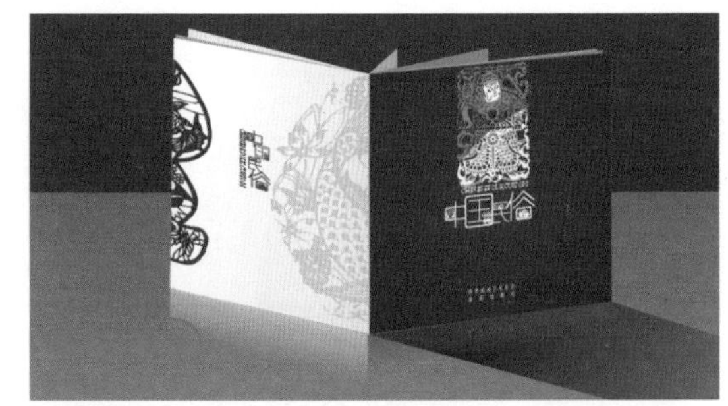
中国民俗

每周体坛
WEEKLY SPORTS
2016年
第10期
欢迎订阅
篮球专栏
建议零售价：
人民币 7.00元

带您一起一
征战欧洲杯
巴西国家队全家福超大海报
每周体坛
WEEKLY SPORTS
2016年
第1期

柒零后
POST 70s
成功人士交友派对
post-70s

电话：029-14005430 14003438
加入我们
本单位提供专业的营销代理策划 平面创作 广告推广以及各类礼仪节事活动策划
PIN
诚聘英“材”
地址：北蜡区大坪南路西口 大坪花园 欣巢商务大厦 H座-607\608室

双节
派大星
送好礼
10月1日-10月7日
全场购物满199即可得到派大星公仔！
居家良品专卖 潮流生活陪伴你
Home good goods monopoly trend life with you

ASSICE
ASS
coffee

第 1 章

标志及名片设计

1.1 爱诗威尔钻石集团标志设计

实例解析 CorelDRAW X8

本实例主要使用【贝塞尔工具】、【透明度工具】等制作出晶莹剔透的标志设计，最终效果如图1.1所示。

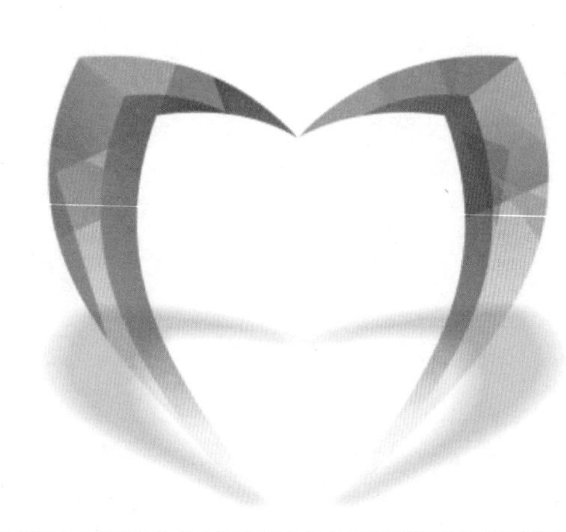

图1.1 最终效果

本例主要学习【贝塞尔工具】、【透明度工具】、【水平镜像】的应用；掌握标志设计的技巧。

视频文件：movie\1.1 爱诗威尔钻石集团标志设计.avi

源文件：源文件\第1章\爱诗威尔钻石集团标志设计.cdr

1.1.1 绘制图形轮廓

1 单击工具箱中的【贝塞尔工具】按钮，在页面中绘制一个封闭图形，效果如图1.2所示。

图1.2 绘制封闭图形

知识链接：使用【贝塞尔工具】绘制曲线的方法

选择【贝塞尔工具】按钮，在页面中按住鼠标并拖动，确定起始节点。此时该节点两边将出现两个控制点，连接控制点的是一条蓝色控制线。将光标移到适当的位置按住鼠标并拖动，这时第2个锚点的控制线长度和角度都将随光标的移动而改变，同时曲线的弯曲度也在发生变化。调整好曲线形态后，释放鼠标即可。

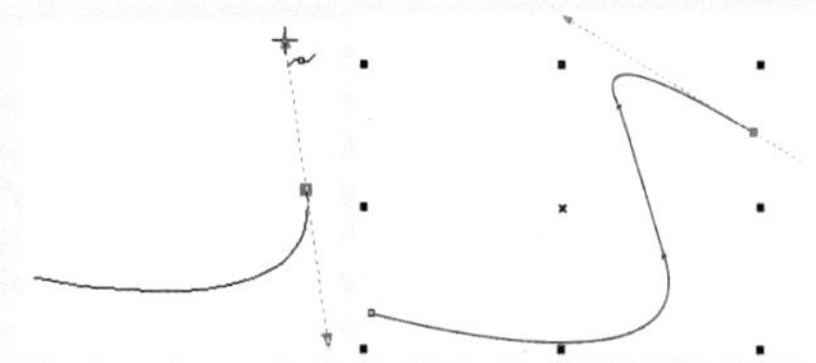

另外，如果需要绘制封闭图形，在曲线绘制完成后，单击该曲线的起始节点，即可将曲线的首尾连接起来成为一个封闭图形。

如果需要再次对曲线进行编辑和修改，可以选择【选择工具】，单击所要编辑的曲线节点（此时将显示控制点），然后拖动控制点，即可调整曲线的形状。

2 将绘制的图形复制一份，单击属性栏中的【水平镜像】按钮，使其水平翻转。将复制出的图形拖动到原图右侧，使其与原图对齐，如图1.3所示。

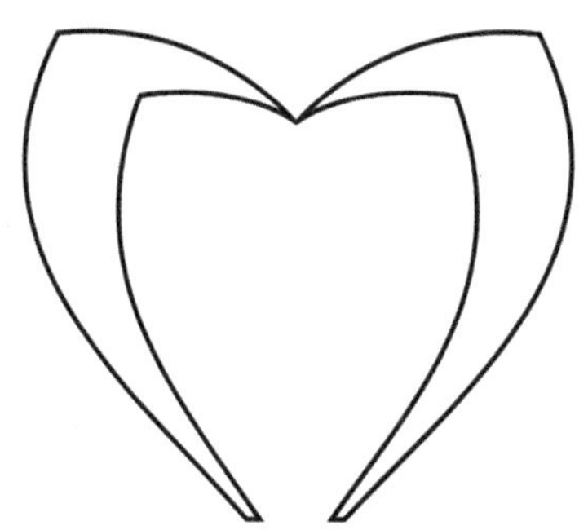

图1.3　复制图形

提示

在这一步，要注意如何使两个图形保持对齐。将两个图形全部选中，执行菜单栏中的【对象】|【对齐和分布】|【顶端对齐】命令，此时图形即可完成对齐效果。

3 选中两个图形，单击属性栏中的【合并】按钮，将图形焊接。

知识链接：【合并】功能的使用方法

【合并】功能可以合并多个单一对象或组合的多个图形对象，还能结合单独的线条，但不能结合段落文本和位图图像。它可以将多个对象结合在一起，从而创建具有单一轮廓的独立对象。新对象将沿用目标对象的填充和轮廓属性，所有对象之间的重叠线都将消失。

使用框选对象的方法全选需要结合的图形，执行菜单栏中的【对象】|【造形】|【合并】命令，或者单击属性栏中的【合并】按钮即可。

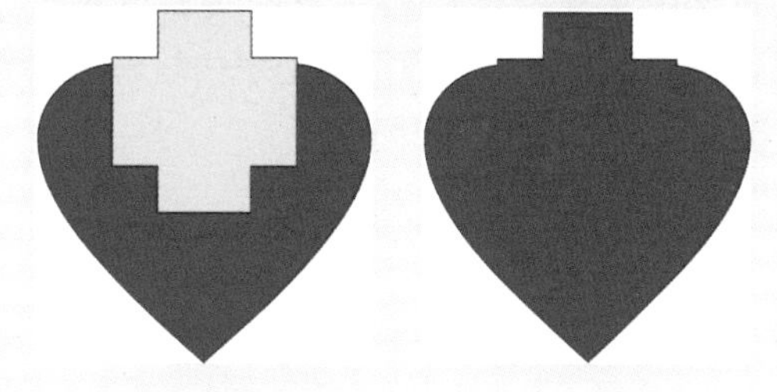

提示

两个图形平行之后，如果距离稍大，可以按住Shift键，并水平拖动一个图形，使其与另一个相交，也可利用键盘上的方向键进行调整。

1.1.2 填充颜色并制作立体效果

1 将焊接图形填充为橘红色（C：0；M：60；Y：100；K：0），【轮廓】设置为无，效果如图1.4所示。

图1.4 填充色彩

2 单击工具箱中的【透明度工具】按钮，此时光标呈形状，然后在图形上从上向下垂直拖动，为图形应用透明效果，如图1.5所示。

图1.5 透明效果

3 执行菜单栏中的【对象】|【PowerClip】|【置于图文框内部】命令，此时光标变成一个黑色的箭头形状，在原图形上单击鼠标将其置于图文框内部，如图1.6所示。

图1.6 置于图文框内部

4 执行菜单栏中的【对象】|【PowerClip】|【编辑PowerClip】命令，选中图形，在按住Shift键的同时拖动等比缩小图形，如图1.7所示。

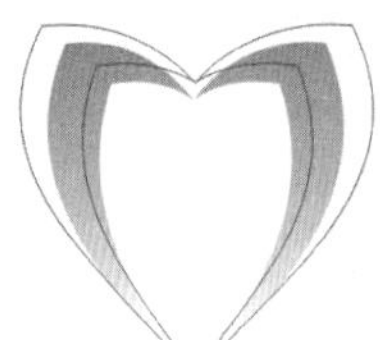

图1.7 等比缩小

知识链接：将对象置于图文框内部的方法

绘制一个封闭图形，导入一个图形文件，保持导入对象的选中状态，执行菜单栏中的【对象】|【PowerClip】|【置于图文框内部】命令，这时光标变为黑色粗箭头形状，单击上一步绘制的图形，即可将所选对象置于该图形中。

5 调整之后，执行菜单栏中的【对象】|【PowerClip】|【结束编辑】命令，结束编辑，效果如图1.8所示。

图1.8 立体效果

提示

当放置在图文框内都中的对象比图文框大时，对象将被剪裁，以适应图文框。此外，作为精确剪裁的图文框对象，必须是封闭的路径对象，如美工文本、矩形等。通过将一个图框精确剪裁对象放置到另一个图框精确剪裁对象中产生嵌套的图框精确剪裁对象，可以创建更为复杂的图框精确剪裁对象。用户也可以将一个图框精确剪裁对象的内容复制到另一个图框精确剪裁对象。

6 单击工具箱中的【贝塞尔工具】按钮，随意绘制一个任意三角形，按照前面的方法，应用【置于图文框内部】命令，将三角形放在图

形中，如图1.9所示。

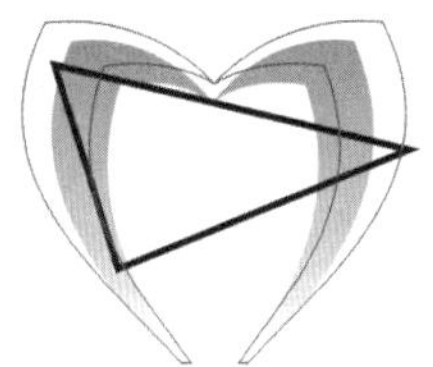

图1.9 添加三角形

7 设置三角形的【轮廓】为无，然后将其复制多个，调整它们的大小、角度和位置，并填充不同深浅的橘红色，效果如图1.10所示。

提示

一般情况下，为了达到较好的立体效果和正确的透视角度，建议在棱角部分的三角形，应亮暗分明，光感统一，充分达到美观、大方的艺术效果。

8 执行菜单栏中的【对象】|【PowerClip】|【结束编辑】命令，结束编辑，效果如图1.11所示。

图1.10 复制并调整三角形

图1.11 结束编辑

1.1.3 完成阴影与文字

1 单击工具箱中【阴影工具】按钮，光标变成状，从下向上垂直拖动，为图形添加阴影效果，如图1.12所示。

知识链接：创建交互式阴影效果的方法

选择需要创建阴影效果的图形，单击工具箱中的【阴影工具】按钮。在图形对象上按住鼠标左键不放，拖动鼠标到合适的位置，释放鼠标后，即可为对象创建阴影效果。

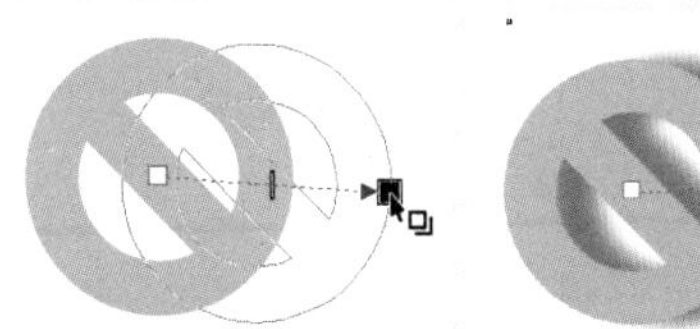

在对象的中心按住鼠标左键并拖动，可创建出与对象相同形状的阴影效果。也可以在对象的边线上按住鼠标左键并拖动，创建具有透视的阴影效果。

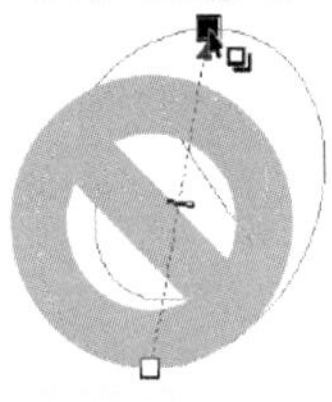

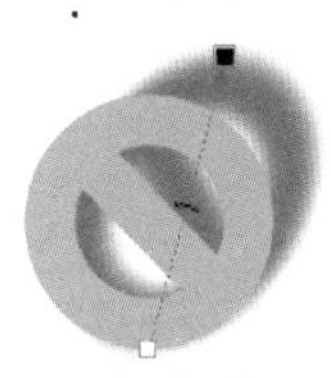

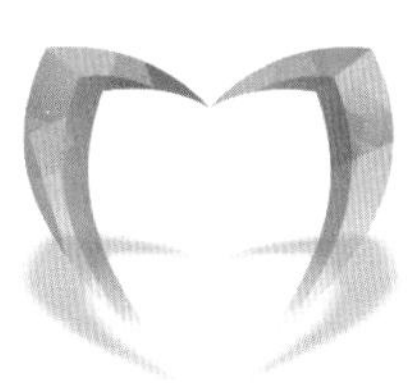

图1.12 添加阴影

提示

如果想自定义阴影，可以在【属性栏】 75 + 50 + 0 + 50 + 15 + 中调整阴影角度、阴影延展、阴影淡出和阴影不透明度。

2 单击工具箱中的【文本工具】字按钮，输入两行文字，设置不同的字体和大小，效果如图1.13所示。

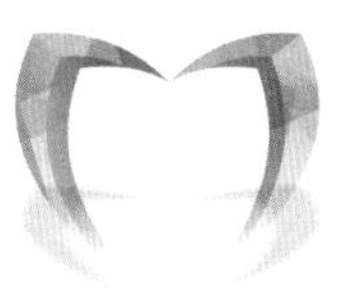

图1.13 添加文字

知识链接：创建文本的方法

在工具箱中单击【文本工具】字按钮，或者按键盘上的F8键，在页面中的任意位置单击鼠标左键，此时单击处将出现一个输入光标，然后选择合适的输入法，即可输入需要的文字。当需要另起一行输入文字时，必须按Enter键新起一行。

创建段落文本的方法：单击工具箱中的【文本工具】字按钮，然后将鼠标光标移动到需要输入文字的位置，按住鼠标左键拖动，绘制一个段落文本框，接着选择一种合适的输入法，即可在绘制的段落文本中输入文字。在输入文字的过程中，当输入的文字至文本框的边界时，会自动换行，无须手动调整。

1.2 西北九江国际集团标志设计

实例解析 CorelDRAW X8

本实例主要使用【星形工具】☆、【文本工具】字等制作出、时尚、大气的企业标志设计，最终效果如图1.14所示。

图1.14 最终效果

学习目标 CorelDRAW X8

本例主要学习【形状工具】、【星形工具】☆及【封套工具】的应用；掌握企业标志的设计技巧，并能够通过一些简单的构思，进一步了解企业标志设计应从何入手，应把握什么样的结构和重点，从而设计出更加优秀的标志作品。

视频文件： movie\1.2 西北九江国际集团标志设计.avi

源文件： 源文件\第1章\西北九江国际集团标志设计.cdr

1.2.1 绘制文字部分

1 单击工具箱中的【文本工具】字按钮，输入中文“九江国际”，设置【字体】为“汉仪综艺简体”，效果如图1.15所示。

九江国际

图1.15 输入中文

知识链接：新建文件

执行菜单栏中的【文件】|【新建】命令，或者单击工具栏中的【新建】按钮，也可以按Ctrl+N组合键，即可在工作窗口中创建一个新的绘图页面。

2 选中文字，执行菜单栏中的【对象】|【拆分美术字】命令，或者按Ctrl+K组合键将文字拆分。然后再次全部选中，执行菜单栏中的【对象】|【转换为曲线】命令，或者按Ctrl+Q组合键，将已拆分的文字转换为曲线，效果如图1.16所示。

九江国际

图1.16 转换为曲线

3 单击工具箱中的【形状工具】按钮，选中“江”字的两个节点，按住鼠标并向左侧水平拖动，如图1.17所示。然后将文字“九”和“江”连接到一起并全部选中，单击属性栏中的【合并】按钮，将文字完成连接，效果如图1.18所示。

九江

图1.17 连接文字

九江

图1.18 完成连接

知识链接：从模板新建文件

在CorelDRAW X8中附送了多个设计模板，可以以这些模板为绘图基础，进行自行设计。执行菜单栏中的【文件】|【从模板新建】命令，弹出【从模板新建】对话框，在该对话框中选择要创建的模板类型（此时可通过预览窗口预览模板），然后单击【打开】按钮，即可以选定模板创建新文档。

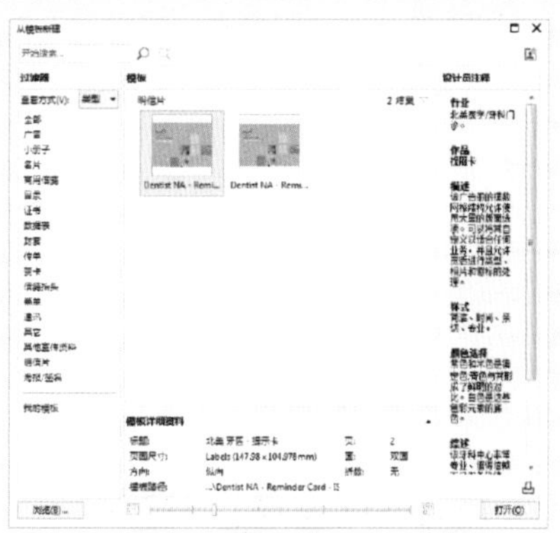

4 使用拖动的方法选中文字“九”的所有节点，如图1.19所示。按住鼠标左键并水平向右拖动，调整到合适位置后释放鼠标，以缩小文字的间距，效果如图1.20所示。

图1.19 选中节点

图1.20 调整后效果

5 选中文字焊接处的节点，如图1.21所示。按Delete键将节点删除，在删除节点后的文字边缘单击鼠标右键，并在弹出的快捷菜单中选择【到直线】命令，将曲线改成直线，使文字连接得更自然，效果如图1.22所示。

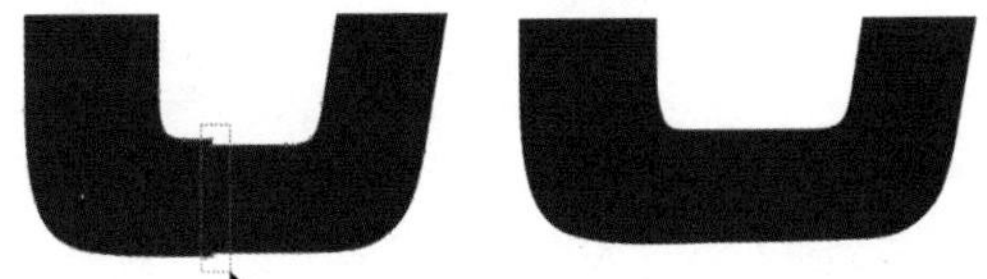

图1.21 选中节点　　　图1.22 调整后效果

知识链接：形状工具的属性特点

【形状工具】是CorelDRAW中最常用的形状编辑工具。选择绘制好的曲线或是转换为曲线的对象，使用【形状工具】单击图形上的节点即可编辑曲线。

6 单击工具箱中的【矩形工具】按钮，在"九江"之间绘制一个长条状矩形，如图1.23所示。选中矩形和文字，单击属性栏中的【修剪】按钮，将文字进行修剪，修剪之后删除矩形，效果如图1.24所示。

图1.23 绘制矩形

图1.24 修剪文字

知识链接：【修剪】功能的使用方法

使用【修剪】功能，可以从目标对象上剪掉与其他对象重叠的部分，目标对象仍保留原有的填充和轮廓属性。用户可以使用上面图层的对象作为来源对象修剪下面图层的对象，也可以使用下面图层的对象来修剪上面图层的对象。

使用框选的方法选择需要修剪的对象，执行菜单栏中的【对象】|【造形】|【修剪】命令，或者单击属性栏中的【修剪】按钮，或者执行菜单栏中的【窗口】|【泊坞窗】|【造形】命令，打开【造形】泊坞窗，在泊坞窗顶部的下拉列表中选择【修剪】选项，选中【保留原始源对象】和【保留原目标对象】复选框，然后单击【修剪】按钮，当光标变为形状时单击目标对象，得到的效果是下面图层的对象被上面图层的对象修剪。

7 选中"江"字，单击属性栏中的【添加节点】按钮，在"江"字上并排添加两个节点，如图1.25所示；将新添加的节点和上方横竖交叉处的两个节点全部选中，如图1.26所示；按住鼠标并向右水平拖动，效果如图1.27所示。

知识链接：【添加节点】的方法

选择要添加节点的曲线图形后，单击【工具箱】中的【形状工具】按钮，在图形上需要添加节点的位置处单击，然后在属性栏中单击【添加节点】按钮，即可在指定的位置添加一个新的节点。也可以直接使用【形状工具】在曲线上需要添加节点的位置双击鼠标。

如果所选曲线需要添加多个节点，除了使用上述方法逐个添加外，还可以使用【形状工具】框选多个节点，单击其属性栏中的【添加节点】按钮，即可在每个处于选中状态的节点前添加一个新的节点。

图1.25 绘制矩形 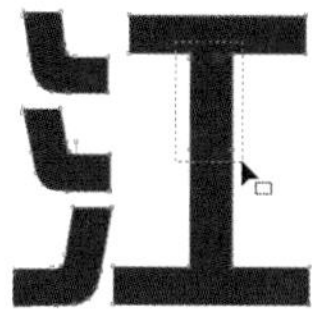　　图1.26 选中节点

图1.27 移动后的效果

8 单击工具箱中的【矩形工具】□按钮，将文字“国”和“际”按照前面学过的方法，分别进行修剪，如图1.28所示。然后把修改后的“国”与“际”排列到一起，制作成“共用一条笔画”的设计效果，如图1.29所示。

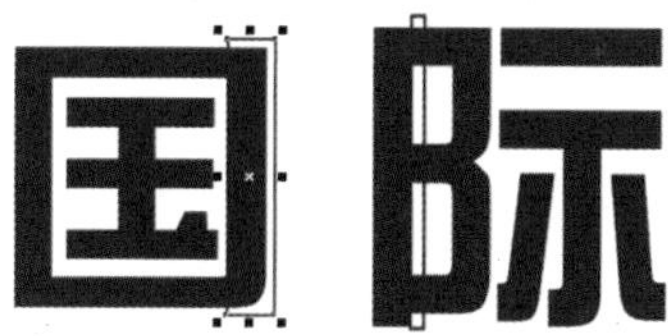

图1.28 修剪文字

图1.29 修剪排列之后效果

9 把之前制作完成的“九江”与“国际”水平摆放到一起，并调整到上下对齐，如图1.30所示。单击工具箱中的【文本工具】**字**按钮，输入大写英文JIUJIANG INTERNATIONAL，设置英文字体为Felix Titling，调整大小之后，放置到中文字的下方，效果如图1.31所示。

图1.30 调整好的文字

图1.31 添加英文

提示

如果在输入英文字母时，没有将文字大写输入，但恰恰需要大写字母。可以单击工具箱中的【文本工具】**字**按钮，将光标拖动到文字上并变成 I 状时，拖动选中文字，在文字上单击鼠标右键，在弹出的快捷菜单中选择【更改大小写】|【大写】命令，即可变换。

1.2.2 绘制图形部分

1 单击工具箱中的【星形工具】☆按钮，设置属性栏中的【点数或边数】为5，【锐度】为53，绘制一个五角星，如图1.32所示。

图1.32 绘制图形

2 单击工具箱中的【封套工具】按钮，首先将编辑外框的中心节点删除，然后在外框上分别单击鼠标右键，在弹出的快捷菜单中选择【到直线】命令，效果如图1.33所示。

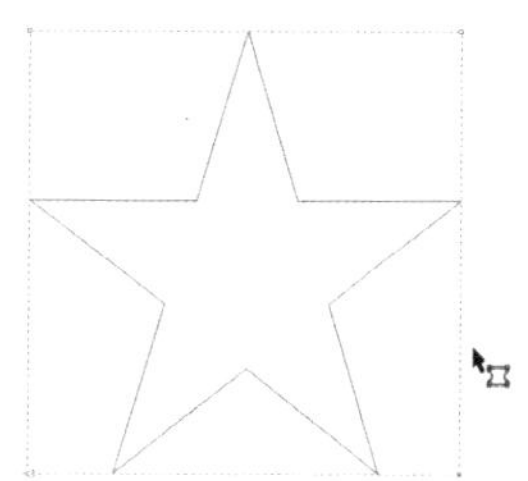

图1.33 编辑图形

知识链接：【封套工具】的使用方法

选择【封套工具】，选择需要为其添加交互式封套效果的图形或文字，此时在图形或文字的周围将显示带有控制点的蓝色线框，将鼠标光标移动到控制点上拖动，即可调整图形或文字的形状。【封套工具】属性栏中有以下4种模式。

- 【非强制模式】按钮：此模式可以制作出不受任何限制的封套。激活此按钮，可以任意调整选择的控制点和控制柄。
- 【直线模式】按钮：此模式可以制作一种基于直线形式的封套。激活此按钮，可以沿水平或垂直方向拖动封套的控制点来调整封套的一边。此模式可以为图形添加类似于透视点的效果。
- 【单弧模式】按钮：此模式可以制作一种基于单圆弧的封套。激活此按钮，可以沿水平或垂直方向拖动封套的控制点，在封套的一边制作弧线形状。此模式可以使图形产生凹凸不平的效果。
- 【双弧模式】按钮：此模式可以制作一种基于双弧线的封套。激活此按钮，可以沿水平或垂直方向拖动封套的控制点，在封套的一边制作S形状。

3 通过调整编辑框4个角的节点（如图1.34所示）来改变五角星的角度，并确定最后的方案，效果如图1.35所示。

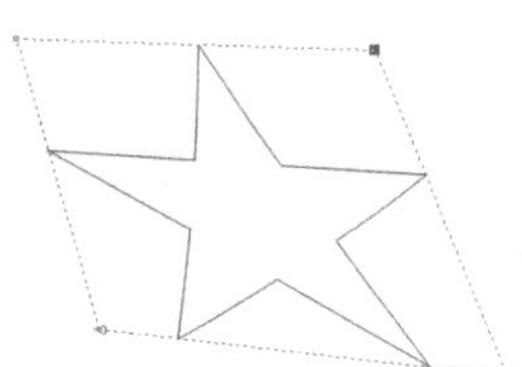

图1.34 调整五角星的角度

图1.35 最终方案

4 将最后调整好的星星复制9个。为了让其沿圆形排列，这里创建一个辅助圆。单击工具箱中的【椭圆形工具】按钮，绘制一个正圆，如图1.36所示。将9个星星分别放到正圆的边上，并旋转五角星调整角度，以改变大小，效果如图1.37所示。

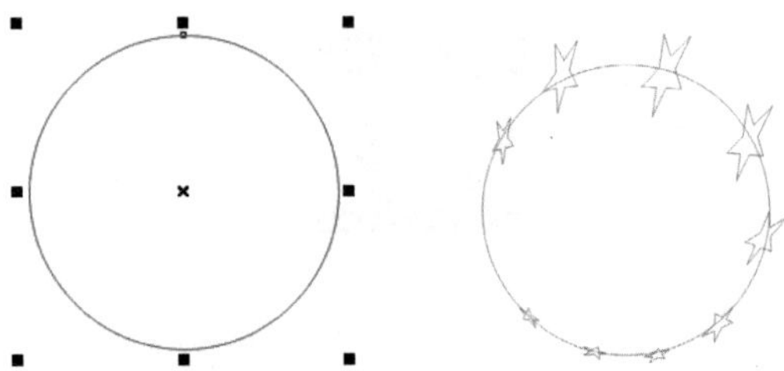

图1.36 绘制正圆形　　图1.37 添加五角星并编辑

知识链接：旋转对象的方法

使用鼠标旋转对象是最为简单的一种操作方式，选择工具箱中的【选择工具】，然后双击要旋转的对象，使其处于旋转模式。此时对象周围将出现8个双方向箭头，并在中心位置出现一个小圆圈，也就是旋转中心。将鼠标指针移至对象4个角的任意一个旋转符号上，此时鼠标指针变为形状，按住鼠标并沿顺时针或逆时针方向拖动，即可将对象绕着旋转中心进行旋转，如果对象已处于选中状态，只需要再单击该对象一次，即可进入旋转模式。如果先移动旋转中心的位置，然后旋转，可使对象以新的旋转中心为轴进行旋转。

5 调整完成后，选中正圆，按Delete键将其删除，效果如图1.38所示。将调整完成后的五角星全部选中，填充为橘红色（C：0；M：60；Y：100；K：0），【轮廓】设置为无，如图1.39所示。

图1.38 删除正圆形

图1.39 填充颜色

6 将前面制作完成的文字部分填充为橘红色（C：0；M：60；Y：100；K：0），并放置到星形图案的中心偏左位置。至此，完成标志设计，效果如图1.40所示。

图1.40 完成设计

知识链接：打开已有文件

在CorelDRAW中，如果要打开一幅已经存在的CorelDRAW文件（其后缀名为.cdr）来进行修改或编辑，可以执行菜单栏中的【文件】|【打开】命令，或者执行菜单栏中的【文件】|【导入】命令，或者单击【标准工具栏】中的【打开】按钮。

无论使用哪种方式，系统都将弹出【打开绘图】对话框。此外，需要说明的是，使用打开功能只能打开CorelDRAW文件，如要打开其他非CorelDRAW文件，则必须执行菜单栏中的【文件】|【导入】命令。如果希望在【打开绘图】对话框中的文件列表框中同时选中多个文件，可以在选择文件时按住Shift键选择连续的多个文件，或者按住Ctrl键选择不连续的多个文件。单击【打开】按钮后，所选中的多个文件将按先后顺序依次在CorelDRAW中打开。

1.3 九久钻石标志设计

实例解析 CorelDRAW X8

本实例主要使用【矩形工具】、【形状工具】和【文本工具】字等制作出构图稳定、色彩协调的钻石品牌标志，最终效果如图1.41所示。

图1.41 最终效果

学习目标 CorelDRAW X8

本例主要学习【形状工具】、【文本工具】字、【矩形工具】的应用；掌握标志设计的构图内涵及用色法则。

视频文件： movie\1.3 九久钻石标志设计.avi

源文件： 源文件\第1章\九久钻石标志设计.cdr

操作步骤

1.3.1 绘制图形

1 单击工具箱中的【矩形工具】□按钮，绘制一个【宽度】为30mm，【高度】为30mm的矩形。在属性栏的【旋转角度】中输入45，将矩形旋转45°，如图1.42所示。

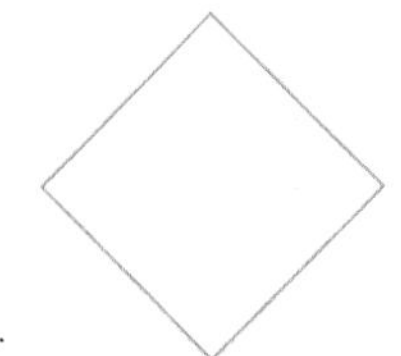

图1.42 绘制矩形并旋转

知识链接：保存文件

在绘图过程中，为避免文件意外丢失，需要及时将编辑好的文件保存到磁盘中。在CorelDRAW X8中保存文件的具体操作步骤如下：

（1）执行菜单栏中的【文件】|【保存】命令，或者按Ctrl+S组合键，或者单击【标准工具栏】中的【保存】按钮，弹出【保存绘图】对话框。

（2）单击【保存在】下拉按钮，在弹出的下拉列表框中选择文件所要保存的位置；在【文件名】文本框中输入所要保存文件的名称；在【保存类型】下拉列表框中选择保存文件的格式；在【版本】下拉列表框中，可以选择保存文件的版本（CorelDRAW的高版本可以打开低版本的文件，但低版本不能打开高版本的文件）。完成保存设置后，单击【保存】按钮，即可将文件保存到指定的目录。

如果要将文件重命名、改变路径或改变格式保存，执行菜单栏中的【文件】|【另存为】命令即可。

2 选中矩形，设置其【宽度】为35mm，【高度】为20mm，并单击工具箱中的【矩形工具】□按钮，绘制一个矩形并放在变形后的矩形1/2处，效果如图1.43所示。

图1.43 绘制新矩形

3 将两个图形全部选中，单击属性栏中的【修剪】按钮，将旋转之后的矩形修剪。然后选中大矩形，按Delete键删除，留下一个等腰三角形，如图1.44所示。

图1.44 修剪之后的效果

4 选中三角形并复制一份，单击属性栏中的【垂直镜像】按钮，将图形垂直翻转。然后将两个图形以最长的边相对摆放在一起，如图1.45所示。

图1.45 复制并组合

5 将两个三角形全部选中，在属性栏的【旋转角度】中输入30°，完成旋转效果后将其复制一份，并水平放置在其右侧，如图1.46所示。

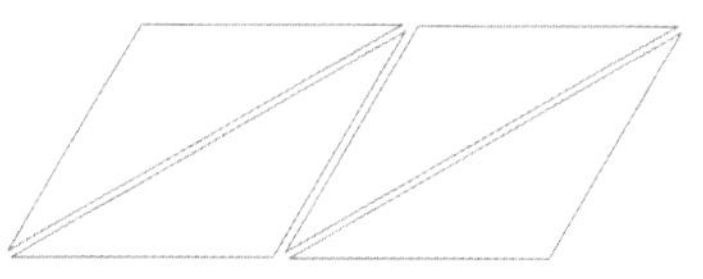

图1.46 旋转并复制

知识链接：关闭文件

如果要关闭当前文件，则执行菜单栏中的【文件】|【关闭】命令。如果对当前文件做了修改却尚未保存，系统将会弹出【CorelDRAW X8】对话框，询问用户是否要保存对该文件所做的修改。当单击【是】按钮或【否】按钮之后，即可关闭该图形文件；单击【取消】按钮，则可以关闭该对话框。

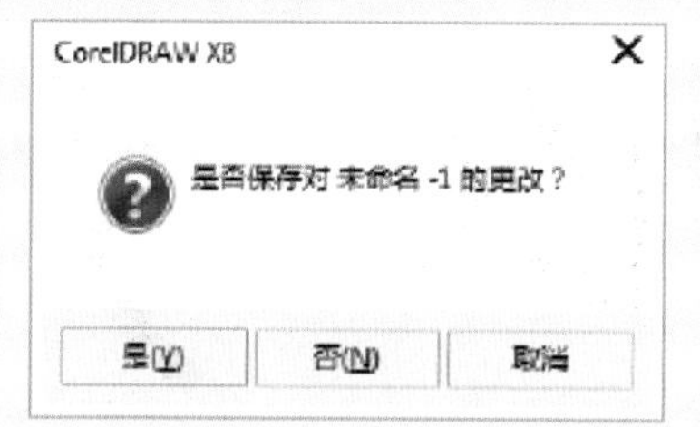

6 将前面两个图形（4个三角形）再复制一份，在属性栏的【旋转角度】中输入90°，完成旋转效果，放置在其右侧并与之前的图形相互贴齐，如图1.47所示。

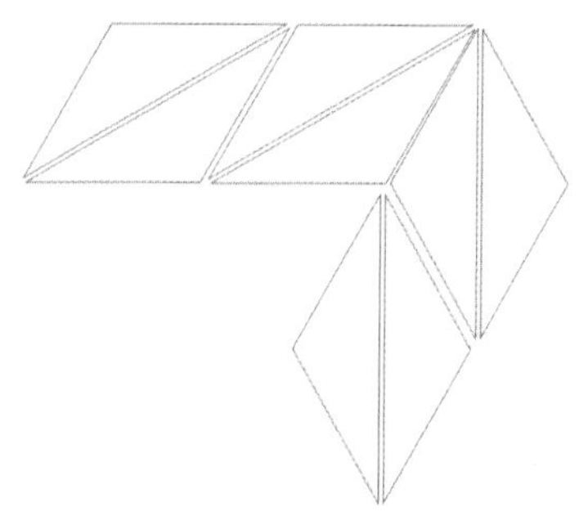

图1.47 复制并旋转

7 选中一个图形（2个三角形）并复制一份，同样在属性栏的【旋转角度】中输入30°，完成旋转效果，并单击属性栏中的【水平镜像】按钮，将图形水平放置在左侧，效果如图1.48所示。

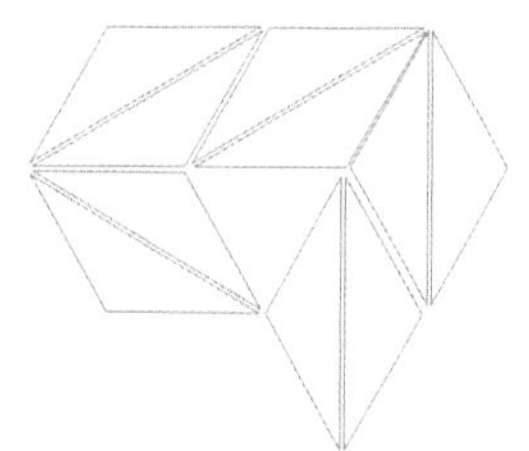

图1.48 排列图形

8 选中其中5个三角形，设置其【轮廓】为无，填充为深蓝色（C：100；M：60；Y：10；K：0），效果如图1.49所示。

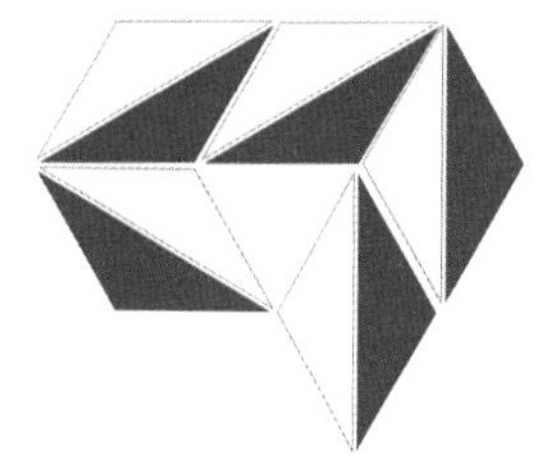

图1.49 填充图形

9 选中其他5个三角形，设置其【轮廓】为无，填充为蓝色（C：67；M：0；Y：0；K：0），效果如图1.50所示。

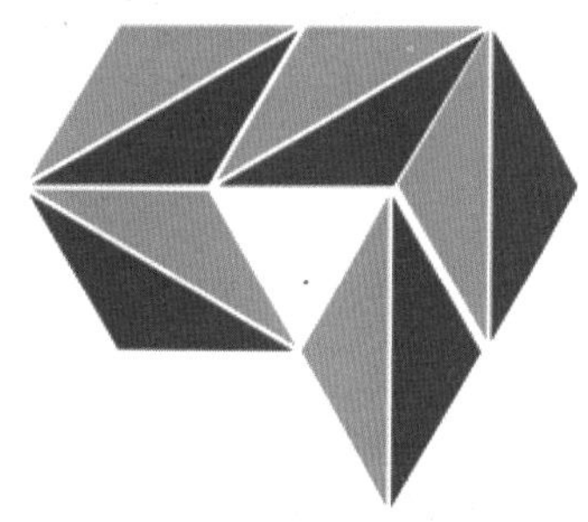

图1.50 填充图形

知识链接：查看文档的信息

在CorelDRAW X8中，执行菜单栏中的【文件】|【文档属性】命令，打开【文档属性】对话框来查看当前打开文件的相关信息，如文件名称、页面数、层数、页面尺寸、页面方向、分辨率，图形对象数量、点数及其他相关信息。

在该对话框中，通过选中文件、文档、图形对象、文本统计、位图对象、样式、效果、填充、轮廓等复选框，可以在信息窗口中显示所选的信息内容。

此外，如果希望将所选文件信息保存为一个文本文件，以便在其他场合使用，则单击【另存为】按钮；如果要打印文件信息，则单击【打印】按钮。

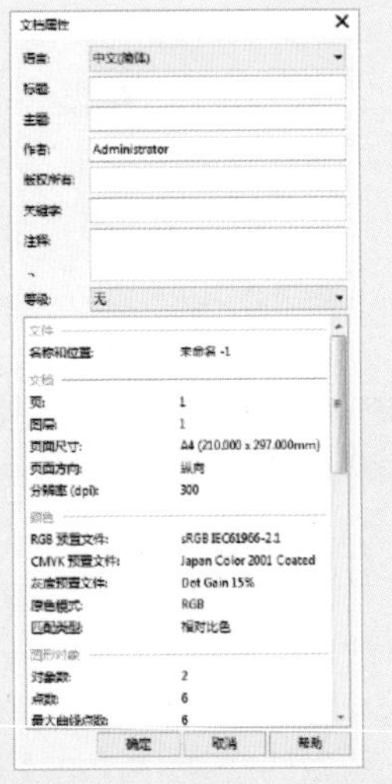

1.3.2 添加文字

1 单击工具箱中的【文本工具】字按钮，输入中文“九久钻石”，设置【字体】为“微软雅黑”，文字大小适中，如图1.51所示。

九久钻石

图1.51 输入文字

2 选中文字，执行菜单栏中的【对象】|【拆分美术字】命令，或者按Ctrl+K组合键将文字拆分，并重新排列位置，效果如图1.52所示。

九久钻石

图1.52 重新排列位置

3 选中文字，执行菜单栏中的【对象】|【转换为曲线】命令，或者按Ctrl+Q组合键将文字转曲。然后单击工具箱中的【矩形工具】□按钮，随意绘制一个矩形并放置在文字“九”的位置，如图1.53所示。

4 选中文字“九”与矩形，单击属性栏中的【修剪】按钮，将矩形移到一边，并单击工具箱中的【形状工具】按钮，删除多余的部分，效果如图1.54所示。

图1.53 添加辅助矩形 　　图1.54 修剪之后

知识链接：插入页面的方法

在当前打开的文档中插入页面的具体操作步骤如下：

(1) 执行菜单栏中的【布局】|【插入页面】命令，打开【插入页面】对话框。

(2) 在【插入页面】对话框中，【页码数】选项用于设置插入页面的数量，输入需要的数值即可；还需要通过选中【之前】或【之后】单选按钮决定插入页面的位置（放置在设置页面的前面或后面）；单击【纵向】□按钮或【横向】□按钮，可以设置插入页面的放置方式；单击【大小】下拉按钮，在弹出的下拉列表框中选择插入页面的纸张类型。如果需要自定义插入页面的大小，可以在【宽度】和【高度】文本框中输入数值。设置完毕后，单击【确定】按钮，即可在文档中插入页面。

5 将之前的矩形再放到文字的其他部位，并逐

一运用上面讲过的方法对文字进行修剪，效果如图1.55所示。

图1.55 修剪后的效果

6 选中文字“久”，单击工具箱中的【形状工具】按钮，选中一个节点并按住鼠标拖动到适当的位置。然后将光标放在曲线轮廓线上单击鼠标右键，在弹出的快捷菜单中选择【到直线】命令，将“久”的所有末笔都变成水平垂直的齐头状，如图1.56所示。

图1.56 编辑文字

7 选中文字“钻石”，单击工具箱中的【形状工具】按钮，通过移动、添加、删除节点等操作，绘制文字的变形体，如图1.57所示。调整之后与“九久”放置在一起，效果如图1.58所示。

图1.57 编辑字体

图1.58 字体最终效果

8 单击工具箱中的【文本工具】**字**按钮，输入英文JOHNGLE DIAMOND，设置【字体】为Century Gothic，调整文字大小并放置在中文下方，如图1.59所示。

图1.59 输入英文

9 将之前绘制完成的图案与文字相结合，并将文字填充为深蓝色（C：100；M：60；Y：10；K：0），标志设计制作完成，效果如图1.60所示。

图1.60 完成设计

知识链接：删除页面的方法

如果要删除页面，执行菜单栏中的【布局】|【删除页面】命令，此时将打开【删除页面】对话框。可以在【删除页面】对话框中设置要删除的某一页，也可以选中【通到页面】复选框，来删除某一范围内（包括所有页面）的所有页。

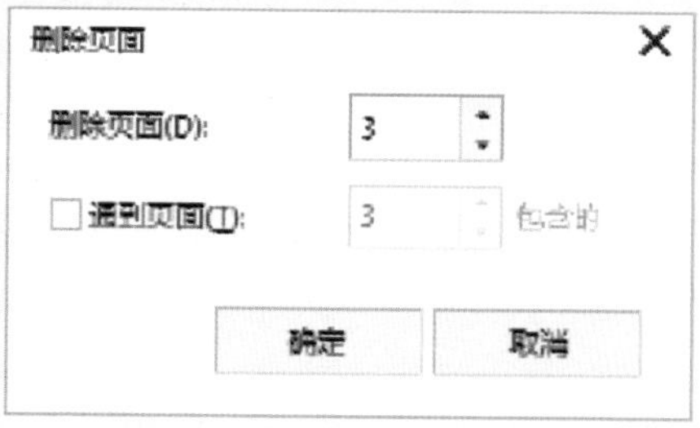

删除页面

删除页面(D): 3

通到页面(T): 3 包含的

确定 取消

1.4 远东时尚标志设计

实例解析 CorelDRAW X8

本实例主要使用【交互式填充工具】、【文本工具】字和【形状工具】等制作出构图稳定、色彩艳丽的时尚企业标志，最终效果如图1.61所示。

图1.61 最终效果

学习目标 CorelDRAW X8

本例主要学习【交互式填充工具】、【文本工具】字、【椭圆形工具】的应用；掌握标志设计的构图内涵和用色法则。

视频文件： movie\1.4 远东时尚标志设计.avi

源文件： 源文件\第1章\远东时尚标志设计.cdr

1.4.1 绘制图形

1 单击工具箱中的【椭圆形工具】按钮，绘制一个【宽度】为30mm，【高度】为30mm的正圆。然后单击工具箱中的【矩形工具】按钮，绘制一个【宽度】为13mm，【高度】为13mm的矩形并放置在正圆的中心，效果如图1.62所示。

图1.62 绘制矩形

2 从左侧与上方的标尺处，拖动鼠标各拉出一条辅助线，分别相交与圆心于正方形的中心点，如图1.63所示。

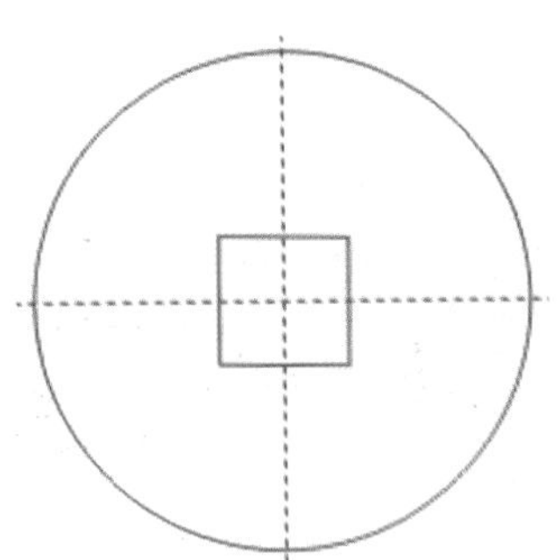

图1.63 添加辅助线

3 单击工具箱中的【贝塞尔工具】按钮，在上方圆形与辅助线相交的地方单击，然后在正方形左下角单击并按住鼠标拖动，使其完成一条曲线的绘制，并穿过正方形左上角的顶点，效果如图1.64所示。

4 按照上面同样的方法，再次利用【贝塞尔工具】绘制三条曲线，连接其他顶角与编辑点，如图1.65所示。

知识链接：辅助线的显示和隐藏的方法

辅助线是设置在页面上用来帮助用户准确定位对象的虚线。它可以帮助用户快捷、准确地调整对象的位置，以及对齐对象等。辅助线可放置在绘图窗口的任何位置，可设置成水平、垂直和倾斜三种形式，在进行文件输出时，辅助线不会同文件一起打印出来，但会同文件一起保存。辅助线和标尺工具一样，用户可自行设置是否显示辅助线。下面介绍显示辅助线的方法，具体操作步骤如下：执行菜单栏中的【视图】|【辅助线】命令，【辅助线】命令前出现✔对号标记，即说明添加的辅助线能显示在绘图窗口上，否则将被隐藏。执行菜单栏中的【工具】|【选项】命令，或者单击【标准工具栏】中的【选项】⚙按钮，在弹出的【选项】对话框中，选择【文档】|【辅助线】选项，选中【显示辅助线】复选框。

- 【显示辅助线】复选框：用于隐藏或显示辅助线。
- 【贴齐辅助线】复选框：选中该复选框后，在页面中移动对象的时候，对象将自动向辅助线靠齐。
- 【默认辅助线颜色】选项和【默认预设辅助线颜色】选项：在对应的下拉列表中选择辅助线和预设辅助线在绘图窗口中显示的颜色。

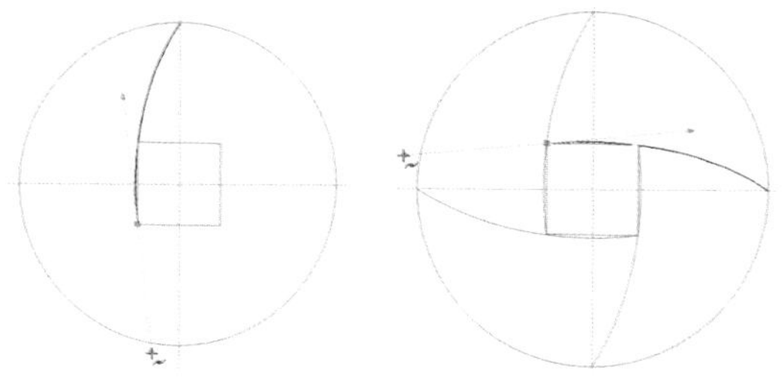

图1.64 绘制一条曲线　　图1.65 绘制三条曲线

5 选中所有曲线，执行菜单栏中的【对象】|【将轮廓转换为对象】命令，将线条变成图形。然后选中全部图形，单击属性栏中的【合并】按钮，对图形进行修剪，如图1.66所示。

6 选中辅助线，按Delete键删除。然后选中图形，执行菜单栏中的【对象】|【拆分曲线】命令，将图形拆分，使其变成由4个不规则图像组合而成的图形。然后逐一选中每个不规则图形，单击工具箱中的【交互式填充工具】按钮，为4个不规则图形填充不同的线性渐变颜色，效果如图1.67所示。

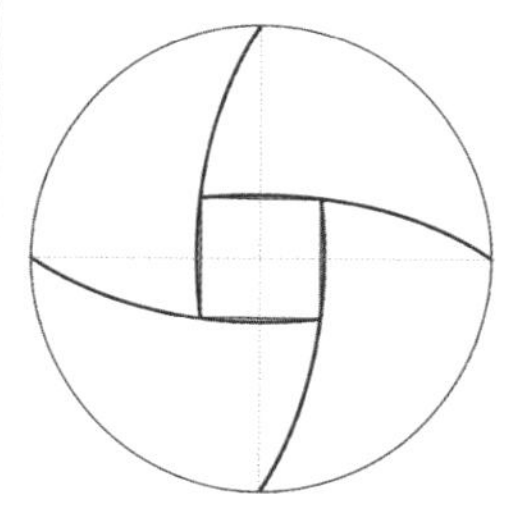

图1.66 完成拆分

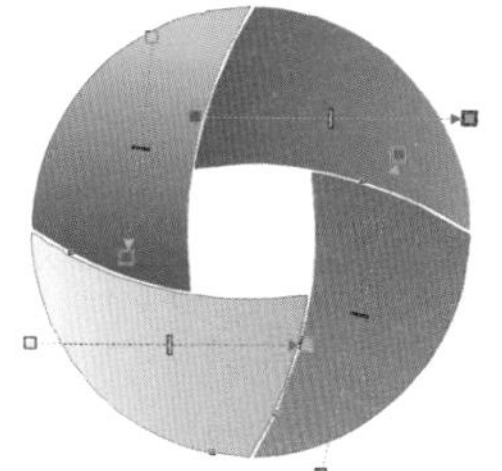

图1.67 添加各种渐变颜色

知识链接：【渐变填充】参数说明

渐变填充可以作为对象增加两种或两种以上颜色的平滑渐近的色彩效果，在【渐变填充】对话框中，可以进行渐变填充的操作。

单击工具箱中的【交互式填充工具】按钮，然后单击【属性栏】中的【编辑渐变】按钮，打开【编辑渐变】对话框，在【类型】选项组中，可以选择不同的渐变填充类型，如线性、椭圆形、圆锥形或矩形。在【变换】选项组中，通过调整【水平偏移】和【垂直偏移】文本框中的数值，可以设置射线、圆锥或方角填充的中心在水平和垂直方向上的位移。通过调整【旋转】文本框中的数值，可以设置线性、圆锥或方角填充的角度。输入正值可按逆时针旋转，输入负值可按顺时针旋转。单击【渐变步长】可以设置步长值。增加步长值可以使色调更平滑、调和，但会延长打印时间；减少步长值可以提高打印速度，但会使色调变得粗糙。

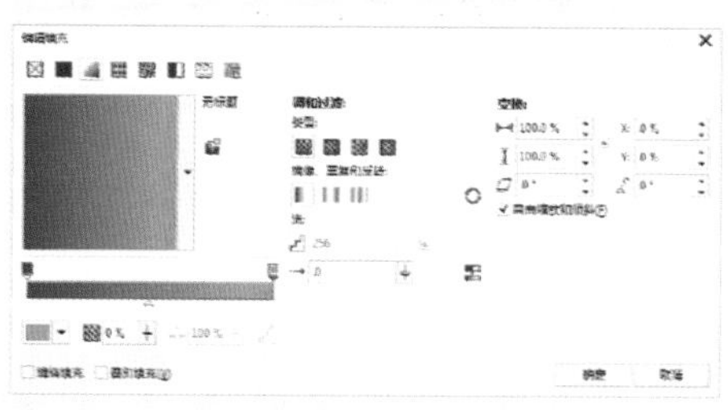

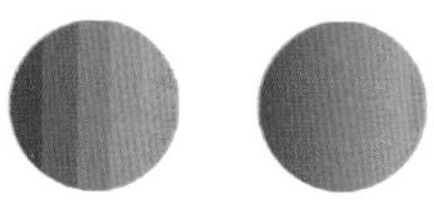

7 选中全部图形，设置【轮廓】为无，调整图形大小。至此，标志设计的图形部分就绘制完成了，效果如图1.68所示。

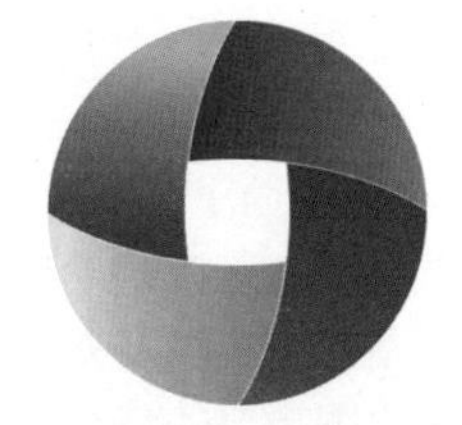

图1.68 完成图形部分的绘制

1.4.2 添加文字

1 单击工具箱中的【文本工具】字按钮，输入中文“远东时尚”，设置【字体】为“华文中宋”，文字大小适中，如图1.69所示。

远东时尚

图1.69 输入文字

2 再次利用【文本工具】字按钮，输入英文FAR EAST FASHION，设置【字体】为Tw Cen MT，调整文字大小并放置到中文下方，如图1.70所示。

远东时尚
FAR EAST FASHION

图1.70 输入英文

3 单击工具箱中的【形状工具】按钮，调整中文与英文字母之间的间距，效果如图1.71所示。

远东时尚
FAR EAST FASHION

图1.71 调整文字

4 确定文字字体、间距不再调整之后，将文字全部选中，执行菜单栏中的【对象】|【转换为曲线】命令，再次单击工具箱中的【形状工具】按钮，选中“尚”字中的“口”部，按Delete键删除，效果如图1.72所示。

5 将绘制的图形部分复制一份，缩小并调整，放置在“尚”的中心部分，效果如图1.73所示。

图1.72 删除文字部分笔画

图1.73 添加图形

6 将文字与图形完美地结合在一起，调整彼此大小与间距，完成最终设计，效果如图1.74所示。

图1.74 完成设计

知识链接：重命名页面的方法

当一个文档中包含多个页面时，对个别页面设置具有识别功能的名称，可以方便对它们进行管理。如果要设置页面名称，应首先选定要命名的页面，然后执行菜单栏中的【布局】|【重命名页面】命令，此时系统将打开【重命名页面】对话框，在【页名】文本框中输入名称，然后单击【确定】按钮，则设置的页面名称将会显示在页面指示区中。

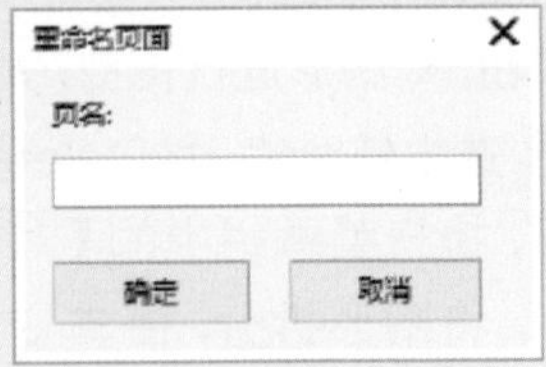

1.5 个人名片设计

实例解析 CorelDRAW X8

本实例主要使用【贝塞尔工具】、【透明度工具】和【文本工具】字等制作出时尚、简约风格的名片，最终效果如图1.75所示。

图1.75 最终效果

学习目标 CorelDRAW X8

本例主要学习【文本工具】字、【透明度工具】、【贝塞尔工具】、【矩形工具】及【导入】命令的应用；掌握个人名片设计的技巧。

云盘下载

视频文件：movie\1.5 个人名片设计.avi

源文件：源文件\第1章\个人名片设计.cdr

操作步骤 CorelDRAW X8

1.5.1 制作外框及绘制底色

1 单击工具箱中的【矩形工具】按钮，绘制一个【高度】为50mm，【宽度】为90mm的矩形。

知识链接：切换页面与转换页面方向

在CorelDRAW X8中，当一个文档中包含多个页面时，可以通过切换的方法在不同的页面中进行编辑，也可以对同一文档中的不同页面设置不同的方向。当一个文档中包含多个页面时，要想指定所需的页面，则执行菜单栏中的【布局】|【转到某页】命令，然后在打开的【转到某页】对话框的【转到某页】文本框中输入转到的页面，并单击【确定】按钮即可。

此外，还可通过单击页面指示区中要切换的页面标签，或者单击前一页按钮、后一页按钮、第1页按钮或最后1页按钮来切换页面。通过执行菜单栏中的【布局】|【切换页面方向】命令，可以在横向和纵向间转换所选择页的放置方向。例如，如果当前页面为横向

放置，则执行【切换页面方向】命令后，页面方向将会变为纵向。但是，切换页面方向时，页面上的内容并不会随页面方向的变换而改变位置或发生变化。此外，还可以在页面指示区单击鼠标右键，在弹出的快捷菜单中选择【切换页面方向】命令来切换页面方向。

提示

标准名片尺寸为54mm×90mm（如有出血，则尺寸为57mm×93mm，4边各加1.5mm出血位）。窄型名片尺寸为50mm×90mm或45mm×90mm（如有出血，则尺寸为53mm×93mm或48mm×93mm，4边各加1.5mm出血位）。折叠名片尺寸为90mm×95mm（如有出血，则尺寸为93mm×98mm）。

2 执行菜单栏中的【文件】|【导入】命令，打开【导入】对话框。选择云下载文件中的“调用素材\第1章\标志.cdr”文件，单击【导入】按钮。此时光标变成⌐状，单击鼠标图形便会显示在页面中，然后将其复制一份留作备用。

3 选中导入的图形，执行菜单栏中的【对象】|【组合】|【取消组合对象】命令，或者按Ctrl+U组合键将其取消群组。选中主体图形部分，执行菜单栏中【对象】|【PowerClip】|【提取内容】命令，将图形内部的三角形提取出来，如图1.76所示。

知识链接：【提取内容】命令的使用方法

使用【提取内容】命令可以提取嵌套图框剪裁中每一级的内容。执行菜单栏中的【对象】|【PowerClip】|【提取内容】命令，或者在PowerClip对象上单击鼠标右键，在弹出的快捷菜单中选择【提取内容】命令，即可将置入到容器中的对象提取出来。

图1.76 提取内容

4 选择部分三角形，重新排列位置并调整大小，执行菜单栏中的【对象】|【PowerClip】|【置于图文框内部】命令，将其放置在矩形中，如图1.77所示。

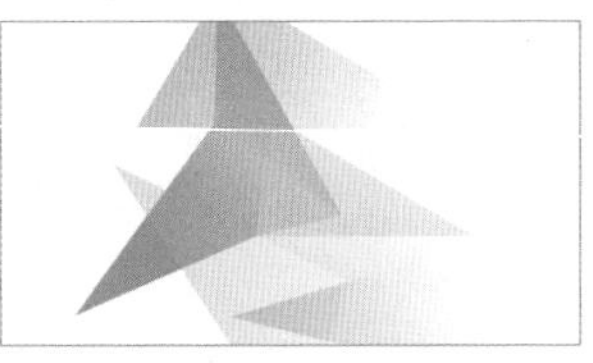

图1.77 编辑内部

5 执行菜单栏中【对象】|【PowerClip】|【编辑PowerClip】命令，进行编辑内容。然后执行菜单栏中的【对象】|【PowerClip】|【结束编辑】命令，结束编辑，如图1.78所示。

知识链接：【编辑PowerClip】的方法

将对象精确剪裁后，还可以进入容器内部，对容器内的对象进行缩放、旋转和位置的调整。选中PowerClip对象，然后执行菜单栏中的【对象】|【PowerClip】|【编辑PowerClip】命令，或者在PowerClip对象上单击鼠标右键，在弹出的快捷菜单中选择【编辑PowerClip】命令。进入容器内部后，目标对象以轮廓的形式显示，这时可以根据需要，对容器内的对象进行相应的编辑。

6 将之前备份的标志文件调整大小，并放置在图形的右上方，完成外框及底色绘制，如图1.79所示。

图1.78 底色效果

图1.79 完成底版

提示

群组文件，是为了把更多的或琐碎的素材组合在一起，以防选择的时候素材丢失。除了以上讲过的群组与解散群组的方法，还可以单击标准工具栏中【组合对象】按钮、【取消组合对象】按钮，进行群组或解散群组。

1.5.2 添加文字制作完整图形

1 单击工具箱中的【文本工具】字按钮，输入文字，设置文字【字体】为“方正小标宋简体”，执行菜单栏中的【对象】|【拆分美术字】命令，将其拆分，如图1.80所示。

2 选择“顾问”两个字，执行菜单栏中的【对象】|【组合】|【组合对象】命令，将其合并。双击“顾问”文字，文字周围便会出现编辑点，如图1.81所示。

图1.80 排列文字　　图1.81 双击文字

3 将光标放在↔状的编辑点上，此时光标变成⇌状，按住鼠标并向右拖动，完成倾斜效果。并将其他文字按照同样的方法做出倾斜的立体效果，如图1.82所示。

图1.82 倾斜效果

4 执行菜单栏中的【文件】|【导入】命令，打开【导入】对话框，选择云下载文件中的“调用素材\第1章\羽毛.png”文件，单击【导入】按钮。此时光标变成状，单击鼠标素材便会显示在页面中，将素材调整大小并摆放在适当的位置。完成最终的名片设计，如图1.83所示。

图1.83 最终效果

知识链接：【导出】命令的使用方法

执行菜单栏中的【文件】|【导出】命令，或者按Ctrl+E组合键，也可以单击标准工具栏中的【导出】按钮，弹出【导出】对话框，在该对话框中设置好导出文件的【保存路径】和【文件名】，并在【保存类型】下拉列表中选择需要导出的文件格式，单击【导出】按钮，弹出【转换为位图】对话框，设置好图像大小、颜色模式等参数，单击【确定】按钮，即可将文件以此种格式导出在指定的目录。

提示

导入文件时，除了以上讲过的方法，还可以单击标准菜单栏中的【导入】按钮，导入文件。同时，如果需要导出文件，也可单击标准菜单栏中的【导出】按钮，即可进行导出文件的操作。

1.6 伟业建材名片设计

实例解析

本实例主要使用【贝塞尔工具】、【椭圆形工具】和【文本工具】等制作出时尚、简约风格的名片，最终效果如图1.84所示。

图1.84 最终效果

本例主要学习【文本工具】、【椭圆形工具】、【矩形工具】及【焊接】命令的应用；掌握名片设计的技巧。

视频文件：movie\1.6 伟业建材名片设计.avi

源文件：源文件\第1章\伟业建材名片设计.cdr

1.6.1 绘制图形

1 单击工具箱中的【基本形状工具】按钮，然后单击属性栏中的【完美形状】，打开形状小窗口，在里面选择状图形，然后拖动鼠标绘制，效果如图1.85所示。

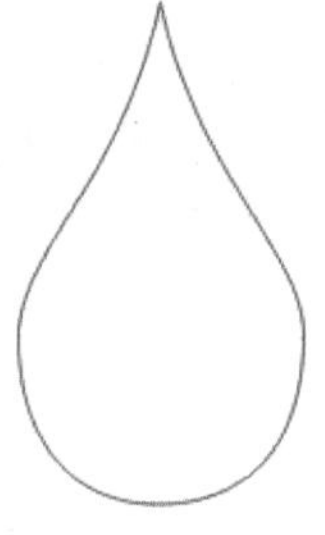

图1.85 绘制一个形状

知识链接：【基本形状】组

在【基本形状】工具组中共包含有5种工具，分别是【基本形状工具】、【箭头形状工具】、【流程图形状工具】、【标题形状工具】和【标注形状工具】，主要用来绘制多种多样的基本形状图形、箭头、流程图形、标注图形等。

2 选中图形并复制一份，单击属性栏中的【垂直镜像】按钮使其完成翻转，并添加到原图的上方与其相交，效果如图1.86所示。

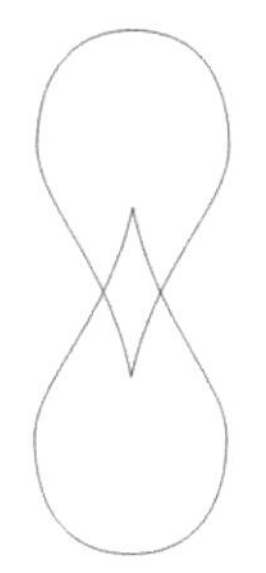

图1.86 复制并翻转

知识链接：视图显示模式的简单介绍

在CorelDRAW X8中工作时，为了提高工作效率，系统提供了多种显示模式。不过，这些显示模式只是改变图形显示的速度，对于打印结果完全不产生任何影响。CorelDRAW的显示模式包括7种，它们分别是【简单线框模式】、【线框模式】、【草稿模式】、【普通模式】、【增强模式】、【像素模式】和【模拟叠印】。通常，执行【视图】菜单中的相关命令来设置这些显示模式。

1. 简单线框模式
在该显示模式下，所有矢量图形只显示其外框，所有变形对象（渐变、立体化、轮廓效果）只显示原始图像的外框；位图全部显示为灰度图。这种模式下显示的速度最快。

2. 线框模式

在该显示模式下，显示结果与简单线框显示模式类似，只是对所有的变形对象（渐变、立体化、轮廓效果）将显示所有中间生成图形的轮廓。

3. 草稿模式
在该显示模式下，所有页面中的图形均以低分辨率显示。其中花纹填色、材质填色及PostScript图案填色等均以一种基本图案显示；位图以低分辨率显示；滤镜效果以普通色块显示；渐变填色以单色显示。

4. 普通模式
在该显示模式下，页面中的所有图形均能正常显示，但位图将以高分辨率显示，其刷新和打开的速度比【增强模式】稍快，但比【增强模式】的显示效果差一些。

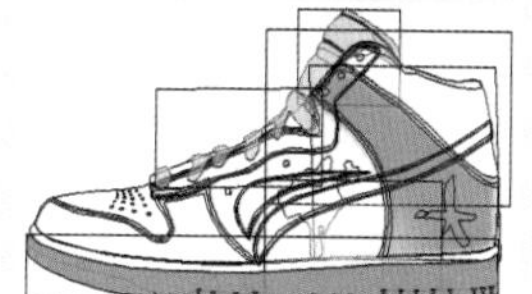

5. 增强模式
在该显示模式下，系统将以高分辨率显示所有图形对象，并使它们尽可能地圆滑。该显示为最佳状况，连PostScript图案填充也能正常显示。但是，该显示模式要耗用大量内存与时间，因此如果计算机的内存太小或速度太慢，显示速度会明显降低。

6. 像素模式
以位图效果的方式对矢量图形进行预览，方便用户了解图像在输出为位图文件后的具体情况，提高图像编辑工作的准确性，在放大显示比例时可以看见每个像素。

7. 模拟叠印模式

【模拟叠印模式】是在【增强模式】的视图显示基础上，模拟目标图形被设置成套印后的变化，用户可以非常方便直观地预览图像套印的效果。

3 确认选中两个图形，单击属性栏中的【合并】按钮，将其进行焊接，效果如图1.87所示。

4 单击工具箱中的【形状工具】按钮，通过调节节点来改变整体轮廓的流畅性，单击工具箱中的【椭圆形工具】按钮，绘制一个正圆，并放置在之前焊接而成的图形任意一头，效果如图1.88所示。

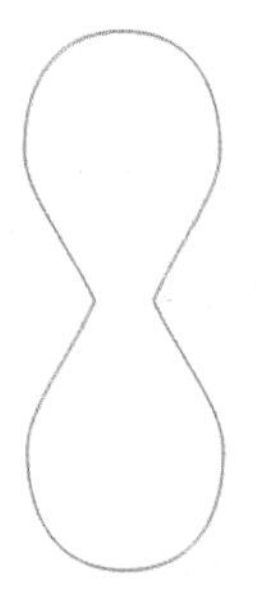
图1.87 焊接图形

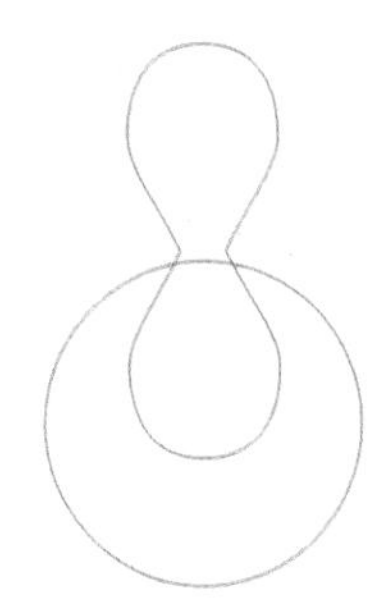
图1.88 添加圆形

5 确认选中两个图形，单击属性栏中的【合并】按钮，将其进行焊接，效果如图1.89所示。

6 同样单击工具箱中的【形状工具】按钮，通过调节节点来改变整体轮廓的流畅性。首先在最细的“脖颈”处的下方左右各添加一个节点，如图1.90所示。

图1.89 完成焊接

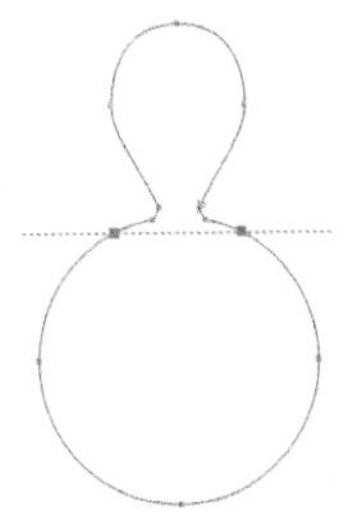
图1.90 添加节点

7 然后删除“脖颈”处其他的节点，如图1.91所示。使图形完成轮廓图，效果如图1.92所示。

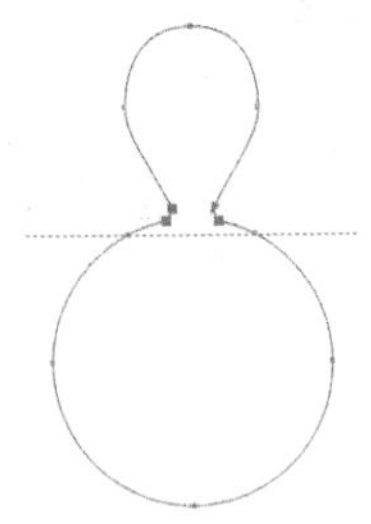
图1.91 删除红圈处节点

图1.92 完成轮廓图

知识链接：视图的预览显示

在CorelDRAW X8中，通过执行【视图】菜单中的相关命令，可以以全屏方式进行预览，也可以仅对选定区域中的对象进行预览，还可以进行分页预览。

1. 全屏预览
执行菜单栏中的【视图】|【全屏预览】命令，或者按F9键，CorelDRAW X8会将屏幕上的菜单栏、工具栏及所有窗口等都隐藏起来，只以文档充满整个屏幕。该预览方式可以使图形的细节显示得更清楚。在对所选对象进行全屏预览后，再次按F9键、Esc键或使用鼠标单击屏幕，均可恢复到原来的预览状态。

2. 只预览选定的对象
执行菜单栏中的【视图】|【只预览选定的对象】命令，并在文档页面中选择将要显示的对象（一个或多个）或一个对象的某些部分，然后执行菜单栏中的【视图】|【全屏预览】命令，便可对所选对象进行全屏预览。

3. 分页预览
执行菜单栏中的【视图】|【页面排序器视图】命令，可以对文件中包含的所有页面进行预览。
进入分页预览显示模式后，如果希望返回正常显示状态，可首先使用选择工具选中某一页面，然后选择【视图】|【页面排序器视图】菜单命令，取消其前面的对号✔标志，或者单击属性栏中的【页面排序器视图】按钮，即可返回正常显示状态。

1.6.2 组合图形

1 单击工具箱中的【矩形工具】□按钮，绘制一个【宽度】为90mm，【高度】为50mm的矩形，如图1.93所示。

图1.93 绘制矩形

2 将之前绘制完成的轮廓图选中，执行菜单栏中的【对象】|【PowerClip】|【置于图文框内部】命令，将图形放置到矩形内部，如图1.94所示。

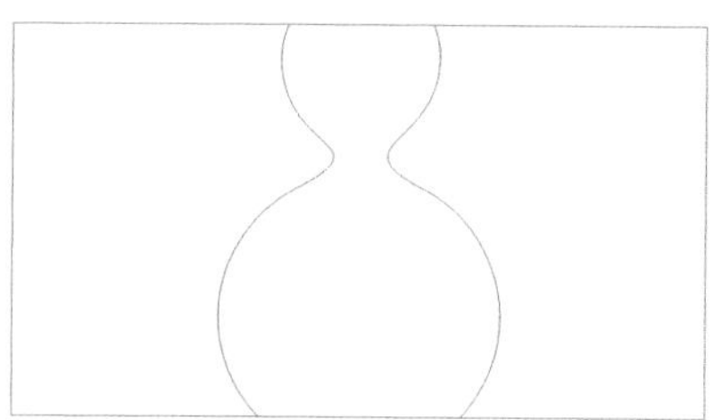

图1.94 置于图文框内部

3 执行菜单栏中的【对象】|【PowerClip】|【编辑PowerClip】命令，编辑图形。将图形调整大小和位置，并单击使其转换到旋转模式进行旋转，如图1.95所示。

图1.95 编辑封闭图形

4 选中图形，将其复制出三份，然后将这三份图形分别旋转不同的角度，使大圆呈重叠效果，如图1.96所示。

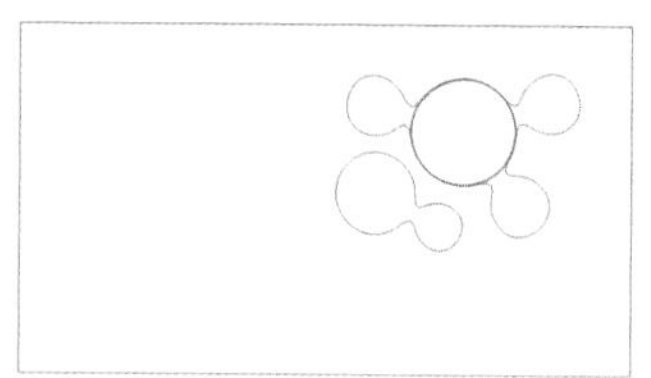

图1.96 大圆重叠效果

知识链接：【缩放工具】的使用方法

在绘图工作中经常需要将绘图页面放大与缩小，以便查看个别对象或整个绘图的结构。使用工具箱中的【缩放工具】🔍，即可控制图形显示。此外，也可以借助该工具的属性栏来改变图像的显示情况。

单击工具箱中的【缩放工具】🔍后，将光标移至工作区，光标将显示为🔍形状。此时直接在工作区单击鼠标左键，系统将以单击处为中心放大图形。

如果希望放大区域，可以单击鼠标左键，拖动鼠标框选出需要放大显示的区域，释放鼠标左键后，该区域将被放大至充满工作区。

如果希望缩小画面显示，则单击鼠标右键或者在按住Shift键的同时在页面上单击鼠标左键，此时光标显示为🔍形状，并且将以单击处为中心缩小画面显示。

另外，按住Shift键的同时在页面上单击鼠标右键，此时光标显示为🔍形状，并且以单击处为中心放大画面显示。

5 将重叠后的三个图形全部选中，单击属性栏中的【合并】按钮，将其进行焊接，如图1.97所示。

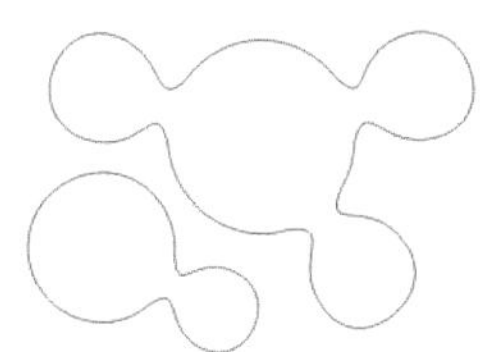

图1.97 完成焊接

6 选中步骤（3）所绘制的图形，将其再复制两份，分别摆放在矩形的不同位置，然后分别填充橘红色（C：0；M：60；Y：100；K：0）和深褐色

(C：0；M：20；Y：20；K：60)，如图1.98所示。

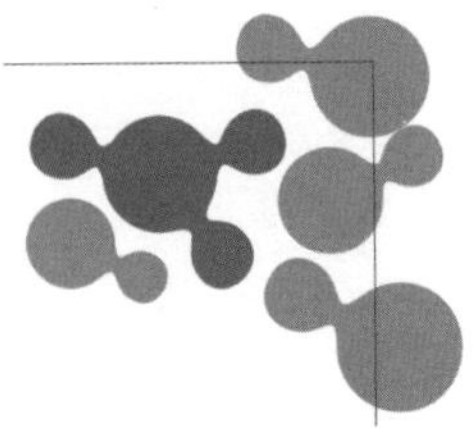

图1.98 填充颜色

知识链接：【缩放工具】属性栏中的参数介绍

除了可以使用【缩放工具】直接对绘图页面进行缩放外，还可以使用该工具的属性栏调节页面显示比例，也可以以通过单击各按钮对页面进行多种显示调整。

- 【放大】按钮：单击【放大】按钮视图将放大两倍，单击鼠标右键会缩小为原来的50%显示。
- 【缩小】按钮：其快捷键为F3，单击【缩小】按钮，视图将缩小为原来的50%显示。
- 【缩放选定对象】按钮：其快捷键为Shift+F2，单击【缩放选定对象】按钮，将选定的对象最大化地显示在页面上。
- 【缩放全部对象】按钮：其快捷键为F4，单击【缩放全部对象】按钮，将对象全部缩放在页面上，单击鼠标右键会缩小为原来的50%显示。
- 【显示页面】按钮：其快捷键为Shift+F4，单击【显示页面】按钮，将页面的宽和高最大化地全部显示出来。
- 【按页宽显示】按钮：按页面宽度显示，单击【按页宽显示】按钮，并单击鼠标右键会将页面缩小为原来的50%显示。
- 【按页高显示】按钮：最大化地按页面高度显示，单击【按页高显示】按钮，并单击鼠标右键会将页面缩小为原来的50%显示。

7 执行菜单栏中的【对象】|【PowerClip】|【结束编辑】命令，结束编辑，效果如图1.99所示。

8 单击工具箱中的【文本工具】字按钮，输入公司名称“庞州市伟业建材市场/业务部”，设置【字体】为“黑体”，并放置在矩形适当位置。然后将矩形内部的深褐色图形复制一份，放置到文字之前，并填充为橘红色(C：0；M：60；Y：100；K：0)，效果如图1.100所示。

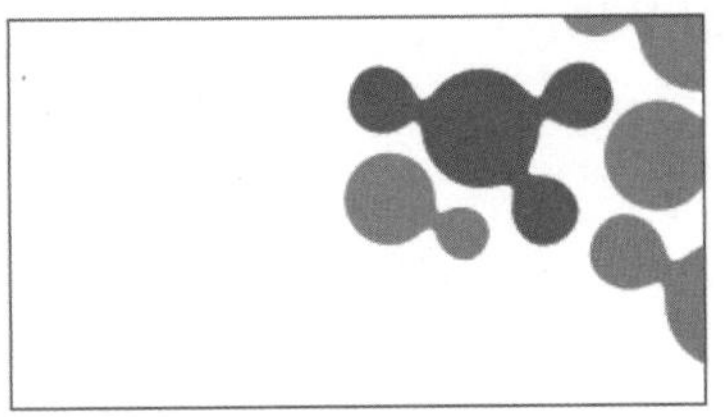

图1.99 结束编辑

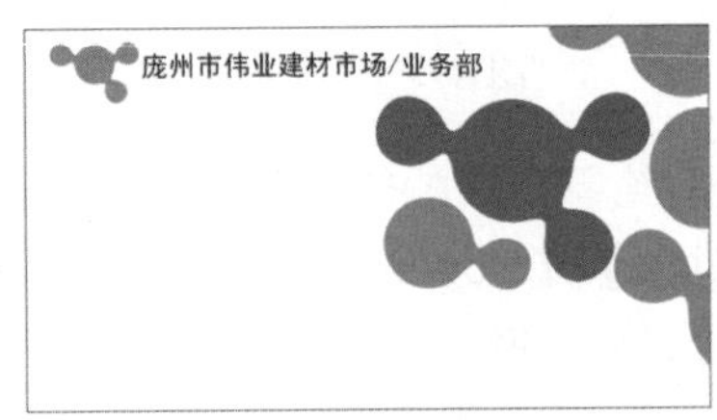

图1.100 添加文字

9 输入中文“梁晨”，设置【字体】为“黑体”，然后执行菜单栏中的【对象】|【拆分美术字】命令，将其拆分。将拆分后的姓名重新调整大小，排列到一起并放置到矩形的合适位置，如图1.101所示。

图1.101 编辑文字

10 再次输入其他中文，并调整不同大小，设置不同字体，摆放不同的位置，完成名片的设计，最终效果如图1.102所示。

图1.102 完成设计

知识链接：使用【视图管理器】命令显示对象

使用【视图管理器】命令，可以方便用户查看画面效果。执行菜单栏中的【视图】|【视图管理器】命令，或者执行菜单栏中的【窗口】|【泊坞窗】|【视图管理器】命令，打开【视图管理器】泊坞窗。

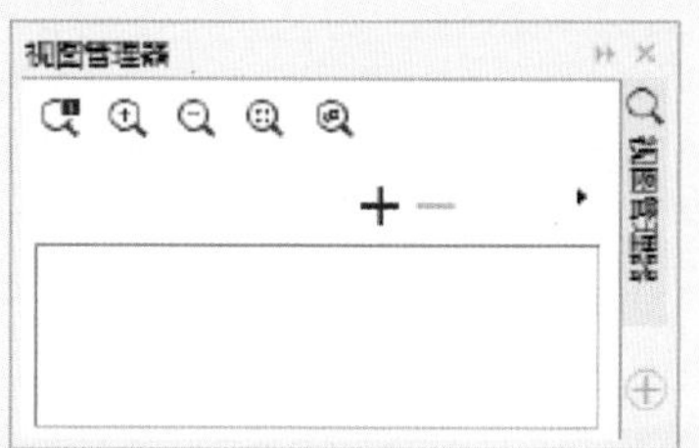

- 【缩放一次】按钮：单击该按钮或按F2键，光标变为状态时，单击鼠标左键，可完成放大一次的操作；相反，单击鼠标右键，可完成缩小一次的操作。
- 【放大】按钮和【缩小】按钮：单击按钮，可以分别执行放大或缩小对象显示的操作。
- 【缩放选定对象】按钮：选取对象后，单击该按钮或按Shift+F2组合键，即可对选定对象进行缩放。
- 【缩放全部对象】按钮：单击该按钮或按F4键，即可将全部对象缩放。
- 【添加当前视图】+按钮：单击该按钮，即可将当前视图保存。
- 【删除当前视图】—按钮：选中添加的视图后，单击该按钮，即可将其删除。

第 2 章

特效艺术字设计

2.1 制作条纹立体字

实例解析 CorelDRAW X8

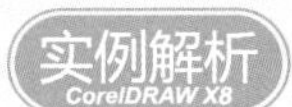

本例讲解制作条纹立体字，本例的字体外观具有不错的艺术化视觉效果，将变形后的文字通过错位的形式形成一种立体感，并为其添加条纹效果即可，最终效果如图2.1所示。

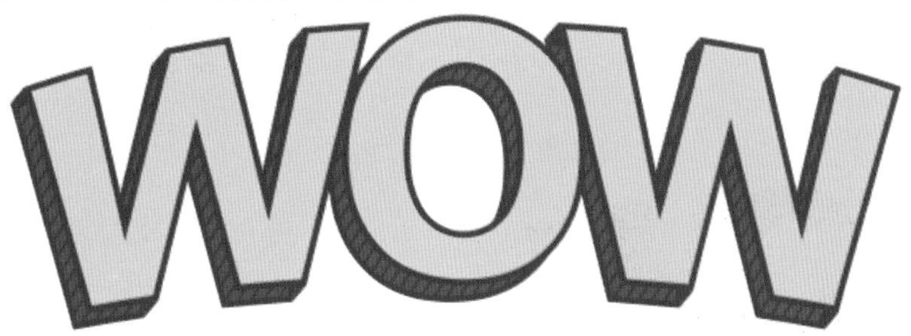

图2.1 最终效果

学习目标 CorelDRAW X8

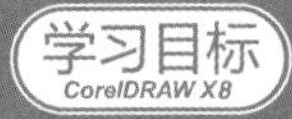

本例主要学习【封套工具】、【2点线工具】、【钢笔工具】的使用；掌握条纹立体字的制作方法。

云盘下载

视频文件：movie\2.1 制作条纹立体字.avi

源文件：源文件\第2章\制作条纹立体字.cdr

操作步骤 CorelDRAW X8

1 单击工具箱中的【文本工具】字按钮，输入文字（Verdana 粗体），设置文字【填充】为深黄色（R：128，G：59，B：13），【轮廓】为深黄色（R：94，G：43，B：8），【轮廓宽度】为1，效果如图2.2所示。

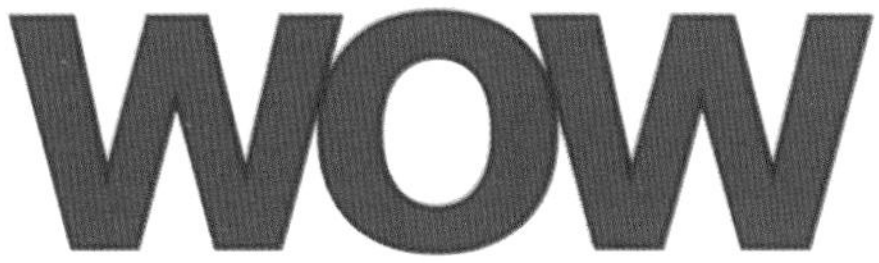

图2.2 输入文字

2 单击工具箱中的【封套工具】按钮，拖动文字控制点将其变形，并按Ctrl+C组合键复制，如图2.3所示。

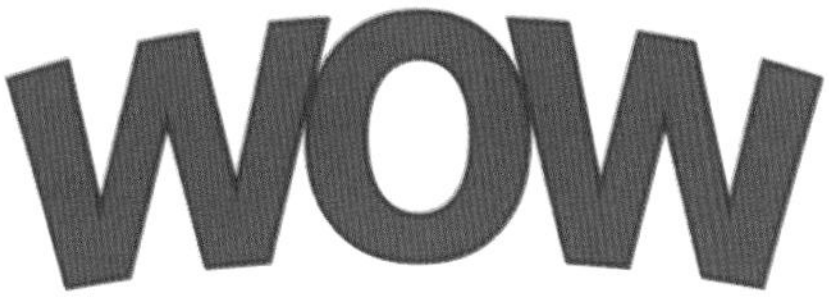

图2.3 将文字变形

3 单击工具箱中的【2点线工具】按钮，在文字左上角绘制一条线段，设置其【轮廓】为深黄色（R：94，G：43，B：8），【轮廓宽度】为0.5，效果如图2.4所示。

4 选中线段并复制多份，直到铺满整个文字，如图2.5所示。

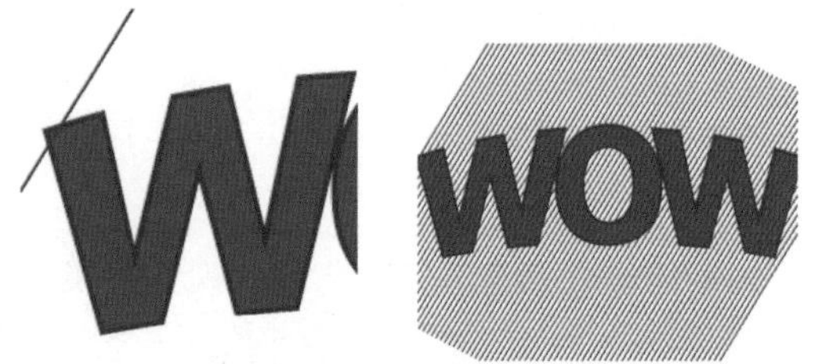

图2.4 绘制线段　　图2.5 复制线段

5 选中所有线段，执行菜单栏中的【对象】|【PowerClip】|【置于图文框内部】命令，将图形放置到文字内部，如图2.6所示。

图2.6 置于图文框内部

6 按Ctrl+V组合键粘贴文字，将粘贴的文字【填充】更改为黄色（R：252，G：199，B：93），并向右上角移动，效果如图2.7所示。

图2.7 复制文字

7 单击工具箱中的【钢笔工具】按钮，在文字左上角绘制一个不规则图形，设置其【填充】为深黄色（R：94，G：43，B：8），【轮廓】为无，效果如图2.8所示。

图2.8 绘制图形

8 以同样的方法在文字其他上下空缺位置绘制图形，以制作出完美的立体效果，这样就完成了效果的制作，如图2.9所示。

图2.9 最终效果

2.2 制作非凡之旅艺术字

实例解析 CorelDRAW X8　本例讲解制作非凡之旅艺术字，此款艺术字的制作比较简单，通过将字体变形，再加入辅助图形突出字面意思即可，最终效果如图2.10所示。

图2.10 最终效果

本例主要学习【文本工具】字、【形状工具】、【钢笔工具】的使用；掌握【修剪】功能的应用技巧。

视频文件： movie\2.2 制作非凡之旅艺术字.avi

源文件： 源文件\第2章\制作非凡之旅艺术字.cdr

操作步骤

1 单击工具箱中的【文本工具】字按钮，输入文字（汉仪菱心体简），如图2.11所示。

2 选中文字并单击鼠标右键，从弹出的快捷菜单中选择【转换为曲线】命令，再将其斜切变形，如图2.12所示。

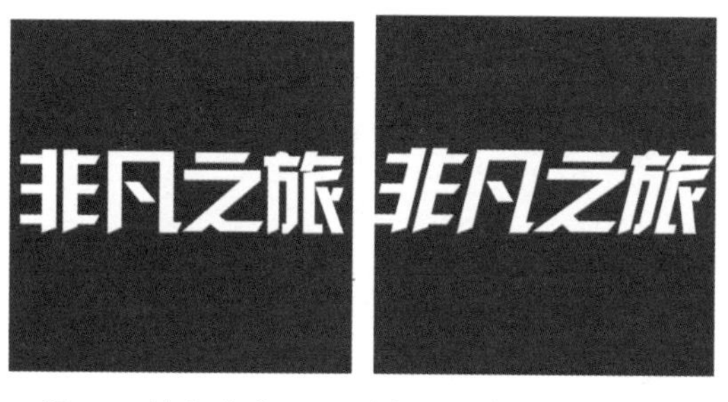

图2.11 输入文字　　图2.12 将文字斜切变形

3 单击工具箱中的【形状工具】按钮，拖动文字部分节点将其变形，如图2.13所示。

图2.13 将文字变形

4 单击工具箱中的【形状工具】按钮，选中【凡】字中间部分并将其删除，如图2.14所示。

5 单击工具箱中的【钢笔工具】按钮，在【凡】字中间位置绘制一个三角形，设置其【填充】为白色，【轮廓】为无，效果如图2.15所示。

图2.14 删除图形　　图2.15 绘制三角形

6 单击工具箱中的【钢笔工具】按钮，在【非】字右下角位置绘制一个细长三角形，设置其【填充】为任意颜色，【轮廓】为无，效果如图2.16所示。

7 同时选中图形及【非】字，单击属性栏中的【修剪】按钮，对文字进行修剪，并将图形删除，如图2.17所示。

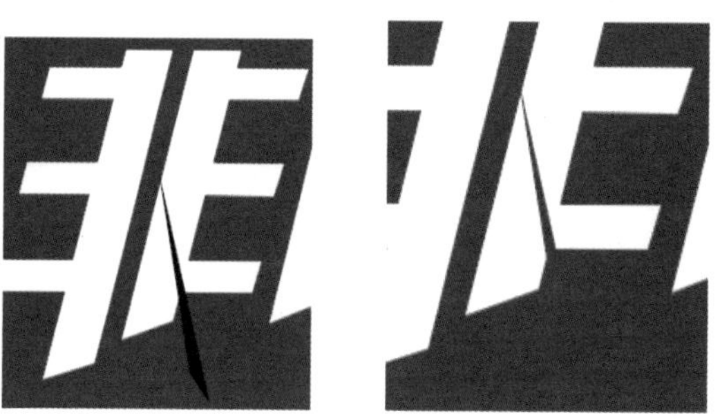

图2.16 绘制图形　　图2.17 修剪文字

8 以同样的方法在其他文字位置绘制相似三角形，并将其修剪，如图2.18所示。

9 单击工具箱中的【钢笔工具】按钮，在

【非】字左上角绘制一个三角形，设置其【填充】为白色，【轮廓】为无，效果如图2.19所示。

图2.18 修剪文字

图2.19 绘制三角形

10 以同样的方法在文字其他位置绘制数个相似的三角形，这样就完成了效果的制作，如图2.20所示。

图2.20 最终效果

2.3 制作波普风艺术字

实例解析 CorelDRAW X8

本例讲解制作波普风艺术字，波普风艺术字给人很强的复古感受，其制作过程比较简单，主要由图形与文字相结合而成，最终效果如图2.21所示。

图2.21 最终效果

学习目标 CorelDRAW X8

本例主要学习【星形工具】、【封套工具】、【阴影工具】的使用；掌握【变形工具】功能的应用技巧。

云盘下载

视频文件： movie\2.3 制作波普风艺术字.avi

源文件： 源文件\第2章\制作波普风艺术字.cdr

操作步骤 CorelDRAW X8

1 单击工具箱中的【星形工具】☆按钮，绘制一个星形，设置其【填充】为天蓝色（R：0，G：204，B：255），【轮廓】为无；在属性栏中将【边】更改为6，【锐度】更改为20，效果如图2.22所示。

2 单击工具箱中的【变形工具】按钮，在图形上拖动，将其变形，按Ctrl+C组合键复制，如图2.23所示。

图2.22 绘制星形

图2.23 将星形变形

3 将星形【填充】更改为灰色（G：102，G：102，B：102），效果如图2.24所示。

4 按Ctrl+V组合键粘贴图形，单击工具箱中的【变形工具】按钮，在图形上拖动，将其稍微变形；在【轮廓笔】面板中将【颜色】更改为灰色（G：102，G：102，B：102），【宽度】更改为1，【位置】更改为内部轮廓，效果如图2.25所示。

图2.24 更改颜色

图2.25 粘贴图形

5 单击工具箱中的【文本工具】**字**按钮，输入文字（Bookman Old Style 半粗体-斜体），设置文字【填充】为红色（R：220，G：30，B：44），【轮廓】为黄色（R：255，G：255，B：0），【轮廓宽度】为1.5，效果如图2.26所示。

6 同时选中文字下方的两个图形，并缩小其高度，如图2.27所示。

图2.26 输入文字　　图2.27 缩小高度

7 单击工具箱中的【封套工具】按钮，拖动文字控制点，将其变形，如图2.28所示。

8 选中文字，单击工具箱中的【阴影工具】❑按钮，拖动为其添加阴影，这样就完成了效果的制作，如图2.29所示。

图2.28 将文字变形　　图2.29 最终效果

2.4 制作意境艺术字

实例解析 CorelDRAW X8

本例讲解制作意境艺术字，本例中字体效果从字面上很容易理解，将文字结构进行拆分，分别为部分结构添加模糊效果，整体给人很强的意境艺术效果，最终效果如图2.30所示。

图2.30 最终效果

学习目标 CorelDRAW X8

本例主要学习【文本工具】字、【钢笔工具】、【高斯式模糊】命令的使用；掌握【相交】功能的应用技巧。

视频文件： movie\2.4 制作意境艺术字.avi

源文件： 源文件\第2章\制作意境艺术字.cdr

操作步骤 CorelDRAW X8

1 单击工具箱中的【文本工具】字按钮，输入文字（方正清刻本悦宋简体）。同时选中所有文字并单击鼠标右键，从弹出的快捷菜单中选择【转换为曲线】命令，如图2.31所示。

图2.31 输入文字

2 单击工具箱中的【钢笔工具】按钮，沿【岁】字顶部绘制一个不规则图形，以选中部分结构，设置其【填充】为无，【轮廓】为默认，效果如图2.32所示。

图2.32 绘制图形

3　选中图形，执行菜单栏中的【对象】|【将轮廓转换为对象】命令。

4　同时选中图形及文字，单击属性栏中的【相交】按钮，对图形进行修剪；调整曲线，选中文字下半部分，同样单击属性栏中的【相交】按钮，对图形进行修剪，如图2.33所示。

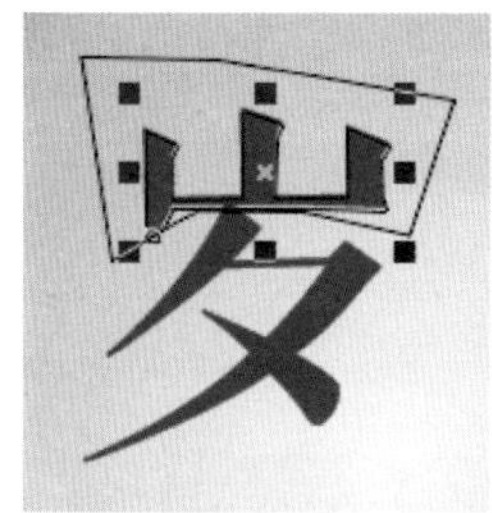

图2.33 相交修剪文字

5　将文字和曲线删除，然后选中【岁】字顶部结构，执行菜单栏中的【位图】|【转换为位图】命令，在弹出的对话框中分别选中【光滑处理】及【透明背景】复选框，完成之后单击【确定】按钮。

6　执行菜单栏中的【位图】|【模糊】|【高斯式模糊】命令，在弹出的对话框中将【半径】更改为6像素，完成之后单击【确定】按钮，效果如图2.34所示。

7　以同样的方法为其他文字的部分结构添加模糊效果，这样就完成了效果的制作，如图2.35所示。

图2.34 添加模糊

图2.35 最终效果

提示

某些文字在拆分曲线之后，外观可能会发生变化，这时只需要将想要独立出来的部分剪切再粘贴即可，或者利用其他任何可利用的方式将其独立。

2.5 制作质感立体字

本例讲解制作质感立体字，本例字体在视觉上具有强烈的立体感，通过不同颜色的组合形成视觉上的落差，整体效果相当出色，最终效果如图2.36所示。

图2.36 最终效果

本例主要学习【文本工具】、【钢笔工具】的使用；掌握【阴影工具】功能的应用技巧。

云盘下载

视频文件：movie\2.5 制作质感立体字.avi

源文件：源文件\第2章\制作质感立体字.cdr

操作步骤 CorelDRAW X8

1 单击工具箱中的【文本工具】**字**按钮，输入文字（Arial 粗体），设置文字【填充】为灰色（R：230，G：230，B：230），效果如图2.37所示。

图2.37 输入文字

2 单击工具箱中的【钢笔工具】按钮，在【F】字母顶部绘制一个不规则图形，设置其【填充】为白色，【轮廓】为无，效果如图2.38所示。

3 选中白色图形，执行菜单栏中的【对象】|【PowerClip】|【置于图文框内部】命令，将图形放置到字母内部，如图2.39所示。

图2.38 绘制图形

图2.39 置于图文框内部

4 单击工具箱中的【钢笔工具】按钮，在【F】字母右侧绘制一个三角形，设置其【填充】为青色（R：153，G：204，B：204），【轮廓】为无，效果如图2.40所示。

5 以同样的方法将其置于图文框内部，如图2.41所示。

图2.40 绘制图形

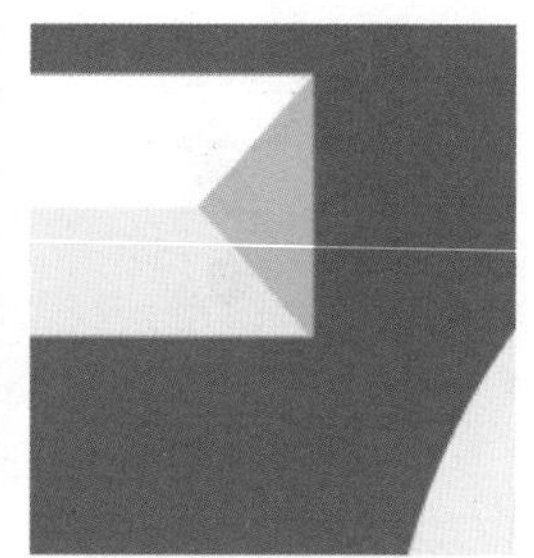

图2.41 置于图文框内部

6 以同样的方法为其他几个字母添加相同的图形，制作立体效果，如图2.42所示。

图2.42 制作立体效果

7 选中文字，单击工具箱中的【阴影工具】按钮，拖动添加阴影，这样就完成了效果的制作，如图2.43所示。

图2.43 最终效果

2.6 制作标签艺术字

本例讲解制作标签艺术字，本例中艺术字在制作过程中将标签与文字相结合，整体给人直观的信息视觉体验，最终效果如图2.44所示。

图2.44 最终效果

本例主要学习【文本工具】字、【矩形工具】□、【钢笔工具】的使用；掌握【水平镜像】功能的应用技巧。

视频文件： movie\2.6 制作标签艺术字.avi

源文件： 源文件\第2章\制作标签艺术字.cdr

操作步骤

1 单击工具箱中的【文本工具】**字**按钮，输入文字（Arial 粗体），如图2.45所示。

2 单击工具箱中的【矩形工具】□按钮，绘制一个矩形，设置其【填充】为红色（R：168，G：34，B：34），【轮廓】为无，效果如图2.46所示。

图2.45 输入文字　　图2.46 绘制矩形

3 选中矩形并单击鼠标右键，从弹出的快捷菜单中选择【转换为曲线】命令。

4 单击工具箱中的【钢笔工具】按钮，在矩形左侧边缘单击添加节点，如图2.47所示。

5 单击工具箱中的【形状工具】按钮，拖动节点将其变形，如图2.48所示。

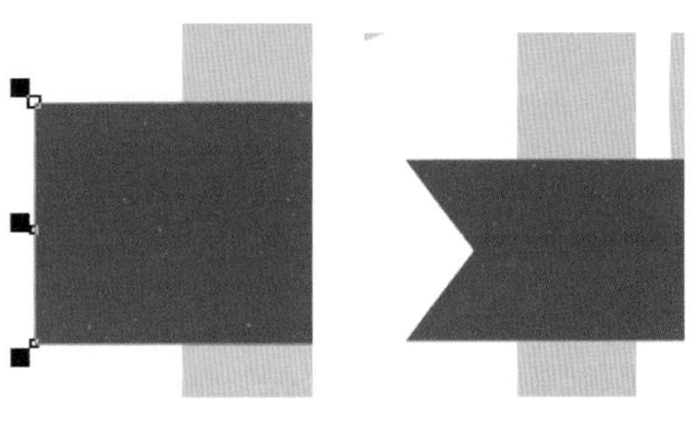

图2.47 添加节点　　图2.48 拖动节点

6 单击工具箱中的【钢笔工具】按钮，在文字后方位置绘制一个倾斜图形，设置其【填充】为深红色（R：112，G：27，B：27），【轮廓】为无，效果如图2.49所示。

7 选中文字上方的图形，按Ctrl+C组合键复制，按Ctrl+V组合键粘贴，单击属性栏中的【水平镜像】按钮，将其水平镜像，再将其移至文字后方位置，如图2.50所示。

图2.49 绘制矩形

图2.50 复制并变换图形

8 单击工具箱中的【文本工具】字按钮，在适当位置输入文字（方正兰亭黑_GBK、时尚中黑简体、微软雅黑），这样就完成了效果的制作，如图2.51所示。

图2.51 最终效果

2.7 制作动感发光字

实例解析 CorelDRAW X8

本例讲解制作动感发光字，本例中字体具有很强的艺术效果，通过添加特效图像模拟出发光效果，最终效果如图2.52所示。

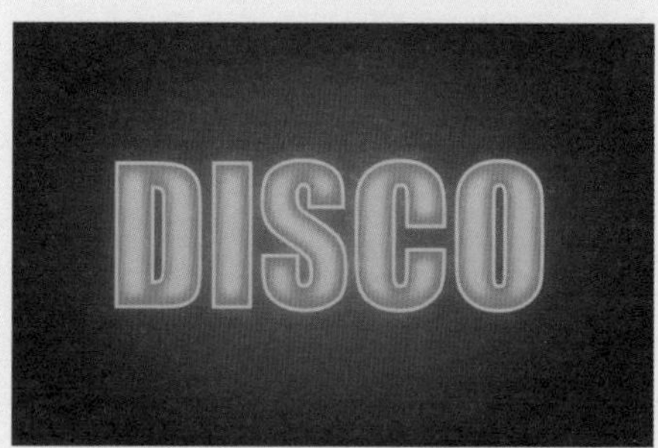

图2.52 最终效果

本例主要学习【文本工具】、【轮廓图工具】的使用；掌握【透明度工具】功能的应用技巧。

视频文件： movie\2.7 制作动感发光字.avi

源文件： 源文件\第2章\制作动感发光字.cdr

操作步骤 CorelDRAW X8

1 单击工具箱中的【文本工具】字按钮，输入文字（Impact），设置文字【填充】为蓝色（R：43，G：125，B：200），【轮廓】为天蓝色（R：0，G：204，B：255），【轮廓宽度】为1，按Ctrl+C组合键复制，效果如图5.53所示。

图5.53 输入文字

2 将文字【填充】更改为冰蓝色（R：153，G：255，B：255），【轮廓】更改为无，效果如图5.54所示。

3 选中文字，执行菜单栏中的【位图】|【转换为位图】命令，在弹出的对话框中分别选中【光滑处理】及【透明背景】复选框，完成之后单击【确定】按钮。

4 执行菜单栏中的【位图】|【模糊】|【高斯式模糊】命令，在弹出的对话框中将【半径】更改为15像素，完成之后单击【确定】按钮，效果如图5.55所示。

图5.54 更改填充　图5.55 高斯式模糊效果

5 选中文字，单击工具箱中的【透明度工具】按钮，在属性栏中将【合并模式】更改为叠加，效果如图5.56所示。

6 按Ctrl+V组合键粘贴文字，如图5.57所示。

技巧

Ctrl+V组合键可原位置粘贴。

图5.56 叠加模式效果　图5.57 粘贴文字

7 选中文字，单击工具箱中的【轮廓图】按钮，在文字左侧拖动创建轮廓图效果，如图5.58所示。

8 选中文字并单击鼠标右键，从弹出的快捷菜单中选择【拆分轮廓图群组】命令；选中拆分后的轮廓图，将【填充】更改为白色，【轮廓】更改为无，效果如图5.59所示。

图5.58 创建轮廓图　图5.59 更改颜色

9 选中文字，执行菜单栏中的【位图】|【转换为位图】命令，在弹出的对话框中分别选中【光滑处理】及【透明背景】复选框，完成之后单击【确定】按钮。

10 执行菜单栏中的【位图】|【模糊】|【高斯式模糊】命令，在弹出的对话框中将【半径】更改为10像素，完成之后单击【确定】按钮，效果如图5.60所示。

11 选中文字，单击工具箱中的【透明度工具】按钮，在属性栏中将【合并模式】更改为叠加，这样就完成了效果的制作，如图5.61所示。

图5.60 高斯式模糊效果　图5.61 最终效果

2.8 时光文字设计

实例解析

本实例主要使用【矩形工具】□、【形状工具】等制作出文字的变形效果。本实例的最终效果如图2.62所示。

图2.62 最终效果

学习目标

本例主要学习【形状工具】、【阴影工具】、【渐变工具】、【贝塞尔工具】、【矩形工具】及【透明度工具】的应用；掌握字体设计的技巧。

云盘下载

视频文件：movie\2.8 时光文字设计.avi

源文件：源文件\第2章\时光文字设计.cdr

操作步骤

2.8.1 输入文字

1 单击工具箱中的【文本工具】**字**按钮，输入文字“时光”，将文字【字体】设置为“微软雅黑”。执行菜单栏中的【对象】|【拆分美术字】命令，将其拆分并调整位置，如图2.63所示。

图2.63 输入并拆分文字

知识链接：更改【缩放工具】默认设置的方法

可以通过在【选项】对话框中调整缩放工具的各项参数，更改缩放工具的默认设置，具体操作步骤如下：

（1）执行菜单栏中的【工具】|【选项】命令，打开【选项】对话框，并在该对话框左侧的列表中选择【工作区】|【工具箱】|【缩放，平移工具】选项。

（2）选中【鼠标按钮2作缩放工具】下的【缩小】单选按钮，可以在页面上通过单击鼠标右键缩小页面显示；如果选中【上下文菜单】单选按钮，在页面上单击鼠标右键将弹出快捷菜单。

（3）选中【鼠标按钮2用作平移工具】下的【缩小】单选按钮，可以在页面上通过单击鼠标右键缩小页面显示；如果选中【上下文菜单】单选按钮，在页面上单击鼠标右键将弹出快捷菜单。

（4）如果选中【按实际大小1:1】复选框，可以使缩放工具相对真实距离进行缩放。

（5）若使用实际大小显示模式在CorelDRAW中编辑，可以利用标尺作为参考来目测对象的大小。但是，在实际工作中，屏幕上水平与垂直标尺的精度会因屏幕分辨率的不同而略有差异，因此需要对标尺进行校正。可以单击【调校标尺】按钮，将显示如图所示的标尺校正屏幕。

（6）一个透明塑料尺平贴在屏幕中的水平标尺上，利用鼠标逐次调整该屏幕左上角【分辨率】下的【水平】数值，直到屏幕上的水平标尺刻度与塑料尺上的刻度完全吻合为止。

（7）重复步骤（6）的操作，逐次调整【垂直】数值，直到屏幕上的垂直标尺刻度与塑料尺上的刻度完全吻合为止。

（8）单击【确定】按钮，即完成标尺的校正。以后当使用实际大小显示模式时，可以在屏幕上看到对象的实际大小，这一点对于专业的设计者而言是十分重要的。

2 选中两个文字，执行菜单栏中【对象】|【转换为曲线】命令，将文字转换为曲线。单击属性栏中的【合并】按钮，将图形焊接，效果如图2.64所示。

图2.64 转曲并焊接文字

提示

转换为曲线，大部分指的是将文字转换为曲线，是一种主要针对文字而言的操作方法，其目的是对文字进行轮廓的调整。当然，在个别工具绘制而成的图形中，也需要将其转换为曲线，比如椭圆、矩形、多边形等，转换后的区别在于去除了智能编辑。

2.8.2 编辑文字

1 选中转换为曲线后的图形，单击工具箱中的【形状工具】按钮，此时光标变成状，选择两个节点，如图2.65所示。按住Ctrl键的同时将两个节点向左侧拖动，将图形的笔画连接在一起，如图2.66所示。

图2.65 选择节点　　图2.66 连接图形

知识链接：使用【平移工具】的方法

当页面显示超出当前工作区时，为了观察页面的其他部分，可选择工具箱中的【平移工具】。选择该工具后，在页面上单击并拖动即可移动页面。

2 单击工具箱中的【形状工具】按钮，拖动并选中要删除的节点，如图2.67所示。接着按Delete键删除图形，如图2.68所示。

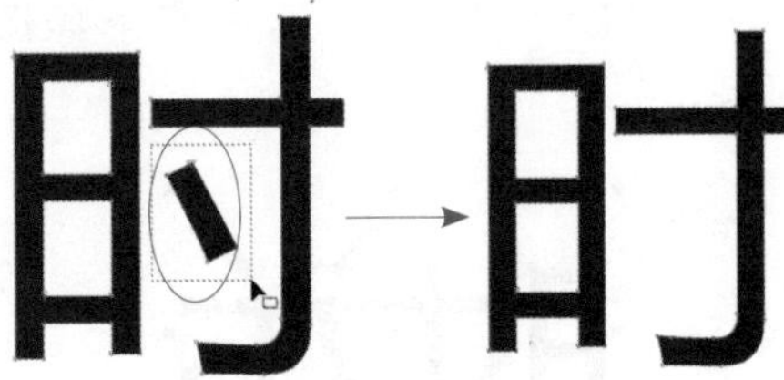

图2.67 选中节点　　图2.68 删除部分图形

3 按照以上的方法，删除"光"字上面的两点，效果如图2.69所示。

图2.69 删除之后的效果

4 单击工具箱中的【矩形工具】按钮，绘制一个长方形，如图2.70所示。

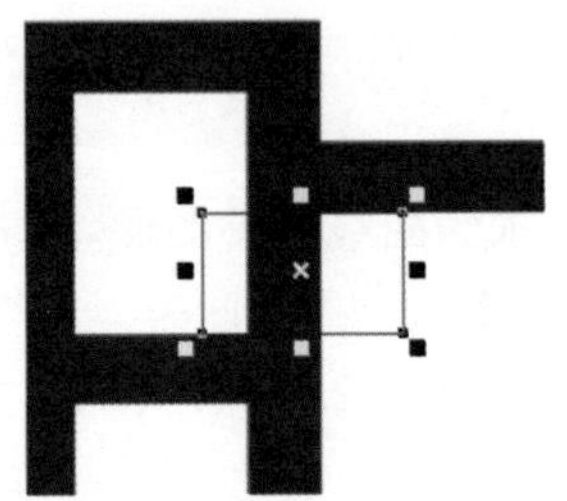

图2.70 绘制长方形

知识链接：窗口操作

在CorelDRAW X8中进行设计的，为了观察一个文档的不同页面，或同一页面的不同部分，或同时观察两个或多个文档，都需要同时打开多个窗口。为此，可以执行【窗口】菜单中的相应命令来新建窗口或调整窗口的显示。

1. 新建窗口

在实际的绘图工作中，经常需要建立一个和原有窗口相同的窗口来对比修改的图形对象，执行菜单栏中的【窗口】|【新建窗口】命令，即可创建一个和原有窗口相同的窗口。

2. 层叠窗口

执行菜单栏中的【窗口】|【层叠】命令，可以将多个绘图窗口按顺序层叠在一起，这样有利于用户从中选择需要使用的绘图窗口。通过单击要切换的窗口的标题栏，即可将选中的窗口作为当前窗口。

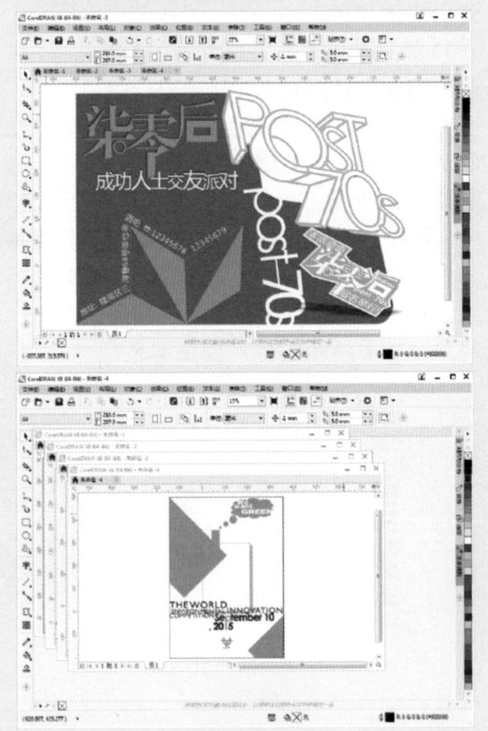

3. 平铺窗口

如果希望同时在屏幕上显示两个或多个窗口，可以选择平铺方式。执行菜单栏中的【窗口】|【水平平铺】命令，或者执行菜单栏中的【窗口】|【垂直平铺】命令。

4. 合并窗口

执行菜单栏中的【窗口】|【合并窗口】命令，可以将所有的窗口合并停靠。

5. 关闭窗口

如需将当前窗口关闭，执行菜单栏中的【窗口】|【关闭窗口】命令。如果在没有保存当前文件窗口的情况下执行该命令，系统将弹出一个信息提示框，询问用户是否保存对该文件所做的修改，该命令的功能等同于【文件】菜单下的【关闭】命令。若要将打开的所有文件窗口一次性全部关闭，则执行菜单栏中的【窗口】|【全部关闭】命令。

6. 刷新窗口

执行菜单栏中的【窗口】|【刷新窗口】命令，可以刷新文件窗口中没有完全显示的图像，使之完整地显示出来。

5 将所绘矩形与图形全部选中，单击属性栏中的【修剪】按钮，将图形修剪，并删除矩形，效果如图2.71所示。用同样的方法修剪其他内容，修剪后的效果如图2.72所示。

图2.71 修剪之后效果　　图2.72 修剪其他图形

6 选中图形，单击工具箱中【形状工具】按钮，在如图2.73所示的部位，待光标变成状，单击鼠标右键，在弹出的快捷菜单中选择【到直线】命令，将曲线转换为直线；利用同样的方法将其他位置的曲线也转换为直线。删除多余节点并调整其他节点位置，效果如图2.74所示。

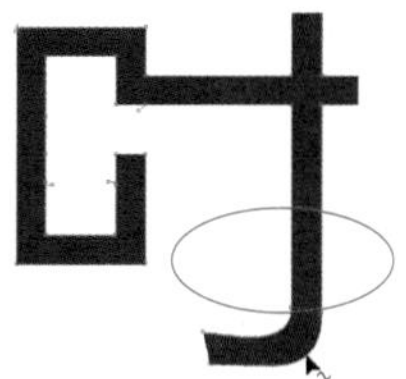

图2.73 调整的部位

图2.74 调整并删除节点后的效果

7 选中图形，单击工具箱中【形状工具】按钮，在图形边缘双击添加节点，如图2.75所示。在已添加的节点旁再添加一个新的节点，选择外侧两个节点，按住Ctrl键的同时从下向上垂直拖动，如图2.76所示。

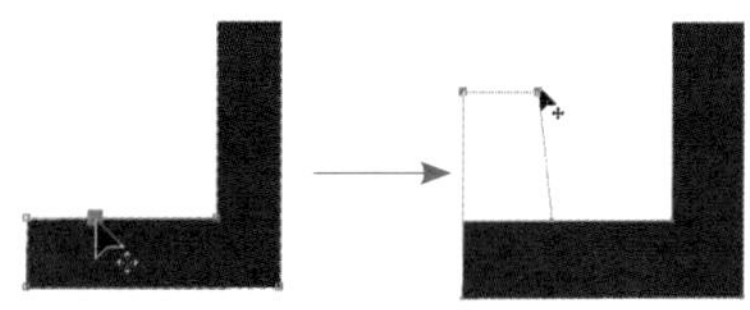

图2.75 选择节点　　图2.76 拖动节点

8 释放鼠标，调整节点位置，使改变后的图形角度垂直或水平。利用同样的方法将图形再次进行修剪，完成后的效果如图2.77所示。

图2.77 修剪后的效果

9 利用【形状工具】调整图形某些部位的宽度，并将连接部位连接到位，完成最后的修改，效果如图2.78所示。

图2.78 调整宽度后的效果

提示

如果觉得色块太长或太短，可以单击工具箱中【形状工具】按钮，拖动鼠标选择节点，然后对其进行缩短或拉长操作即可。

知识链接：将节点转换为尖突节点

将节点转换为尖突节点后，尖突节点两端的控制手柄成为相对独立的状态。当移动其中一个控制手柄的位置时，不会影响另一个控制手柄。

将节点转换为尖突节点的操作是单击工具箱中的【形状工具】按钮，选取其中一个节点，然后在属性栏中单击【尖突节点】按钮，接着拖动其中的一个控制点即可。

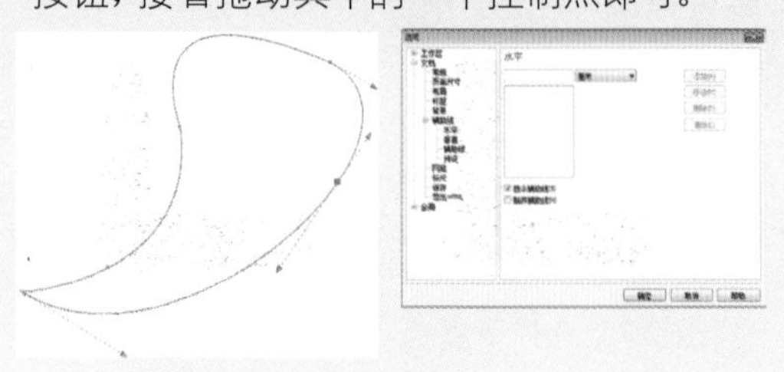

2.8.3 填充颜色

1 选中封闭图形，将其填充为深蓝色（C：95；M：45；Y：0；K：0），如图2.79所示。

图2.79 填充颜色

2 单击工具箱中的【矩形工具】按钮，绘制一个任意矩形，执行菜单栏中【对象】|【转换为曲线】命令，将其转换为曲线。

3 确认选择矩形，执行菜单栏中的【对象】|【PowerClip】|【置于图文框内部】命令，在图形上单击鼠标将其置于图文框内部。执行菜单栏中的【对象】|【PowerClip】|【编辑PowerClip】命令，编辑图形，如图2.80所示。

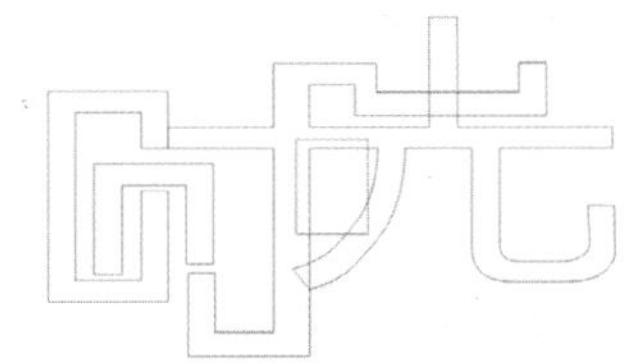

图2.80 置于图文框内部

知识链接：将节点转换为平滑节点

平滑节点两边的控制点是相互关联的，当移动其中一个控制点时，另外一个控制点也会随之移动，可产生平滑过渡的曲线。

曲线上新增的节点默认为平滑节点。要将尖突节点转换为平滑节点，只需在选择节点后，单击属性栏中的【平滑节点】按钮即可。

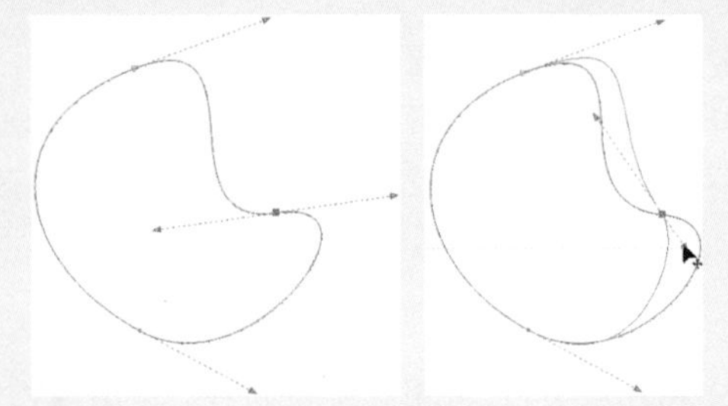

4 选中矩形，设置【轮廓】为无。然后复制多个，调整它们的大小、角度、位置和形状，使其

保持与图形线条相吻合，以便绘制出层次感和立体感。并填充不同深浅的蓝色，如图2.81所示。

5 调整完成后，执行菜单栏中的【对象】|【PowerClip】|【结束编辑】命令，结束编辑。然后单击工具箱中【阴影工具】按钮，待光标变成状，从左向右拖动为文字添加阴影，效果如图2.82所示。

图2.81 编辑图形内部　　图2.82 阴影效果

知识链接：将节点转换为对称节点

对称节点是指在平滑节点特征的基础上，使各个控制线的长度相等，从而使平滑节点两边的曲线率也相等。

将节点转换为对称节点的方法是单击工具箱中的【形状工具】按钮，选取曲线对象中的一个节点，然后单击属性栏中的【对称节点】按钮，将该节点转换为对称节点，再拖动该节点两端的控制点。

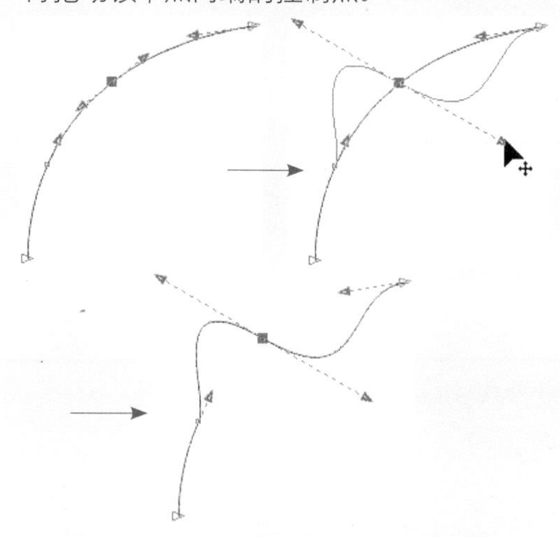

提示

将矩形变成曲线多边形。首先选中图形，单击工具箱中【形状工具】按钮，只需将光标放在矩形的轮廓上，单击鼠标右键，在弹出的快捷菜单中选择【到曲线】命令，然后单击轮廓上的节点并拖动鼠标，进行调整曲线多边形。

2.8.4 制作底框底色

1 单击工具箱中的【矩形工具】按钮，绘制一个矩形，大小与文字图形相近，设置【轮廓】为深蓝色（C：95；M：45；Y：0；K：0），【宽度】为5.0mm，如图2.83所示。

2 单击工具箱中的【贝塞尔工具】按钮，绘制一个任意三角形，按照前面讲述的方法，利用【置于图文框内部】命令，将三角形放在矩形内部，如图2.84所示。

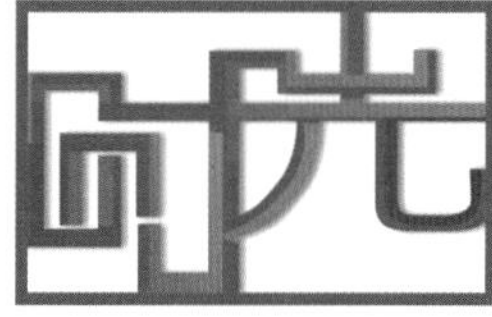

图2.83 添加外框

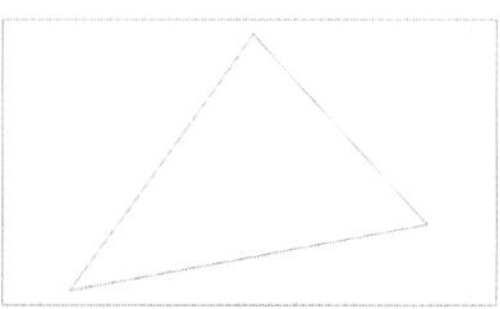

图2.84 编辑外框内部

3 选中三角形，设置【轮廓】为无，然后复制多个，并调整它们的大小、角度和位置，为不同的三角形填充不同的颜色，比如青绿色（C：15；M：0；Y：95；K：0）、浅黄色（C：5；M：5；Y：75；K：0）、麦黄色（C：0；M：15；Y：75；K：0）。

4 单击工具箱中的【透明度工具】按钮，此时光标变成状，垂直拖动鼠标将三角形逐个进行透明处理。调整之后，执行菜单栏中的【对象】|【PowerClip】|【结束编辑】命令，结束编辑，效果如图2.85所示。

图2.85 底框效果

5 将前面做好的文字与底框进行最终组合，完成字体设计，最终效果如图2.86所示。

图2.86 最终效果

提示

为防止图形因放大或缩小而产生轮廓粗细的变化，可以打开【轮廓笔】对话框，选中【随对象缩放】复选框，即可自由变换大小，而不用担心轮廓精细的变化。

知识链接：将直线转换为曲线

在CorelDRAW X8中，使用【转换为曲线】功能，可以将直线转换为曲线，其方法是单击工具箱中的【形状工具】按钮，选取直线中的一个节点，然后单击属性栏中的【转换为曲线】按钮，此时在该线条上将出现两个控制点，拖动其中一个控制点，可以调整曲线的弯曲度。

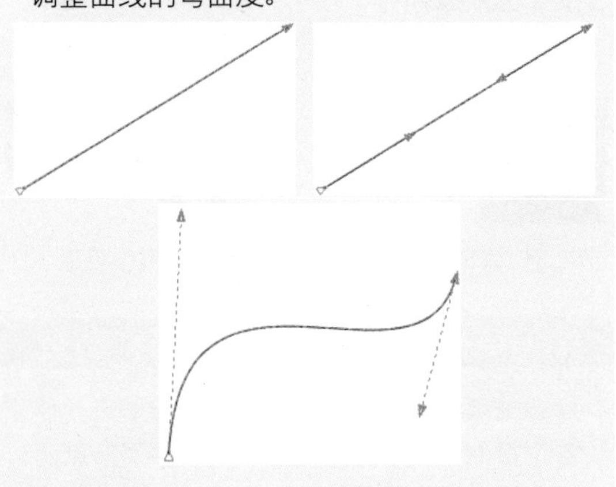

2.9 时代音乐文字设计

实例解析 CorelDRAW X8

本实例主要使用【矩形工具】、【形状工具】等制作出文字的变形效果，并与周围配饰相得益彰，最终效果如图2.87所示。

图2.87 最终效果

本例主要学习【形状工具】、【阴影工具】、【矩形工具】及【立体化工具】的应用；掌握字体设计的技巧，并能够通过运用各类工具，进行创新、优化、提高字体设计的最新思维和制作想法。

视频文件：movie\2.9 时代音乐文字设计.avi

源文件：源文件\第2章\时代音乐文字设计.cdr

操作步骤

2.9.1 制作文字

1 单击工具箱中的【矩形工具】□按钮，绘制一个【边长】为1.7mm的小正方形，确认选中图形，执行菜单栏中的【对象】|【变换】【位置】命令，打开【变换】泊坞窗，在【X】数值框中输入2，【Y】数值框中输入0，【副本】设置为15，如图2.88所示。单击【应用】按钮，此时便向右复制出了15个正方形，效果如图2.89所示。

图2.88 【变换】泊坞窗

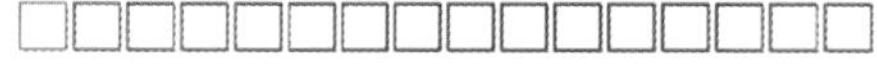

图2.89 复制正方形

知识链接：移动图形的另一种方法——微调图形

除了使用【变换】泊坞窗移动对象外，还可以使用【微调】的方式来完成。选取需要移动的对象，然后按盘上的方向键即可。按住Ctrl键的同时，按键盘上的方向键，可按照【微调】的一小部分距离移动选定的对象；按住Shift键的同时，按键盘上的方向键，可按照【微调】距离的倍数移动选定的对象。

2 将所有方块全部选中，然后在【X】数值框中输入0，【Y】数值框中输入-2，【副本】设置为16，单击【应用】按钮，效果如图2.90所示。

图2.90 再制17行小方格

3 将图形全部选中，填充为浅灰色（C：0；M：0；Y：0；K：20），设置【轮廓】为无，效果如图2.91所示。

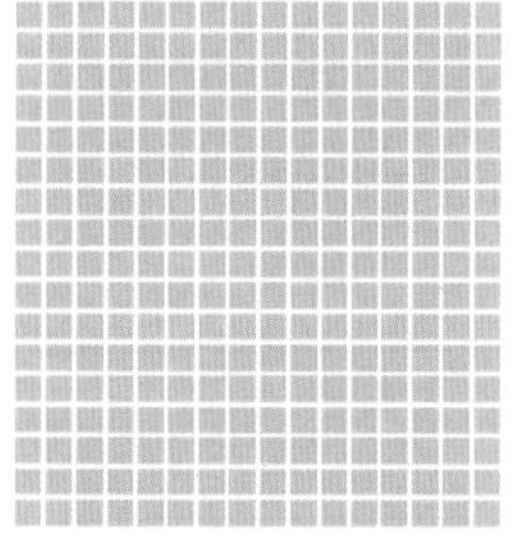

图2.91 填充颜色

4 单击工具箱中的【文本工具】字按钮，输入文字“时代音乐”，设置【字体】为“方正综艺简体”，设置字体【大小】为100pt，效果如图2.92所示。

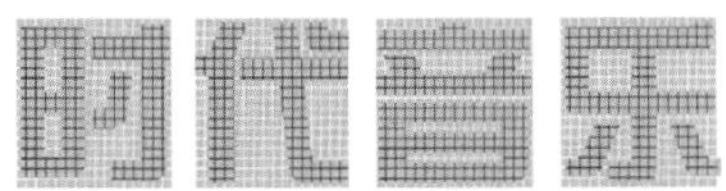
图2.92 输入文字

5 将之前制作完成的272个灰色方格整体选中并群组。然后将其复制5份，其中一份留作备用，其他4份分别放置于文字上方，效果如图2.93所示。

时代音乐

图2.93 将图片放到文字前面

知识链接：群组对象

群组，就是将多个选中的对象（包括文本）或一个对象的各部分组合成一个整体。群组后的对象属于一个整体，可以像操作单个对象那样对其进行各种操作。另外，群组还可以嵌套，也就是说可以将多个群组再群组成一个大群组。

6 将有笔画部分的小方格逐一选中并填充为黄色（C：4；M：11；Y：83；K：0），在填充颜色时，先拖动鼠标将大面积选中并填充，效果如图2.94所示。修改细节部分，效果如图2.95所示。

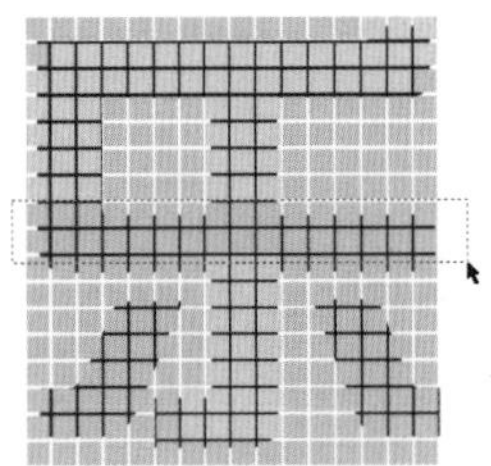
图2.94 拖动鼠标选中小方格

图2.95 填充为黄色

7 利用同样的方法，为其他文字按文字轮廓填充为黄色（C：4；M：11；Y：83；K：0）。单击工具箱中的【文本工具】字按钮，选择文字并将其删除，如图2.96所示。再按照前面讲过的方法拖动鼠标仔细删除灰色部分的小方格，留下制作完成的块状文字，效果如图2.97所示。

图2.96 整体效果

时代音乐

图2.97 删除灰色方格后的效果

知识链接：将曲线转换为直线

在CorelDRAW X8中，使用【转换为曲线】功能可以将曲线转换为直线，其方法是单击工具箱中的【形状工具】按钮，选取曲线中的一个节点，然后单击属性栏中的【转换为线条】按钮。

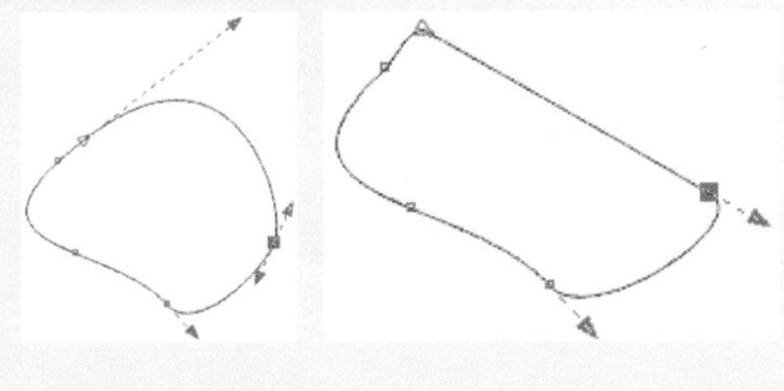

2.9.2 完成底框及装饰

1 将方块组成的文字全部选中，执行菜单栏中的【对象】|【组合】|【组合对象】命令，或者按Ctrl+G组合键将小方格群组。

2 单击工具箱中的【矩形工具】□按钮，绘制一个【宽度】为150mm，【高度】为40mm的矩形，填充为深蓝色（C：100；M：78；Y：49；K：12），设置【轮廓】为无。然后单击工具箱中的【形状工具】按钮，将光标放在矩形任意一个角上，按住鼠标并向对角直线拖动，将方角矩形变成圆角，如图2.98所示。并将之前制作完成的文字放置在圆角矩形内，如图2.99所示。

图2.98 将方角变成圆角

图2.99 放置到矩形中

3 将之前复制备份的灰色小方格摆放在圆角矩形上方，与矩形的上方边缘相交并贴齐。按照前面讲过的方法打开【变换】泊坞窗，设置【相对位置】为右侧中心，多次单击【应用】按钮，直至复制到圆角矩形的最右边缘，如图2.100所示。

图2.100 应用到再制

4 将灰色小方格的上半部分随机选中并删除，制作成参差不齐的音乐节奏起伏的视觉效果，如图2.101所示。

图2.101 随机删除后的效果

5 单击工具箱中的【文本工具】字按钮，输入英文“TIME MUSIC”，设置【字体】为“汉仪菱心体简”，如图2.102所示。

TIME MUSIC

图2.102 输入文字

6 单击工具箱中的【形状工具】按钮，按住状图标部分，向左水平拖动鼠标将文字间距缩小，如图2.103所示。

TIME MUSIC

图2.103 调整间距

知识链接：调整文本的字符和行距

选择要进行调整的文字，然后单击工具箱中的【形状工具】按钮，此时文字的下方将出现调整字距和调整行距的箭头。将鼠标光标移动到调整字距箭头上，按住鼠标左键拖动，即可调整文本的字距。向左拖动调整字距箭头可以缩小字距；向右拖动调整字距箭头可以增加字距。使用【选择工具】调整文字间距的方法是选中段落文本，然后向右或向左拖动调整字距箭头，即可增加或减少文字间距。

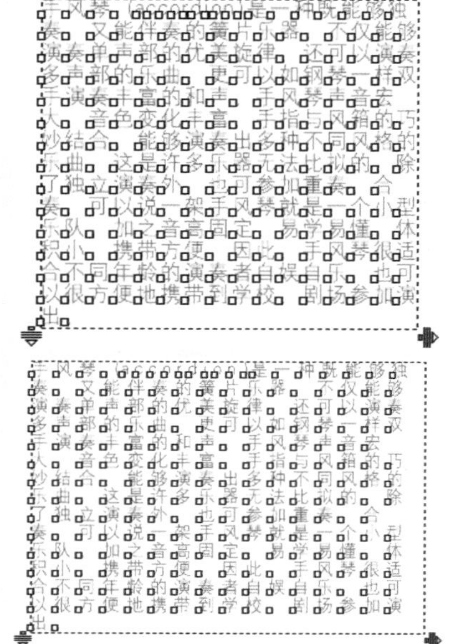

将鼠标光标移动到调整行距箭头上，按住鼠标左键拖动，即可调整行与行之间的距离。向上拖动鼠标光标调整行距箭头可以缩小间距；向下拖动鼠标光标调整行距箭头可以增加行距。使用【选择工具】调整行间距的方法是选中段落文本，向下或向上拖动调整行距箭头，即可减少或增加行间距。

7 选中文字，将其放置于前面制作完成的图形下方，调整大小并移动位置保持与图形下边缘对齐，如图2.104所示。

图2.104 放置于图形下方

知识链接：【颜色滴管工具】的参数设置

选择【颜色滴管工具】，在属性栏中，可以对滴管工具的工作属性进行设置，如取色方式、要吸取的对象属性等。

- 【选择颜色】按钮：单击该按钮，可在文档窗口中进行颜色取样。
- 【应用颜色】按钮：单击该按钮，可将取样颜色应用到对象上。
- 【从桌面选择】按钮：单击该按钮，【颜色滴管工具】可以移动到文档窗口以外的区域吸取颜色。
- 【1×1】按钮、【2x2】按钮和【5×5】按钮：单击这些按钮，可以决定是在单像素中取样，还是对2×2或5×5像素区域中的平均颜色值进行取样。
- 【所选颜色】选项：在其右侧显示吸管吸取的颜色。
- 【添加到调色板】按钮：单击该按钮，可将所选的颜色添加到调色板中。

8 单击工具箱中的【颜色滴管工具】按钮，光标变成状，移动光标到蓝色部分，单击吸取颜色。移动光标到英文字母上，光标变成状，单击填充颜色，填充后的效果如图2.105所示。

图2.105 填充颜色

9 选中图形上方的小方格，单击属性栏中的【合并】按钮，同样运用前面讲过的方法，将其填充为黄色（C：4；M：11；Y：83；K：0），效果如图2.106所示。

图2.106 改变颜色

10 将图形全部选中，执行菜单栏中的【对象】|【组合】|【组合对象】命令，或者按Ctrl+G组合键将图形全部群组。单击工具箱中的【阴影工具】按钮，此时光标变成状，选中图形，从左下角向右上角拖动鼠标，为图形应用阴影效果，如图2.107所示。

图2.107 应用阴影效果

11 利用小方格摆放成一个音乐符号的图形，并将之前输入的英文“TIME MUSIC”复制一份，设置【字体】为“Adobe 黑体 Std R”，将音乐符号与文字全部选中，效果如图2.108所示。

图2.108 制作音乐符号

12 单击工具箱中的【矩形工具】按钮，绘制一个【宽度】为250mm，【高度】为150mm的矩形，填充为灰色（C：0；M：0；Y：0；K：20），设置【轮廓】为无。然后将制作完成的字体设计图形放置于矩形中，调整位置之后，将音乐符号与英文放到背景的右下方，调整大小为字体设计添加装饰图案，效果如图2.109所示。

图2.109 完成设计

知识链接：显示和隐藏标尺的方法

【标尺】是放置在页面上测量对象大小、位置等的测量工具。使用【标尺】工具，可以帮助用户准确地绘制、缩放和对齐对象。在默认状态下，标尺处于显示状态。为方便操作，用户可以自行设置是否显示标尺。执行菜单栏中的【视图】|【标尺】命令，【视图】菜单栏中的【标尺】命令左侧出现对号标记✔，即说明标尺已显示在工作界面上，反之则标尺被隐藏。

2.10 共同的家园文字设计

实例解析 CorelDRAW X8

本实例主要使用【形状工具】、【文本工具】等制作出简单的图形与文字变形效果。本实例的最终效果如图2.110所示。

图2.110 最终效果

本例主要学习【形状工具】、【标注形状】、【矩形工具】及【焊接】的应用；了解字体最基本的变形法则和整体感。

云盘下载

视频文件：movie\2.10 共同的家园文字设计.avi

源文件：源文件\第2章\共同的家园文字设计.cdr

操作步骤 CorelDRAW X8

2.10.1 输入文字

1 单击工具箱中的【文本工具】**字**按钮，输入中文“共同的家园”，将文字【字体】设置为“汉仪综艺体简”。单击工具箱中的【形状工具】按钮，调整文字间距，如图2.111所示。

图2.111 调整文字间距

知识链接：设置标尺的方法

用户可根据绘图的需要，对标尺的单位、原点、刻度记号等进行设置，操作方法如下：执行菜单栏中的【工具】|【选项】命令，或者双击标尺，在弹出的【选项】对话框左侧选择【文档】|【标尺】选项，在【标尺】选项中设置好各参数后，单击【确定】按钮，即可完成对标尺的修改设置。

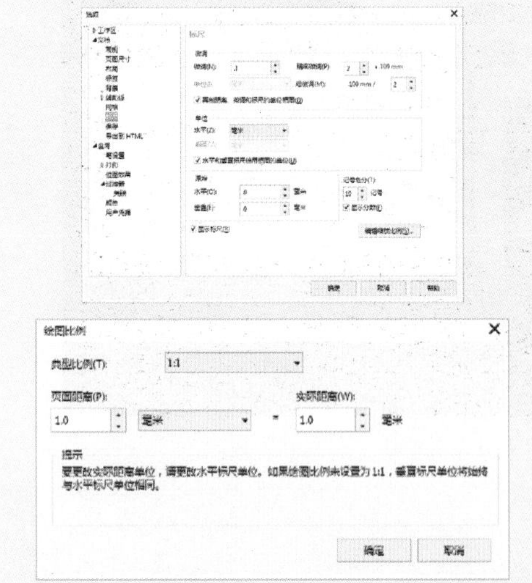

- 【单位】选项组：在【水平】或【垂直】下拉列表框中选择一种测量单位，默认单位是【毫米】。
- 【原始】选项组：在【水平】和【垂直】文本框中输入精确的数值，以自定义坐标原点的位置。
- 【记号划分】：在【记号划分】文本框中输入数值来修改标尺的刻度记号。输入的数值决定每一段数值之间刻度记号的数量。CorelDRAW X8中的刻度记号数量最多只能为20，最少为2。
- 【编辑缩放比例】按钮：单击该按钮，将弹出【绘图比例】对话框，在【典型比例】下拉列表框中可选择不同的刻度比例。

2 执行菜单栏中的【对象】|【拆分美术字】命令，将其拆分，并将文字“的”调整位置，如图2.112所示。

图2.112 调整个别文字

3 单击工具箱中的【贝塞尔工具】按钮，再沿着“同的家”的外轮廓绘制一个类似钻石的图形，设置【轮廓】为橘红色（C：0；M：60；Y：100；K：0）。然后从左侧与上方的标尺处，按住并拖动鼠标各拉出若干辅助线，单击工具箱中的【形状工具】按钮，调整图形的左右、上下相互对称，如图2.113所示。

图2.113 绘制封闭图形

4 单击工具箱中的【矩形工具】□按钮，绘制一个长条形矩形，【填充】为无，设置【轮

廓】为橘红色(C：0；M：60；Y：100；K：0)，沿着橙色图形左侧边相切，如图2.114所示。

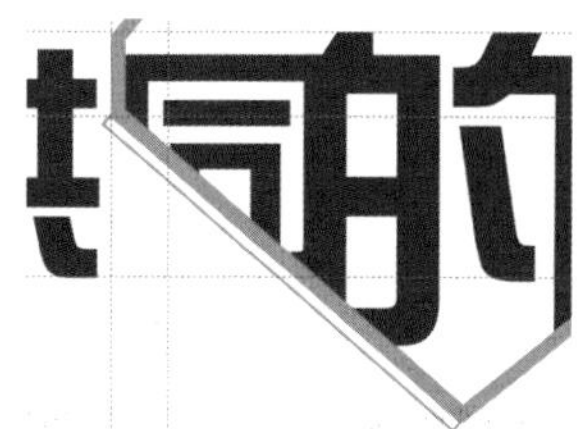

图2.114 绘制矩形并摆放位置

知识链接：调整标尺原点的方法

有时为便于对图形进行测量，需要将标尺原点调整到方便测量的位置上。调整标尺原点的具体操作步骤是将光标移至水平标尺与垂直标尺的原点 上，按住鼠标左键不放，将原点拖至绘图窗口中，这时屏幕上会出现两条垂直相交的虚线。拖动原点到需要的位置后释放鼠标，此时水平标尺和垂直标尺上的原点就被设置到了这个位置。

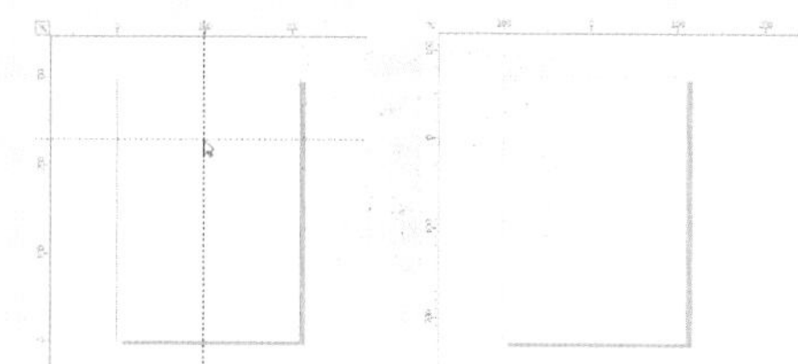

用户也可以在标尺的水平或垂直方向上拖动标尺原点 。在水平标尺上拖动时，水平方向上的【0】刻度会调整到释放鼠标的位置，水平方向上的【0】刻度就是标尺的原点；同样，在垂直标尺上拖动时，垂直方向的【0】刻度会调整到释放鼠标的位置，标尺原点就被调整到相应的垂直标尺上。

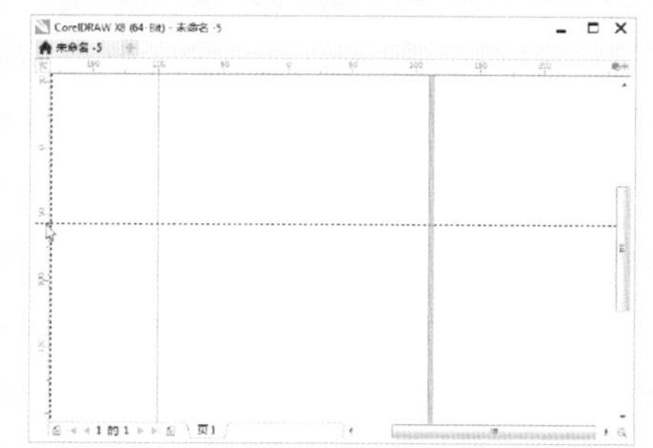

另外，双击标尺原点 按钮，可以将标尺原点恢复到默认的状态。

2.10.2 修剪部分笔画

1 选中矩形，按住Shift键并选中“同”，单击属性栏中的【修剪】按钮，用同样的方法将“的”应用修剪效果，然后将矩形删除，修剪效果如图2.115所示。

2 按住Shift键并选中橘红色线条外侧被完成修剪所剩下的图形的所有节点，按Delete键将其删除，效果如图2.116所示。

图2.115 修剪文字局部

图2.116 删除修剪后的笔画

3 单击工具箱中的【形状工具】按钮，选中“的”最后一笔“勾”划的所有节点，按Delete键将其删除。然后将光标放在曲线边缘，单击鼠标右键，在弹出的快捷菜单栏中选择【到直线】命令，将曲线改变成直线。再通过调整节点的位置，改变笔画的走向，效果如图2.117所示。

4 同样利用【形状工具】，将文字“家”的部分笔画全部选中，如图2.118所示。按Delete键将其删除，效果如图2.119所示。

图2.117 调整文字“的”

图2.118 选中“家”部分笔画

图2.119 将“家”部分笔画删除

知识链接：调整标尺位置的方法

在CorelDRAW X8中，标尺可放置在页面上的任何位置，即可根据不同对象的测量需要来灵活调整标尺的位置。同时调整水平和垂直标尺，将光标移动到标尺原点上，按住Shift键的同时，按住鼠标左键拖动标尺原点，释放鼠标后标尺就被拖动到指定的位置。

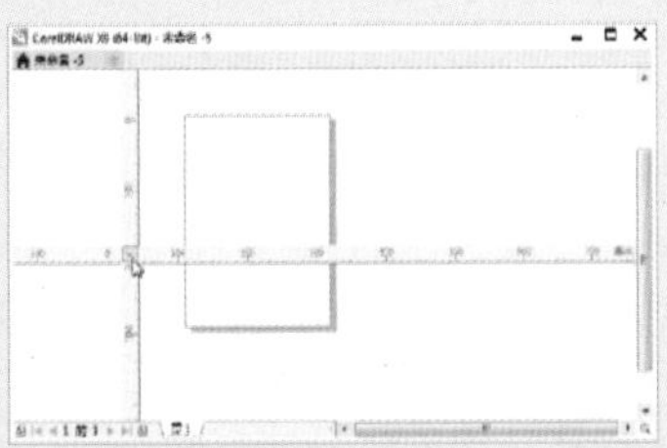

用户也可以分别调整水平或垂直标尺。将光标移动到水平或垂直标尺上，按住Shift键的同时，按住鼠标左键分别向下或向右拖动标尺原点，释放鼠标后，水平标尺或垂直标尺将被拖动到指定的位置。

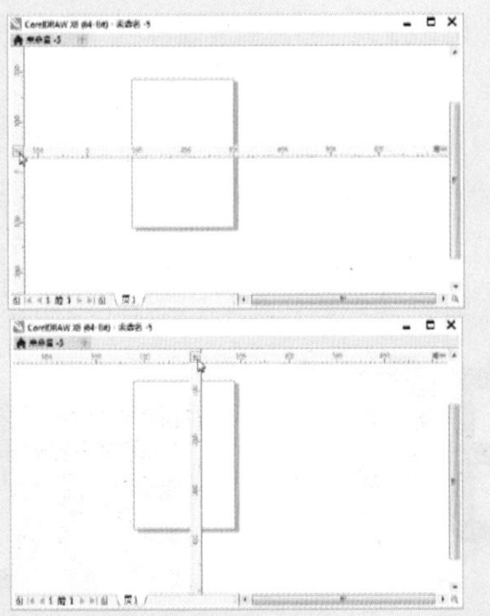

另外，同时按住Shift键，双击标尺上任意位置，标尺将恢复为拖动前的状态。再双击标尺原点，标尺原点即被恢复为默认状态。

5 单击工具箱中的【矩形工具】按钮，绘制一个矩形，然后复制3份，分别沿着“园”字的边相交放置，如图2.120所示。

6 按照之前讲过的方法，选中矩形和“园”，单击属性栏中的【修剪】按钮，将矩形删除，修剪效果如图2.121所示。

图2.120 将矩形放置在文字上

图2.121 修剪文字

知识链接：显示和隐藏网格的方法

网格是由均匀分布的水平和垂直线组成的，使用网格可以在绘图窗口精确地对齐和定位对象。通过指定频率或间隔，可以设置网格线或点之间的距离，从而使定位更加精确。默认状态下，网格处于隐藏状态，显示网格的具体操作步骤是在工作区的页面上边缘的阴影上双击鼠标左键，弹出【选项】对话框，在左侧列表中选择【文档】|【网格】选项。在默认状态下，【显示网格】复选框处于未选取状态，此时在工作区中不会显示网格。要显示网格，首先选中【显示网格】复选框，然后单击【确定】按钮即可。

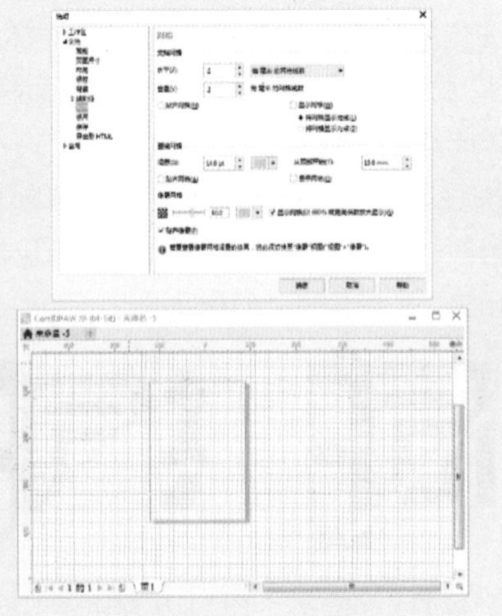

7 调整矩形宽高比，然后放置在文字“的”上面，效果如图2.122所示。单击属性栏中的【修剪】按钮，然后将矩形删除，修剪效果

如图2.123所示。

图2.122 将矩形放置在文字上

图2.123 修剪文字

知识链接：设置网格的方法

用户可根据绘图需要自定义网格的频率和间隔，执行菜单栏中的【工具】|【选项】命令，在弹出的【选项】对话框中选择【文档】|【网格】选项。在【水平】和【垂直】文本框中输入相应的数值，设置好所有的选项后，单击【确定】按钮即可。

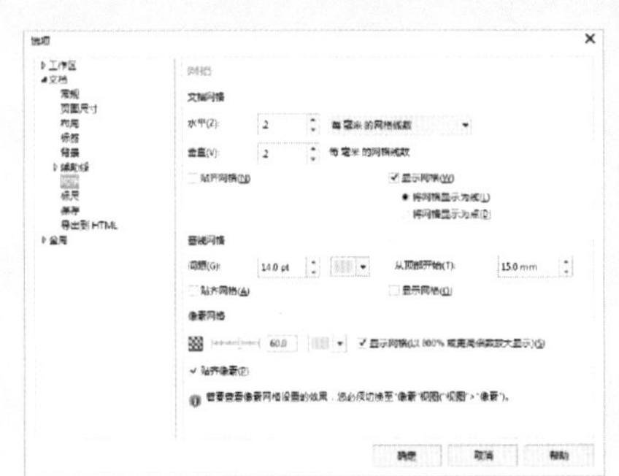

- 【毫米间距】选项：以具体的距离数值，指定水平或垂直方向上网格线的间隔距离。
- 【每毫米的网格线数】选项：以每1毫米距离中所包含的线数指定网格的间隔距离。

2.10.3 连接部分笔画

1 选中文字“园”，单击工具箱中的【形状工具】按钮，此时光标变成状，选择两个节点，如图2.124所示。按住Ctrl键的同时将两个节点向左侧拖动，将图形的笔画连接在一起，如图2.125所示。

图2.124 选择节点

图2.125 连接图形

2 按照上一步的调整方法，将“园”字的其他笔画依次选中，然后相互连接或做调整，完成效果如图2.126所示。

3 选中文字“家”中的最后一笔最上方的两个节点，如图2.127所示。按住鼠标水平向右拖动，将倾斜的笔画扶正，如图2.128所示。

图2.126 修剪文字“园”

图2.127 选中节点

图2.128 移动节点

4 按照上一步的方法，将文字“的”中倾斜的笔划也进行扶正，效果如图2.129所示。

图2.129 调整节点

5 选中橘色图形，按Delete键将其删除。然后进行局部调整，效果如图2.130所示。

图2.130 局部微调

2.10.4 添加部分笔画

1 选中“同”字，单击工具箱中的【矩形工具】□按钮，绘制一个长条形矩形，调整旋转角度，并和“同”字内部的“口”下方相贴齐，效果如图2.131所示。

2 将二者全部选中，单击属性栏中的【合并】按钮，将矩形与文字完成焊接，然后单击工具箱中的【形状工具】按钮，调整边缘节点，效果如图2.132所示。

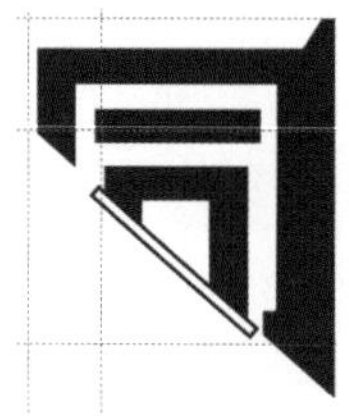

图2.131 添加矩形

图2.132 完成焊接效果

知识链接：预设辅助线的设置方法

预设辅助线是指CorelDRAW X8程序为用户提供的一些辅助线设置样式，它包括【Corel预设】和【用户定义预设】两个选项。添加预设辅助线的方法是：在【选项】对话框中选择【辅助线】|【预设】选项。默认状态下，系统会选中【Corel预设】单选按钮，其中包括【一厘米页边距】、【出血区域】、【页边框】、【可打印区域】、【三栏通讯】、【基本网格】和【左上网格】预设辅助线。选择好需要的选项后，单击【确定】按钮即可。

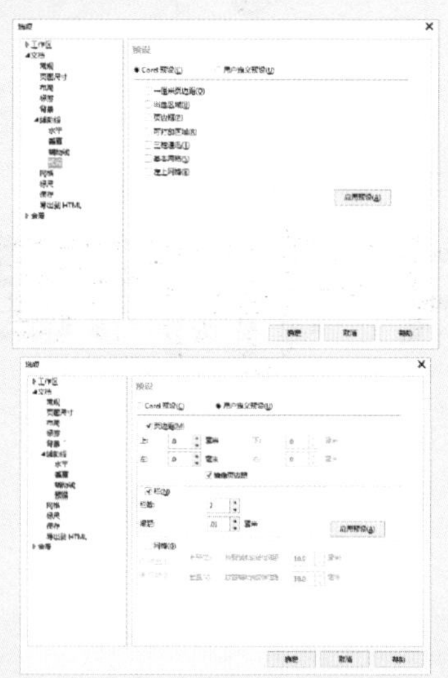

选中【用户定义预设】单选按钮，将显示更多的选项设置，具体说明如下。

- 【页边距】选项：设置辅助线离页面边缘的距离。选中该复选框后，在【上】、【左】文本框中输入页边距的数值，则【下】、【右】文本框中会出现相同的数值。撤选对【镜像页边距】复选框的选中，可在【下】、【右】文本框中输入不同的数值。
- 【栏】：指将页面垂直分栏。【栏数】是指页面被划分成栏的数量；【间距】是指每两栏之间的距离。
- 【网格】：在页面中将水平和垂直辅助线相交后形成网格的形式，可通过【频率】和【间距】来修改网格设置。

3 单击工具箱中的【矩形工具】□按钮，绘制一个长条形矩形，调整旋转角度，并放置在文字“家”的内部。然后单击工具箱中的【形状工具】按钮，调整边缘节点，如图2.133所示。

4 将图形复制一份并放置到其下方，同样单击工具箱中的【形状工具】按钮，调整边缘节点，完成文字“家”的编辑，效果如图2.134所示。

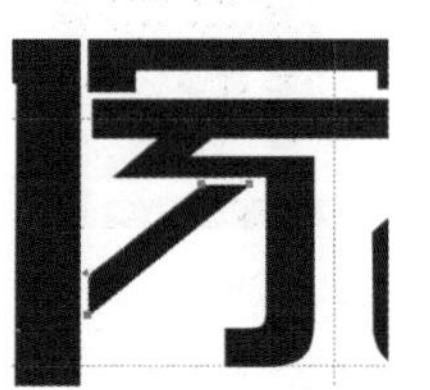

图2.133 添加矩形

图2.134 复制并调整节点

5 单击工具箱中的【矩形工具】□按钮，绘制一个长条形矩形，添加在文字上方，并复制一份放置在其右侧，如图2.135所示。

图2.135 添加矩形

6 单击工具箱中的【形状工具】按钮，在左侧的矩形左侧添加两个节点，调整边缘节点，拖动与文字相接，效果如图2.136所示。

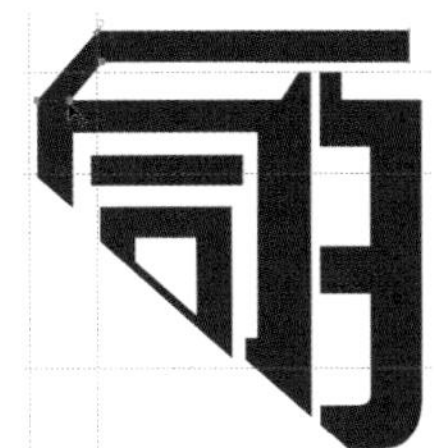

图2.136 移动节点编辑矩形

知识链接：辅助线的使用技巧

辅助线的使用技巧包括辅助线的选择、旋转、锁定及删除等，各项技巧的具体使用方法如下：

选择单条辅助线时，单击辅助线，则该条辅助线呈红色被选中状态。选择所有辅助线时，执行菜单栏中的【编辑】|【全选】|【辅助线】命令，则全部的辅助线呈现红色被选中状态。

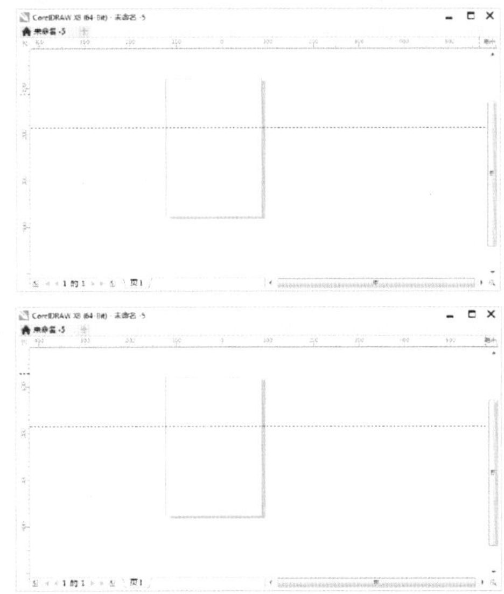

需要旋转辅助线的时候，单击两次辅助线，当显示倾斜手柄时，将光标移动到倾斜手柄上按住左键不放，拖动鼠标即可对辅助线进行旋转。选取辅助线后，执行菜单栏中的【对象】|【锁定】|【锁定对象】命令，该辅助线即被锁定，这时将不能对它进行移动、删除等操作。将光标对准锁定的辅助线，单击鼠标右键，在弹出的快捷菜单中选择【解锁对象】命令，即可将锁定的辅助线解锁。

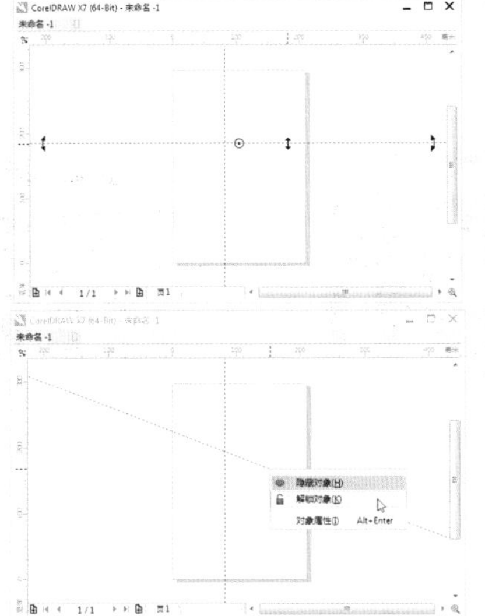

为了在绘图过程中对图形进行更加精准的操作，可以执行菜单栏中的【视图】|【对齐辅助线】命令，或者单击【标准工具栏】中的【贴齐】按钮，从弹出的下拉列表框中选择【辅助线】选项来开启贴齐辅助线功能。启用贴齐辅助线功能后，移动选定的对象时，图形对象中的节点将向距离最近的辅助线及其交叉点靠拢对齐。

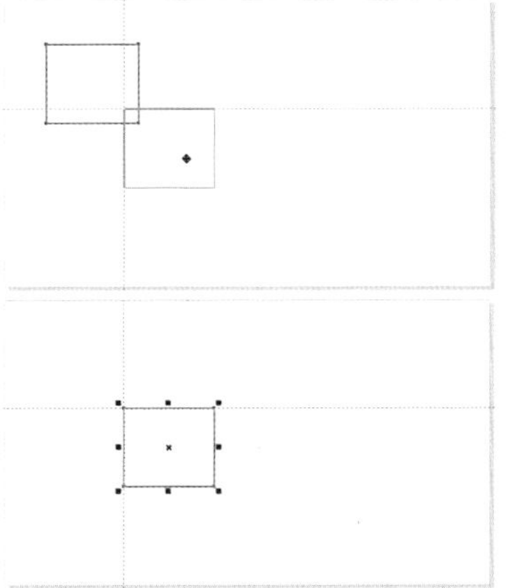

删除辅助线的时候，只需要选择辅助线，按Delete键即可。删除预设的辅助线，需要执行菜单栏中的【工具】|【选项】命令，在弹出的【选项】对话框中，选择【文档】|【辅助线】|【预设】选项，取消选择预设辅助线即可。

7 单击工具箱中的【形状工具】按钮，选中文字“家”上方笔画的最顶部两个节点，如图2.137所示。按住鼠标直线向右上方移动节点，完成笔画变形。并同时将上方的矩形右上方的节点向右拖动，达到与之平行的美观效果，如图2.138所示。

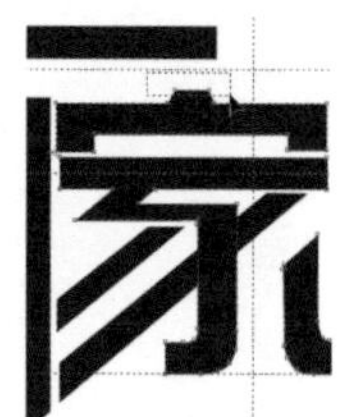

图2.137 调整后的效果

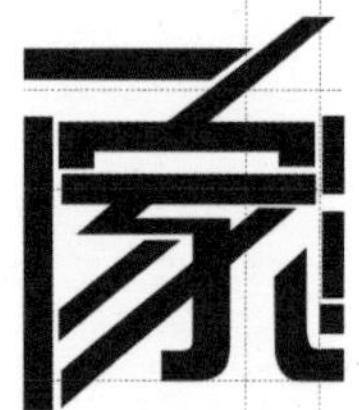

图2.138 调整宽度后的效果

8 单击工具箱中的【矩形工具】按钮，绘制一个长条形矩形，旋转矩形添加到文字“园”上方。然后单击工具箱中的【形状工具】按钮，调整节点，使其与“家”最上方形成“人”字形结构，绘制一个房屋形状，如图2.139所示。再次利用【矩形工具】按钮，为“房屋”添加烟囱，如图2.140所示。

图2.139 添加四边形

图2.140 添加封闭图形

知识链接：设置贴齐的方法

在移动或绘制对象时，通过设置贴齐功能，可以将该对象与绘图中的另一个对象贴齐，也可以与目标对象中的多个贴齐点贴齐。当光标移动到贴齐点时，贴齐点会突出显示，表示该贴齐点就是光标要贴齐的目标。通过【贴齐】对象，可以将对象中的节点、交集、中点、象限、正切、垂直、边缘、中心和文本基线等设置为贴齐点，使用户在贴齐对象时得到实时的反馈。

执行菜单栏中的【视图】|【贴齐】|【对象】命令，或者单击【标准工具栏】中的【贴齐】按钮，从弹出的下拉列表框中选择【对象】选项，使贴齐对象选项前显示✔对号标记即可，反之则关闭。用户也可以按Alt+Z组合键，打开【贴齐】功能。

打开【贴齐】功能后，选择要与目标对象贴齐的对象，将光标移到对象上，此时会突出显示光标所在处的贴齐点，然后将该对象移动至目标对象，目标对象上会突出显示贴齐点，释放鼠标，即可使选取的对象与目标对象贴齐。

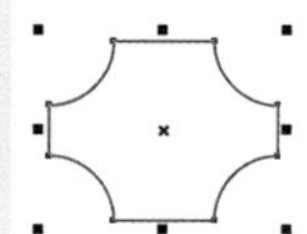
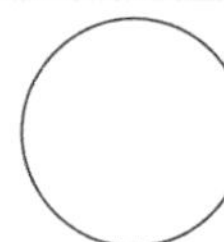
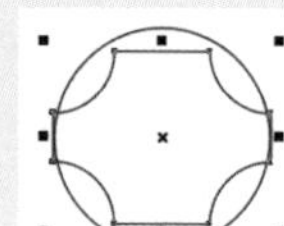

2.10.5 绘制其他图形

1 单击工具箱中的【标注形状工具】按钮，然后单击属性栏中的【完美形状】按钮，按住鼠标从右下角向左上角直线拖动绘制一个标注形状，如图2.141所示。

图2.141 绘制标注形状

2 选中图形，复制一份并单击属性栏中的【水平镜像】按钮，使其完成水平翻转，并将两个标注形状相切地放置在一起，如图2.142所示。

图2.142 复制并水平翻转

3 将两个图形全部选中，单击属性栏中的

【合并】按钮，将其进行焊接。然后单击工具箱中的【形状工具】按钮，调整边缘节点，并将左侧的3个圆形删除，效果如图2.143所示。

图2.143 调整节点改变形状

4 单击工具箱中的【文本工具】**字**按钮，输入大写英文“WE HAVE A COMMON HOMELAND”，将文字【字体】设置为“汉仪综艺体简”。单击工具箱中的【形状工具】按钮，调整文字间距，执行菜单栏中的【对象】|【拆分美术字】命令，或者按Ctrl+K组合键将文字拆分，并重新排列位置，如图2.144所示。

图2.144 添加文字

5 选中图形以及文字，将其放置到之前制作完成的文字之上，如同烟囱里升腾出来的袅袅炊烟一般，如图2.145所示。

图2.145 添加到文字之上

6 将标注形状复制一份，单击工具箱中的【形状工具】按钮，对其进行编辑，调整形状至一个树冠形状，如图2.146所示。

图2.146 完成树冠形状绘制

知识链接：设置贴齐选项

默认状态下，对象可以与目标对象中的节点、交集、中点、象限、正切、垂直、边缘、中心和文本基线等贴齐点对齐。通过设置贴齐选项，可以选择是否将它们设置为贴齐点。执行【工具】|【选项】命令，在弹出的【选项】对话框中选择【工作区】|【贴齐对象】选项。

- 【贴齐对象】复选框：选中该复选框，打开贴齐对象功能。
- 【贴齐半径】选项：用于设置光标激活贴齐点时的相应距离。例如，设置贴齐半径为10像素，则当光标距离贴齐点为10个屏幕像素时，即可激活贴齐点。
- 【显示贴齐位置标记】复选框：选中该复选框，在贴齐对象时显示贴齐点标记，反之，则隐藏贴齐点标记。
- 【贴齐页面】复选框：选中该复选框，当对象靠近页面边缘时，即可激活贴齐功能，对齐到当前靠近的页面边缘。
- 【屏幕提示】复选框：选中该复选框，显示屏幕提示，反之，则隐藏屏幕提示。
- 【模式】选项区域：在该区域中可启用一个或多个模式复选框，以打开相应的贴齐模式。单击【选择全部】按钮，可启用所有贴齐模式。单击【全部取消】按钮，可禁用所有贴齐模式但不关闭贴齐功能。

7 将树冠图形复制一份，略微调整大小并放置到文字“共”之上。单击工具箱中的【贝塞尔工具】按钮，在文字与“树冠”之间绘制一个封闭图形，如图2.147所示。

图2.147 添加“树冠”

8 选中树冠，设置【轮廓】为无，填充为绿色（C：100；M：0；Y：100；K：0）和黄绿色（C：35；M：0；Y：97；K：0），将左侧文字“共同的”填充为褐色（C：28；M：31；Y：32；K：0），如图2.148所示。

图2.148 填充颜色

9 选中其他文字以及部分多边形，将其填充为浅土黄色（C：3；M：29；Y：92；K：0）。单击工具箱中的【矩形工具】□按钮，绘制一个【宽度】为90mm，【高度】为50mm的矩形。将矩形填充为黑色，设置【轮廓】为无，并放置到所有图形的下方，作为背景。选中【标注形状工具】，设置【填充】为白色，【轮廓】为无。至此，字体设计就制作完成了，最终效果如图2.149所示。

图2.149 完成设计

第3章

企业VI设计

3.1 九江国际集团办公VI设计

实例解析 CorelDRAW X8

本实例主要使用【矩形工具】□、【阴影工具】❏、【文本工具】字等制作出华丽、质朴、厚重的办公文件用品。本实例最终的传真纸效果如图3.1所示；信纸效果如图3.2所示。

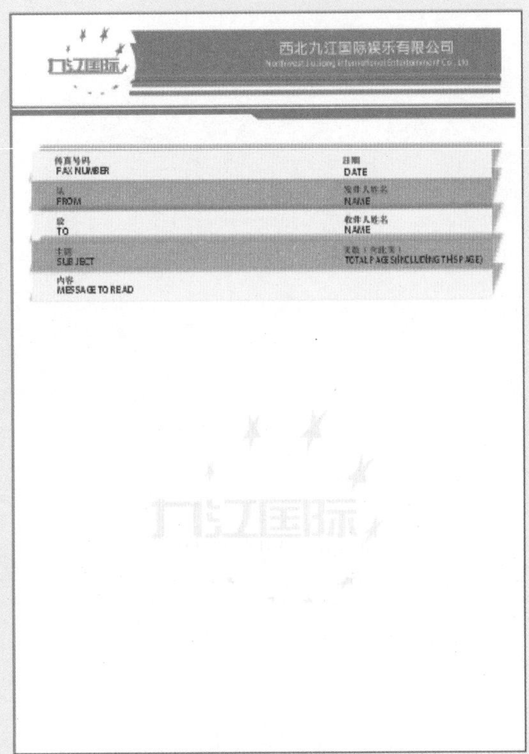

图3.1 传真纸最终效果

图3.2 信纸最终效果

本实例主要学习【文本工具】、【透明度工具】、【贝塞尔工具】、【矩形工具】及【导入】命令的应用；掌握VI设计的技巧。

视频文件：movie\3.1 九江国际集团办公VI设计.avi

源文件：源文件\第3章\九江国际集团办公VI设计.cdr

3.1.1 制作传真纸底框及标头部分

1 单击工具箱中的【矩形工具】□按钮，绘制一个【宽度】为160mm，【高度】为18mm的矩形，设置其【轮廓】为无，【填充】颜色为橘红色（C：0；M：60；Y：100；K：0）。然后将其复制一份，设置宽度不变，修改【高度】为1.5mm。放到矩形下方之后将两者全部选中，执行菜单栏中的【对象】|【组合】|【组合对象】命令，将两个矩形群组，如图3.3所示。

图3.3 绘制矩形

知识链接：群组对象的操作方法

如果要群组对象，首先应将要群组的对象全部选中，然后执行菜单栏中的【对象】|【组全】|【组合对象】命令，或者单击【属性栏】中的【组合对象】按钮，即可将选中的多个对象或一个对象的各个部分群组为一个整体。用户也可以使用Ctrl+G组合键，当移动或缩放多个对象时，将这些对象进行群组后再进行操作更加方便。

2 单击工具箱中的【椭圆形工具】○按钮，绘制一个【直径】为40mm的辅助圆，将其放在绘制完成并已群组的矩形左端，如图3.4所示。

图3.4 将圆放到矩形上

3 拖动鼠标将圆和矩形全部选中。单击属性栏中的【修剪】按钮，选中正圆，按Delete键将其删除，效果如图3.5所示。

图3.5 修剪之后的效果

4 单击工具箱中的【阴影工具】按钮，此时光标变成状，将光标放在图形上按住并拖动鼠标到适当位置后释放鼠标，为图形应用阴影效果，设置【阴影的不透明度】为46，【阴影羽化】为2，【阴影颜色】为黑色，效果如图3.6所示。

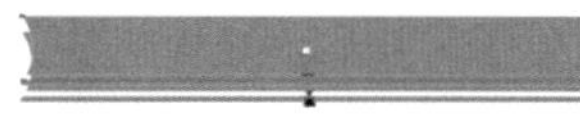

图3.6 应用阴影效果

知识链接：【交互式阴影】属性栏中的参数

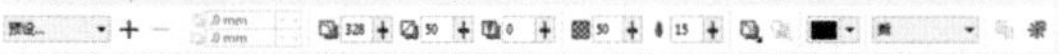

- 【阴影偏移】选项：设置阴影与图形之间的偏移距离。正值代表向上或向右偏移，负值代表向左或向下偏移。在对象上创建与对象相同的阴影效果后，该选项才能使用。
- 【阴影角度】选项：设置对象与阴影之间的透视角度。在对象上创建了透视的阴影效果后，该选项才能使用。
- 【阴影延展】选项：设置阴影的长度，值越大，阴影越长。
- 【阴影淡出】选项：设置阴影边缘的淡出程度，值越大，淡出效果越明显。
- 【阴影的不透明】选项：用于设置阴影的不透明程度。数值越大，透明度越弱，阴影颜色越深；反之，则透明度越强，阴影颜色越浅。
- 【阴影羽化】选项：用于设置阴影的羽化程度，使阴影产生不同程度的边缘柔和效果。
- 【羽化方向】按钮：设置向阴影内部、外部或同时向内部和外部柔化阴影边缘效果。
- 【羽化边缘】按钮：设置羽化类型，可以选择线性、方形的、反白方形或平面。

5 单击工具箱中的【文本工具】字按钮，分别输入单位中文与英文名称，并设置中英文【字体】为“方正准圆简体”，调整间距与位置，效果如图3.7所示。

西北九江国际娱乐有限公司
Northwest JiuJiang international Entertainment Co., Ltd

图3.7 标准字体-中英文组合

6 将文字放置在橘红色图形中，设置【颜色】为白色，调整合适的大小，位置稍微偏右侧，如图3.8所示。

西北九江国际娱乐有限公司
Northwest JiuJiang international Entertainment Co., Ltd

图3.8 放置在图形上

3.1.2 绘制传真纸内容部分

1 单击工具箱中的【矩形工具】□按钮，绘制一个【宽度】为190mm，【高度】为12mm的矩形。执行菜单栏中的【对象】|【变换】|【位置】命令，打开【变换】泊坞窗，设置【相对位置】为下方中心，【X】的值为0mm，【Y】的值为-12mm，【副本】的值为4，单击【应用】按钮，在原图的下方复制4个同样大小的矩形，效果如图3.9所示。

图3.9 绘制并再制矩形

2 设置矩形【轮廓】为无，从上向下分别填充灰白色（C：3；M：2；Y：2；K：0）、浅橙色（C：1；M：32；Y：66；K：0），并依次间隔填充，效果如图3.10所示。

图3.10 填充颜色

3 单击工具箱中的【阴影工具】按钮，利用上面讲过的方法，逐一为矩形应用阴影效果，并设置【阴影的角度】为72，【阴影的不透明度】为26，【阴影羽化】为15，阴影颜色为黑色，效果如图3.11所示。

图3.11 应用阴影效果

知识链接：撤销与恢复操作

在编辑文件时，如果用户的上一步操作是一个误操作，或者对操作得到的效果不满意，可以执行菜单栏中的【编辑】|【撤销】命令，或者单击【标准工具栏】中的【撤销】按钮，撤销该操作。如果连续选择【撤销】命令，则可连续撤销前面的多步操作。

此外，在【标准工具栏】中还提供了一次撤销多步操作的快捷方式，即单击【标准工具栏】中【撤销】按钮旁的▼按钮，然后在弹出的下拉列表框中选择想撤销的操作，从而一次撤销以前的多步操作。某些操作是不能撤销的，如查看缩放、文件操作（打开、保存、导出）及选择操作等。

另外，也可以执行菜单栏中的【文件】|【还原】命令来撤销操作，这时屏幕上会出现一个警告对话框。单击【确定】按钮，CorelDRAW将撤销存储文件后执行的全部操作，即把文件恢复到最后一次存储的状态。

4 单击工具箱中的【文本工具】字按钮，分别输入中英文字，设置中文【字体】为“方正小标宋简体”，【大小】为10pt；英文【字体】为“Adobe 黑体 Std R”，【大小】为10pt。执行菜单栏中的【对象】|【拆分阴影群组】命令，将文字拆分。然后将每组文字分别群组并调整位置，效果如图3.12所示。

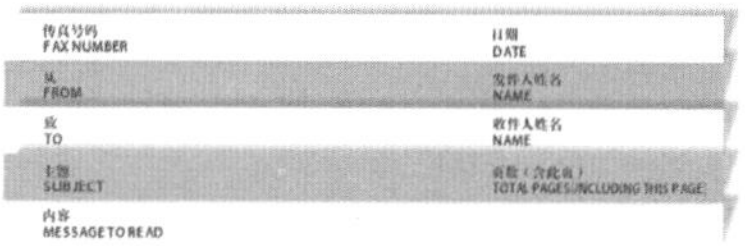

图3.12 添加文字

5 单击工具箱中的【矩形工具】□按钮，再次为图形绘制两个长条状矩形，如图3.13所示。将其转换为曲线，然后单击工具箱中的【形状工具】按钮，添加节点并对节点进行编辑，将其填充为橘红色（C：0；M：60；Y：100；K：0），如图3.14所示。从而改变形状，调整效果如图3.15所示

图3.13 绘制长条状矩形

图3.14 调整长条状

图3.15 改变形状

3.1.3 导入素材

1 执行菜单栏中的【文件】|【导入】命令，打开【导入】对话框，选择云下载文件中的“调用素材\第3章\九江国际集团标志设计.cdr”文件，单击【导入】按钮。此时光标变成状，在页面中单击，素材便会显示在页面中，如图3.16所示。

图3.16 倒入素材

知识链接：重做操作

如果需要再次执行已撤销的操作，使被操作对象回到撤销前的位置或特征，则执行菜单栏中的【编辑】|【重做】命令或单击【标准工具栏】中的【重做】按钮。但是，该命令只有在执行过【撤销】命令后才起作用。如连续多次选择该命令，可连续重做多步被撤销的操作。

另外，同【撤销】命令一样，通过单击【重做】按钮旁边的▾按钮，可以在弹出的下拉式列表框中一次重做多步被撤销的操作。

2 将导入的图形复制一份，填充为灰色（C：5；M：3；Y：5；K：0），制作底纹图案，如图3.17所示。

图3.17 复制并改变颜色

3 单击工具箱中的【矩形工具】□按钮，绘制一个【宽度】为210mm，【高度】为297mm的A4规格矩形。

提示

A4规格（210mm X 297mm），是一种最常用的纸型规格。1965 年国家标准规定图书杂志的开本为A、B、C三组，A组是用原整张纸张为 841 mm× 1189 mm裁切的， B组原纸张为 787 mm× 1092 mm， C 组原纸张为 695 mm× 960 mm。 1982 年，GB788 — 87 强调采用国际标准，目前正在推广中。新标准保留了旧标准中的符合国际标准的 A 系列，同时采用了国际标准 B 系列，淘汰了原标准中的 B 、 C 组两种开本。其目的是为了促进对外贸易和国际交流。我们平时复印时所说的 A4 、 B5 等就是国际标准规格。

4 将导入进来的标志调整大小，连同制作好的标头一起放置到A4矩形框上方位置，如图3.18所示。

图3.18 添加标头

5 将制作好的内容部分和复制出来的灰色标识同样加入到A4矩形框中，调整位置和大小，完成最终设计，效果如图3.19所示。

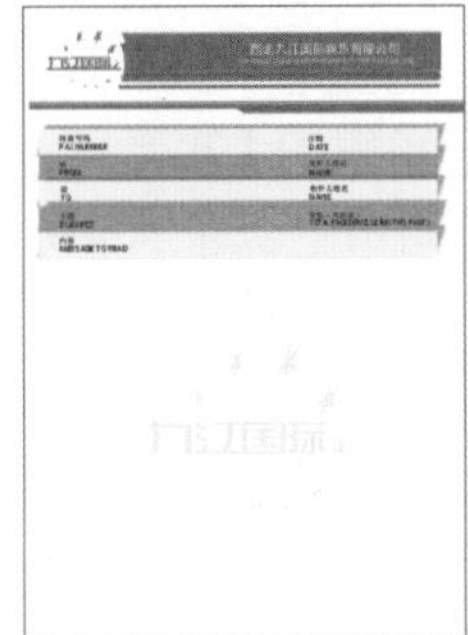

图3.19 完成制作

3.1.4 信笺的制作

1 单击工具箱中的【贝塞尔工具】按钮，绘制一条曲线，效果如图3.20所示。复制一份并设置不同宽度的轮廓，如图3.21所示。

图3.20 绘制曲线

图3.21 复制并调整不同宽度

知识链接：重复操作

执行菜单栏中的【编辑】|【重复】命令可以重复执行上一次对物体所应用的命令，如【填充】、【轮廓】、【移动】、【复制】、【删除】、【变形】等任何命令。

此外，使用该命令，还可以将对某个对象执行的操作应用于其他对象。为此，只需在对原对象进行操作后，选中要应用此操作的其他对象，然后执行菜单栏中的【编辑】|【重复】命令即可。

提示

在CorelDRAW X8中，还有一种复制操作，称为再制，也是进行复制，用户要注意区分这两个概念。

2 执行菜单栏中的【对象】|【将轮廓转换为对象】命令，将线条转换成图形，填充为橘红色（C：0；M：60；Y：100；K：0），如图3.22所示。

图3.22 填充颜色

3 将两个图形全部选中并复制一份，单击属性栏中的【垂直镜像】按钮，进行垂直翻转，然后将两个图形上下相互反相排列，效果如图3.23所示。

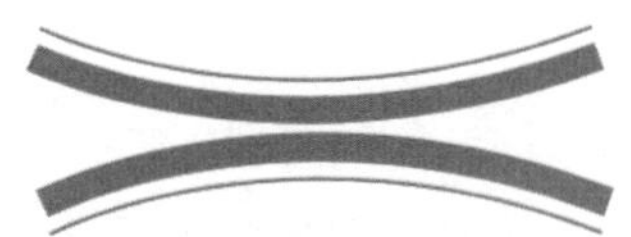

图3.23 复制并垂直翻转

4 将前面绘制完成的传真纸复制一份，删除部分内容，如图3.24所示。将标头下方的横线利用属性栏中的【水平镜像】按钮，翻转位置，再将灰色的标识底纹图案放到矩形中心，如图3.25所示。

图3.24 将传真纸部分删除

图3.25 稍做修改

5 将前面完成的对弧排列的图形全部选中，执行菜单栏中的【对象】|【PowerClip】|【置于图文框内部】命令，在矩形上单击将其放置在容器中；执行菜单栏中的【对象】|【PowerClip】|【编辑PowerClip】命令，编辑图形，如图3.26所示。

图3.26 编辑图形

6 调整完成后，执行菜单栏中的【对象】|【PowerClip】|【结束编辑】命令，结束编辑，效果如图3.27所示。

图3.27 完成设计制作

知识链接：锁定与解锁对象的方法

执行菜单栏中的【对象】|【锁定】|【锁定对象】命令，不仅可以锁定一个或多个对象，还可以把群组对象固定在绘图页面的特殊位置，并同时锁定其属性。因此，使用该命令可防止编辑好的对象被意外改动。

如果要锁定一个对象，首先选中该对象，然后执行菜单栏中的【对象】|【锁定】|【锁定对象】命令，或者单击鼠标右键，在弹出的快捷菜单中选择【锁定对象】命令，此时该对象四周的控制点变为 ，表示此对象已被锁定，无法接受任何编辑。

如果要锁定多个对象或群组对象，应首先按Shift键，并使用选择工具将要锁定的多个对象或群组对象全部选中，然后执行菜单栏中的【对象】|【锁定】|【锁定对象】命令，即可将所有对象锁定。

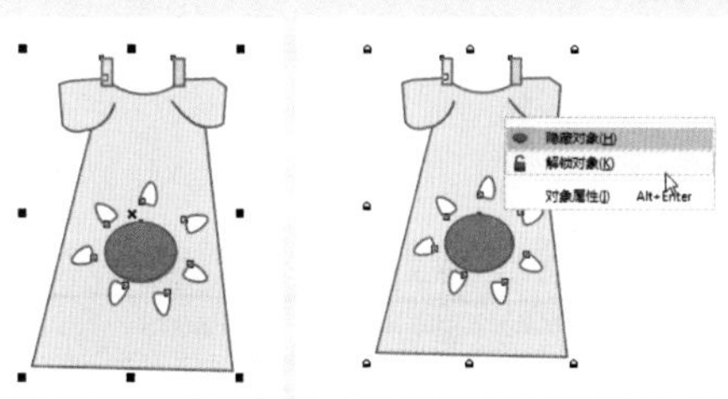

另外，执行菜单栏中的【对象】|【锁定】|【对所有对象解锁】命令，则可以一次解除所有对象的锁定状态。

3.2 仁岛快餐VI设计

实例解析

本实例主要使用【矩形工具】□、【阴影工具】□、【文本工具】字等制作出简单、大方的快餐VI设计。本实例的最终效果如图3.28所示。

图3.28 最终效果图

本例主要学习【文本工具】、【透明度工具】、【贝塞尔工具】、【矩形工具】及【导入】命令的应用；掌握VI设计的技巧，以提高审美认知，加强软件运用。

视频文件：movie\3.2 仁岛快餐VI设计.avi

源文件：源文件\第3章\仁岛快餐VI设计.cdr

操作步骤

3.2.1 制作标志部分

1 执行菜单栏中的【文件】|【导入】命令，打开【导入】对话框，选择云下载文件中的"调用素材\第3章\墨滴.cdr"文件，单击【导入】按钮。此时光标变成┌状，在页面中单击，图形便会显示在页面中，选中图形，填充为洋红色（C：0；M：100；Y：0；K：0），如图3.29所示。

2 单击工具箱中的【文本工具】字按钮，输入中文"仁岛"，设置【字体】为"华文中宋"。选中文字，执行菜单栏中的【对象】|【拆分美术字】命令，将文字拆分，重新排列位置并放置到墨滴之上，如图3.30所示。

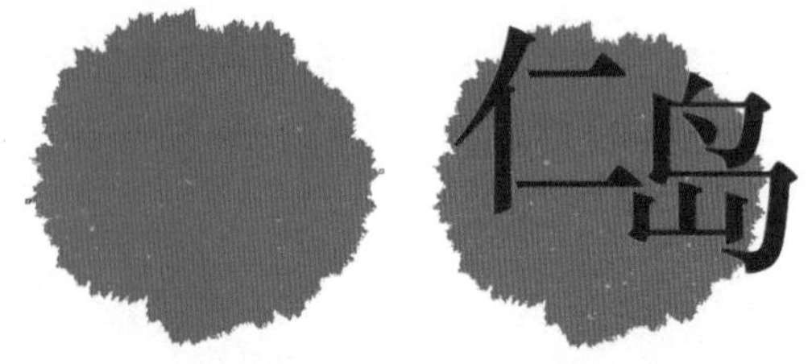

图3.29 导入素材　图3.30 将文字放置在图形上

知识链接：显示隐藏在段落文本框中的文字

当在文本框中输入了太多的文字，超过了文本框的边界时，文本框下方位置的符号将显示为▼符号。将文本框中隐藏的文字完全显示的方法是，将鼠标光标放置到文本框中的任意一个控制点上，按住鼠标左键并向外拖动，调整文本框的大小，即可将隐藏的文字完全显示。

用户也可以单击文本框下方的▼符号，此时鼠标光标将显示为图标，将鼠标光标移动到合适的位置后，单击鼠标或拖动鼠标绘制一个文本框，此时绘制的文本框中将显示超出了第一个文本框大小其余的文字，并在两个文本框之间创建一条蓝色的连接线。

另外，重新设置文本的字号或执行菜单栏中的【文本】|【段落文本框】|【使文本适合框架】命令，也可将文本框中隐藏的文字全部显示。执行【使文本适合框架】命令时，文本框的大小并没有改变，而是文字的大小发生了变化。

3 将文字与图形全部选中，单击属性栏中的【修剪】按钮，将其完成修剪。然后选中文字按Delete键将文字删除，效果如图3.31所示。

图3.31 修剪之后的效果

4 单击工具箱中的【矩形工具】□按钮，绘制一个长方形，并在属性栏中的【圆角半径】右下角相对应的数值框中输入20，完成圆角设置，效果如图3.32所示。

图3.32 绘制圆角矩形

知识链接：文本框的设置方法

在CorelDRAW X8中，文本框又分为固定文本框和可变文本框两种，系统默认的为固定文本框。

当使用固定文本框时，绘制的文本框大小决定了在文本框中能输入文字的多少，这种文本框一般应用于有区域限制的图像文件中。

当使用可变文本框时，文本框的大小会随输入文字的多少随时改变，这种文本框一般应用于没有区域限制的文件中。

执行菜单栏中的【工具】|【选项】命令（快捷键为Ctrl+J），在弹出的【选项】对话框中选择【工作区】|【文本】|【段落文本框】选项，然后在右侧的参数设置区域中选中【按文本缩放段落文本框】复选框，单击【确定】按钮，即可将固定的文本框设置为可变的文本框。

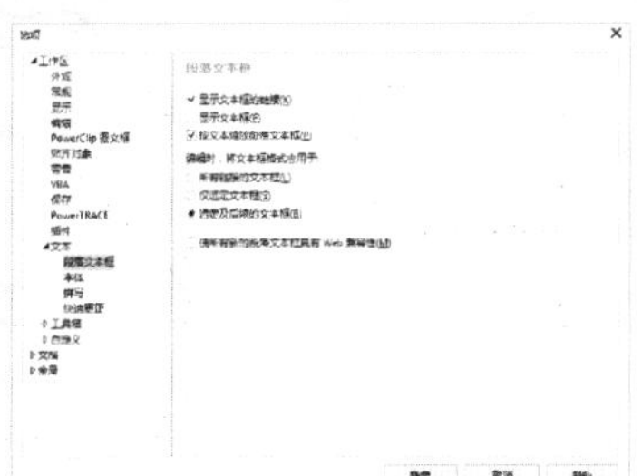

春 眠 不 觉 晓，
处 处 闻 啼 鸟。
夜 来 风 雨 声，
花 落 知 多 少。

另外，如果想隐藏文本框，则在【选项】对话框中取消选择【显示文本框】复选框，或者执行菜单栏中的【文本】|【段落文本框】|【显示文本框】命令，取消显示文本框命令的选择状态即可。

5 将圆角矩形复制一份。在属性栏中的【圆角半径】右下角相对应的数值框中输入0，还原为方角，并在属性栏中的【旋转角度】中输入90，将其放置在圆角矩形的下方，如图3.33所示。

6 将两个图形全部选中，执行菜单栏中的【对象】|【转换为曲线】命令，将图形转曲，并在两条边相交的地方各添加一个节点，如图3.34所示。

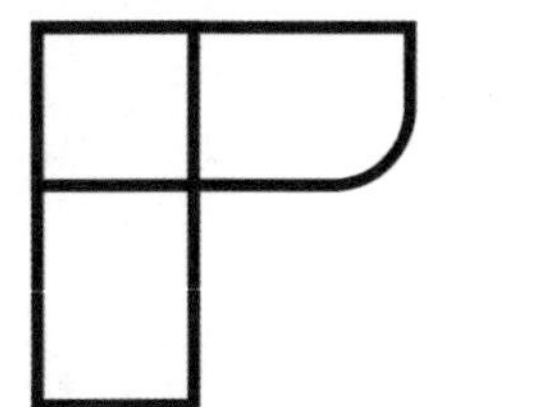

图3.33 将图形放置在一起

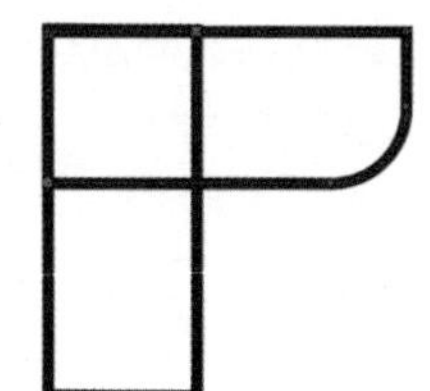

图3.34 添加节点

7 依次选中两个矩形左上方顶角的节点，按Delete键删除，完成字母“r”的制作，效果如图3.35所示。

8 将“r”复制一份。选中竖向矩形，单击工具箱中的【形状工具】按钮，选中下方的两个节点并向下拖动。然后将最上面的横向圆角矩形复制两份，依次摆在其下方，完成字母“E”的制作，效果如图3.36所示。

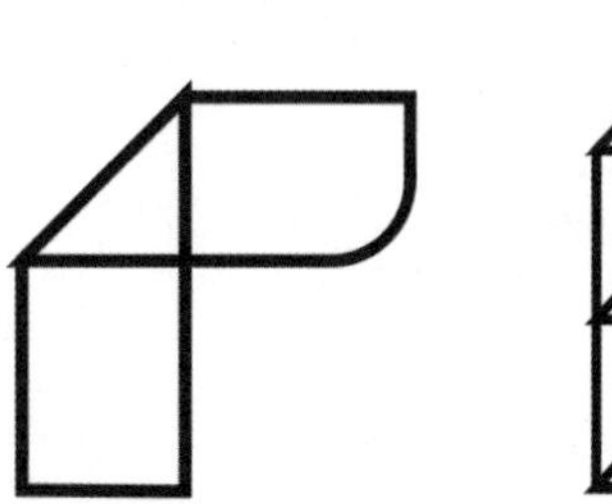

图3.35 完成“r”的制作

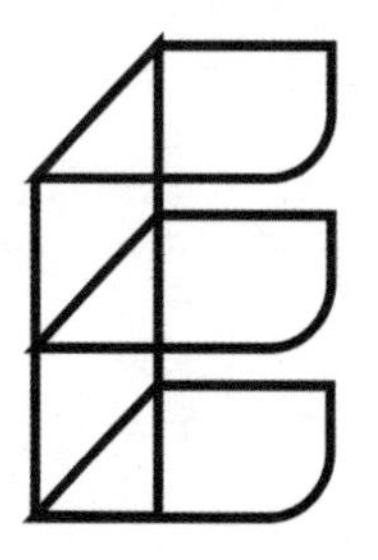

图3.36 完成“E”的制作

9 按照以上讲过的方法，将矩形不断复制，调整圆角与方角并合理摆放，完成剩下的“NDAO”的制作。最后完成汉语拼音“rendao”的制作，效果如图3.37所示。

图3.37 完成全部字母的制作

10 将所有字母复制一份，调整大小并放置到洋红色墨滴中，效果如图3.38所示。选中墨滴与所有字母，单击属性栏中的【修剪】按钮，将其完成修剪。选中文字按Delete键将拼音字母删除，完成图形标志的绘制，效果如图3.39所示。

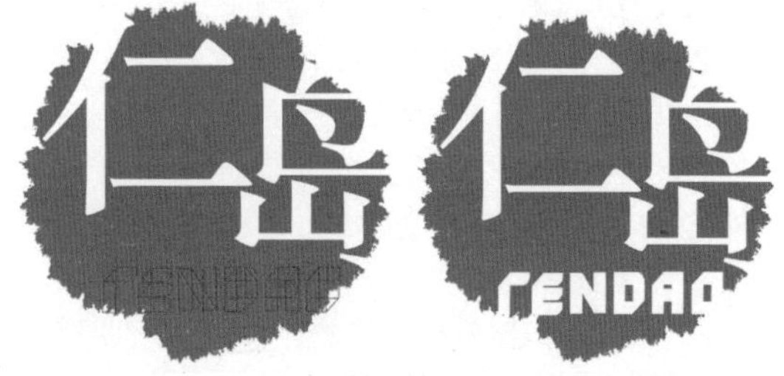

图3.38 将拼音放置在墨滴上　图3.39 完成图形标志绘制

11 将拼音字母全部选中，填充为洋红色（C：0；M：100；Y：0；K：0），设置【轮廓】为无。确认选中所有字母，单击工具箱中的【透明度工具】按钮，为其应用透明效果，然后在属性栏中将【开始透明度】的值设置为31，完成的效果如图3.40所示。

图3.40 填充颜色应用透明度效果

12 单击工具箱中的【文本工具】字按钮，输入中文“仁岛快餐 美味香甜”，设置【字体】为“幼圆”，调整字体大小并放置到洋红色字母之上，如图3.41所示。

图3.41 完成文字标志绘制

知识链接：导入/粘贴文本的方法

无论是创建美术文本、段落文本还是沿路径文本，使用导入/粘贴文本的方法都可以大大节省时间。导入/粘贴文本的方法是执行菜单栏中的【文件】|【导入】命令，或者在键盘上按Ctrl+I组合键，或者单击【标准工具栏】中的【导入】按钮，在弹出的【导入】对话框中选取需要的文本文件，然后单击【导入】按钮，系统将弹出【导入/粘贴文本】对话框，单击【确定】按钮，即可导入文本。

在其他的应用程序中（如Word）拷贝需要的文件，然后在 CorelDRAW中，单击工具箱中的【文本工具】字按钮，在页面中指定文本插入位置，执行菜单栏中的【编辑】|【粘贴】命令，在弹出的【导入/粘贴文本】对话框中单击【确定】按钮，即可粘贴文本。

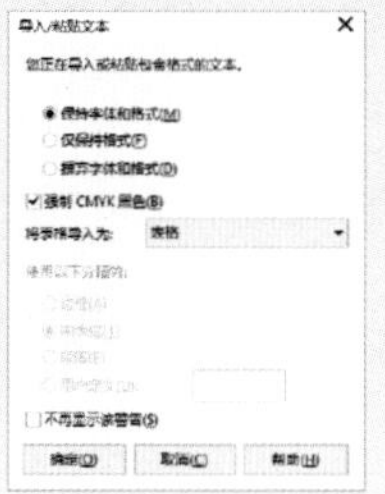

木棉花是南方的特产，是广州市、高雄市以及攀枝花市的市花，五片拥有强劲曲线的花瓣，包围一束绵密的黄色花蕊，收束于紧实的花托，一朵朵都有饭碗那么大，迎着阳春自树顶端向下蔓延。

- 【保持字体和格式】单选按钮：选中该单选按钮，文本将以原系统的设置样式进行导入。
- 【仅保持格式】单选按钮：选中该单选按钮，文本将以原系统的文字大小，当前系统的设置样式进行导入。
- 【摒弃字体和格式】单选按钮：选中该单选按钮，文本将以当前系统的设置样式进行导入。
- 【不再显示该警告】复选框：选中该复选框，在以后导入文本文件时，系统将不再显示【导入/粘贴文本】对话框。若需要显示，则执行菜单栏中的【工具】|【选项】命令，在弹出的【选项】对话框中选择【工作区】|【警告】选项，然后在右侧窗口中选中【粘贴并导入文本】复选框即可。

3.2.2 绘制服装及帽子

1 单击工具箱中的【贝塞尔工具】按钮，绘制一个T恤，效果如图3.42所示。然后绘制若干个封闭图形，放置在T恤上，形成衣服褶皱的效果，如图3.43所示。

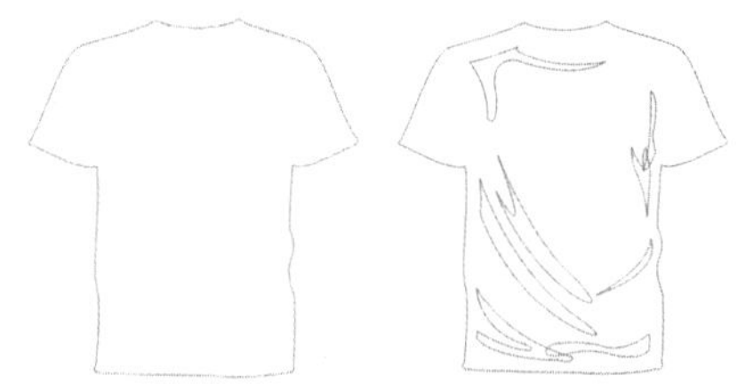

图3.42 绘制T恤外形　图3.43 绘制褶皱纹理

2 单击工具箱中的【贝塞尔工具】按钮，在衣领部分绘制一个封闭图形，设置【轮廓】为无，并填充洋红色（C：0；M：100；Y：0；K：0）。然后将褶皱纹理部分同样设置【轮廓】为无，填充为浅灰色（C：0；M：0；Y：0；K：20），效果如图3.44所示。

图3.44 填充颜色

3 将之前绘制完成的图案标志和文字标志全部放置到T恤上，调整大小和位置，如图3.45所示。

图3.45 填充标志图案

知识链接：使用【表格工具】栏绘制表格

使用【表格工具】绘制表格是非常简单的创建表格的方法。新建一个绘图文档，在工具箱中单击【表格工具】按钮，然后在页面中单击并拖动鼠标即可创建出表格。

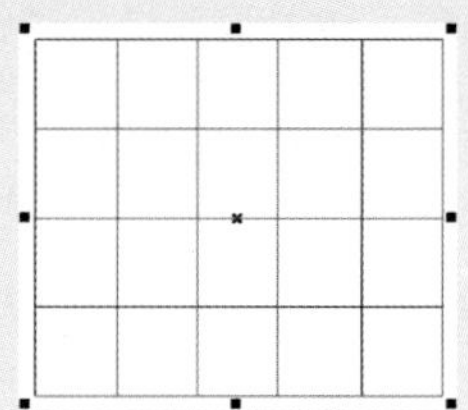

4 将T恤全部选中，复制一份，填充为洋红色（C：0；M：100；Y：0；K：0）。作为同一款服装的配色版，并放置在白色T恤的下方，如图3.46所示。

图3.46 复制并填充颜色

5 单击工具箱中的【贝塞尔工具】按钮，绘制一个封闭图形，如图3.47所示。

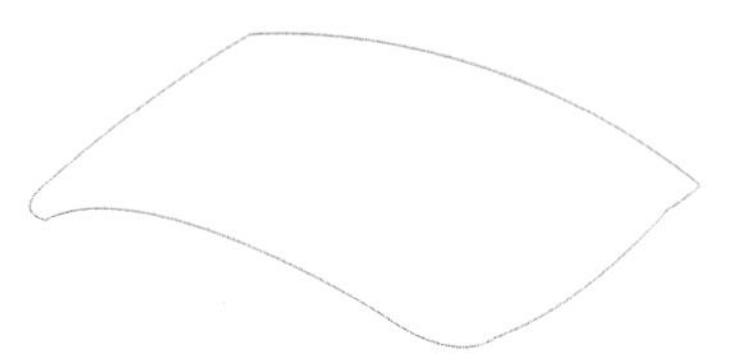

图3.47 绘制封闭图形

6 应用【贝塞尔工具】按照前面绘制的封闭图形，再绘制两个封闭图形，同时单击工具箱中的【椭圆形工具】按钮，绘制一个小椭圆形。最后将图形组合到一起完成帽子的轮廓图，如图3.48所示。

图3.48 组合封闭图形完成帽子轮廓图

7 单击选中帽子的帽檐与三角图形，填充为淡粉色（C：7；M：17；Y：4；K：0）；然后选中其他图形，填充为洋红色（C：0；M：100；Y：0；K：0）；最后选中全部图形，设置【轮廓】为无，效果如图3.49所示。

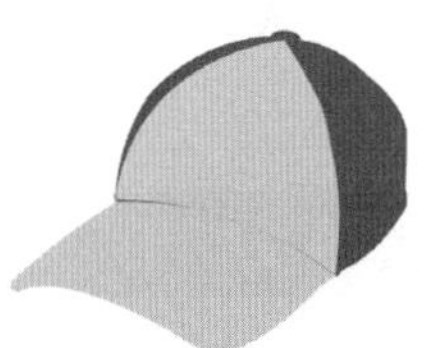

图3.49 填充颜色

8 将之前绘制完成的图形标志复制一份，放置到帽子的三角形上，双击改变旋转模式调整标志的角度，然后单击改变缩放模式完成扭曲效果，如图3.50所示。

图3.50 添加标志并调整

9 将帽子图形选中并复制一份，单击属性栏中的【水平镜像】按钮，然后填充不同的颜色。将图形标志同样也复制一份，填充为白色。双击改变旋转模式调整标志的角度，然后单击改变缩放模式完成扭曲效果，完成两个帽子的绘制，如图3.51所示。

图3.51 完成帽子的绘制

知识链接：使用表格创建命令创建表格

执行菜单栏中的【表格】|【创建新表格】命令，打开【创建新表格】对话框。在该对话框中可以设置表格的行数和列数，以及高度和宽度。然后单击【确定】按钮即可创建需要的表格。

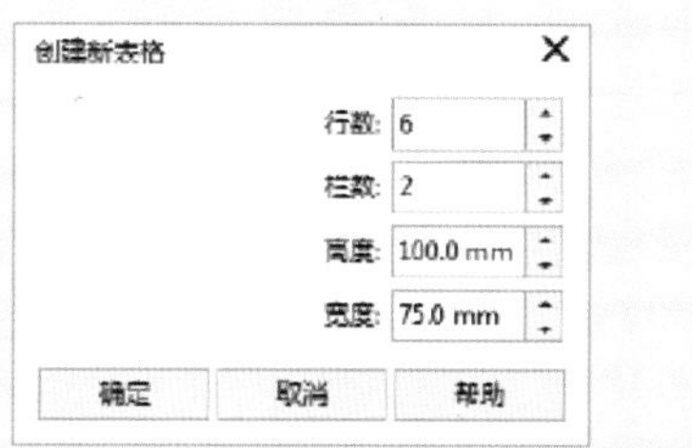

3.2.3 绘制宣传单和手提袋

1 单击工具箱中的【矩形工具】按钮，绘制多个矩形，并单击工具箱中的【形状工具】按钮，调节线条长短及图形的角度将矩形组合到一起，如图3.52所示。

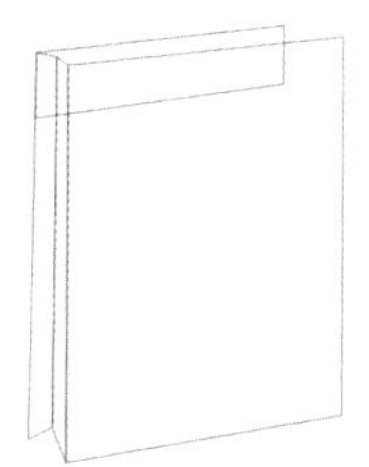

图3.52 倒入素材

2 单击工具箱中的【贝塞尔工具】按钮，绘制一个三角形，放置在左侧两个四边形的下方，制作出立体效果。然后在袋口右侧也绘制两个封闭图形，如图3.53所示。

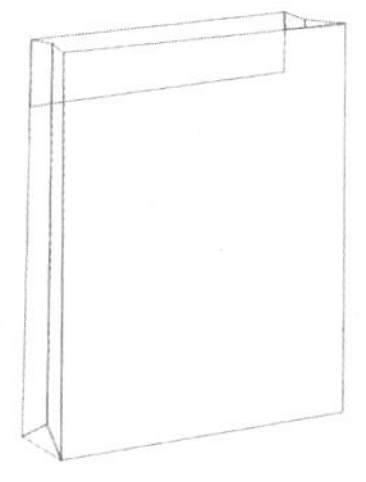

图3.53 绘制图形

3 单击工具箱中的【椭圆形工具】按钮，绘制一个椭圆形，填充为黑色，设置【轮廓】为无，调整大小并放在矩形的上方。然后将其复制一份，完成手提袋绳眼的绘制，如图3.54所示。

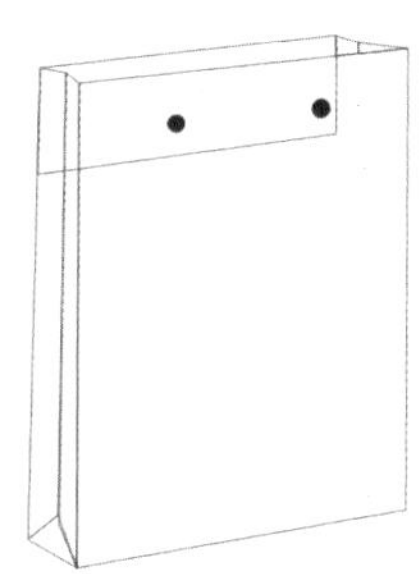

图3.54 添加绳眼

4 将图形分别填充为洋红色（C：0；M：100；Y：0；K：0）、浅灰色（C：0；M：0；Y：0；K：20）、（C：0；M：0；Y：0；K：30），单击工具箱中的【贝塞尔工具】按钮，绘制一条手绳，设置轮廓宽度适中，颜色为浅灰色（C：0；M：0；Y：0；K：10），将其复制一份，按前后顺序放置在手提袋上并将矩形的【轮廓】设置为无，效果如图3.55所示。完成手提袋草图的绘制。

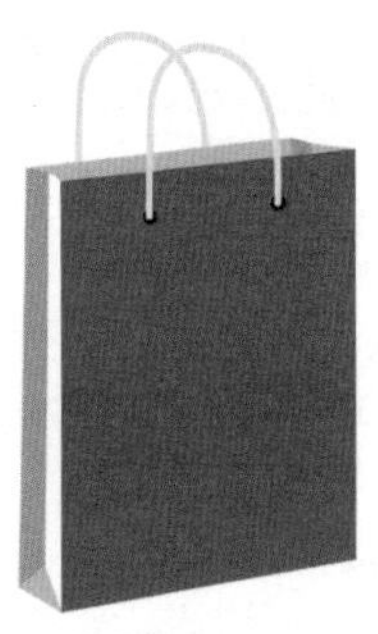

图3.55 填充颜色

5 将标志填充为白色。调整大小，连同绘制完成的字母一起放置到洋红色矩形框中，如图3.56所示。

图3.56 完成手提袋绘制

6 单击工具箱中的【矩形工具】□按钮，绘制一个【宽度】为44mm，【高度】为44mm的矩形。将其复制一份，单击转换到旋转模式，通过调节左侧或右侧中部的编辑点完成扭曲效果并放置在其后面，效果如图3.57所示。

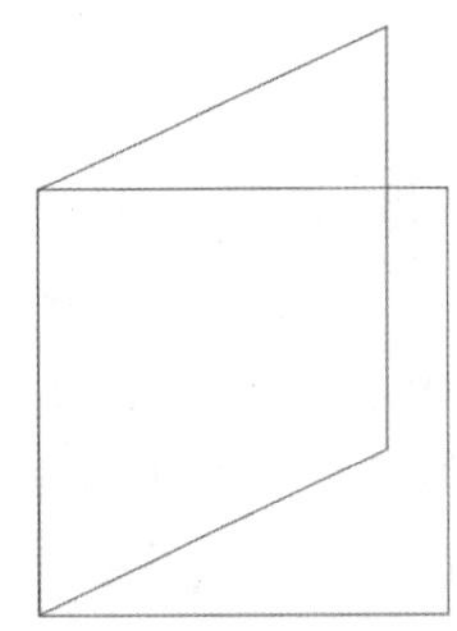

图3.57 绘制矩形复制并扭曲

7 按照上面讲过的方法，将矩形复制多份，不断扭曲或水平翻转矩形，最后并排贴边放置。完成手册的轮廓图制作，效果如图3.58所示。

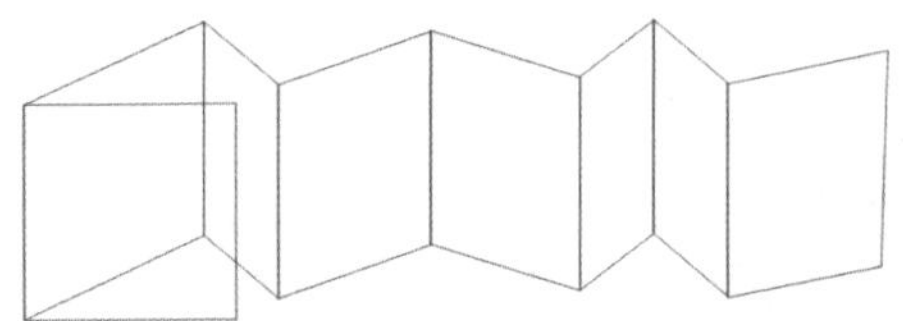

图3.58 复制多份并排摆放

8 将矩形间隔填充为洋红色（C：0；M：100；Y：0；K：0）与淡灰色（C：0；M：0；Y：0；K：10），如图3.59所示。

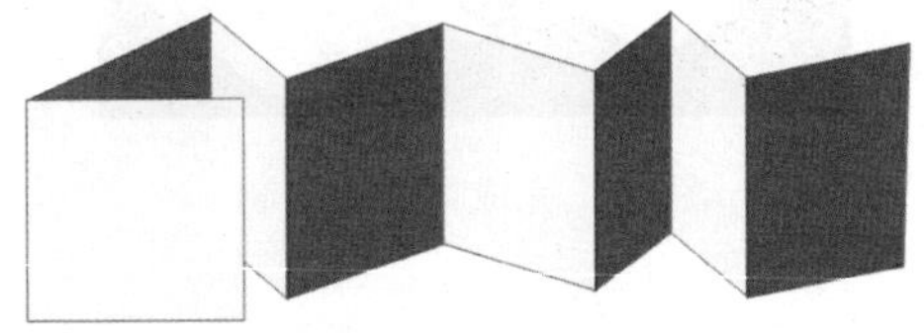

图3.59 填充不同颜色

9 将图形标志与宣传语放置在最左侧的矩形中，调整大小和位置，填充图形与文字为洋红色（C：0；M：100；Y：0；K：0）。同时将其全部复制一份，放置于最右侧的红色矩形中，填充为白色，制作出封面与封底，效果如图3.60所示。

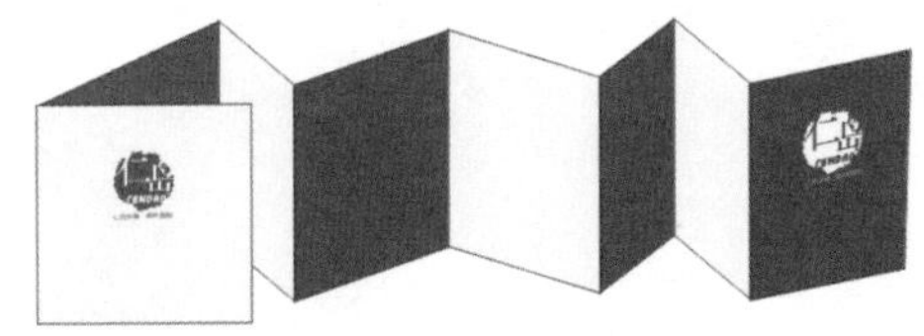

图3.60 绘制封面与封底

10 执行菜单栏中的【文件】|【导入】命令，打开【导入】对话框，选择云下载文件中的“调用素材\第3章\快餐美图1.jpg和快餐美图2.jpg”，单击【导入】按钮。此时光标变成⌜状，在页面中单击，图形便会显示在页面中，如图3.61所示。

图3.61 导入素材“快餐美图1.jpg”和“快餐美图2.jpg”

知识链接：使用【转换】命令制作表格

如果已经在页面中输入了一段文字，那么可以直接将这段文字转换成表格。单击工具箱中的【文本工具】字按钮，在页面中输入段落文本，注意，在每行文本的后面都有一个逗号或句号。使用【选择工具】选择输入的段落文本，然后执行菜单栏中的【表格】|【将文本转换为表格】命令，打开【将文本转换为表格】对话框，单击【确定】按钮，即可将文本转换成一个表格。

秦时明月汉时关，
万里长征人未还。
但使龙城飞将在，
不教胡马度阴山。

秦时明月汉时关，
万里长征人未还。
但使龙城飞将在，
不教胡马度阴山。

另外，在把文本转换为表格后，还可以将表格转换为文本。选择表格，在执行菜单栏中的【表格】|【将表格为转换文本】命令，打开【将表格转换为文本】对话框，设置合适的选项，单击【确定】按钮即可。

11 选中素材“快餐美图.jpg”，执行菜单栏中的【对象】|【PowerClip】|【置于图文框内部】命令，将其放置在封面中，如图3.62所示。

12 执行菜单栏中的【对象】|【PowerClip】|【编辑PowerClip】命令，对图片进行编辑。确认选中素材，按住Shift键将光标放置于4个角上的任意一个编辑点，直线向外或向内拖动，将图形放大或缩小。然后单击工具箱中的【透明度工具】按钮，按住鼠标从下向上垂直拖动，为图片应用透明效果，如图3.63所示。

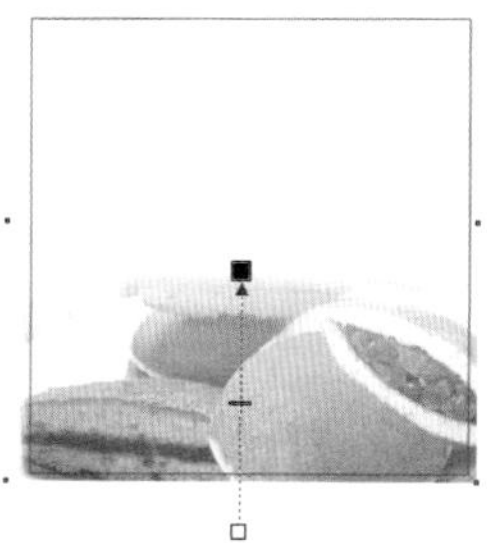

图3.62 放置在封面中

图3.63 应用透明效果

13 执行菜单栏中的【对象】|【PowerClip】|【结束编辑】命令，结束编辑，完成之后的效果如图3.64所示。

14 按照同样的方法，将“快餐美图2.jpg”放置在其中一个单页上，调整位置与大小，并将文字标志旋转90，放置在单页右侧，单击转换成旋转模式，通过调节左侧或右侧中部的编辑点将文字标志完成扭曲效果，如图3.65所示。

图3.64 完成封面设计

图3.65 完成内页设计

15 将所有单页全部选中并复制一份，设置【轮廓】为无。将其全部选中，单击属性栏中的【垂直镜像】按钮，将宣传册翻转，效果如图3.66所示。

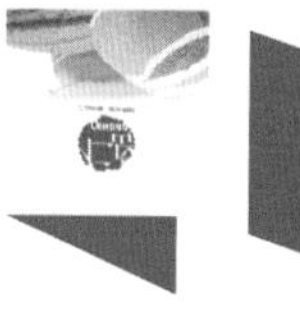

图3.66 翻转宣传册

16 将翻转后的图形放置在原图的下方，并将部分矩形单击转换成旋转模式，通过调节左侧或右侧中部的编辑点将文字标志完成扭曲效果。最终使复制后的翻转图形的上方能够与原图的下方吻合与平行，效果如图3.67所示。

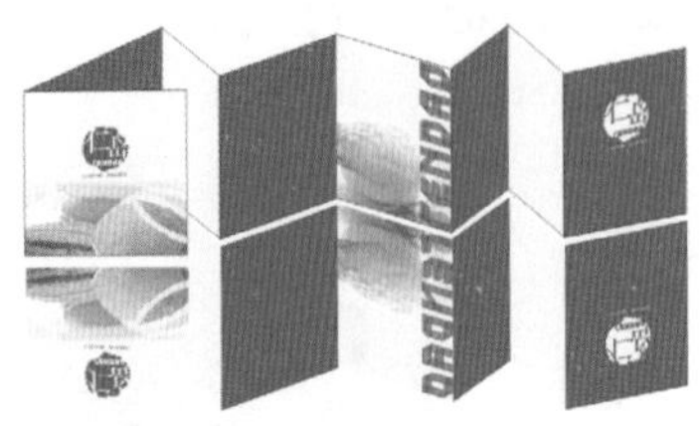

图3.67 放置到原图下方

17 选中镜像之后的图形，执行菜单栏中的【位图】|【转换为位图】命令，打开【转换为位图】对话框，如图3.68所示，在【选项】中选中【光滑处理】和【透明背景】复选框，单击【确定】按钮，将图片转换成位图。然后单击工具箱中的【透明度工具】按钮，从上向下垂直拉出，应用透明度效果，如图6.69所示。

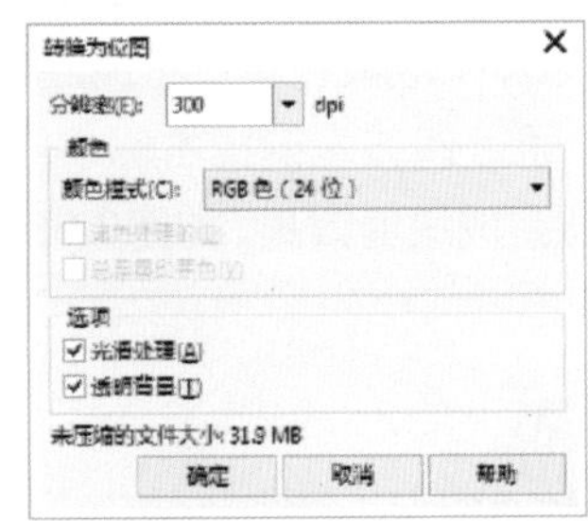

图3.68 【转换为位图】对话框

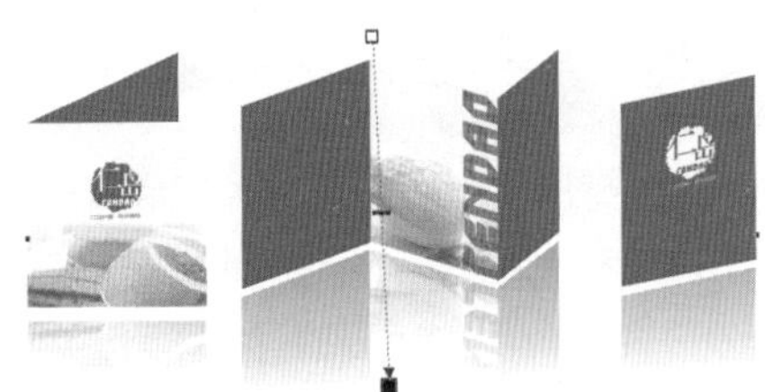

图3.69 应用透明度效果

知识链接：【转换为位图】命令需要注意的细节

在【转换为位图】对话框中，为了保证转换后的位图效果，一定要将【颜色模式】选择在24位以上，【分辨率】选择在200dpi以上。颜色模式决定了构成位图的颜色数量和种类，因此文件大小也会受到影响。如果在【转换为位图】对话框中将位图背景设置为透明状态，那么在转换后的图像中，可以看到被位图背景遮盖住的图像或者背景。

18 单击工具箱中的【矩形工具】□按钮，绘制一个【宽度】为400mm，【高度】为200mm的矩形，设置【轮廓】为无，填充为灰色（C：0；M：0；Y：0；K：80）到黑色的辐射渐变。然后将之前绘制完成的所有图形放置到黑色背景中，调整位置后如图3.70所示。最后为其添加图形标志和文字标志等装饰图案，完成最终的VI设计，效果如图3.71所示。

图3.70 将物品全部组合到一起

图3.71 添加装饰完成设计

第4章

CD光盘包装设计

4.1 光盘装帧设计

实例解析

本实例主要使用【椭圆形工具】◯绘制出光盘的轮廓图，再为其添加渐变填充及相应的图形，制作出光盘的盘面效果。本实例的最终效果如图4.1所示。

图4.1 最终效果

学习目标

通过本例的制作，学习【椭圆形工具】、【贝赛尔工具】和【艺术笔工具】的使用，以及【造形】和【变换】泊坞窗的设置方法，掌握光盘的设计技巧。

云盘下载

视频文件：movie\4.1 光盘装帧设计.avi

源文件：源文件\第4章\光盘装帧设计.cdr

操作步骤

4.1.1 制作光盘背景

1 利用【椭圆形工具】◯在页面中绘制一大一小两个正圆，将大圆的直径设置为116mm，小圆的直径设置为18mm，效果如图4.2所示。

提示

因为光盘有所不同，所以尺寸也不尽相同。光盘的一般尺寸：外径为116mm，小于或等于117mm；内径为18mm。

2 选中页面中的小圆，执行菜单栏中的【对象】|【造形】|【造型】命令，打开【造型】泊坞窗，在下拉列表框中选择【修剪】选项，其他设置如图4.3所示。

图4.2 光盘尺寸

图4.3 【造型】泊坞窗

3 单击【修剪】按钮，在小圆上单击鼠标进行修剪，将刚修剪后的图形填充为红色（C：0；M：100；Y：100；K：0）到深黄色（C：0；M：20；Y：100；K：0）的椭圆形渐变，其轮廓颜色为10%黑，轮廓宽度为1.5mm，效果如图4.4所示。

4 利用【椭圆形工具】◯在页面中绘制一个正圆，将其放置到合适的位置，效果如图4.5所示。

图4.4 修剪并填充

图4.5 绘制正圆

5 选中刚绘制的正圆，在打开的【造型】泊坞窗中选择【相交】选项，其他设置如图4.6所示。

6 设置完成之后，单击【造型】泊坞窗下方的【相交对象】按钮，然后在大圆上单击，将相交后的图形填充为白色，效果如图4.7所示。

图4.6 【造型】泊坞窗

图4.7 相交并填充

知识链接：【造型】泊坞窗中的选项设置

【造型】泊坞窗中下方有【保留原始源对象】和【保留原目标对象】复选框，在造形对象的同时，同时选中两个复选框，造型后将保留用于执行造型命令的来源对象和目标对象；取消选中两个复选框，造型对象后不会保留任何源对象。

7 利用【椭圆形工具】◯在页面中绘制一个正圆，将其【填充】设置为无，轮廓颜色设置为白色。然后将其复制多份，并分别对其进行调整，效果如图4.8所示。

图4.8 正圆效果

4.1.2 添加光盘内容

1 利用【贝塞尔工具】在页面中绘制一个封闭图形，将其放置到合适的位置，效果如图4.9所示。

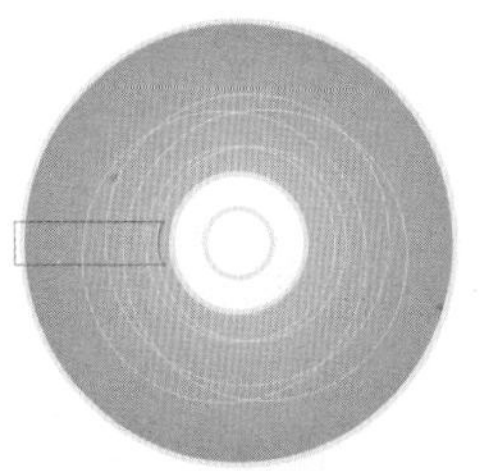

图4.9 绘制封闭图形

2 将刚绘制的封闭图形与后面的大图进行相交修剪，然后将相交后的图形填充为沙黄色（C：0；M：20；Y：40；K：0），【轮廓】为无，再将其稍加向右移动，效果如图4.10所示。

3 将刚相交后的图形复制一份，然后将其进行水平镜像，并水平向右移动到合适的位置，效果如图4.11所示。

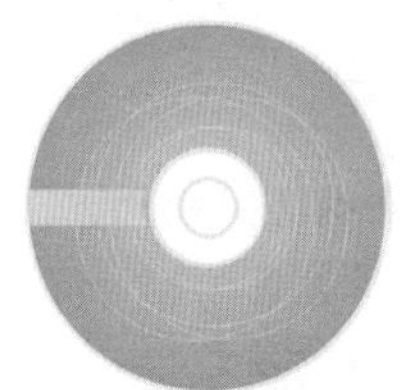

图4.10 相交并填充

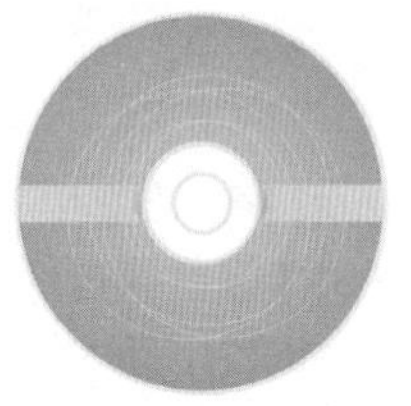

图4.11 复制并镜像

4 单击工具箱中的【贝塞尔工具】按钮，在页面中绘制两个音乐符号轮廓图，效果如图4.12所示。

5 将刚绘制的音乐符号轮廓图填充为橘红色（C：0；M：60；Y：100；K：0），【轮廓】为无，将其放置到合适的位置并稍加进行调整，效果如图4.13所示。

图4.12 音乐符号轮廓图

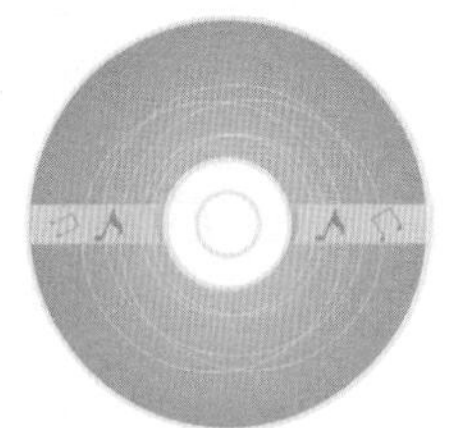

图4.13 填充并移动

6 利用【手绘工具】在页面中绘制一条直线，然后将复制多份，并分别垂直向上移动到合适的位置，如图4.14所示。再将其进行群组。

7 将刚群组后的直线选中，在打开【造型】泊坞窗中选择【相交】选项，选中【保留原目标对象】复选框，单击【相交对象】按钮。然后将鼠标指针移至后面的大图上单击，对图形进行相交修剪，再将其【填充】设置为无，轮廓颜色为沙黄色（C：0；M：20；Y：40；K：0），轮廓宽度为0.5mm，效果如图4.15所示。

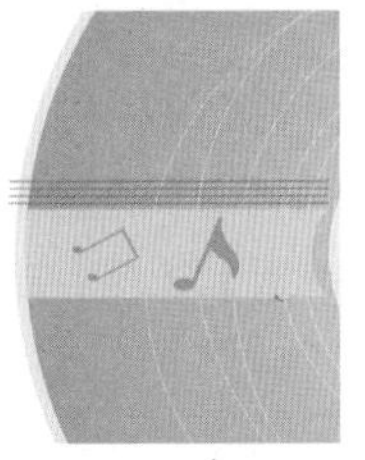

图4.14 直线效果

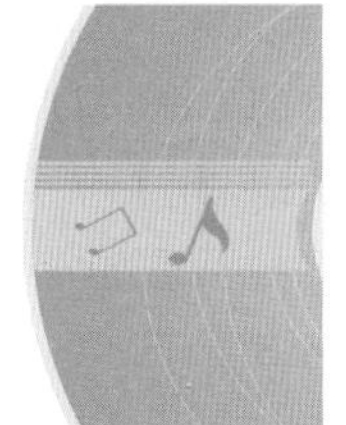

图4.15 轮廓填充

8 选中刚修剪后的直线，打开【变换】泊坞窗，单击其上方的【缩放和镜像】按钮，在【镜像】下单击【水平镜像】和【垂直镜像】按钮，【副本】为1，如图4.16所示。

9 设置完成之后，单击【变换】泊坞窗中的【应用】按钮。然后将镜像后的图形移动放置到合适的位置，效果如图4.17所示。

图4.16 【变换】泊坞窗

图4.17 镜像并移动

10 利用【椭圆形工具】在页面中绘制一个正圆，将其填充为青色（C：100；M：0；Y：0；K：0）。然后将其复制一份并稍加缩小，再将这两个圆进行修剪，其效果如图4.18所示。

11 再次利用【椭圆形工具】在页面中绘制一个正圆，将其填充为蓝色（C：100；M：100；Y：0；K：0），并放置到合适的位置，效果如图4.19所示。

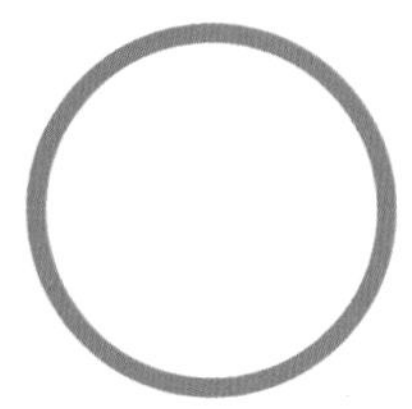

图4.18 修剪效果

图4.19 正圆效果

12 将刚绘制的正圆复制两份，并分别填充为青色（C：100；M：0；Y：0；K：0）和蓝色（C：100；M：100；Y：0；K：0），然后分别对其进行不同程度的缩小，效果如图4.20所示。

13 将刚复制出的两个正圆再复制多份，然后分别对其进行调整，效果如图4.21所示。

图4.20 复制并缩小

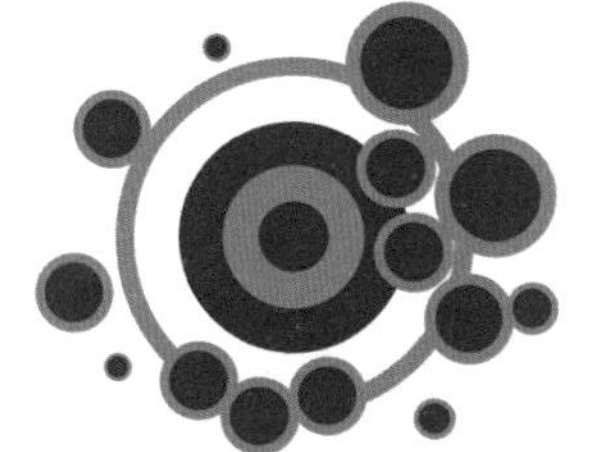

图4.21 复制并调整

知识链接：使用预设艺术笔绘制图形的操作方法

选择【艺术笔工具】，在属性栏中，在【预设笔触】下拉列表框中选择需要的笔触类型，在【笔触宽度】文本框中设置适当的宽度。设置完成后，将光标移到页面适当位置，按鼠标左键，拖动鼠标至适当位置，释放鼠标后即可得到所需要的笔触图形。另外，用户也可以对使用预设艺术笔绘制的图形进行各种填充。

14 利用【贝塞尔工具】在页面中绘制多条曲线，分别将其轮廓颜色设置为蓝色（C：100；M：100；Y：0；K：0）、红色（C：0；M：100；Y：100；K：0）和绿色（C：100；M：0；Y：100；K：0），然后将其放置到图层的后面，效果如图4.22所示。

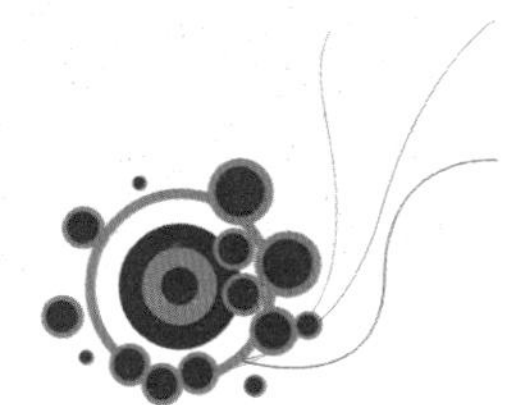

图4.22 曲线效果

15 将之前绘制的圆形图形中的部分图形选中，并将其复制多份。然后稍加缩小并移动放置到合适的位置，如图4.23所示。

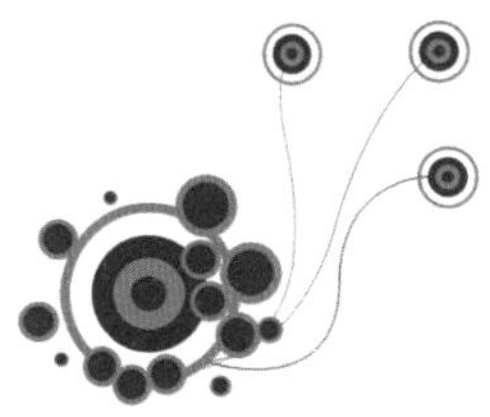

图4.23 复制效果

16 将刚绘制的曲线和刚复制出的图形再复制一份，然后将其进行水平镜像并移动到合适的位置，效果如图4.24所示。

17 将步骤10～16所绘制的图形进行群组，然后将其稍加缩小并放置到合适的位置，效果如图4.25所示。

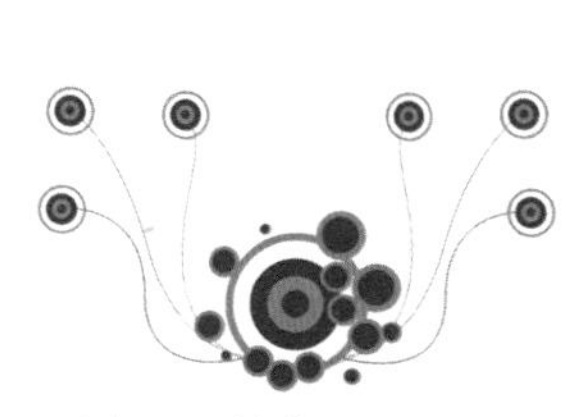

图4.24 镜像并移动

图4.25 移动效果

18 利用【文本工具】字在页面中输入文字"DJ舞曲系列"，设置文字【字体】为"隶书"，【大小】为24pt，【颜色】为白色。然后将其轮廓颜色也设置为白色，轮廓宽度为1mm，效果如图4.26所示。

19 将刚输入的文字复制一份，并将其填充为洋红（C：0；M：100；Y：0；K：0），【轮廓】为无，效果如图4.27所示。

图4.26 添加文字

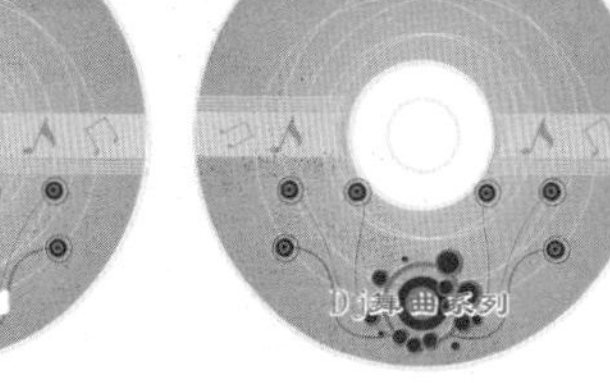

图4.27 复制文字

知识链接：【艺术笔工具】中【预设】的参数介绍

- 【手绘平滑】选项：其数值决定线条的平滑程度。程序提供的平滑度最高是100，可根据需要调整其参数设置。
- 【笔触宽度】选项：在其文本框中输入数值来决定笔触的宽度。
- 【预设笔触】选项：在其下拉列表框中可选择系统提供的笔触样式。
- 【随对象一起缩放笔触】按钮：单击该按钮后缩放绘制的笔触，笔触线条宽度随缩放而改变。

20 单击工具箱中的【艺术笔工具】按钮，在属性栏中单击【预设】按钮，设置【笔触宽度】为0.762mm，再在页面中绘制一条直线，并填充为淡黄色（C：0；M：0；Y：20；K：0），【轮廓】为无，效果如图4.28所示。

图4.28 艺术笔直线

21 将刚用艺术笔绘制的直线复制多份，然后分别将其垂直向下移动放置到合适的位置，效果如图4.29所示。

22 利用【文本工具】字在页面中输入文字"乐动·舞动"，设置文字【字体】为"汉仪中隶书"，【大小】为38pt，【颜色】为黑色，将其放置到合适的位置，完成最终效果。

图4.29 复制并移动

4.2 纸飞机CD包装展开效果图设计

实例解析 CorelDRAW X8

本实例主要使用【贝塞尔工具】、【椭圆形工具】○和【文本工具】字等制作出年轻、潮流感极强的CD包装设计，最终效果如图4.30所示。

图4.30 最终效果

学习目标 CorelDRAW X8

本例主要学习【贝塞尔工具】、【形状工具】、【文本工具】和【矩形工具】的应用；掌握CD包装设计的方法。

视频文件：movie\4.2 纸飞机CD包装展开效果图设计.avi

源文件：源文件\第4章\纸飞机CD包装展开效果图设计.cdr

操作步骤

4.2.1 制作封面底版

1 单击工具箱中的【贝塞尔工具】按钮，绘制一个三角形，并复制出3份，如图4.31所示。调整并分别填充白色、浅灰色（C：0；M：0；Y：0；K：10）、深灰色（C：0；M：0；Y：0；K：30），效果如图4.32所示。

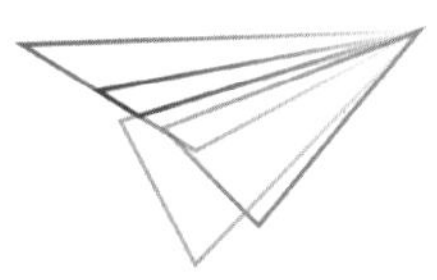

图4.31 组合三角形

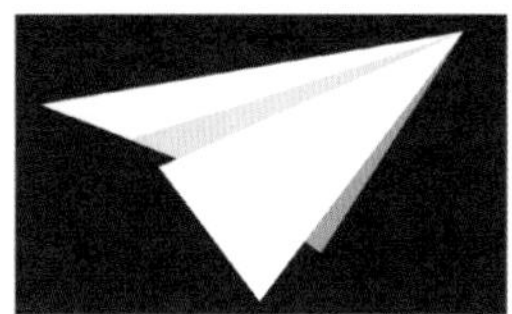

图4.32 填充颜色

2 单击工具箱中的【矩形工具】按钮，分别绘制3个矩形，第一个：设置【宽度】为150mm，【高度】为121mm；第2个：【宽度】为11mm，【高度】为121mm；第3个：【宽度】为124mm，【高度】为121mm。将3个矩形合并到一起，全部选中之后，执行菜单栏中的【对象】|【对齐与分布】|【顶端对齐】命令，将其对齐，效果如图4.33所示。

图4.33 绘制版面框架

3 将3个矩形分别填充为白色、黑色、蓝色（C：58；M：21；Y：18；K：0），如图4.34所示。

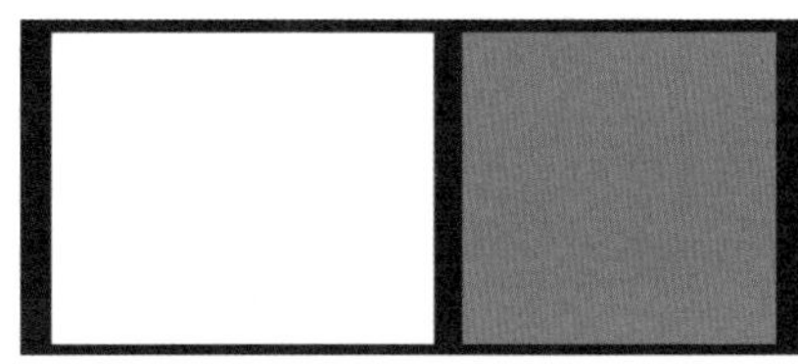

图4.34 填充颜色

知识链接：【艺术笔工具】中【笔刷】的参数介绍

CorelDRAW X8提供了多种笔刷样式供用户选择，包括带箭头的笔刷、填满了色谱图样的笔刷等。使用【笔刷】笔触时，可以在【属性栏】中设置该笔刷的属性。

- 【类别】选项：在其下拉列表中可选择要使用的笔刷类型。
- 【笔刷笔触】选项：在其下拉列表框中可选择当前笔刷类型可用的笔触样式。
- 【浏览】按钮：可浏览硬盘中的文件夹，以选择载入笔触。
- 【保存艺术笔触】按钮：自定义笔触后，将其保存到笔触列表。
- 【删除】按钮：删除自定义艺术笔触。

在属性栏中选择适当的类别，在【笔刷笔触】下拉列表框中选择相应的笔刷笔触，在页面中单击鼠标左键，拖动鼠标至适当位置，即可绘制出笔刷式的笔触图形。选择绘制的路径，在属性栏中的【笔刷笔触】下拉列表框中选择一种图形，则所选图形将自动适合所选路径。

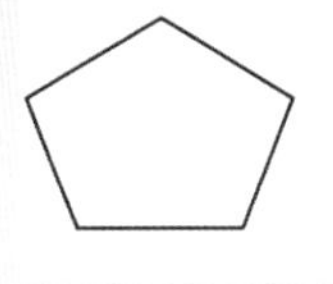

4 将绘制完成的纸飞机图形复制一份并缩小放在封面右上角，将顶角对齐，如图4.35所示。再复制一份，分别填充为淡蓝色（C：65；M：33；Y：25；K：0）、浅蓝色（C：70；M：32；Y：26；K：0）、深蓝色（C：89；M：56；Y：38；K：4），如图4.36所示。

图4.35 将纸飞机放置在封面上

图4.36 改变颜色

5 选中蓝色纸飞机，执行菜单栏中的【对象】|【PowerClip】|【置于图文框内部】命令，将蓝色飞机放置在封面中，如图4.37所示。执行菜单栏中【对象】|【PowerClip】|【编辑PowerClip】命令，进行编辑内容，将蓝色飞机调整大小，然后执行菜单栏中的【对象】|【PowerClip】|【结束编辑】命令，结束编辑，效果如图4.38所示。

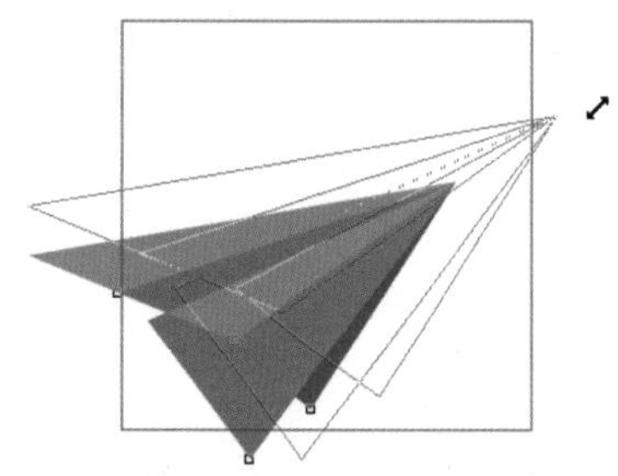

图4.37 放置在封面中

图4.38 完成之后的效果

知识链接：【PowerClip】命令使用中要注意的细节

用户不但可以对【PowerClip】对象的内容进行编辑，还可以通过在需要锁定的对象上单击鼠标右键，在弹出的快捷菜单中选择【锁定PowerClip的内容】命令，将容器内的对象锁定。锁定PowerClip的内容后，在变换PowerClip时，只对容器对象进行变换，而容器内的对象不受影响。要解PowerClip内容的锁定状态，可再次执行【锁定PowerClip的内容】命令即可。

6 选中白色纸飞机并复制一份。确认选中图形之后，执行菜单栏中的【位图】|【转换成位图】命令，打开【转换成位图】对话框，如图4.39所示。将白色小飞机转换成位图。

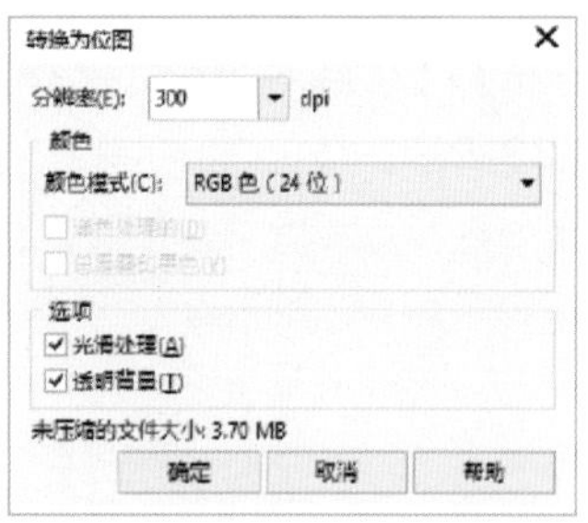

图4.39 【转换为位图】对话框

7 执行菜单栏中的【位图】|【模糊】|【高斯式模糊】命令，打开【高斯式模糊】对话框，如图4.40所示。

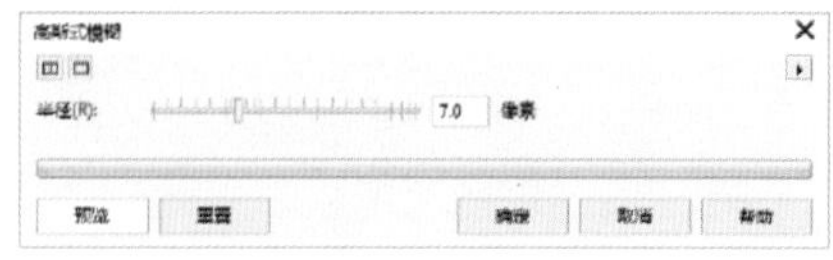

图4.40 【高斯式模糊】对话框

知识链接：【模糊】滤镜

使用【模糊】滤镜可以使位图产生像素柔化、边缘平滑、颜色渐变，并具有运动感的画面效果。该滤镜组包含了定向平滑、高斯式模糊、锯齿状模糊、低通滤波器、动态模糊、放射式模糊，平滑、柔和、缩放和智能模糊10种滤镜效果。

8 单击【确定】按钮，为图形应用模糊效果，如图4.41所示。然后将图形缩小并略微改变角度，放置于封面上，与稍大的飞机图形有更好的对比和远近关系，做出层次感，如图4.42所示。

图4.41 完成模糊效果

图4.42 添加到封面

9 单击工具箱中的【矩形工具】□按钮，在封底上绘制矩形。执行菜单栏中的【对象】|【转换为曲线】命令，将矩形转换为曲线。并使用【形状工具】调整形状，设置矩形【轮廓】为无，填充为深灰色（C：0；M：0；Y：0；K：90），效果如图4.43所示。

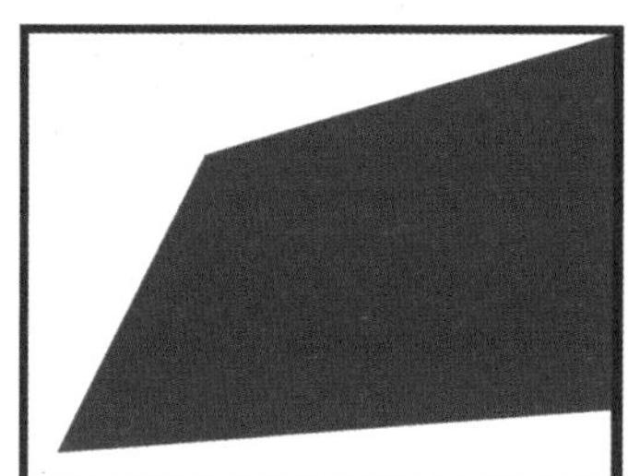

图4.43 添加四边形

10 将白色飞机再复制一份，并将其取消群组。选择其中一个三角形，分别复制并放置在封底上，调整形状，注意放置的时候，两条边之间一定要相互贴齐，区分色彩，将其填充为灰色（C：0；M：0；Y：0；K：10），制作出空间感极强的立体效果，如图4.44所示。

图4.44 添加三角形

11 单击工具箱中的【贝塞尔工具】按钮，沿着封底白色与灰色三角形的边缘，绘制一个封闭图形，填充颜色为黑，设置其【轮廓】为无，为图形制作画面内部投影效果，加强画面的立体感，效果如图4.45所示。选中全部图形，执行菜单栏中的【对象】|【组合】|【组合对象】命令，或者按Ctrl+G组合键将其群组，效果如图4.46所示。

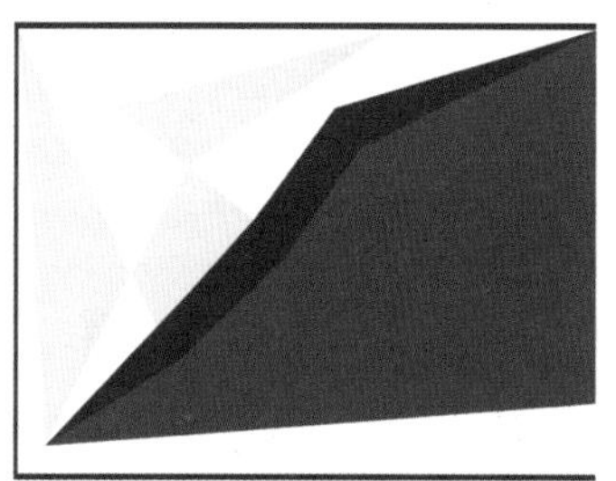

图4.45 绘制画面内部阴影

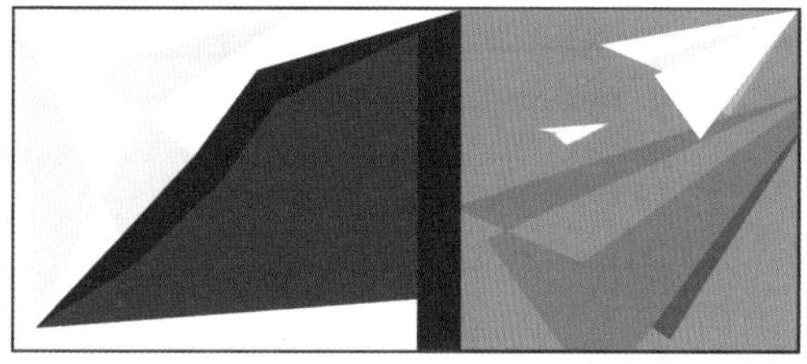

图4.46 完成底版的绘制

知识链接：将自定义笔刷保存为预设

在CorelDRAW X8中，还可使用一个对象或一组矢量对象自定义画笔笔触。创建自定义笔刷笔触完成后，可以将其保存为预设，具体操作步骤如下：

（1）选择要保存为笔刷笔触的图形对象。

（2）单击属性栏中的【笔刷】按钮，然后单击【保存艺术笔触】按钮，弹出【另存为】对话框。

（3）在【另存为】对话框的【文件名】文本框中输入笔触名字，单击【保存】按钮，即可将绘制的图形保存在自定义【类别】的笔刷笔触列表中。

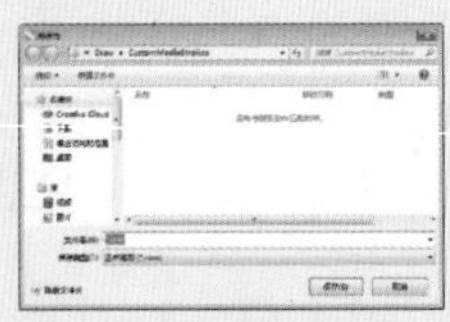

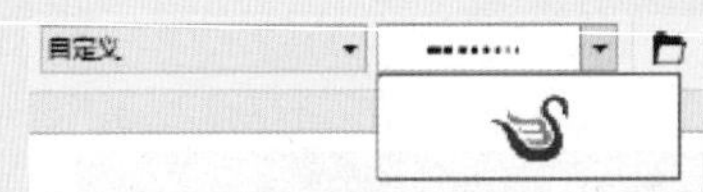

在【笔刷笔触列表】中添加笔触图案后，属性栏中的【删除】按钮将被激活。单击该按钮，弹出【CorelDRAW X8】对话框，单击【是】按钮后，即可将添加的笔触图案从列表中删除。

4.2.2 输入并编辑文字

1 单击工具箱中的【文本工具】字按钮，输入中文“纸飞机”，设置“纸飞”文字【字体】为“方正中等线简体”，文字“机”的【字体】为“方正小标宋简体”。单击工具箱中的【文本工具】字按钮，选择“飞”字，调整其大小只比其他两字大一些，如图4.47所示。

纸飞机

图4.47 输入文字

2 选中文字，执行菜单栏中的【对象】|【转换为曲线】命令，将文字转换为曲线。然后执行菜单栏中的【对象】|【拆分曲线】命令，将文字拆分，效果如图4.48所示。

纸飞机

图4.48 编辑内部

3 单击工具箱中的【文本工具】字按钮，输入中文“唤醒你我童年的记忆”，使用回车键换行，分别设置多种字体并调整个别文字大小以及缩小间距和行距，效果如图4.49所示。输入英文“A paper airplane”“LILI ZHANG”“Awaken memories of our childhood”，分别设置【字体】为“Adobe 黑体 Std R”“Trajan Pro”“Century Gothic”，并排列不同的位置，效果如图4.50所示。

图4.49 组合汉字

A
paper airplane

LILI ZHANG

Awaken memories of our childhood

图4.50 3种字体的英文文本

4 再次单击工具箱中的【文本工具】**字**按钮，输入其他中文，并设置【字体】为“方正小标宋简体”。最后将制作好的文字，一一放入封面和封底当中，填充为白色，调整不同大小和位置，如图4.51所示。

图4.51 添加文字后的效果

5 将白色飞机复制一份，单击【默认CMYK调色板】中的☒，设置颜色为【无填充】，打开【轮廓笔】对话框，如图4.52所示。设置【轮廓】为黑，调整大小，放置于封底左上角的英文下方。再复制一份，同样缩小并旋转角度，最后放置于中间的书脊中，效果如图4.53所示。

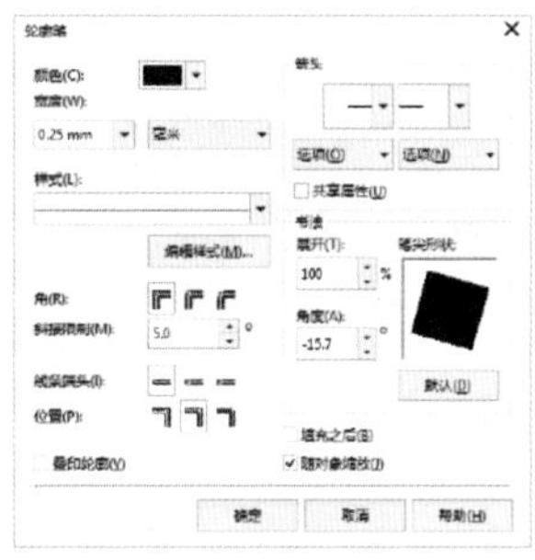

图4.52 【轮廓笔】对话框

图4.53 添加飞机轮廓框架

知识链接：【艺术笔工具】中【喷涂工具】的参数介绍

使用【喷涂工具】可以在线条上喷涂一系列对象。除图形和文本对象以外，还可导入位图和符号来沿着线条喷涂。在属性栏中单击【喷涂工具】按钮。

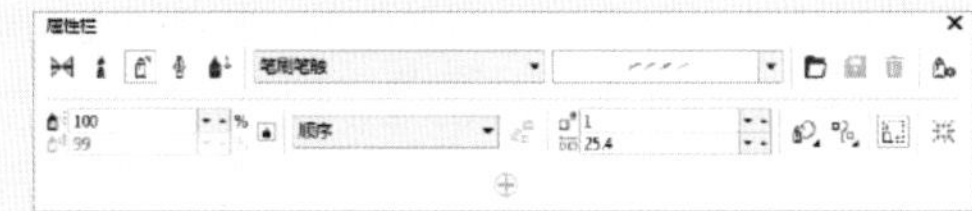

- 【喷射图样】选项：在其下拉列表中可选择系统提供的喷涂笔触样式。
- 【喷涂列表选项】按钮：单击该按钮，可以设置喷涂对象的顺序和喷涂对象。
- 【喷涂顺序】选项：在其下拉列表中提供有【随机】、【顺序】和【按方向】3个选项，可选择其中一种喷涂顺序来应用到对象上。
- 【每个色块中的图像素和图像间距】选项：在上方的文本框中输入数值，可设置每个喷涂色块中的图像数。在下方的文本框中输入数值，可调整喷涂笔触中各个色块之间的距离。
- 【旋转】按钮：单击该按钮，可以使喷涂对象按一定角度旋转。
- 【偏移】按钮：单击该按钮，可以使喷涂对象中的各个元素产生位置上的偏移。分别单击【旋转】和【偏移】按钮，可打开对应的面板设置。

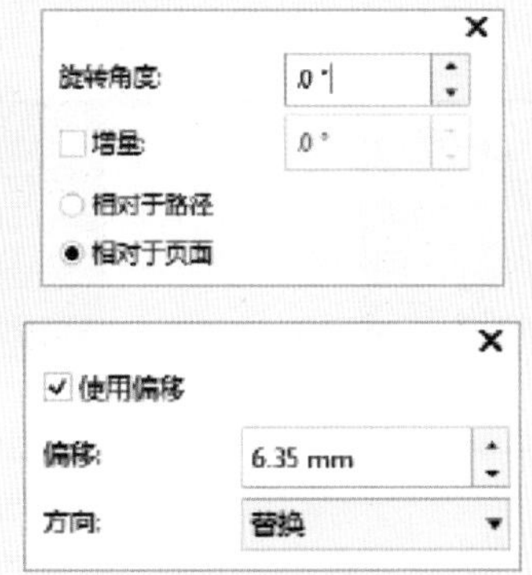

提示

绘制轮廓时，一定要选中【按图像比例显示】复选框，这样线条的粗细就不会受图形的变化而变化了。

6 单击工具箱中的【椭圆形工具】○按钮，绘制一个正圆，单击【默认CMYK调色板】中的☒，设置颜色为【无填充】，打开【轮廓笔】对话框，设置【轮廓宽度】为0.2mm，【填充】为白色。单击工具箱中的【文本工具】字按钮，输入数字“1~4”，设置字体为“Adobe黑体 Std R”并放置于正圆之间，如图4.54所示。其中数字“5”，只需将“2”翻转即可，如图4.55所示。

图4.54 数字与正圆结合

图4.55 数字“5”

4.2.3 完成最后排列

1 将数字分别放在封底的每一行文字后面，作为序号，并适当旋转个别数字，完成曲目目录。再次单击工具箱中的【矩形工具】□按钮，绘制一个【宽度】为395mm，【高度】为125mm的矩形，设置【填充】为黑色，【轮廓】为无，并在属性栏的将矩形右边两个角的【圆角半径】设置为22。

2 将制作完成的封面及封底放入矩形的左侧，选中封底左上角的图标，放置于黑色矩形的最右侧中心位置，为封面设计内衬。至此CD封面设计的展开图制作完成，效果如图4.56所示。

图4.56 最终效果

知识链接：创建喷涂列表文件的方法

选中需要创建为喷涂预设的对象，然后单击属性栏中的【添加到喷涂列表】按钮，将该对象添加到喷涂列表，单击【喷涂列表选项】按钮，弹出【创建播放列表】对话框，在【播放列表】列表框中选择需要的图像，然后单击【确定】按钮，在绘图页面上拖动鼠标，即可绘制出创建的喷涂图案。

4.3 纸飞机CD包装立体效果图设计

实例解析 CorelDRAW X8

本实例主要使用【贝塞尔工具】、【透明度工具】等制作出纸飞机CD包装的立体效果设计图。本实例的最终效果如图4.57所示。

图4.57 最终效果

本例主要学习【贝塞尔工具】、【透明度工具】、【水平镜像】以及【修剪】命令的应用，以及能充分了解在光影世界中物体的变化。

视频文件： movie\4.3 纸飞机CD包装立体效果图设计.avi

源文件： 源文件\第4章\纸飞机CD包装立体效果图设计.cdr

4.3.1 制作立体雏形

1 执行菜单栏中的【文件】|【导入】命令，打开【导入】对话框，选择云下载文件中的“调用素材\第4章\纸飞机CD包装展开效果图设计.cdr”文件，单击【导入】按钮。此时光标变成状，在页面中单击，图形便会显示在页面中，如图4.58所示。

图4.58 导入素材

2 确认选中图形，执行菜单栏中的【位图】|

【转换为位图】命令，打开【转换为位图】对话框，如图4.59所示。单击【确定】按钮，将整个图形转换为位图。

图4.59 【转换为位图】对话框

知识链接：调整表格位置、大小和角度

表格可以和其他图形一样进行位置、大小和角度的编辑操作。绘制表格之后，使用【选择工具】可以把表格移动到绘图区的任意位置。通过调整表格四周的控制框，可以调整表格的大小。连续单击表格后，会显示出旋转柄，通过调整旋转柄可以旋转表格。

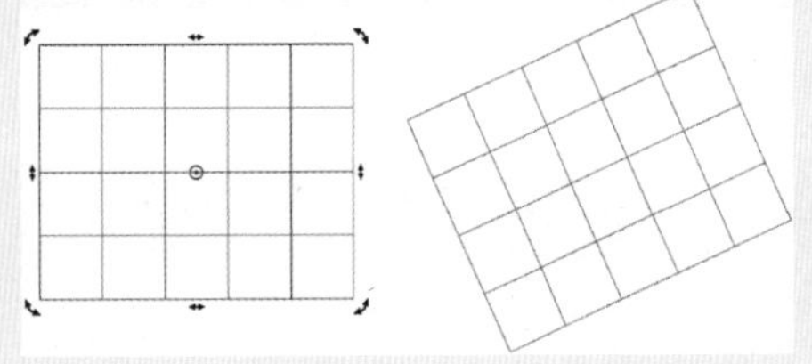

3 将图形复制两份。确认选中一份图形后，单击工具箱中的【形状工具】按钮，此时光标变成状，拖动鼠标选中矩形左侧上下两个节点，如图4.60所示。按住鼠标水平向右拖动直至封面左边缘，将封底和书脊裁掉，效果如图4.61所示。

图4.60 拖动鼠标选择节点

图4.61 裁切图形

4 同样的方法，拖动鼠标选中裁切后的图形右边上下两个节点，按住鼠标水平向左拖动直至封面右边缘，将内衬裁掉，效果如图4.62所示。用同样的方法将其他两个图形分别裁切到适当位置，留下书脊和内衬，效果如图4.63所示。

图4.62 裁剪右侧图形

图4.63 书脊和内衬

5 选中封面并单击，四周的编辑点即变成旋转模式，将光标放在左侧的状编辑点上，此时光标变成状，按住鼠标并垂直向下拖动，完成扭曲效果，如图4.64所示。用同样的方法，为书脊和内衬分别应用扭曲效果，将3个图形按照展开图的顺序排列在一起，首尾相连，边角压齐，制作立体雏形，效果如图4.65所示。

图4.64 为封面应用扭曲效果

图4.65 为书脊和内衬应用扭曲效果

知识链接：在属性栏中对表格进行编辑

在绘制表格后，还可以在属性栏中对表格进行编辑，比如改变表格外边框的粗细、颜色、表格的行数和列数等。

例如绘制一个表格后，在默认设置下，外边框轮廓线和单元格的边线粗细是相同的。通过在【表格工具】属性栏的【轮廓宽度】下拉列表中选择粗一些的轮廓线，可以使轮廓线变得粗一些。

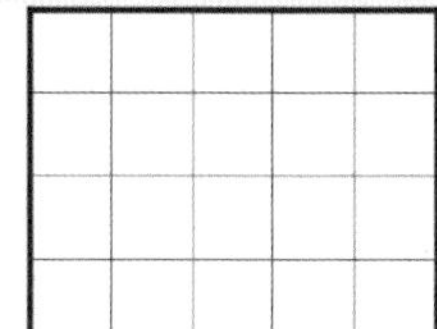

4.3.2 填充顶边和阴影

1 单击工具箱中的【贝塞尔工具】按钮，在封面图形与书脊的上方绘制一个矩形，如图4.66所示。

图4.66 绘制矩形

2 选中新绘制的矩形，单击工具箱中的【交互式填充工具】按钮，在属性栏中选择【渐变填充】，并设置从淡灰色（C：6；M：5；Y：5；K：0）到白色线性渐变。并删除矩形轮廓，为盘盒制作顶面，效果如图4.67所示。

图4.67 填充渐变色

提示

在【填充类型】下拉列表中选择除【无填充】以外的其他选项时，属性栏中的其他参数才可用。

3 再次单击工具箱中的【贝塞尔工具】按钮，沿着封面后边绘制一个三角形，如图4.68所示。

图4.68 绘制三角形

4 确认选中三角形，为其填充为黑色，设置【轮廓】为无。并单击工具箱中的【透明度工具】按钮，从黑色三角形的右下角向左上角拉出直线，释放鼠标之后再调整好阴影的亮度、位置以及透明度，效果如图4.69所示。

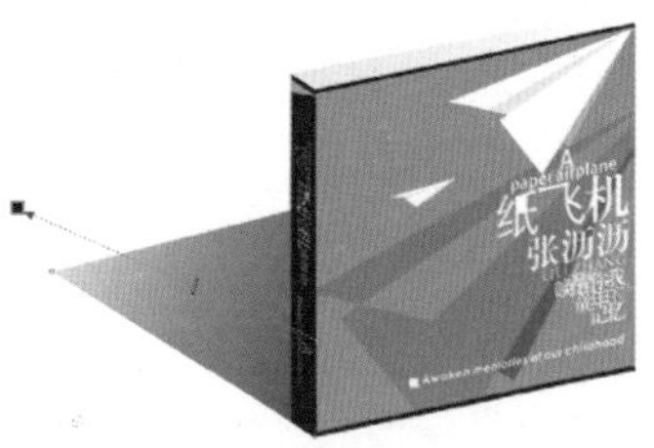
图4.69 应用透明度效果

5 单击工具箱中的【矩形工具】□按钮，绘制一个大长方形，将其填充为深灰色（C：0；M：0；Y：0；K：90）。单击工具箱中的【透明度工具】按钮，在属性栏中单击单击【渐变透明度】 按钮，然后单击【椭圆形渐变透明度】按钮，调整位置和光线，如图4.70所示。

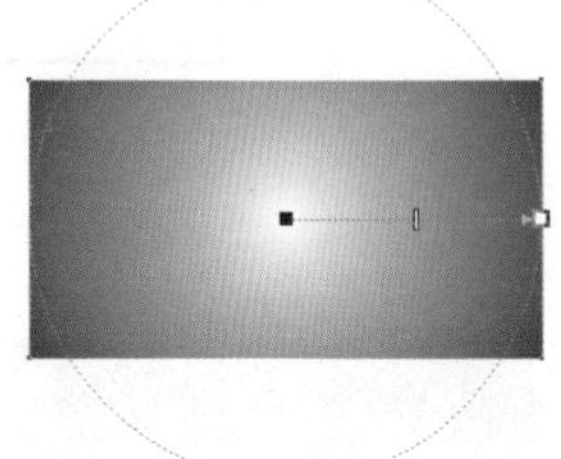
图4.70 调整位置和光线效果

6 将制作完成的立体效果图放置在大矩形中，调整位置和大小。执行菜单栏中的【文件】|【导入】命令，打开【导入】对话框，选择云下载文件中的“调用素材\第4章\纸飞机CD标识.AI”文件，单击【导入】按钮。此时光标变成状，在页面中单击，图形便会显示在页面中，调节大小并添加到矩形的右上角位置为背景添加装饰图样，完成最终设计，如图4.71所示。

图4.71 完成设计

知识链接：【交互式填充工具】填充对象的操作步骤

（1）选择要填充的对象，然后单击工具箱中的【交互式填充工具】按钮，在所选对象上单击并拖动鼠标，释放鼠标后即以系统默认的黑色至白色直线式渐变填充方式填充所选对象。

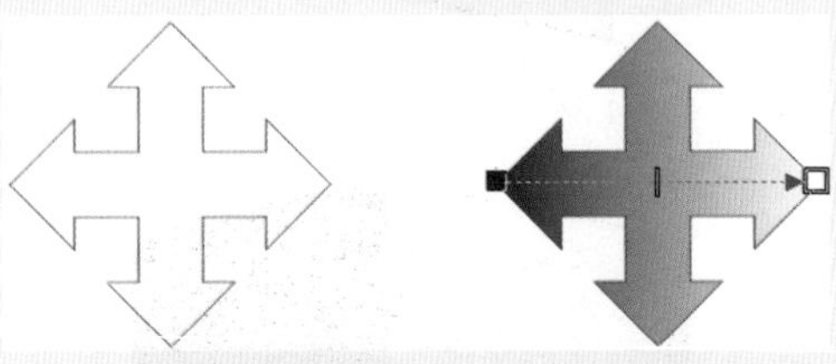

（2）在填充时，虚线连接的两个小方块，代表渐变色的起点与终点。在线条的中央有一个代表渐变填色中间点的控制条，当用鼠标移动渐变线条上的两个端点及中间点的位置，就会改变渐变填色的分布状况。

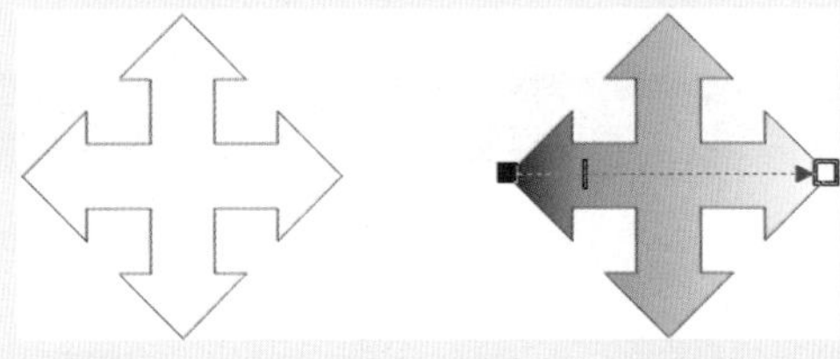

使用鼠标还可以将调色板中的颜色拖至交互式填充效果对象的虚线上或者方块中，释放鼠标后，即可将所选颜色添加到对象，得到更加漂亮的效果。在交互式填充工具属性栏中的“填充类型”区域中，可以选择填充的类型。

4.4 环球体育CD包装展开图设计

本实例主要使用【矩形工具】□、【文本工具】**字**等制作出造型精美、色彩大方的体育节目光盘包装。本实例的最终效果如图4.72所示。

图4.72 最终效果

本例主要学习【文本工具】、【形状工具】、【矩形工具】及【导入】命令的应用；了解光盘包装设计的各个步骤以及需要注意的内容。

视频文件：movie\4.4 环球体育CD包装展开图设计.avi

源文件：源文件\第4章\环球体育CD包装展开图设计.cdr

4.4.1 制作标志及所需图形

1 单击工具箱中的【文本工具】**字**按钮，输入中文“环球体育”，设置文字【字体】为“汉仪菱心体简”，设置字体大小并单击工具箱中的【形状工具】按钮，拖动鼠标调整文字之间的距离，完成之后将文字复制一份，以备后用，效果如图4.73所示。

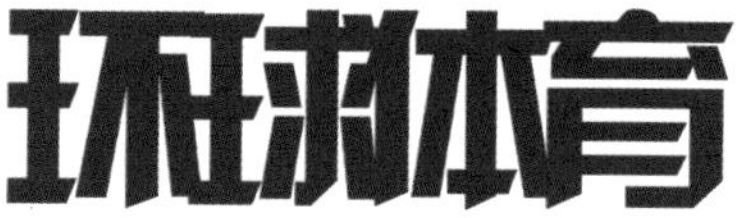

环球体育

图4.73 输入并调整字间距

2 单击工具箱中的【矩形工具】□按钮，绘制一个矩形，将文字放置到矩形中，并分别调整文字及矩形的大小，使文字略大于矩形，如图4.74所示。

图4.74 绘制矩形

3 将矩形调整到文字下方，然后将矩形和文字全部选中，单击属性栏中的【修剪】按钮，然后选中文字按Delete键将其删除。留下修剪完成的部分，填充为黑色，设置【轮廓】为无，并复制一份以备后用，如图4.75所示。

图4.75 修剪文字

知识链接：选择表格元素

绘制表格后，还可以在表格中选择行、列和单元格等。这些表格元素的选择非常简单，不过不能使用【选择工具】进行选择，需要使用【形状工具】进行选择。

在工具箱中单击【形状工具】按钮，在表格中单击单元格则选择一个单元格；把鼠标指针移动到表格的一侧，当光标变成➡或⬇箭头形状时单击，则可以选择表格的一行或者一列。

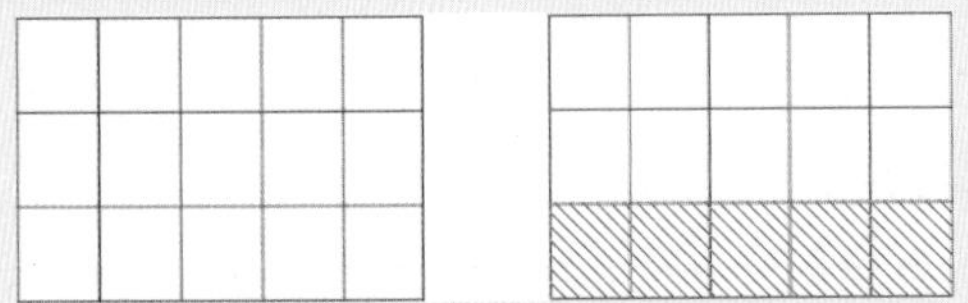

如果要选择不是同一行或者同一列的多个单元格，那么在工具箱中单击【形状工具】按钮后，按住键盘上的Ctrl键选择需要的单元格即可。

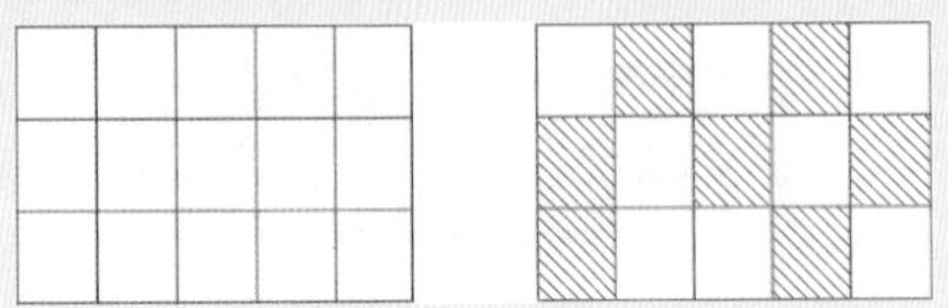

4 选中之前复制出来的文字，单击工具箱中的【文本工具】**字**按钮，逐一选中不同的汉字，分别为其填充为土黄色（C：6；M：30；Y：96；K：0）、白色、黄（C：0；M：0；Y：100；K：0）、草绿色（C：29；M：9；Y：99；K：0），效果如图4.76所示。

图4.76 填充颜色

5 将填充颜色后的文字，放置到修剪后的图形中，保持大小一致并调整位置稍稍偏左，制作出强烈的立体感觉，效果如图4.77所示。

图4.77 完成组合

6 单击工具箱中的【文本工具】**字**按钮，输入企业名称，设置文字【字体】为"方正大标宋简"。然后输入英文，设置【字体】为"Arial"，将两行文字调整大小之后放置于"环球体育"下方，并复制一份，以备后用，效果如图4.78所示。

图4.78 添加文字

7 执行菜单栏中的【文件】|【导入】命令，打开【导入】对话框，选择云下载文件中的"调用素材\第4章\运动的人形.ai"文件，单击【导入】按钮。在页面中单击，素材便会显示在页面中，如图4.79所示。

图4.79 导入素材

8 选择右下角"橄榄球运动员"剪影，将之

前绘制完成的修剪后的标识调整大小放置在人形身后，如图4.80所示。

图4.80 添加标识

知识链接：选择表格元素中要注意的细节

选择一个单元格后，如果想在该单元格中输入文本，则单击工具箱中的【文本工具】字按钮，在选择的单元格中单击，然后输入文本即可。注意也可以输入数字或者中文。输入文本后，可以通过按Ctrl+A组合键来选择单元格中的所有文本。

9 单击工具箱中的【矩形工具】□按钮，绘制一个长条状矩形，复制3条，上下叉开依次摆放在“橄榄球运动员”后面，与其两只脚相接，如图4.81所示。

图4.81 添加矩形

10 将矩形转换为曲线，单击工具箱中的【形状工具】按钮，将每个条状矩形的尾部修饰成斜线形。调整完成后，将图形全部选中，执行菜单栏中的【对象】|【组合】|【组合对象】命令，将其全部群组，如图4.82所示。

图4.82 修改矩形完成标识设计

4.4.2 制作封面及导入素材

1 单击工具箱中的【矩形工具】□按钮，绘制一个【宽度】为125mm，【高度】为120mm的矩形；再绘制一个【宽度】为10mm，【高度】为120mm的矩形，将大矩形放在小矩形的左边，并将大矩形复制一份放在其右边，效果如图4.83所示。

图4.83 绘制展开图框架

2 执行菜单栏中的【文件】|【导入】命令，打开【导入】对话框，选择云下载文件中的“调用素材\第4章\背景图.JPEG”文件，单击【导入】按钮。在页面中单击，素材便会显示在页面中，如图4.84所示。

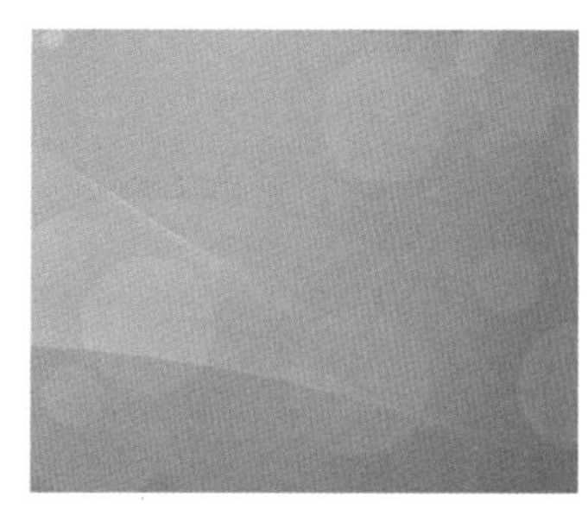

图4.84 导入素材

3 选中导入的素材，执行菜单栏中的【对象】|【PowerClip】|【置于图文框内部】命令，此时光标变成➧状，在右侧矩形中单击鼠标将素材放置在容器中，如图4.85所示。然后将之前绘制完成的标志图形依次放进封面和封底中，并调整大小，效果如图4.86所示。

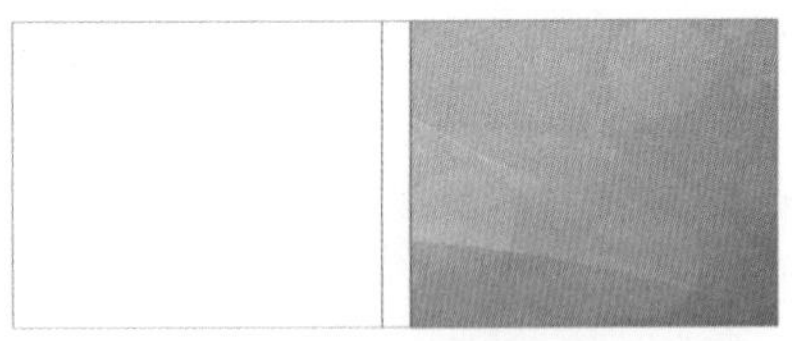

图4.85 置于图文框内部

图4.86 添加标志即企业名称

知识链接：编辑表格中网格的形状

通过选择并编辑网格线，还可以编辑网格的形状。在工具箱中单击【形状工具】按钮后，把鼠标指针移动到表格的网格线上，当鼠标指针变成双箭头形状时，即可移动网格线，从而改变表格的单元格大小。

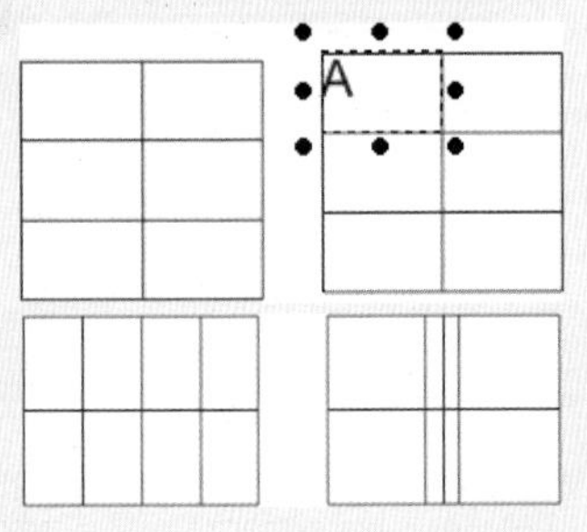

4 选中黑色标志图案并复制，再次单击四周的编辑点即变成旋转模式，在属性栏中的【旋转角度】中输入270，同时选中公司名称和英文文字并将其复制一份，单击属性栏中的【将文本更改为垂直方向】按钮，将文字更改为竖式排列。并将编辑后的图标以及文字缩小放到封脊部分，如图4.87所示。

图4.87 完成封脊制作

5 单击工具箱中的【文本工具】字按钮，输入其他文字，并设置相应的字体，填充为不同颜色，摆放到合适位置，调整到适当大小，效果如图4.88所示。

图4.88 添加标题与刊期号

6 单击工具箱中的【文本工具】字按钮，输入大写英文“BASEBALL”（棒球），设置【字体】为“Century Gothic”，【填充】为白色，并放大放置于封面底部，效果如图4.89所示。

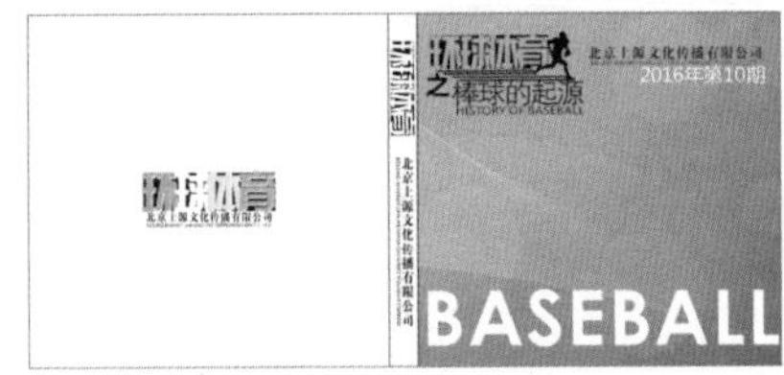

图4.89 添加英文

7 选中个别字母，调整不同大小，制作出参差不齐的艺术效果。单击工具箱中的【形状工具】按钮，将文字的间距缩小，效果如图4.90所示。

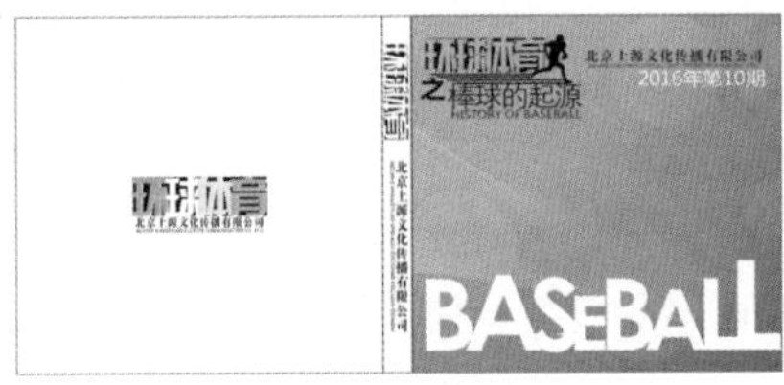

图4.90 完成编辑

8 将之前导入的“运动的人形”素材中的不同动作剪影放置到各个英文字母上，调整各自大小，并完成最终设计，效果如图4.91所示。

图4.91 完成展开图的设计

知识链接：在表格中插入单元格的方法

在工具箱中单击【形状工具】按钮，并选择一个单元格。执行菜单栏中的【表格】|【插入】命令，将打开子菜单。

如果选择【表格】|【插入】|【行上方】命令，那么将在选择的单元格上方插入一行单元格。如果选择【表格】|【插入】|【行下方】命令，那么将在选择的单元格下方插入一行单元格。如果选择【表格】|【插入】|【列右侧】命令，那么将在选择的单元格右侧插入一行单元格，依此类推。

行上方(A)
行下方(B)
列左侧(L)
列右侧(R)
插入行(I)...
插入列(N)...

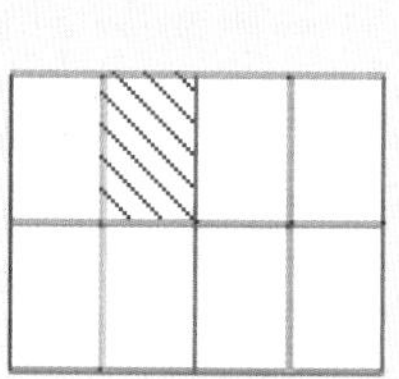

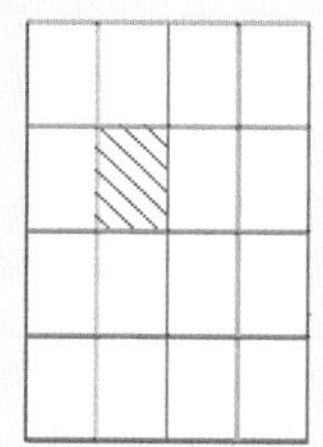

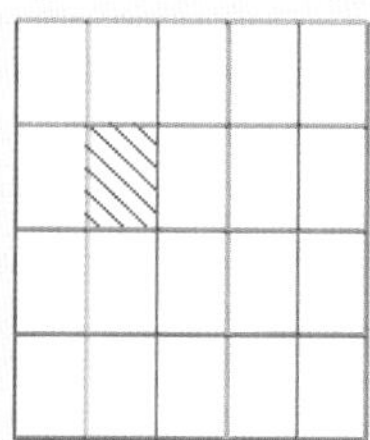

4.5 环球体育CD包装立体图设计

实例解析 CorelDRAW X8

本实例主要使用【贝塞尔工具】、【透明度工具】和【文本工具】字等制作环球体育CD包装设计立体图。本实例的最终效果如图4.92所示。

图4.92 最终效果

学习目标 CorelDRAW X8

本例主要学习【文本工具】、【透明度工具】、【贝塞尔工具】、【矩形工具】及【导入】命令的应用，以及能很好地学习并熟练各项工具之间的使用。

云盘下载

视频文件：movie\4.5 环球体育CD包装立体图设计.avi

源文件：源文件\第4章\环球体育CD包装立体图设计.cdr

操作步骤
CorelDRAW X8

4.5.1 导入平面图制作立体雏形

1 执行菜单栏中的【文件】|【导入】命令，打开【导入】对话框，选择云下载文件中的“调用素材\第4章\环球体育光盘包装设计平面展开图.cdr”文件，单击【导入】按钮。在页面中单击，图形便会显示在页面中，如图4.93所示。

2 拖动鼠标依次选中封面、封脊、封底并将它们进行群组。然后选中封底并单击，四周的编辑点随即变成旋转模式，将光标放在封底左侧的 ⇕ 状编辑点上，此时光标变成 ⥮ 状，按住鼠标并垂直向上拖动，如图4.94所示。到适当位置之后，单击返回到缩放模式，将封底进行水平拖拉，调整宽度，完成扭曲效果。

图4.93 导入素材

图4.94 扭曲封底

3 按照之前同样的方法，为封面应用扭曲效果。选中封面并单击，光标放在右侧的编辑点上，按住鼠标垂直向上拖动，调节到适当位置后释放鼠标，效果如图4.95所示。

图4.95 扭曲完成效果

4 单击工具箱中的【椭圆形工具】○按钮，绘制一个直径为100mm的正圆。复制一个，并调整直径为20mm，将小圆放置于大圆中心，如图4.96所示。

5 将两个正圆全部选中，单击属性栏中的【简化】按钮，大圆已被小圆切成一个环形。提取环形并填充为白色，将小圆的【直径】设置为27mm，将【轮廓】设置为浅蓝色（C：55；M：22；Y：42；K：0），并放置于环形的中心，效果如图4.97所示。

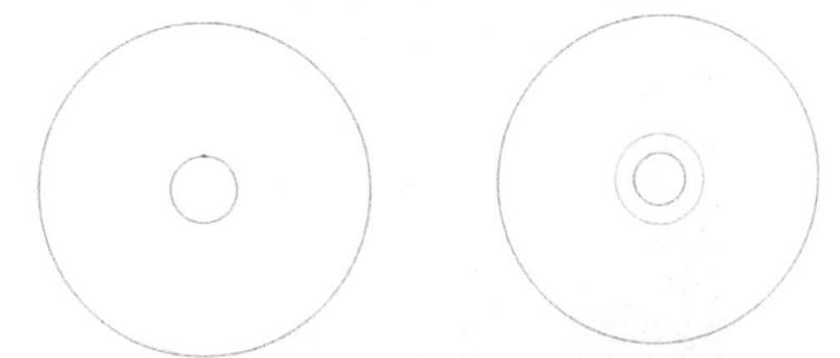
图4.96 绘制光盘轮廓　图4.97 完成光盘轮廓的绘制

知识链接：【简化】命令使用中的细节

执行【简化】命令后，群组过的对象将会被自动解散群组，用户在选取对象的时候，需要使用【选择工具】重新进行框选。

6 执行菜单栏中的【文件】|【导入】命令，打开【导入】对话框，选择云下载文件中的“调用素材\第4章\背景图.JPEG”文件，单击【导入】按钮。在页面中单击，图形便会显示在页面

中，如图4.98所示。

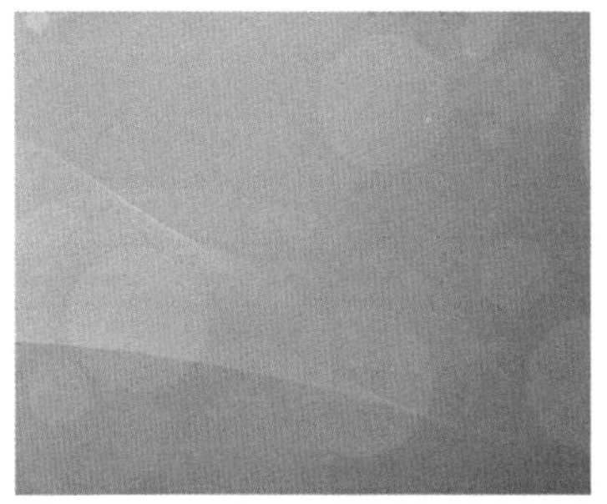

图4.98 导入素材图片

7 选中导入的图片，执行菜单栏中的【对象】|【PowerClip】|【置于图文框内部】命令，将其放置在环形中，如图4.99所示。

图4.99 放置到环形中

8 执行菜单栏中的【对象】|【PowerClip】|【编辑PowerClip】命令，对图片进行编辑。确认选中素材，调整与大圆相匹配。然后单击工具箱中的【透明度工具】按钮，按住鼠标从右上向左下拖动，为图片应用透明效果，如图4.100所示。

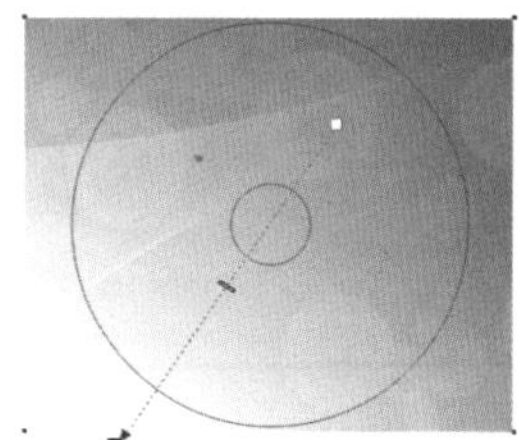

图4.100 应用透明效果

9 执行菜单栏中的【对象】|【PowerClip】|【结束编辑】命令，结束编辑，完成之后的效果如图4.101所示。

10 将导入的展开图上出现的标识、标题复制一份放置到光盘上，调整位置和大小，效果如图4.102所示。

图4.101 结束编辑

图4.102 添加盘面图案

知识链接：在表格中合并单元格的方法

在绘制完表格后，还可以合并单元格，比如把2个或者3个单元格合并为一个单元格。也可以把成行或者成列的单元格合并为一个单元格。合并为一个单元格时，选择多个单元格后，执行菜单栏中的【表格】|【合并单元格】命令，或者按键盘上的Ctrl+M组合键，即可将其合并为一个单元格。

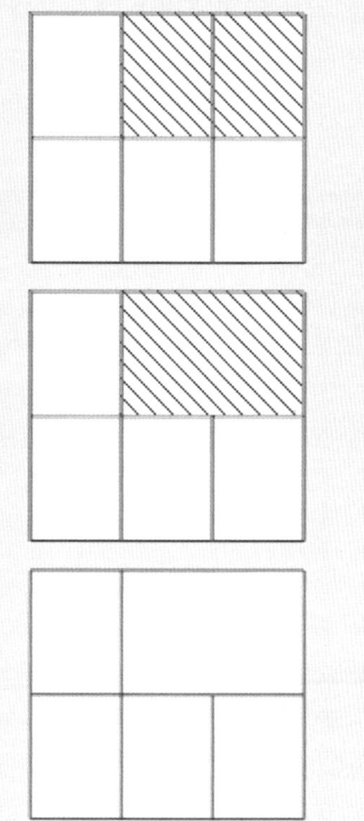

4.5.2 制作背景图

1 单击工具箱中的【矩形工具】□按钮，绘制一个【宽度】为380mm，【高度】为200mm的矩形，将矩形填充为深灰色（C：0；M：0；Y：0；K：90）到浅灰色（C：60；M：49；Y：49；K：5）的椭圆形渐变填充，【轮廓】设置为无，如图4.103所示。

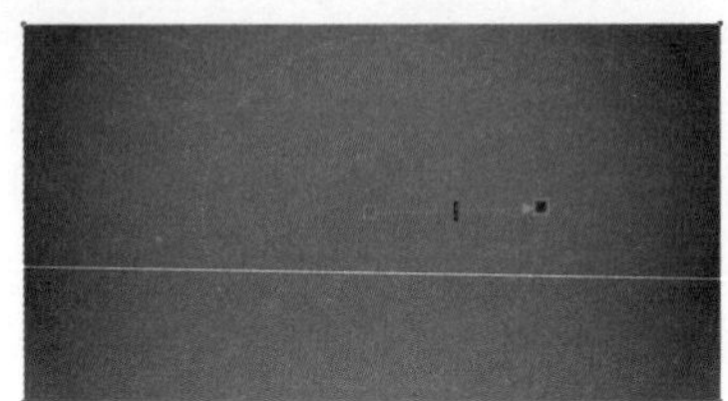

图4.103 绘制矩形填充渐变色

2 将之前绘制完成的立体图雏形全部选中，执行菜单栏中的【对象】|【组合】|【组合对象】命令，将其群组。然后放置到黑色渐变背景框中，调整大小和位置，效果如图4.104所示。

图4.104 放置立体图雏形

3 将之前制作完成的光盘同样也放进黑色背景中，并复制一份，删除盘面的文字。选中环形，执行菜单栏中的【对象】|【PowerClip】|【编辑PowerClip】命令，进行编辑内容。将素材图片删除，然后执行菜单栏中的【对象】|【PowerClip】|【结束编辑】命令，结束编辑。确认选中环形，单击工具箱中的【交互式填充工具】按钮，在属性栏中单击【渐变填充】按钮，然后单击属性栏右侧的【编辑填充】按钮，打开【编辑填充】对话框，在【类型】中选择【圆锥形渐变填充】，在【镜像、重复和反转】中选择【重复和镜像】，在渐变编辑位置添加不同深浅的白色、灰色和黑色，如图4.105所示。调整完成后，单击【确定】按钮，图形效果如图4.106所示。

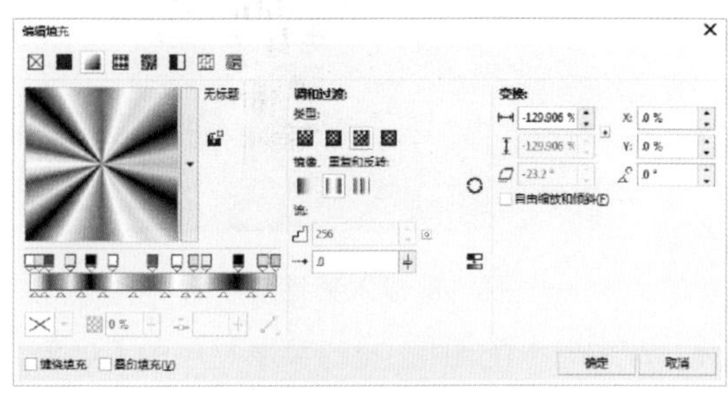

图4.105 【编辑填充】对话框

图4.106 绘制光盘内面

4 选中填充后的环形光盘内面，单击并将光标放置在顶边中心的编辑点上，向右水平拖动鼠标，完成扭曲图形。然后再次单击图形，缩小图形的宽度，效果如图4.107所示。

图4.107 调整并扭曲图形

5 将绘制完成的光盘外面与内面分别放置于黑色背景中，并调整大小和位置，效果如图4.108所示。

图4.108 放置黑色背景

知识链接：删除表格中的表格元素

绘制完表格后，还可以删除不需要的行或列来满足编辑需要，在工具箱中单击【形状工具】按钮，选择需要的行或列，然后选择菜单栏中的【表格】|【删除】命令，将打开子菜单，如果选择表格中的一行，那么执行菜单栏中的【表格】|【删除】|【行】命令，即可将该行删除。

行(R)
列(C)
表格(T)

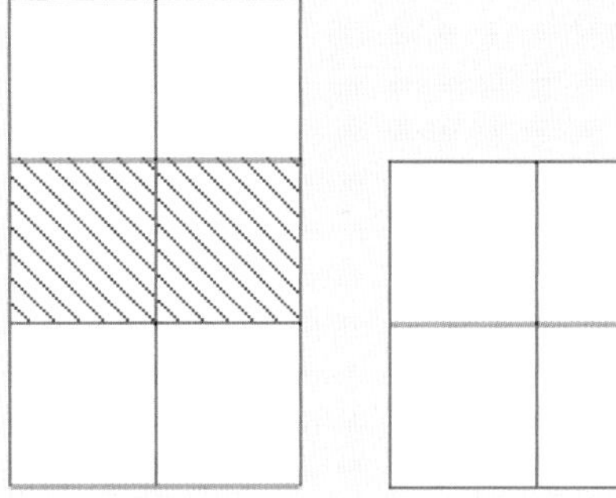

6 单击工具箱中的【贝塞尔工具】按钮，沿着两个光盘的边缘绘制封闭矩形，为光盘绘制阴影，如图4.109所示。然后单击工具箱中的【透明度工具】按钮，为其应用透明效果，如图4.110所示。

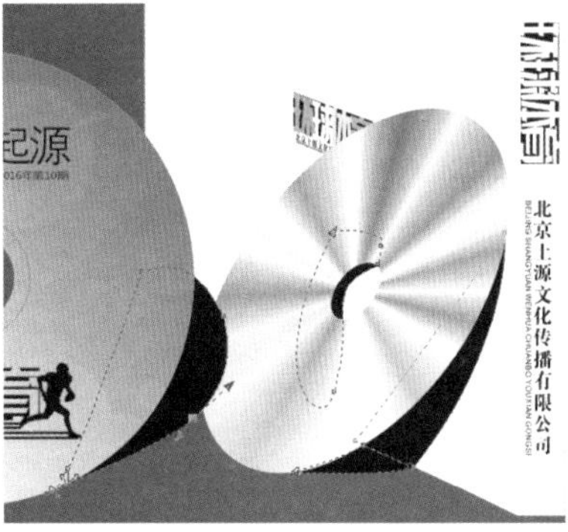

图4.109 绘制阴影部分

图4.110 应用透明效果

7 利用同样的方法，单击工具箱中的【贝塞尔工具】按钮，沿着封面右侧的边缘绘制封闭矩形，填充黑色并应用透明效果。再沿着封面及封底的顶边分别绘制两个矩形，调整位置之后，填充淡灰色（C：0；M：0；Y：0；K：10），最后为背景添加装饰，完成最终立体效果，如图4.111所示。

图4.111 完成设计

第5章

折页画册设计

CorelDRAW X8案例实战从入门到精通

5.1 heermarck画册折页设计

本实例主要使用【矩形工具】□、【贝塞尔工具】、【形状工具】等制作出个性潮流的时尚折页画册。本实例的最终展开效果如图5.1所示；折叠效果如图5.2所示。

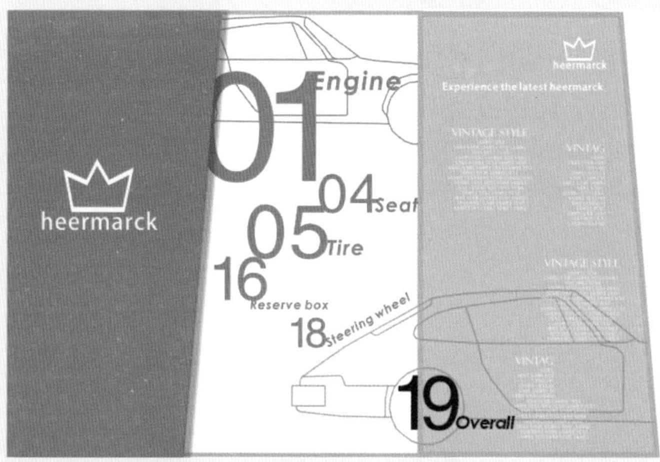

图5.1 最终展开效果图

图5.2 最终折叠效果图

本例主要学习【贝塞尔工具】、【形状工具】及【星形工具】的应用；掌握画册设计的技巧。

云盘下载

视频文件：movie\5.1 heermarck画册折页设计.avi

源文件：源文件\第5章\heermarck画册折页设计.cdr

操作步骤 CorelDRAW X8

5.1.1 绘制底版框架

1 单击工具箱中的【矩形工具】□按钮，绘制一个【宽度】为120mm，【高度】为250mm的矩形。将其转换为曲线，单击工具箱中的【形状工具】按钮，拖动矩形右下角的节点水平向左缩进，如图5.3所示。

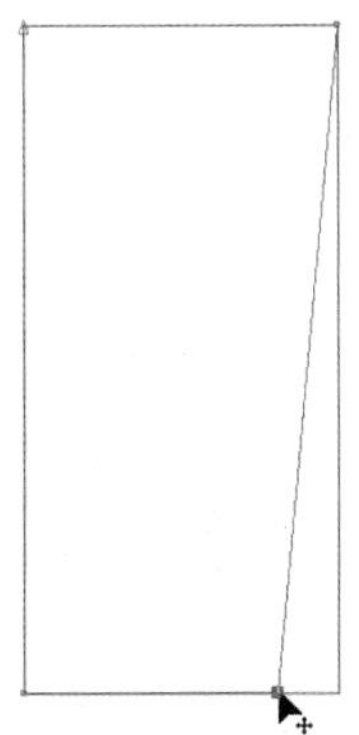

图5.3 移动节点

2 选中图形并复制一份。然后选中复制出的图形，单击属性栏中的【水平镜像】按钮，使图形水平翻转；再单击属性栏中的【垂直镜像】按钮，使图形垂直翻转。将两个图形相互吻合地摆放在一起，上下对齐，左右均等，效果如图5.4所示。

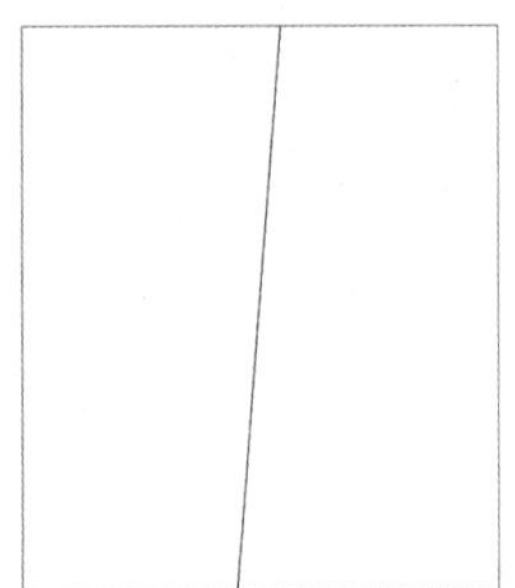

图5.4 复制并摆放

知识链接：剪切、复制、粘贴对象

CorelDRAW X8中的【复制】命令经常与【粘贴】命令结合，主要用于制作所选图形和文件的副本。在使用图形和文件的副本时，可以保持原图形和文件的状态和属性不变。使用【剪切】命令同样可以制作出与原对象相同的对象，但是【剪切】命令将会把原来所选的对象清除。

1. 复制对象

如果要为CorelDRAW 中绘制好的图形制作副本，执行菜单栏中的【编辑】|【复制】命令，或者单击【标准工具栏】中的【复制】按钮，即可将所选对象复制到剪贴板中。

2. 剪切对象

如果要将对象复制到剪切板并且将对象从原位置清除，则执行菜单栏中的【编辑】|【剪切】命令，或者单击【标准工具栏】中的【剪切】按钮。

3. 粘贴对象

执行菜单栏中的【编辑】|【粘贴】命令，或者单击【标准工具栏】中的【粘贴】按钮，即可将剪贴板中的对象粘贴到当前页面中。

只有执行了菜单栏中的【复制】或【剪切】命令之后，才能激活【粘贴】命令和按钮。如果使用【复制】命令复制对象，则粘贴后的复制对象将重叠在原对象的正上方，只有将粘贴的对象移至适当位置，才能看到原对象。在CorelDRAW X8中，复制对象有很多种方法。除上述介绍的方法外，用户也可以在选取对象后，按数字键盘上的“+”键，即可快速地复制出一个新对象；选取对象，单击鼠标右键，在弹出的快捷菜单中选择【复制】命令；按Ctrl+C组合键将对象复制到剪贴板，然后按Ctrl+V组合键粘贴到文件中；使用【选择工具】选取对象后，按住鼠标左键将对象拖动到适当的位置，在保持按住左键的同时单击鼠标右键，即可将对象复制到该位置。

3 选中复制出的图形再复制一份，单击属性栏中的【水平镜像】按钮，使图形水平翻转，将其水平放置在已摆放完成的图形右侧，同样注意线条贴紧，上下对齐，如图5.5所示。

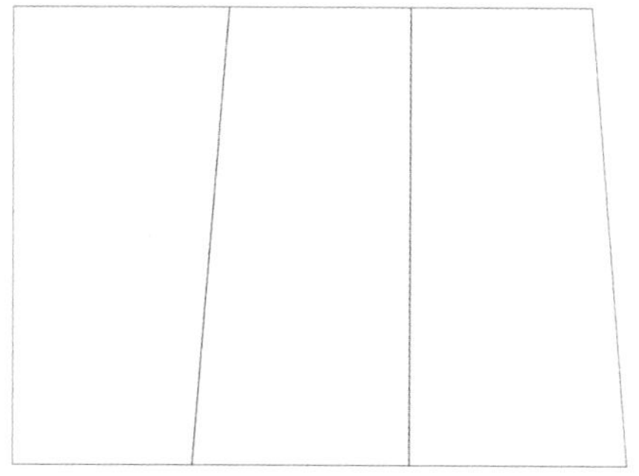

图5.5 摆放完成

4 将最左侧的四边形填充为洋红（C：0；M：100；Y：0；K：0），最右侧的四边形填充为浅灰色（C：0；M：0；Y：0；K：20），并填充右侧两个四边形的【轮廓】为灰色（C：23；M：18；Y：18；K：0），适当加粗，完成底版的绘制，如图5.6所示。

图5.6 调整并组合新图形

5.1.2 绘制图形并添加文字

1 单击工具箱中的【星形工具】☆按钮，设置属性栏中的【点数或边数】为6，【锐度】为50，绘制一个正六角星，如图5.7所示。

图5.7 六角星

2 确认选中图形，执行菜单栏中的【对象】|【转换为曲线】命令，将图形转换为曲线，如图5.8所示。

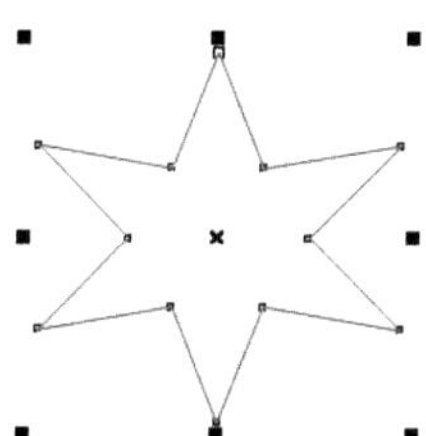

图5.8 转换为曲线

知识链接：【星形工具】的使用方法

选择【星形工具】☆，在其【属性栏】的【点数或边数】文本框中，输入所需要的边数或点数，在【锐度】文本框中，输入星形各角的锐度。在页面中按住鼠标，向另一方向拖动，即可绘制出星形。

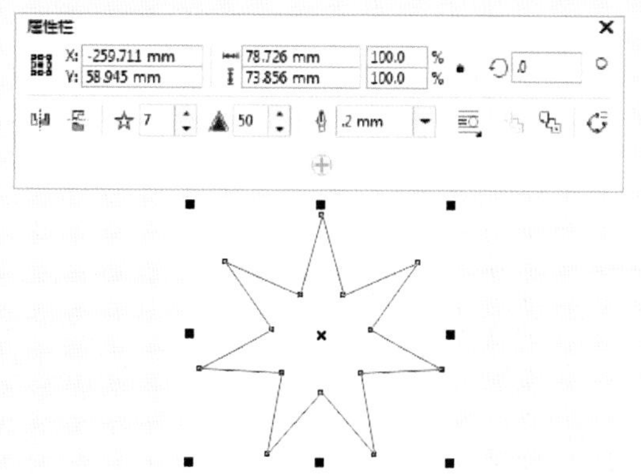

3 单击工具箱中的【形状工具】按钮，拖动鼠标选中六角星下方3个角的所有节点，如图5.9所示。按Delete键删除节点，效果如图5.10所示。

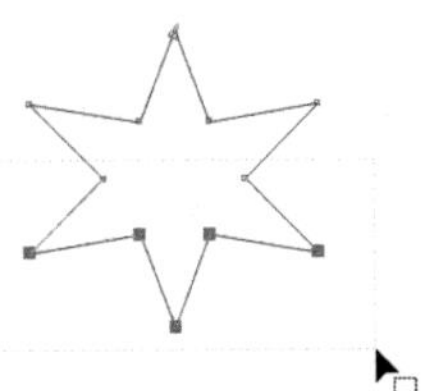

图5.9 选中节点

图5.10 删除节点

4 将光标放在曲线上并单击鼠标右键，在弹出的快捷菜单中选择【到直线】命令，编辑后的效果如图5.11所示。

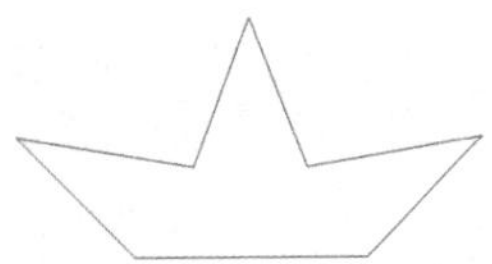

图5.11 编辑后的效果

5 单击工具箱中的【形状工具】按钮，调整图形3个角的角度、位置和指向，调整后的效果如图5.12所示。

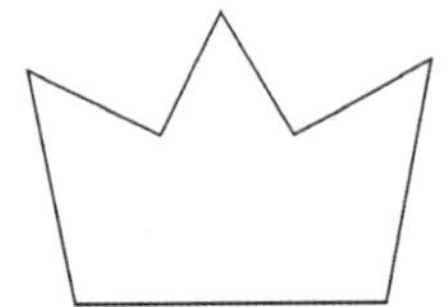

图5.12 调整后的效果

6 确认选中图形，将轮廓加粗。然后执行菜单栏中的【对象】|【将轮廓转换为对象】命令，将线条转换成可填充的图形，如图5.13所示。

图5.13 将轮廓转换为对象

知识链接：【将轮廓转换为对象】命令的使用方法

选择需要转换的对象，执行菜单栏中的【对象】|【将轮廓转换为对象】命令，即可将选中的图形对象轮廓分离出来，成为一个单独的轮廓线对象，可以使用鼠标将分离出的对象轮廓从原对象中移动出来。

7 单击工具箱中的【文本工具】**字**按钮，输入英文“heermarck”，设置【字体】为“Kozuka Gothic Pro M”，调整大小并放置于图形下方，如图5.14所示。

图5.14 添加文字

8 执行菜单栏中的【文件】|【导入】命令，打开【导入】对话框，选择云下载文件中的“调用素材\第5章\汽车.cdr”文件，单击【导入】按钮。在页面中单击，素材便会显示在页面中，如图5.15所示。

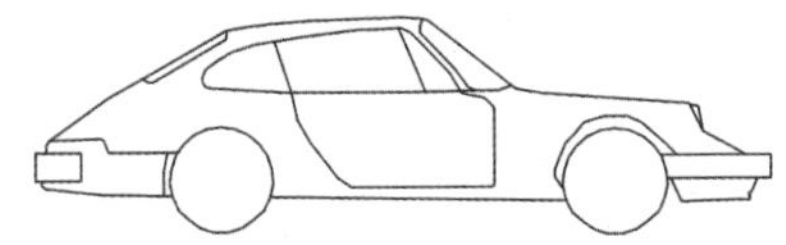

图5.15 导入素材图形

9 将汽车复制一份，执行菜单栏中的【对象】|【PowerClip】|【置于图文框内部】命令，将汽车放置在中间的四边形内部，如图5.16所示。

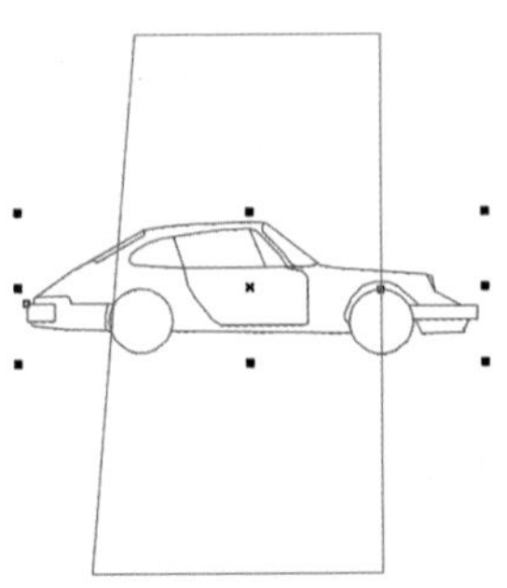

图5.16 放置在四边形内部

知识链接：对象的再制

选择对象后，然后执行菜单栏中的【编辑】|【再制】命令，可以将该对象再制一份。执行菜单栏中的【工具】|【选项】命令，在弹出的对话框中，选择【文档】选项中的【常规】，然后在【再制偏移】选项组中，通过设置【水平】和【垂直】的数值可以设置原对象与再制对象的距离。

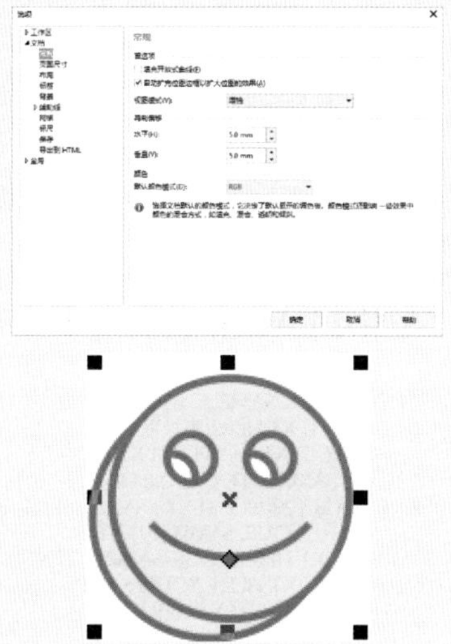

10 执行菜单栏中的【对象】|【PowerClip】|【编辑PowerClip】命令，编辑图形，将汽车放置到顶端，填充颜色为洋红（C：0；M：100；Y：0；K：0），调整好位置和大小。然后执行菜单栏中的【对象】|【PowerClip】|【结束编辑】命令，结束编辑图形，效果如图5.17所示。

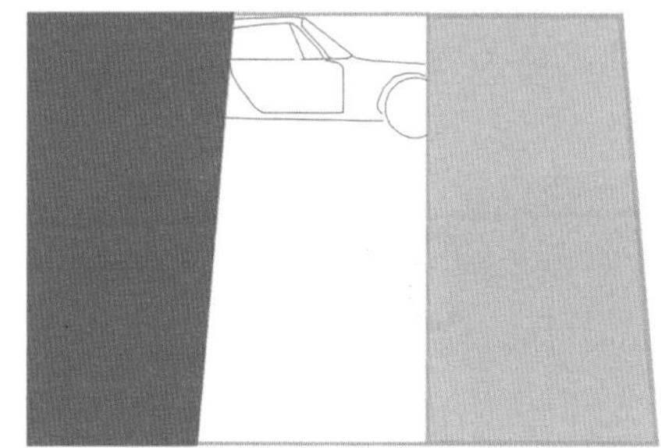

图5.17 结束编辑

11 将汽车原图直接放置在中间与右边的四边形下方，填充颜色为灰色（C：0；M：0；Y：0；K：40），调整大小与位置。然后单击工具箱中的【橡皮擦工具】按钮，擦除多余的部分，效果如图5.18所示。

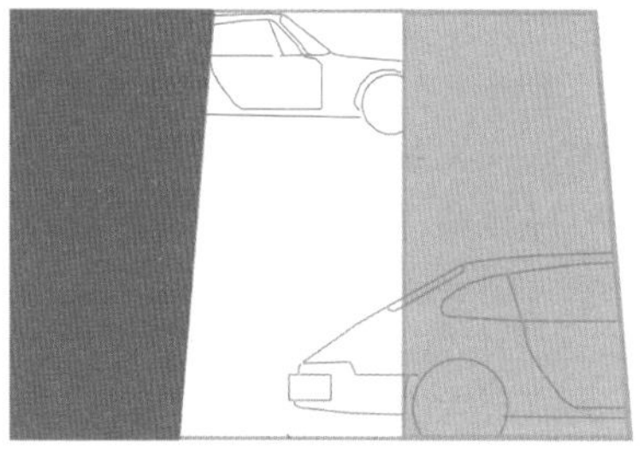

图5.18 使用橡皮擦擦去车头

知识链接：复制对象属性

在CorelDRAW X8中，复制对象属性是一种比较特殊、重要的复制方式，它可以方便快捷地将指定对象中的轮廓笔、轮廓色、填充和文本属性通过复制的方法应用到所选对象中。复制对象属性的操作是选择需要复制属性的对象，执行菜单栏中的【编辑】|【复制属性自】命令，系统将弹出【复制属性】对话框。

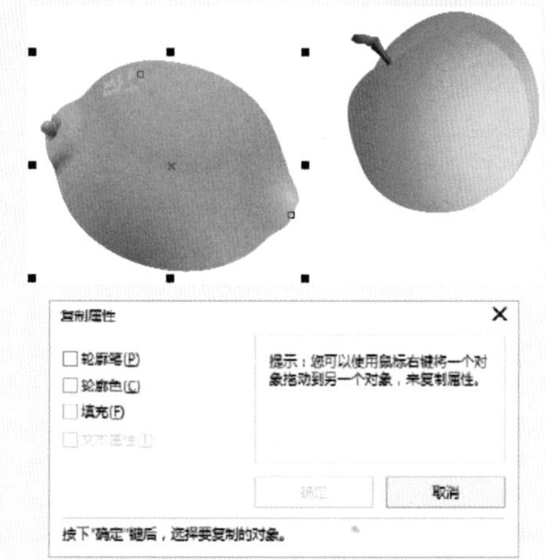

- 【轮廓笔】复选框：选中该复选框，应用于对象的轮廓笔属性，包括轮廓线的宽度、样式等。
- 【轮廓色】复选框：选中该复选框，应用于对象轮廓线的颜色属性。
- 【填充】复选框：选中该复选框，应用于对象内部的颜色属性。
- 【文本属性】复选框：选中该复选框，只能应用于文本对象，可复制指定文本的大小、字体等文本属性。

在【复制属性】对话框中，选择需要复制的对象属性选项，这里已选中【轮廓笔】、【轮廓色】、【填充】复选框，单击【确定】按钮，当光标变为➧状态后，单击用于复制属性的原对象，即可将该对象的属性按设置复制到所选择的对象上。

在对象上按住鼠标右键不放，并将对象拖动至另一个对象上，然后释放鼠标，在弹出的快捷菜单中选择【复制填充】、【复制轮廓】或【复制所有属性】命令，即可将原对象中的填充、轮廓或所有属性复制到所选对象上。

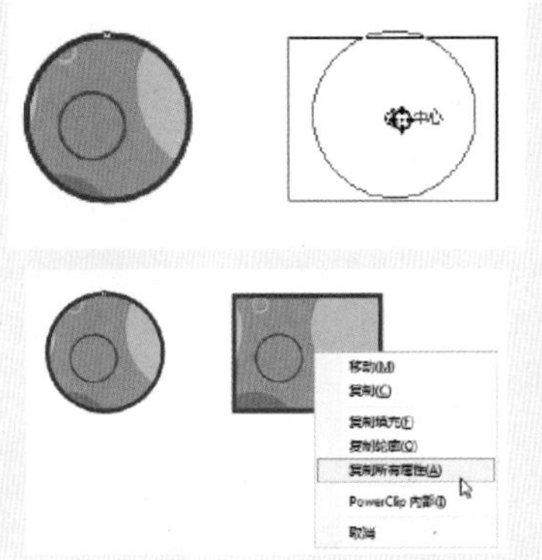

12 单击工具箱中的【文本工具】**字**按钮，输入不同的数字。完成后选中数字，执行菜单栏中的【对象】|【拆分美术字】命令，将数字拆分。然后分别选择数字，执行菜单栏中的【对象】|【造形】|【合并】命令，将文字结合，并调整大小，摆放在图形中。如图5.19所示。再输入6个英文单词，设置【字体】为“Century Gothic”，按照同样的方法，进行拆分、重新结合，并将结合后的单词分别放置于数字后方合适的位置，制作个性目录，如图5.20所示。

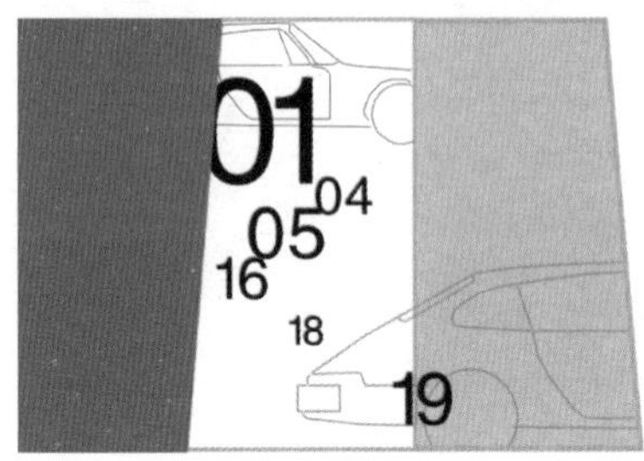

图5.19 添加数字

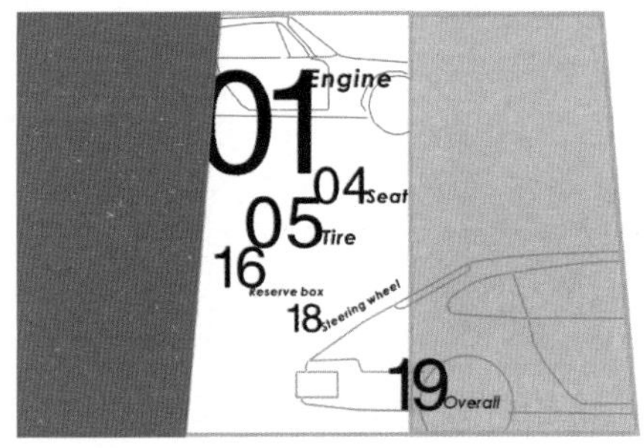

图5.20 添加英文单词

13 执行菜单栏中的【文件】|【导入】命令，打开【导入】对话框，选择云下载文件中的“调用素材\第5章\装饰文字.ai”文件，单击【导入】按钮。在页面中单击，素材便会显示在页面中，如图5.21所示。

VINTAGE STYLE

SAMPLE TEXT
HERE YOUR SAMPLE TEXT SAMPLE
TEXT HERE YOUR
SAMPLE TEXT SAMPLE TEXT HERE
YOUR SAMPLE TEXT SAMPLE TEXT
HERE YOUR SAMPLE TEXT SAMPLE TEXT
HERE YOUR SAMPLE TEXT
SAMPLE TEXT HERE YOUR SAMPLE TEXT
SAMPLE TEXT HERE YOUR SAMPLE
TEXT SAMPLE TEXT HERE YOUR
SAMPLE TEXT SAMPLE TEXT
HERE YOUR SAMPLE TEXT SAMPLE
TEXT HERE YOUR SAMPLE TEXT
SAMPLE TEXT HERE YOUR SAMPLE

图5.21 导入素材

14 将装饰文字复制多份。然后再次单击工具箱中的【文本工具】**字**按钮，输入其他文字，设置字体与大小，将装饰文字与刚输入的英文群组并一起放到最右侧的灰色四边形中。填充文字颜色为白色，调整之后效果如图5.22所示。

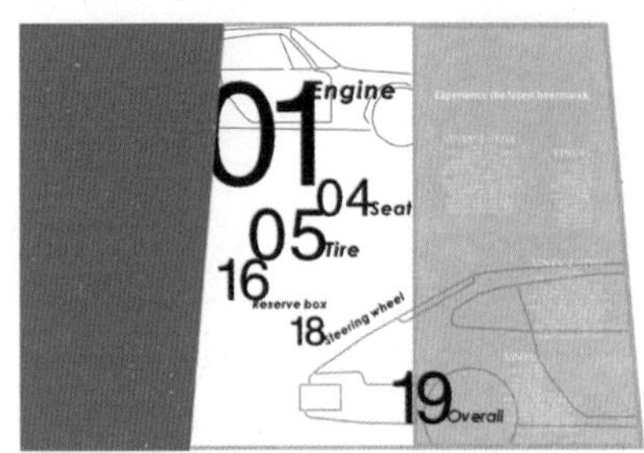

图5.22 编辑并添加素材

15 选中部分数字和英文，填充颜色为洋红（C：0；M：100；Y：0；K：0），并将之前制作完成的标志图形复制一份，调整大小分别放置于左侧红色四边形和右侧文字区的上方，如图5.23所示。

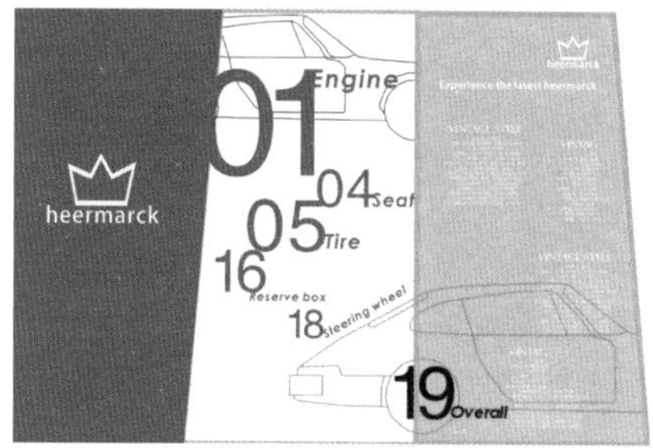

图5.23 添加标志

16 单击工具箱中的【阴影工具】按钮，选中洋红色四边形，设置属性栏中的【阴影的不透明度】为32，【阴影羽化】为2，按住鼠标水平向右拖动，效果如图5.24所示。

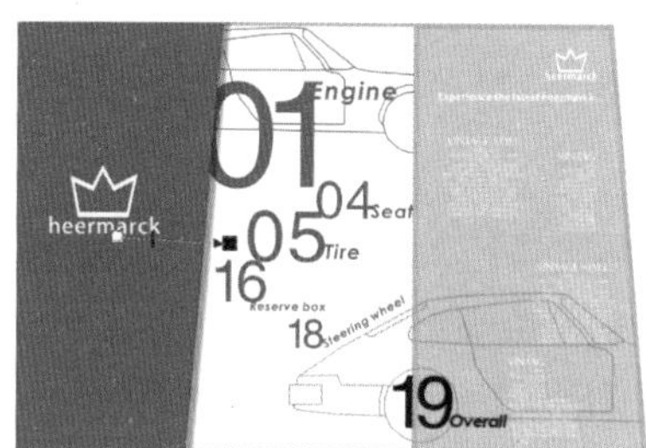

图5.24 应用阴影效果

知识链接：对齐对象的使用方法

选择需要对齐的所有对象，单击【属性栏】中的【对齐与分布】按钮，弹出【对齐与分布】泊坞窗，在【对齐】选项卡中可以设置对象的对齐方式。

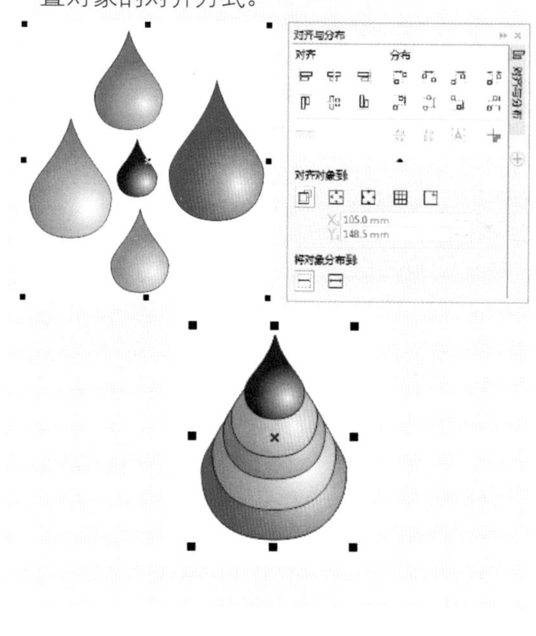

5.1.3 制作立体效果

1 将制作完成的展开图复制一份。选中复制出的图形，将最右侧灰色四边形中的文字、图形全部删除，效果如图5.25所示。

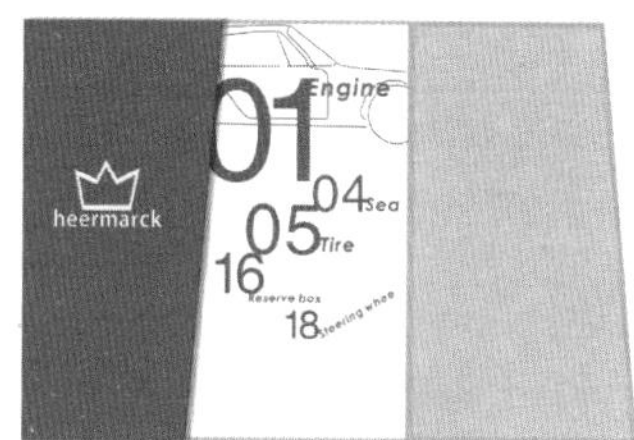

图5.25 删除内容

2 选中灰色四边形，单击属性栏中的【水平镜像】按钮，将图形进行水平翻转。然后单击工具箱中的【文本工具】字按钮，输入英文，设置【字体】为“Century Gothic”，填充颜色为洋红（C：0；M：100；Y：0；K：0），并将文字添加到翻转之后的四边形上，如图5.26所示。

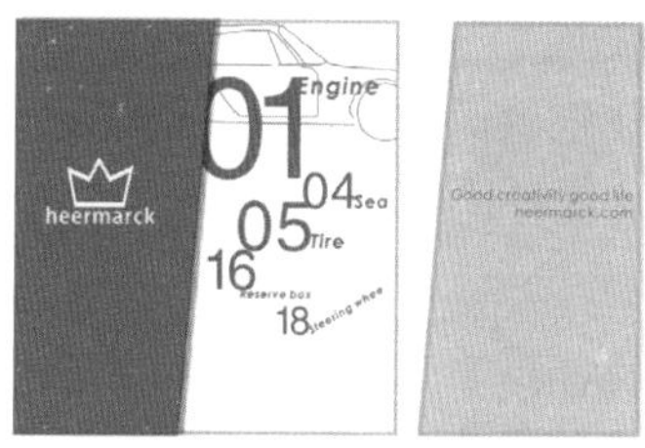

图5.26 翻转图形并添加英文

3 选中灰色四边形，然后单击切换到旋转模式，将光标放到左侧的↕状编辑点上，并垂直向下拖动，如图5.27示。

图5.27 垂直拖动

知识链接：精确旋转对象的方法

除了使用鼠标旋转对象，还可以精确地旋转对象。精确旋转对象先选择对象，然后执行菜单栏中的【对象】|【变换】|【旋转】命令，打开【变换】泊坞窗，此时【变换】泊坞窗显示【旋转】选项。在【角度】文本框中输入所选对象要旋转的角度值；在【中心】选项区域的两个文本框中，通过设置水平和垂直方向上的参数值来决定对象的旋转中心；选中【相对中心】复选框，可在其下方的指示器中选择旋转中心的相对位置，设置完成后，单击【应用】按钮，即按所做设置旋转对象，如果在【副本】文本框中输入需要复制的份数，单击【应用】按钮，可以在保留原对象的基础上，将所做设置应用到复制的对象上，轻松编辑出具有规则变化的组合图形。

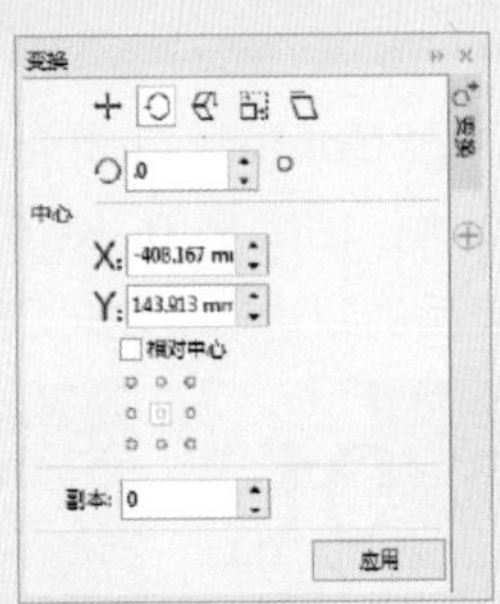

也可以选择需要旋转的对象，在【属性栏】的【旋转角度】文本框中输入适当数值，然后单击所选对象或按Enter键，即可旋转所选对象。

4 选中图形，将它与折页的右侧对齐，并进行适当水平缩放，如图5.28所示。

图5.28 水平缩放

5 单击工具箱中的【贝塞尔工具】按钮，在折页上绘制一个新的四边形，设置【轮廓】为无，并填充为黑色，效果如图5.29所示。

图5.29 绘制黑色四边形

6 单击工具箱中的【透明度工具】按钮，确认选中黑色四边形后，从右下角向左上角拖动鼠标，应用透明效果，如图5.30所示。

图5.30 应用透明效果

7 按照前面讲过的方法，再次利用【贝塞尔工具】为折页绘制阴影，之后利用【透明度工具】对折页的其他部分也应用透明效果，如图5.31所示。

图5.31 完成阴影效果

知识链接：分布对象的详细介绍

在CorelDRAW X8中，使用【分布】命令可以使两个或多个对象在水平或垂直方向上按照所做设置有规则地分布。在【对齐与分布】对话框中的【分布】选项卡中，可以选择所需要的分布方式，也可以组合选择分布参数。

- 【左分散排列】：单击该按钮，则从对象的左边缘起以相同间距排列对象。
- 【水平分散排列中心】：单击该按钮，则从对象的中心起以相同间距水平排列对象。
- 【右分散排列】：单击该按钮，则从对象的右边缘起以相同间距排列对象。
- 【水平分散排列间距】：单击该按钮，则在对象之间水平设置相同的间距。
- 【顶部分散排列】：单击该按钮，则从对象的顶边起以相同间距排列对象。
- 【垂直分散排列中心】：单击该按钮，则从对象的中心起以相同间距垂直排列对象。
- 【底部分散排列】：单击该按钮，则从对象的底边起以相同间距排列对象。
- 【垂直分散排列间距】：单击该按钮，则在对象之间垂直设置相同的间距。
- 【选定的范围】：单击该按钮，可以在环绕对象的边框区域上分布对象。
- 【页面范围】：单击该按钮，可以在绘图页面上分布对象。

8 单击工具箱中的【矩形工具】按钮，绘制一正方形，设置【轮廓】为无，填充为黑灰色（C：77；M：65；Y：65；K：36）到淡灰色（C：47；M：38；Y：38；K：2）的线性渐变，完成背景的绘制，如图5.32所示。

图5.32 绘制正方形并填充渐变色

9 最后，将完成阴影效果之后的折页放入渐变色正方形中，调整位置与大小，并将标志复制一份，适当缩小放在正方形的右下方，将其填充为黑色，为背景添加装饰。完成折页的立体效果，如图5.33所示。

图5.33 完成设计

知识链接：分布对象的使用方法

分布对象的具体操作步骤是，首先在页面中选取需要分布的对象，执行菜单栏中的【排列】|【对齐和分布】|【对齐和分布】命令，打开【对齐与分布】对话框。

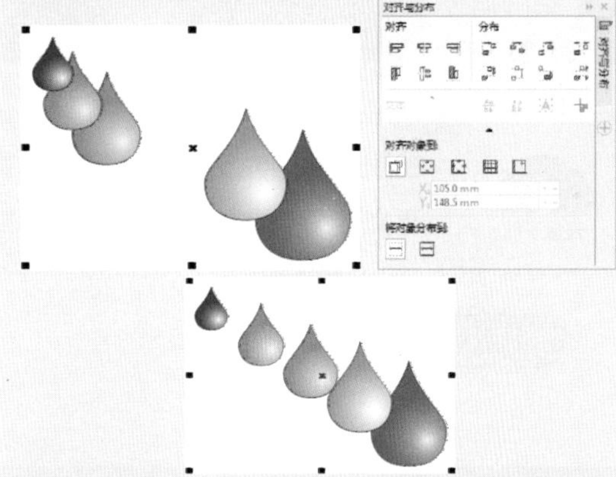

在【分布】选项卡中，分别单击【水平分散排列中心】和【垂直分散排列中心】按钮，设置完成。如果在【对齐与分布】对话框中的【将对象分布到】选项卡中，单击【页面范围】按钮，将得到不同的分布效果。

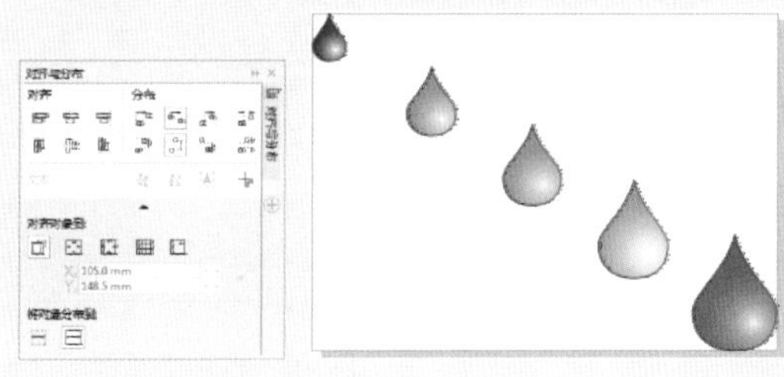

5.2 邀请函折页设计

实例解析 CorelDRAW X8

本实例主要使用【矩形工具】□、【文本工具】字、【形状工具】等制作出个性潮流的时尚折页画册。本实例的最终效果如图5.34所示。

图5.34 最终效果

学习目标 CorelDRAW X8

本例主要学习【矩形工具】、【形状工具】及【置于图文框内部】命令的应用;掌握画册设计的技巧。

云盘下载

视频文件:movie\5.2 邀请函折页设计.avi

源文件:源文件\第5章\邀请函折页设计.cdr

操作步骤 CorelDRAW X8

5.2.1 绘制单页

1 单击工具箱中的【矩形工具】□按钮,绘制一个【宽度】为130mm,【高度】为80mm的矩形,填充为浅灰色(C:0;M:0;Y:0;K:10),设置【轮廓】为无。然后复制一份,放在其原图右侧,填充为浅灰色(C:0;M:0;Y:0;K:20),如图5.35所示。

图5.35 绘制矩形并填充颜色

2 利用【矩形工具】□再次绘制一个【宽度】为35mm,【高度】为35mm的矩形,并复制一份与其放置在一起,位置需稍向下移动约2mm,如图5.36所示。

图5.36 绘制并摆放矩形

知识链接：查找对象的具体方法

在一个复杂的图形中，如果要查找符合某些特性的对象，可以执行菜单栏中的【编辑】|【查找并替换】|【查找对象】命令，可以快速地查找出需要的对象。

（1）执行菜单栏中的【编辑】|【查找并替换】|【查找对象】命令，将打开【查找向导】对话框。如果要查找当前所打开文件中的对象，一般情况下选择【开始新的搜索】单选按钮。

（2）单击【下一步】按钮，在界面中包含4个选项卡，可以设置要查找对象的属性。在【对象类型】选项卡中，可以设置将要查找的对象类型。在【填充】选项卡中，可以设置查找对象所使用的填充色、底纹和渐变色等。在【轮廓】选项卡中，可以设置查找的对象所具有的轮廓特征等。在【特殊效果】选项卡中，可以设置查找对象所具有的特殊效果。此外，在【查找向导】对话框中还包含一个【查找对象的名称或样式】复选框，选中该复选框，可以根据对象的名称或具有的样式来查找。

（3）设置完毕后，单击【下一步】按钮，弹出对话框，在该对话框的【请选择查找以下对象】列表框中，列举出了将要查找的对象，在【查找内容】列表框中显示了查找对象所满足的条件。此时，如果要更为精确地设置查找对象，可以单击【指定属性曲线】按钮，在打开的对话框中对查找对象进行更为精确的属性设置。

（4）如果【填充】选项卡中设置了查找对象所要满足的填充属性，单击【下一步】按钮，在弹出的对话框中会显示填充颜色的属性。如果在【轮廓】选项卡中选择了查找对象所要满足的轮廓属性，单击【下一步】按钮，可以在弹出的对话框中对查找对象的轮廓做更为精确的属性特征设置。如果在【特殊效果】选项卡中选择了查找对象所要满足的特殊效果，单击【下一步】按钮，弹出的对话框显示关于对象具有的特殊效果。如果选中【查找对象名称或样式】复选框，单击【下一步】按钮，在弹出的对话框中通过设置【对象名称】或【样式名】来查找对象。

3 分别选中两个矩形，将左侧矩形填充为深橘红色（C：22；M：77；Y：99；K：0），将右侧的矩形填充为橘红色（C：0；M：60；Y：100；K：0），【轮廓】都为无，效果如图5.37所示。

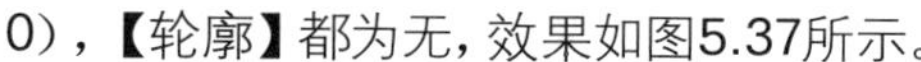

图5.37 填充矩形

4 单击工具箱中的【文本工具】**字**按钮，输入中文“邀请函”，设置【字体】为“汉仪雪君体简”，如图5.38所示。

图5.38 输入中文

5 选中文字，执行菜单栏中的【对象】|【拆分美术字】命令，或者按Ctrl+K组合键，将文字拆分。分别调整他们的位置与大小，如图5.39所示。

图5.39 调整文字

知识链接：【简化】命令的属性及使用方法

【简化】功能可以减去两个或多个重叠对象的交集部分，并保留原始对象。选择需要简化的对象后，单击属性栏中【简化】按钮，或执行菜单栏中的【对象】|【造形】|【简化】命令。

6 将文字全部选中，复制一份留作备份。将文字拖动到橘红色矩形中，调整大小与位置，效果如图5.40所示。

图5.40 放置在矩形中

7 将文字与两个矩形全部选中，单击属性栏中的【简化】按钮，将文字在矩形中完成简化效果，然后将文字删除，效果如图5.41所示。

图5.41 应用简化效果

8 将备份之后的文字选中，设置【字体】为“汉仪行楷简”。执行菜单栏中的【对象】|【PowerClip】|【置于图文框内部】命令，将文字放置在左侧灰色矩形内部，如图5.42所示。

图5.42 放置到容器中

9 执行菜单栏中的【对象】|【PowerClip】|【编辑PowerClip】命令，编辑图形，将文字填充为白色，并重新调整位置。单击工具箱中的【透明度工具】按钮，由左向右拖动绘制直线，为其应用透明度效果，如图5.43所示。

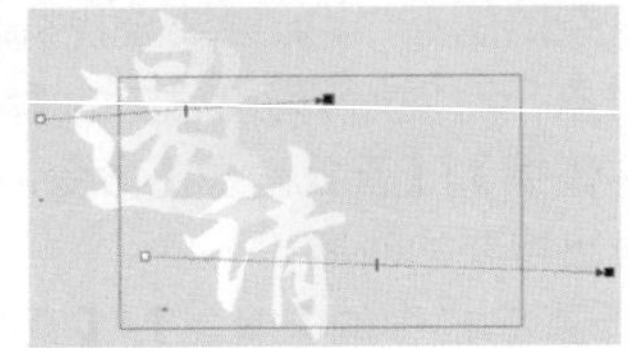

图5.43 填充为白色并应用透明效果

10 最后执行菜单栏中的【对象】|【PowerClip】|【结束编辑】命令，结束编辑，效果如图5.44所示。

图5.44 结束编辑之后的效果

11 单击工具箱中的【文本工具】字按钮，输入英文“Invitation”，设置【字体】为“Bodoni MT Condensed”，颜色为白色，调整大小之后将英文放置在之前绘制完成的简化后的两个矩形中。然后将矩形放置在灰色矩形中，调整位置和大小，完成左侧折页的绘制，如图5.45所示。

图5.45 添加矩形完成左侧单页的绘制

知识链接：删除虚拟线段的使用方法

在CorelDRAW X8中，使用【虚拟段删除工具】可以删除相交对象中两个交叉点之间的线段，从而产生新的图形。删除虚拟线段的具体操作步骤如下：

（1）单击工具箱中的【虚拟段删除工具】按钮，移动光标到交叉的线段处，此时光标将变为竖立形态。

（2）单击此处的线段，即可将该线段删除。如果要删除多条虚拟线段，可以在要删除的对象周围拖出一个虚线框，框选要删除的对象即可。

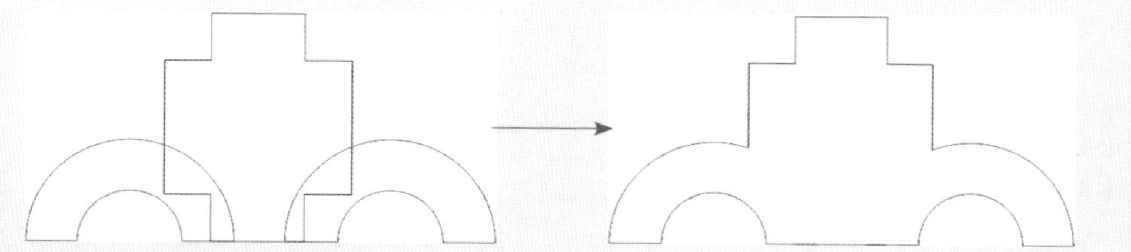

5.2.2 绘制右侧折页

1 单击工具箱中的【矩形工具】按钮，绘制一个【宽度】为125mm，【高度】为15mm的矩形。然后复制4份，放置在右侧灰色矩形中，填充为深橘红色（C：22；M：77；Y：99；K：0）和橘红色（C：0；M：60；Y：100；K：0）相间的颜色，如图5.46所示。

图5.46 绘制矩形并填充颜色

2 选中所有矩形。执行菜单栏中的【对象】|【转换为曲线】命令，或者按Ctrl+Q组合键，将矩形全部转换为曲线。单击工具箱中的【形状工具】按钮，在最上面的矩形与最下面的矩形上分别添加一个节点，如图5.47所示。

图5.47 转换为曲线并添加节点

3 将顶角的节点删除，效果如图5.48所示。单击工具箱中的【文本工具】字按钮，输入英文“ABCD”，设置【字体】为“Stencil Std”。选中文字，执行菜单栏中的【对象】|【拆分美术字】命令，或者按Ctrl+K组合键，将文字拆分，并分别调整他们的大小，放置在橘色矩形中，如图5.49所示。

图5.48 单击节点删除一角

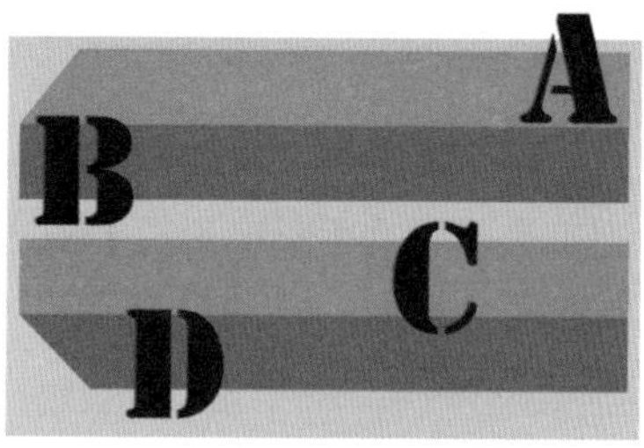

图5.49 放置到橘色矩形中

知识链接：【自由变换工具】的属性栏介绍

【自由变换工具】属性栏中提供了4个变形工具，使用这些工具可以对选中的图形进行灵活变形。

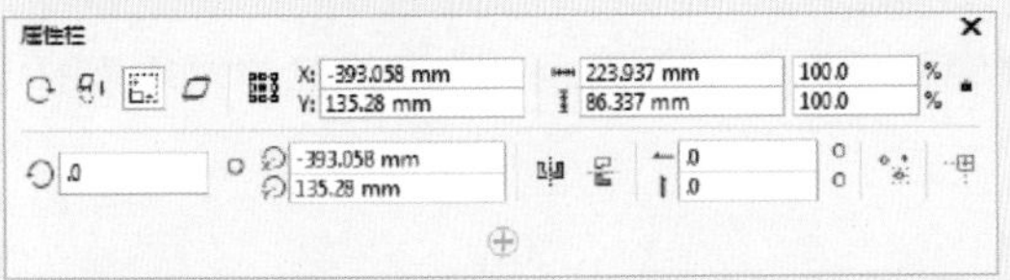

- 【自由旋转】按钮：单击该按钮，可将对象按自由角度旋转。
- 【自由角度反射】按钮：单击该按钮，可以将对象按自由角度镜像。
- 【自由缩放】按钮：单击该按钮，可以将对象任意缩放。
- 【自由倾斜】按钮：单击该按钮，可以将对象自由扭曲。
- 【应用到再制】按钮：单击该按钮，可在旋转、镜像、调节和扭曲对象的同时再制对象。
- 【相对于对象】按钮：单击该按钮，在【对象位置】文本框中输入需要的参数，然后按回车键，可以将对象移动到指定的位置。

4 依次选中字母并按住Shift键单击其下的矩形。单击属性栏中的【修剪】按钮，删除字母，将矩形完成修剪，如图5.50所示。

图5.50 修剪之后的效果

5 单击工具箱中的【形状工具】按钮，选中最下面的两个矩形，拖动个别节点，完成变形效果，如图5.51所示。

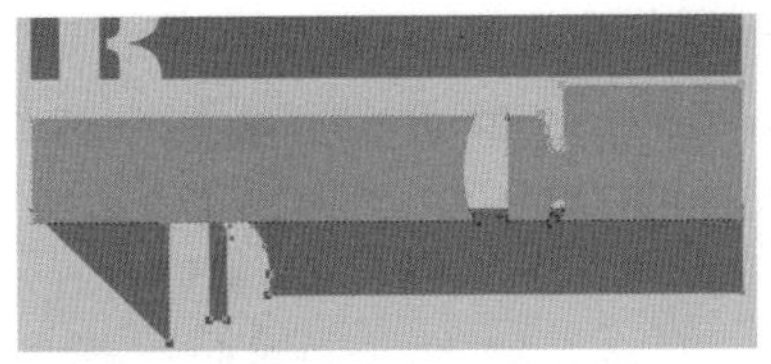

图5.51 进行拖动节点将矩形变形

6 单击工具箱中的【文本工具】字按钮，输入英文“Invitation”，设置【字体】为“Bodoni MT Condensed”，颜色设置为白色，将文字放置在灰色矩形中，并调整大小和位置，效果如图5.52所示。

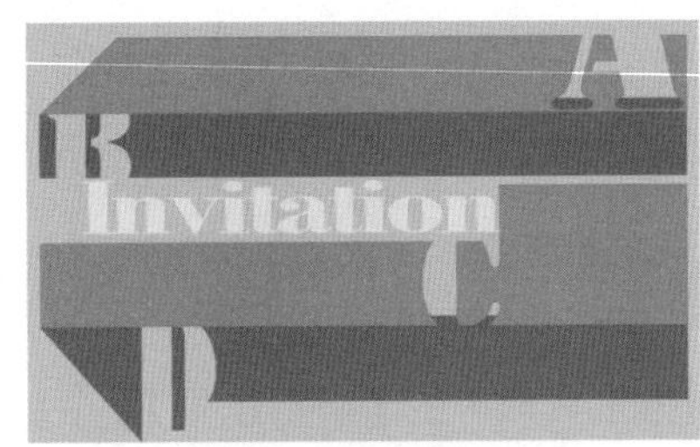

图5.52 添加英文

7 将左侧灰色中的文字，复制多份，按照之前讲过的方法，分别将其放置在4个橘色矩形中，然后调整其大小，效果如图5.53所示。

图5.53 将文字置入橘色矩形中

8 最后单击工具箱中的【文本工具】字按钮，为折页输入其他文字，并与之前完成的左侧单页相结合，如图5.54所示。

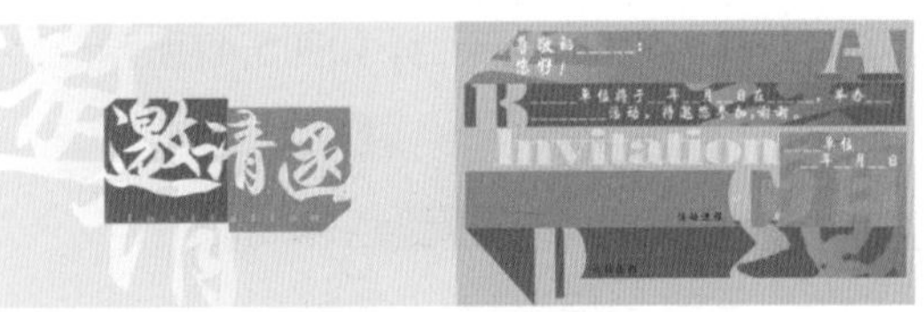

图5.54 完成效果

知识链接：使用【自由旋转】调整对象角度

使用【自由旋转】可以将对象按任意角度旋转，也可以指定旋转中心点旋转对象。使用【自由旋转】调整对象的方法是，首先选取需要处理的对象，单击工具箱中的【自由变换工具】按钮，然后在属性栏中单击【自由旋转】按钮。在对象上按住鼠标左键进行拖动，调整至适当的角度后释放鼠标，对象即被自由旋转。

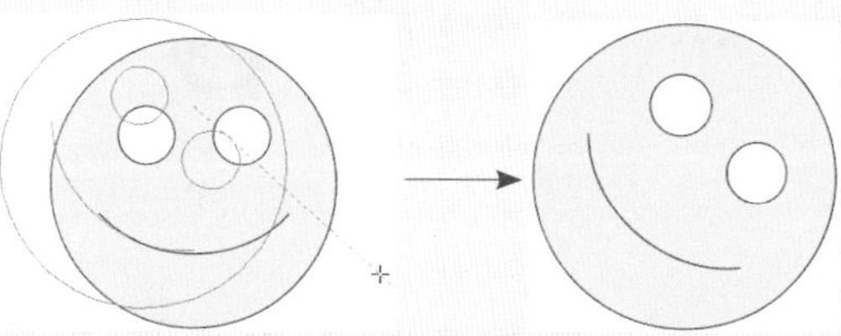

另外，单击工具箱中的【自由变换工具】按钮后，在属性栏中单击【自由旋转】按钮，然后单击【应用到再制】按钮，接着拖动对象至适当的角度后释放鼠标，即可在旋转对象的同时对该对象进行再制。

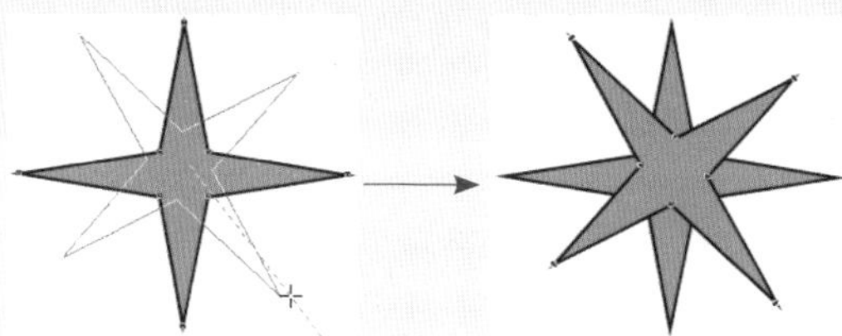

5.3 时尚折页画册设计

实例解析 CorelDRAW X8

本实例主要使用【矩形工具】、【文本工具】**字**、【形状工具】等制作出个性潮流的时尚折页画册。本实例的最终折页效果如图5.55所示；最终展开效果如图5.56所示。

图5.55 折页画册效果

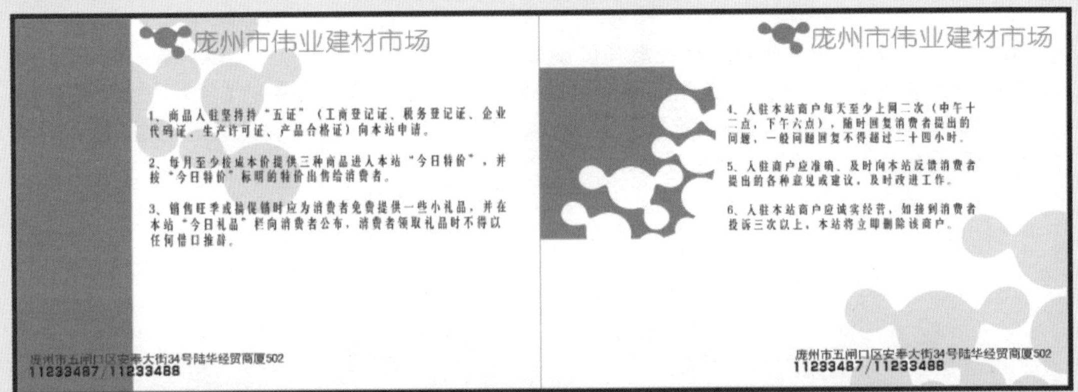

图5.56 画册展开效果

本例主要学习【矩形工具】、【形状工具】及【置于图文框内部】命令的应用；掌握画册设计的技巧。

视频文件：movie\5.3 时尚折页画册设计.avi

源文件：源文件\第5章\时尚折页画册设计.cdr

5.3.1 绘制封面

1 单击工具箱中的【矩形工具】□按钮，绘制一个【宽度】为100mm，【高度】为70mm的矩形，填充为白色，设置【轮廓】为无。然后复制一份，重新编辑【宽度】为20mm，【高度】为70mm，填充为橘红色（C：0；M：60；Y：100；K：0），设置【轮廓】为无，并放在其原图的左侧，如图5.57所示。

图5.57 绘制矩形并填充颜色

2 执行菜单栏中的【文件】|【导入】命令，打开【导入】对话框，选择云下载文件中的“调用素材\第5章\伟业建材标志.cdr”文件，单击【导入】按钮。在页面中单击，素材便会显示在页面中，如图5.58所示。

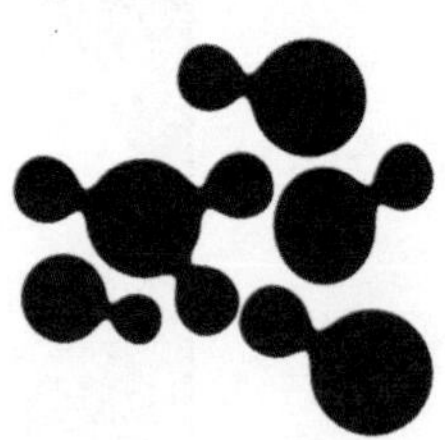

图5.58 导入素材

3 将素材图片最大的图形复制一份，并填充为橘红色（C：0；M：60；Y：100；K：0），放置在白色矩形中，调整大小和位置。然后单击工具箱中的【文本工具】字按钮，输入企业的名称，设置【字体】为“幼圆”，并填充为橘红色（C：0；M：60；Y：100；K：0），效果如图5.59所示。

图5.59 添加标志与文字

知识链接：【自由角度反射】工具的使用方法

单击【自由角度反射】按钮，可以将选择的对象按任意角度镜像，也可以在镜像对象的同时再制对象。对选中的对象进行自由角度反射的操作方法是：选取需要处理的对象，单击工具箱中的【自由变换工具】按钮，然后在属性栏中单击【自由角度反射】按钮。在对象上按住鼠标左键拖动，移动轴的倾斜度可以决定对象的镜像方向，方向确定后释放鼠标左键，即可完成镜像操作。

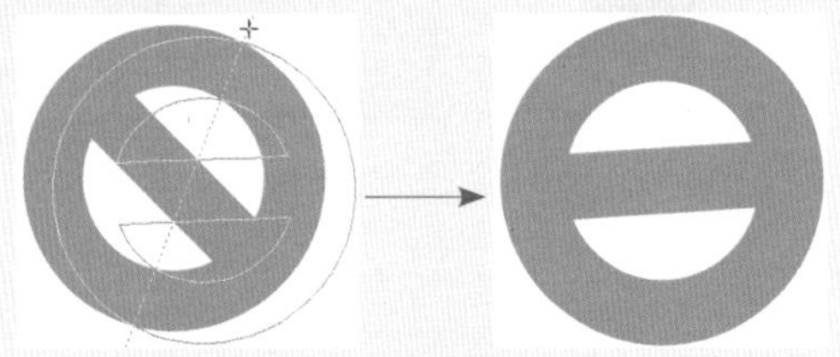

另外，单击工具箱中的【自由变换工具】按钮后，在属性栏中单击【自由角度反射】按钮，然后单击【应用到再制】按钮，拖动对象至适当的角度后释放鼠标，即可在自由镜像对象的同时再制该对象。

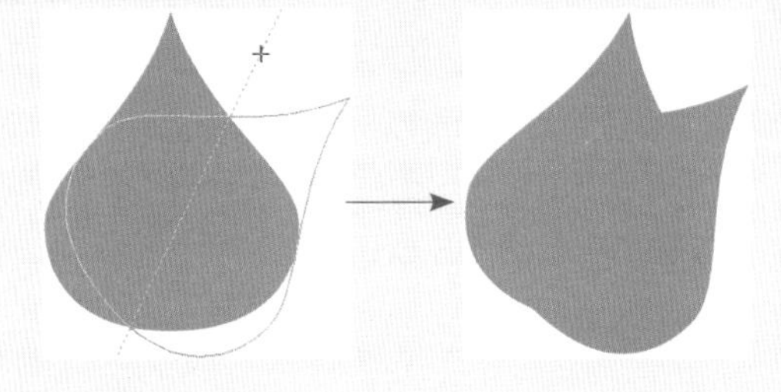

4 同样，应用工具箱中的【文本工具】字按钮，输入“商户须知”，设置【字体】为“汉仪大黑简”，颜色为橘红色（C：0；M：60；Y：100；K：0）。单击工具箱中的【形状工具】按钮，调整文字间距，并放置到企业名称下方，如图5.60所示。

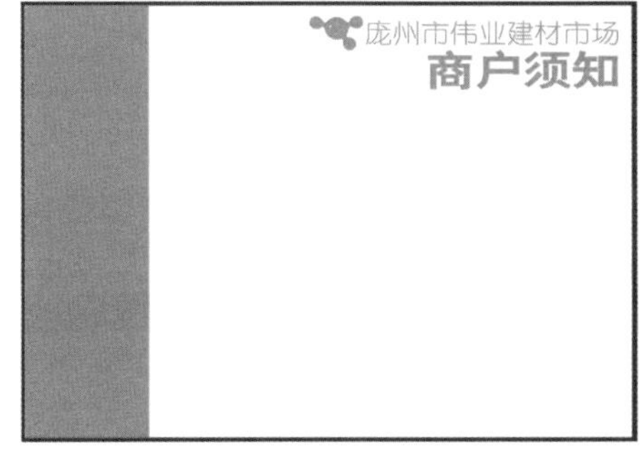

图5.60 输入文字并调整

5 选中标志并复制一份，填充为深褐色（C：0；M：20；Y：20；K：60）。调整大小之后将其放置在矩形左侧，其中图形的一部分在橘红色矩形上，如图5.61所示。

图5.61 复制标志并移动位置

6 将矩形和图形全部选中，单击属性栏中的【相交】按钮，将其完成相交效果。然后将深褐色标志向后一层排列，并选中刚刚在橘红色上相交而出的图形，将其填充为白色，如图5.62所示。

图5.62 相交之后的效果

知识链接：【相交】命令的属性和使用方法

使用【相交】功能，可以将两个或多个重叠对象的交集部分，创建成一个新对象，该对象的填充和轮廓属性以指定作为目标对象的属性为依据。

选择需要相交的图形对象，执行菜单栏中的【对象】|【造形】|【相交】命令，或单击属性栏中的【相交】按钮，或执行菜单栏中的【窗口】|【泊坞窗】|【造形】命令，打开【造型】泊坞窗，在泊坞窗顶部的下拉列表中选择【相交】选项，选中【保留原始源对象】和【保留原目标对象】复选框，然后单击【相交对象】按钮，当光标变为形状时单击目标对象，即可在这两个图形的交叠处创建一个新的对象，新对象以目标对象的填充和轮廓属性为准。

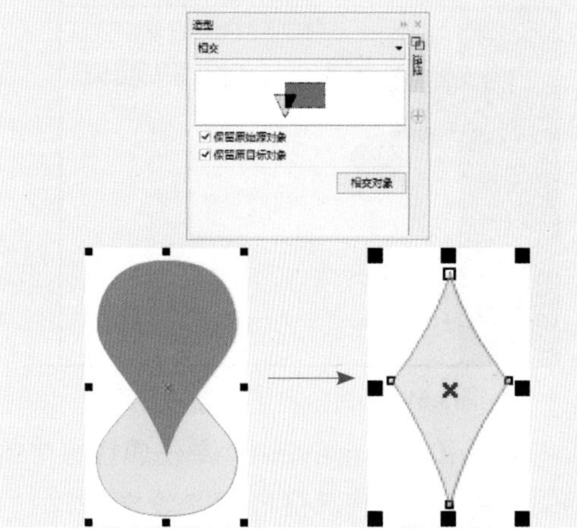

7 将导入的素材全部选中，填充为浅灰色（C：0；M：0；Y：0；K：10）。选中素材，执行菜单栏中的【对象】|【PowerClip】|【置于图文框内部】命令，将图形放置在矩形内部；执行菜单栏中的【对象】|【PowerClip】|【编辑PowerClip】命令，编辑图形，调整位置和大小，如图5.63所示。

图5.63 置于图文框内部

8 执行菜单栏中的【对象】|【PowerClip】|【结束编辑】命令，结束编辑。完成画册封面的设计，效果如图5.64所示。

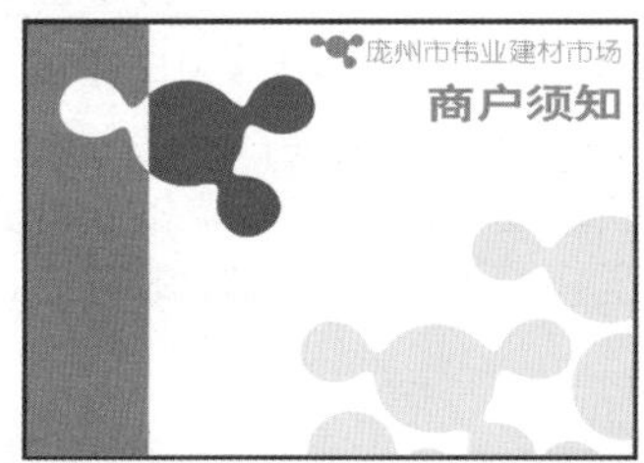

图5.64 完成封面的制作

5.3.2 绘制内页

1 将封面图形选中，复制两份并相互并列排放，将其个别文字与图形进行删除，效果如图5.65所示。

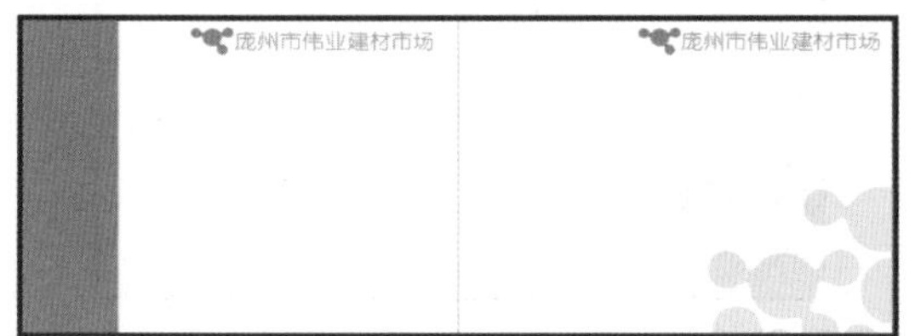

图5.65 复制并删除

2 单击工具箱中的【文本工具】**字**按钮，输入公司地址与电话等中文与数字，设置【字体】为“黑体”“汉仪综艺体简”。调整大小之后将其复制一份，分别放置在两个矩形的下方，调整位置和大小，如图5.66所示。

图5.66 添加页脚文字

3 将右侧矩形内部的导入素材复制一份，并按照之前讲过的方法，将其放在左侧矩形的左上角，然后结束编辑，效果如图5.67所示。

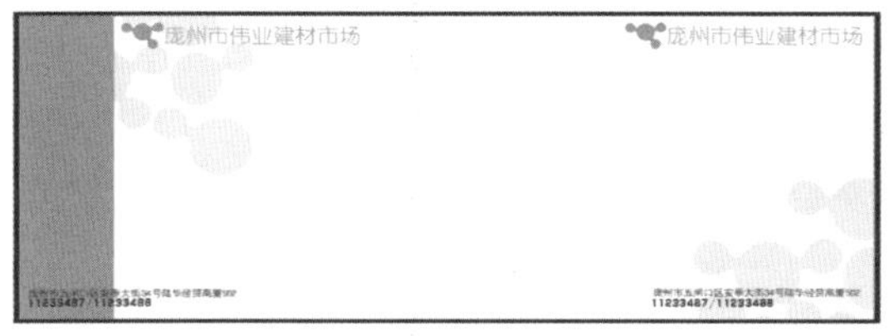
图5.67 添加导入素材

4 单击工具箱中的【矩形工具】□按钮，绘制一个【宽度】为33mm，【高度】为33mm的矩形，将其填充为橘红色（C：0；M：60；Y：100；K：0），设置【轮廓】为无。在属性栏中的【圆角半径】右下角数值框中输入10，完成边角圆滑效果，如图5.68所示。

图5.68 圆角矩形效果

5 同样再将导入素材复制一份，然后将素材重新摆放位置，也可复制分别放置在橘红色矩形的右下角。选中所有矩形和素材，单击属性栏中的【修剪】按钮，再选中素材，按Delete键将其删除，完成修剪效果，如图5.69所示。

图5.69 完成修剪之后的效果

6 将完成修剪之后的橘红色圆角矩形放置到矩形画册之中，调整大小和位置。然后单击工具箱中的【文本工具】字按钮，输入其他应用示例文字，调整相应大小和字体，摆放在合适的位置，完成画册的最终设计，效果如图5.70所示。

图5.70 完成设计

5.4 食品折页设计

实例解析 CorelDRAW X8

本实例主要使用【矩形工具】□、【文本工具】字、【多边形工具】○等制作出多彩时尚的食品折页画册，本实例的最终展开效果如图5.71所示；最终立体效果如图5.72所示。

图5.71 折页展开效果

图5.72 折页立体效果

本例主要学习【文本工具】、【导入工具】及【置于图文框内部】命令的应用；掌握折页设计的配色技巧。

视频文件：movie\5.4 食品折页设计.avi

源文件：源文件\第5章\食品折页设计.cdr

5.4.1 绘制轮廓及图形

1 单击工具箱中的【矩形工具】□按钮，绘制一个【宽度】为40mm，【高度】为100mm的矩形。然后将其复制两份，依次放在其原图右侧，如图5.73所示。

图5.73 绘制并复制矩形

2 将3个矩形从左到右分别填充为淡绿色（C：15；M：0；Y：94；K：0）、淡橙色（C：1；M：13；Y：75；K：0）和白色，如图5.74所示。

图5.74 填充颜色

3 单击工具箱中的【基本形状工具】按钮，单击属性栏中的【完美形状】按钮，打开完美形状面板，选择状图形，并在页面中拖动鼠标绘制一个形状图形，如图5.75所示。

4 选中图形，执行菜单栏中的【对象】|【变换】|【旋转】命令，打开【变换】泊坞窗，如图5.76所示。

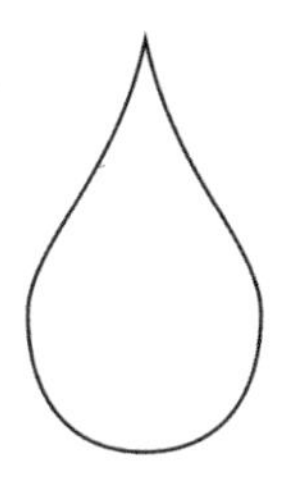

图5.75 绘制图形

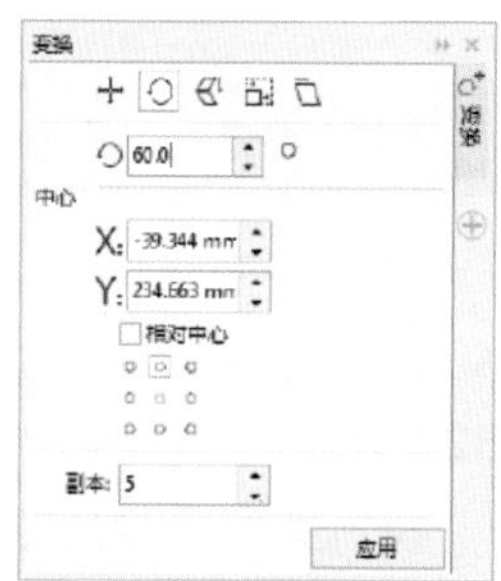

图5.76 【转换】泊坞窗

5 设置【旋转角度】为60，中心点为中上，【副本】为5，单击【应用】按钮，将其组成一个完美的圆状图形，如图5.77所示。

6 单击工具箱中的【贝塞尔工具】按钮，沿着绘制完成的“六瓣花”图形的外围绘制一个封闭图形，如图5.78所示。

图5.77 复制一圈图形

图5.78 绘制封闭图形

7 单击工具箱中的【椭圆形工具】○按钮，绘制一个正圆，放置在“六瓣花”的中心，如图5.79所示。

8 将图形外围的【轮廓宽度】设置得稍微粗一些，然后为轮廓、“花瓣”以及正圆填充不同颜色，并将“花瓣”和正圆设置【轮廓】为无，如图5.80所示。

图5.79 绘制正圆　　图5.80 填充颜色

9 选中“花瓣”外围的轮廓，执行菜单栏中的【对象】|【将轮廓转换为对象】命令，将其转换成图形；并按照此办法，再绘制一个花瓣较多的图形，填充不同颜色，效果如图5.81所示。

图5.81 绘制其他图形

5.4.2 组合图形并添加文字

1 选中浅蓝色图形并将其复制一份，然后将绘制完成的图形组合放置在一起，效果如图5.82所示。

2 执行菜单栏中的【文件】|【导入】命令，打开【导入】对话框。选择云下载文件中的“调用素材\第5章\朝鲜文字.cdr”文件，单击【导入】按钮。在页面中单击，素材便会显示在页面中，如图5.83所示。

조선족

图5.82 复制标志并移动位置　　图5.83 导入素材

3 将导入的素材重新摆放位置并调整大小。将之前完成绘制的图形与其放置在一起，并将素材填充为淡洋红（C：0；M：70；Y：0；K：0）。然后单击工具箱中的【形状工具】按钮，通过改变素材中的个别节点来改变其笔画长度，效果如图5.84所示。

图5.84 组合图形与素材

4 将图形全部选中并复制两份，并依次执行菜单栏中的【对象】|【PowerClip】|【置于图文框内部】命令，将图形分别放置到之前绘制完成的矩形中，将最左侧的图形填充为白色，中间的图形填充为橙色（C：2；M：25；Y：96；K：0）。最后执行菜单栏中的【对象】|【PowerClip】|【结束编辑】命令，结束编辑，效果如图5.85所示。

图5.85 放置到矩形中

5 单击工具箱中的【多边形工具】按钮，并在属性栏中的【点数或边数】中输入5，绘制一个五边形，调整大小并放置在最右侧的白色矩形下方。然后将其再复制两份，放置在绿色矩形下方，双击旋转并调整到一大一小，设置【填充】为无，【轮廓】为白色并加粗，效果如图5.86所示。

图5.86 绘制五边形

提示

本例所有图形黑色外框实为背景底衬，是为方便讲解及示例所用，并非外框或轮廓，特此说明。

6 选中白色矩形和其之上的五边形，单击属性栏中的【修剪】按钮，将矩形完成修剪效果，如图5.87所示。

图5.87 完成修剪效果

7 单击工具箱中的【文本工具】**字**按钮，输入中文“朝鲜族特色小吃”“打糕”，设置【字体】为“华文细黑”和“汉仪菱心体简”，调整大小和位置，并放置在最右侧的白色矩形中，填充为浅绿色（C：15；M：0；Y：94；K：0），效果如图5.88所示。

图5.88 添加中文

8 执行菜单栏中的【文件】|【导入】命令，打开【导入】对话框，选择云下载文件中的“调用素材\第5章\打糕1.JPG和打糕2.JPG”文件，单击【导入】按钮。在页面中单击，素材便会显示在页面中，如图5.89所示。

图5.89 导入素材

9 选中导入素材并调整大小。按照之前讲过的方法，执行菜单栏中的【对象】|【PowerClip】|【置于图文框内部】命令，将导入素材分别复制一份放置到绿色和橙色中的五边形中。最后执行菜单栏中的【对象】|【PowerClip】|【结束编辑】命令，结束编辑，效果如图5.90所示。

图5.90 添加图片

10 单击工具箱中的【文本工具】**字**按钮，输入其他装饰性文字并放置在矩形中，填充为不同颜色，并将首行文字第一个，改变【字体】为“汉仪菱心体简”，完成折页的展开图设计，如图5.91所示。

图5.91 完成展开图设计

5.4.3 制作立体效果

1 将制作完成的3个矩形全部选中，复制一份。然后将不同颜色的矩形进行分类群组。单击工具箱中的【矩形工具】□按钮，绘制一个【宽度】为200mm，【高度】为160mm的矩形，填充为黑色，设置【轮廓】为无。将3个矩形按照左右顺序放入黑色矩形中，如图5.92所示。

图5.92 放置到黑色矩形中

2 依次选中3个矩形，单击使其转换到旋转模式，将光标放到矩形任意一侧的↕状编辑点上，垂直向上或向下拖动，完成变形处理，效果如图5.93所示。

图5.93 完成扭曲效果

3 将扭曲后的矩形边角贴齐放置到一起，完成立体效果的雏形，如图5.94所示。然后将其分别复制一份，选中绿色矩形之后执行菜单栏中的【位图】|【转换为位图】命令，打开【转换为位图】对话框，在【选项】中选中【透明背景】复选框，如图5.95所示。单击【确定】按钮，将绿色矩形转换到位图，效果如图5.96所示。

图5.94 将图形排列摆放在一起

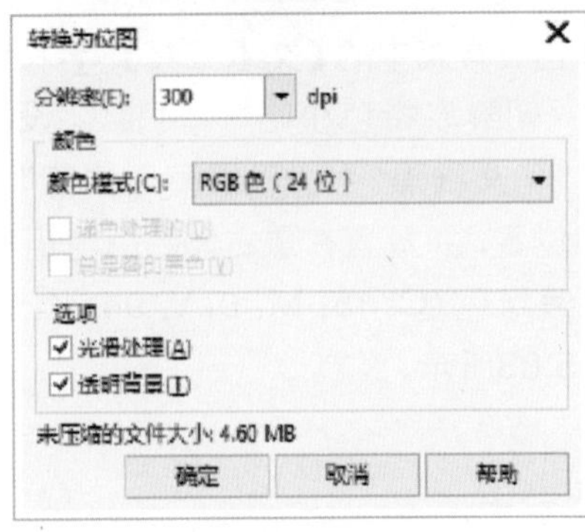

图5.95 打开【转换为位图】对话框

图5.96 转换为位图

4 按照相同的方法，将其他两个矩形也相继转换为位图。然后选中3个矩形，单击属性栏中的【垂直镜像】按钮，使其完成翻转效果，如图5.97所示。

图5.97 完成翻转效果

5 将3个完成扭曲后的矩形分别放置在原图下方，并按照之前讲过的方法，转换到旋转模式进行扭曲，使转换到位图后的图形的上方与原图下方保持平行效果，如图5.98所示。

图5.98 放置到原图下方

6 单击工具箱中的【橡皮擦工具】按钮，分别选中转换到位图之后的3个图形，并将黑色矩形以外的部分全部擦除，如图5.99所示。

图5.99 擦除黑色矩形以外的部分

7 单击工具箱中的【透明度工具】按钮，分别选中3个擦除后的图形，然后拖动鼠标从上到下拖动出直线，为其应用透明效果，如图5.100所示。

图5.100 应用透明效果

8 将3个折页原图再复制一份，双击使其转换到旋转模式，分别将3个图形完成旋转效果，如图5.101所示。

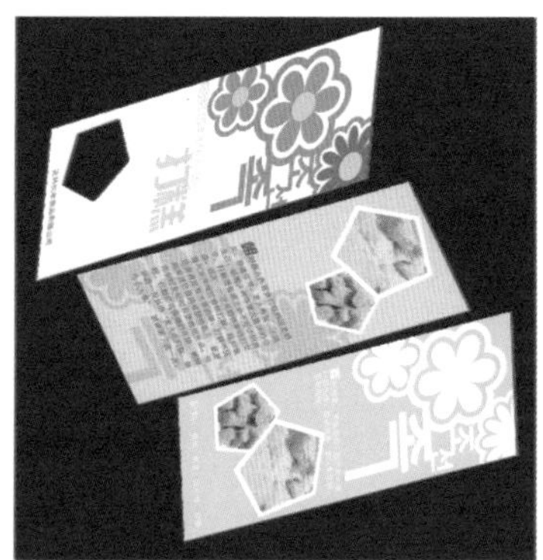

图5.101 完成旋转效果

9 分别移动其↔、↕、■状编辑点，将3个图形分别调整扭曲角度，并按照白、绿、黄三种颜色从上到下依次排列，效果如图5.102所示。

图5.102 改变角度和位置

10 单击工具箱中的【阴影工具】按钮，选中最上方的白色矩形，为其应用阴影效果，如图5.103所示。按照相同的方法，为绿色与黄色的矩形应用阴影效果，如图5.104所示。

图5.103 为白色矩形添加阴影

图5.104 为全部矩形添加阴影

11 将完成阴影效果之后的图形全部选中，移动到"竖式"放置折页的黑色矩形中，调整角度和位置，完成折页的立体效果，如图5.105所示。

图5.105 折页立体效果

第6章

插画艺术设计

6.1 音响潮流插画设计

实例解析

本实例讲解音响潮流插画设计。通过学习本例，掌握音响、简易花朵及流线形图形的绘制方法，再搭配相应的颜色使整个插画设计给人以“炫”的感觉，最终效果如图6.1所示。

图6.1 最终效果

通过本例的制作，学习【椭圆形工具】，旋转并复制及重复操作和【置于此对象前】命令的使用，并学习【造型】泊坞窗的使用方法；掌握音响潮流插画的设计技巧。

视频文件： movie\6.1 音响潮流插画设计.avi

源文件： 源文件\第6章\音响潮流插画设计.cdr

操作步骤

6.1.1 制作绚丽背景

1 单击工具箱中的【矩形工具】□按钮，在页面中绘制一个正方形，将其填充为宝石蓝（C：100；M：95；Y：50；K：0）到绿松石（C：60；M：0；Y：20；K：0）的椭圆形渐变，【轮廓】为无，如图6.2所示。

2 单击工具箱中的【椭圆形工具】◯按钮，在页面中绘制一个正圆，将其填充为冰蓝色（C：40；M：0；Y：0；K：0），【轮廓】为无，效果如图6.3所示。

图6.2 渐变填充

图6.3 正圆效果

3 选中刚绘制的正圆，按住Ctrl键的同时将其向上拖动到合适的位置，单击鼠标右键，将正圆复制一份。然后再将复制出的正圆稍加缩小，效果如图6.4所示。

知识链接：【均匀填充】命令的使用方法

均匀填充就是在封闭路径的对象内填充单一的颜色，这是CorelDRAW X8最基本的填充方式。一般情况下，最简单的填充方法就是在绘制完图形之后，通过在工作界面最右侧的调色板中单击一个颜色样本块将绘制的图形填充为需要的颜色。

另外，在选中具有填充的图形时，使用鼠标左键单击调色板中的☒按钮，可以清除对象的内部填充颜色；使用鼠标右键单击调色板中的☒按钮，则可以清除对象的轮廓。

4 按住Ctrl键的同时多次按D键，重复刚才的复制并缩小操作，此时的图形效果如图6.5所示。

图6.4 复制并缩小

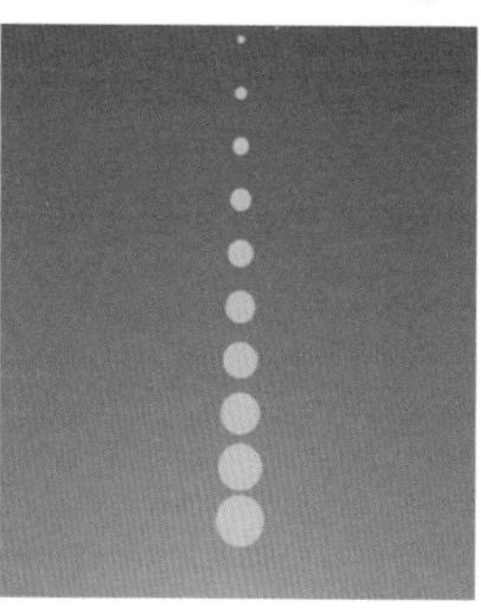

图6.5 多次复制并缩小

5 将页面中的正圆全部选中并进行群组，然后将其转换为旋转模式并将其中心点垂直向下移动，如图6.6所示。

6 将鼠标指针移至右边上方的旋转控制柄上，按住鼠标向右旋转到合适的位置再单击鼠标右键，将其旋转并复制一份，效果如图6.7所示。

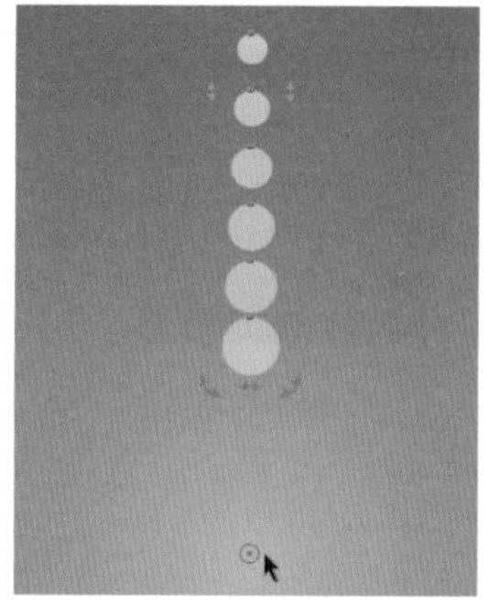

图6.6 中心点位置

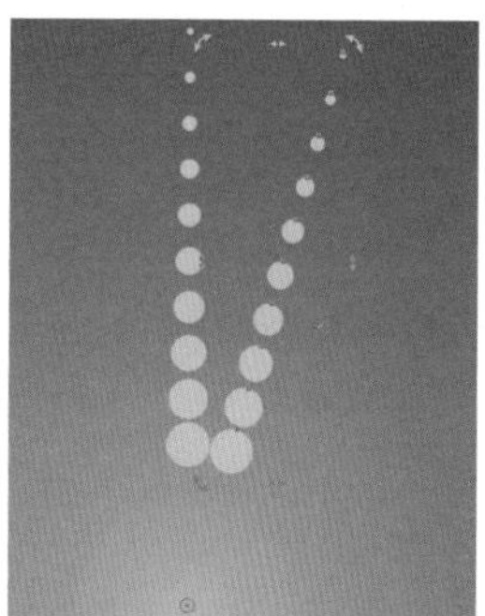

图6.7 旋转并复制效果

7 按住Ctrl键的同时多次按D键，重复刚才的旋转并复制操作，此时的图形效果如图6.8所示。

图6.8 多次旋转并复制

知识链接：使用【模型】选项卡设置颜色的方法

在【均匀填充】对话框中选择【模型】选项卡后，单击【模型】下拉按钮，在弹出的下拉列表框中选择一种颜色模型。选择好颜色模型后，即可用鼠标直接拖移视图窗内各色轴上的控制点来得到各种颜色。在右侧的区域中将显示出颜色参数的具体设置，也可以对这些参数进行调整，得到所需要的颜色。

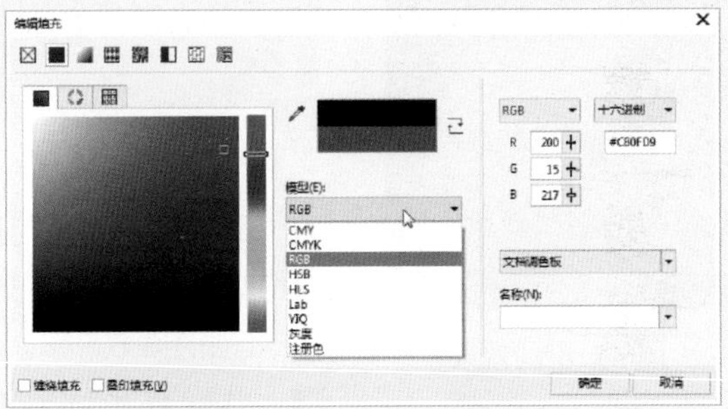

在【名称】下拉列表框中，可以选择系统定义好的一种颜色名称，此时在该对话框中将显示出选中颜色的有关信息。

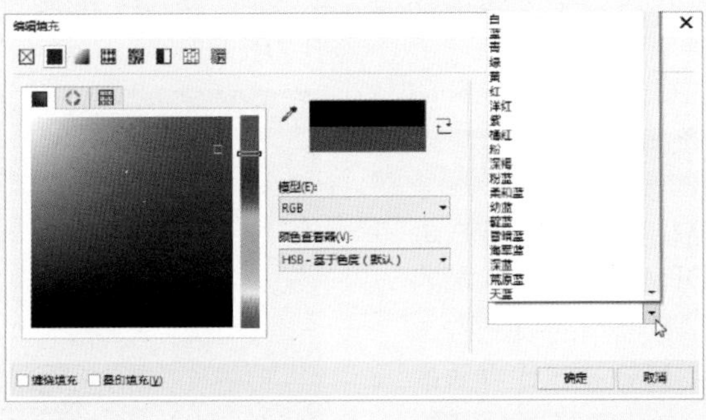

6.1.2 制作音响

1 单击工具箱中的【矩形工具】按钮，在页面中绘制一个矩形，然后将其转换为圆角半径为20的圆角矩形，效果如图6.9所示。

图6.9 圆角矩形

2 将圆角矩形填充为30%黑到10%黑的线性渐变填充，其渐变【旋转】为-60，【节点位置】为17%，然后将其【轮廓】设置为无，如图6.10所示。

3 将渐变填充后的圆角矩形复制一份，然后将其稍加缩小，将其渐变颜色转换为5%黑到黑色，效果如图6.11所示。最后将这两个圆角矩形进行群组。

图6.10 渐变填充

图6.11 复制并填充

知识链接：使用【混和器】选项卡设置颜色的方法

选择【混和器】选项卡，可以在【色度】下拉列表框中选择一种色度类型，当选择颜色时，只要在颜色视图窗内单击鼠标即可。

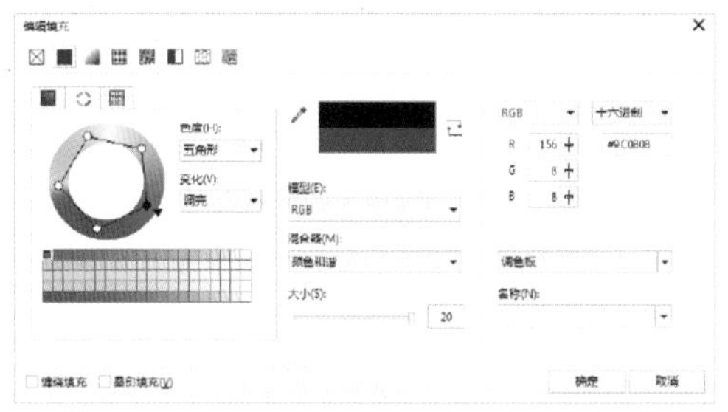

4 单击工具箱中的【封套工具】按钮，选择最上面一排节点，单击属性栏中的【转换为线条】按钮，再选中中间的两个节点，单击属性栏中的【删除节点】按钮，将两个节点删除。然后将下端的两个节点各自向外移动2mm，其效果如图6.12所示。

5 单击工具箱中的【椭圆形工具】按钮，在页面中绘制一个正圆，将其填充为90%黑，【轮廓】为无，如图6.13所示。

图6.12 调整效果

图6.13 正圆效果

6 将刚绘制的正圆复制一份，然后将其稍加缩小并填充为黑色，效果如图6.14所示。

7 利用【椭圆形工具】在页面中绘制一个正圆，将其填充设置为无，轮廓颜色设置为黑色，再将其复制两份并分别缩小。然后将中间正圆的轮廓颜色设置为50%黑，如图6.15所示。

图6.14 复制并缩小

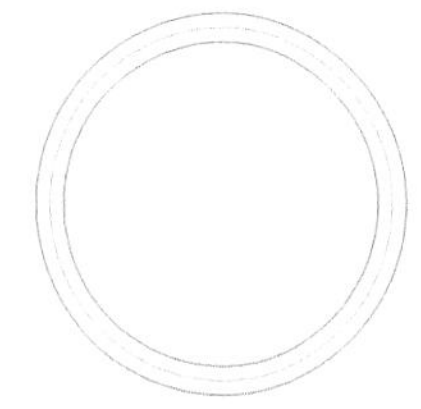

图6.15 圆形图形

8 选中中间的正圆，单击工具箱中的【调和工具】按钮，将其与外围最大的正圆进行调和，效果如图6.16所示。然后将中间的正圆和里面最小的正圆也进行调和，此时图形的调和效果如图6.17所示。

知识链接：创建调和效果的方法

调和效果也称为混和效果，使用调和效果，可以在两个或多个对象之间产生形状和颜色上的过渡。在两个不同对象之间应用调和效果时，对象上的填充方式、排列顺序和外形轮廓等都会直接影响调和效果。

要在对象之间创建调和效果，具体操作步骤如下：

(1) 单击工具箱中的【选择工具】按钮，在页面中选中需要调和的对象。

(2) 在工具箱中单击【调和工具】按钮，在属性栏中设置参数。

(3) 在起始对象上按住鼠标左键不放，向另一方向拖动鼠标，此时在两个对象之间会出现起始控制柄和结束控制柄。释放鼠标后，即可在两个对象之间创建调和效果。

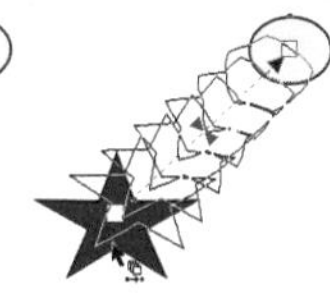

图6.16 调和效果

图6.17 再次调和

9 选中调和后的图形，将其移动放置到合适的位置，效果如图6.18所示。

10 将页面中黑色的正圆复制一份，将其稍加缩小并将其填充颜色转换为50%黑到黑色的椭圆形渐变填充，其渐变【节点位置】为17%，效果如图6.19所示。

图6.18 移动效果

图6.19 渐变填充

11 将刚复制出的正圆再复制一份，然后将其缩小并将其渐变颜色转换为黑色到白色的椭圆形渐变填充，其【水平】位移为25%，【垂直】位移为-37%，【节点位置】为64%，效果如图6.20所示。

12 利用【椭圆形工具】◯在页面中绘制一个正圆，将其填充为白色，然后将其复制多份，并分别移动放置到合适的位置，效果如图6.21所示。至此，音响的喇叭就绘制完成。最后再将其进行群组。

图6.20 正圆效果

图6.21 图形效果

知识链接：使用【调色板】选项卡设置颜色的方法

选择【调色板】选项卡，在【调色板】下拉列表框中选择各种印刷工业中常见的标准调色板。单击【调色板】按钮，可以选择一个调色板，在【名称】下拉列表框中选择一个颜色的名称，则在颜色框中显示出该颜色。设置完成后，单击【确定】按钮，即可将选定的颜色填充到所选对象。

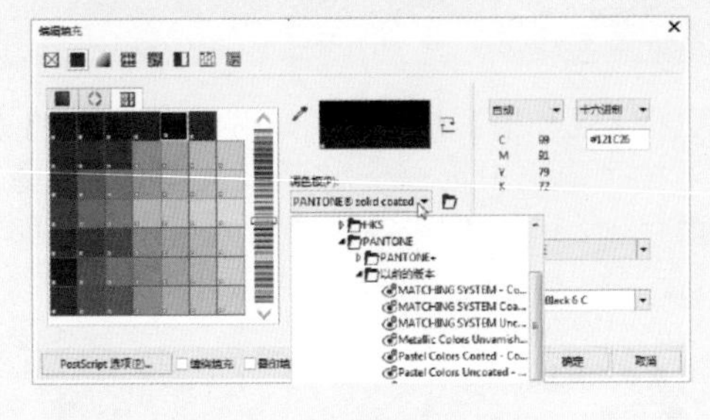

13 将刚绘制好的喇叭移动放置到合适的位置，将其复制一份。然后调整其大小和位置，效果如图6.22所示。

图6.22 复制并缩小

14 利用【椭圆形工具】◯在页面中绘制一个正圆，然后将其填充为50%黑到20%黑的椭圆形渐变填充，【轮廓】为无，再将其放置到音响的左上角，如图6.23所示。

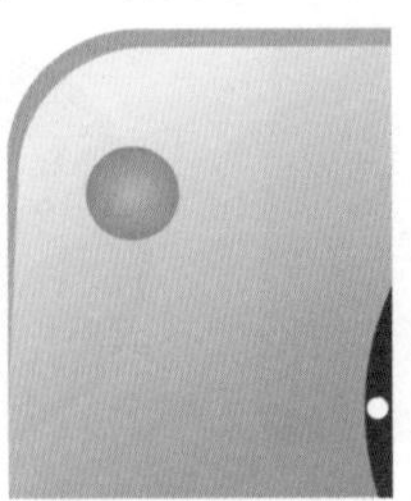

图6.23 正圆效果

15 将刚绘制的正圆复制一份，将其缩小并填充为黑色，效果如图6.24所示。然后将这两个正圆进行群组。

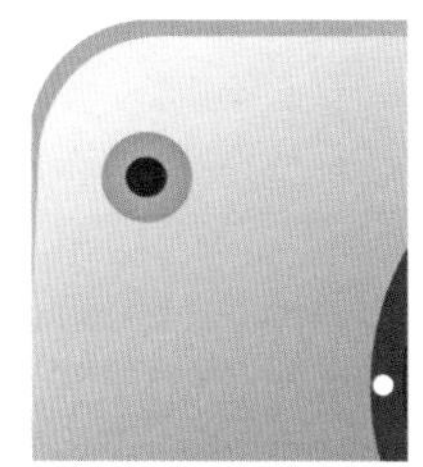

图6.24 复制并缩小

16 将刚群组后的正圆复制多份，再分别将其移动放置到合适的位置，此时音响就绘制完成了，效果如图6.25所示。

图6.25 复制并调整

知识链接：【图样填充】的方法

图样填充就是指使用预先产生的、对称的图像进行填充。图样填充可分为【向量图样填充】、【位图图样填充】和【双色图样填充】。单击工具箱中的【交互式填充工具】按钮，单击属性栏中的【向量图样填充】、【位图图样填充】和【双色图样填充】可以对选定的对象进行图样填充。具体操作步骤如下：

选择需要填充的对象，也可以打开【编辑渐变】对话框，选择不同的填充图案类型，在这里选择【双色】填充图案类型，单击【图案显示样本】按钮，即可在弹出的【样本库】列表框中选择系统预设的图样，在【调和过渡】和【镜像】选项中，设置双色图案的前景色与背景色。

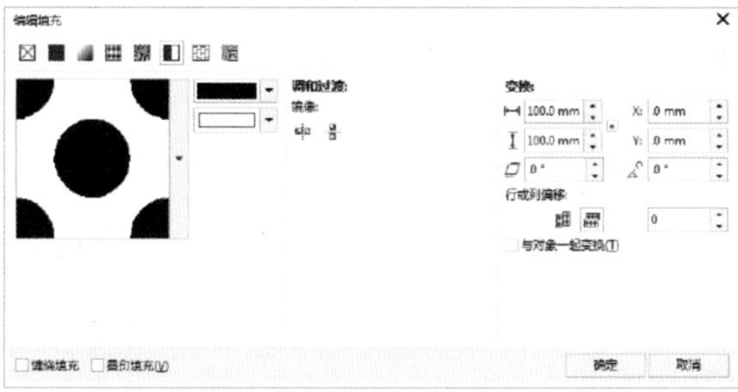

6.1.3 添加其他内容

1 将刚绘制好的音响移动放置到背景中，再将其复制两份，并分别调整其大小和位置，效果如图6.26所示。然后将3个音响进行群组。

图6.26 复制并调整

2 单击工具箱中的【贝塞尔工具】按钮，在页面中绘制一个封闭图形，然后利用【形状工具】对其进行调整，并将其填充为红色（C：0；M：100；Y：100；K：0），如图6.27所示。

图6.27 封闭图形

3 用同样的方法在页面中绘制多个封闭图形，并分别将其填充为天蓝色（C：100；M：20；Y：0；K：0）、紫色（C：20；M：80；Y：0；K：20）、黄色（C：0；M：100；Y：100；K：0）等颜色，效果如图6.28所示。然后将其进行群组。

图6.28 图形效果

4 将刚绘制好的图形复制一份并进行水平镜像，再移动放置到背景中，效果如图6.29所示。然后将其进行群组。

图6.29 镜像效果

5 将群组后的图形复制一份，并稍加缩小，再将其填充为浅蓝光紫色（C：0；M：40；Y：0；K：0），效果如图6.30所示。

图6.30 复制效果

6 选中群组后的音响，执行菜单栏中的【对象】|【顺序】|【置于此对象后】命令，此时鼠标指针就转换为黑箭头，在刚填充浅蓝光紫色的图形上单击，效果如图6.31所示。

图6.31 后移效果

7 绘制小花朵。单击工具箱中的【贝塞尔工具】按钮，在页面中绘制一个心形，然后利用【形状工具】对其进行调整，效果如图6.32所示。

8 将刚绘制好的心形复制多份，分别旋转放置到合适的位置。再利用【椭圆形工具】在页面中绘制一个正圆，如图6.33所示。

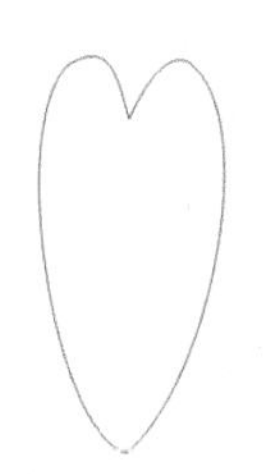

图6.32 封闭图形

图6.33 图形效果

知识链接：【图样填充】使用中要注意的细节

双色图样填充是指为对象填充只有【调和过渡】和【镜像】两种颜色的图案样式。向量图样填充可以由矢量图案和线描样式图形生成，也可以通过导入图像的方式填充为位图图案。在位图填充模式下，可以选择位图图像进行图案填充，其复杂性取决于图像大小和图像分辨率等，填充效果比另两种更加丰富。

9 将页面中的心形图形和正圆选中，单击属性栏中的【合并】按钮，将其进行焊接，效果如图6.34所示。

图6.34 焊接效果

10 再次单击工具箱中的【椭圆形工具】◯按钮，在页面中绘制一个正圆，将其放置到合适的位置，如图6.35所示。

图6.35 绘制正圆

11 选中刚绘制的正圆，打开【造型】泊坞窗，在下拉列表框中选择【修剪】选项，如图6.36所示。

图6.36 【造型】泊坞窗

12 单击【修剪】按钮，将鼠标指针移至焊接后的图形上单击，对图形进行修剪。然后将修剪后的图形填充为青色（C：100；M：0；Y：0；K：0）到白色的椭圆形渐变，【轮廓】为无，效果如图6.37所示。

图6.37 修剪并填充效果

13 将修剪后的图形复制一份并稍加旋转，然后将其填充为绿色（C：100；M：0；Y：100；K：0）到白色的椭圆形渐变填充，效果如图6.38所示。

14 利用【椭圆形工具】◯在页面中绘制一个正圆，将其填充为黄色（C：0；M：0；Y：100；K：0）到白色的椭圆形渐变，【轮廓】为无，放置到合适的位置，效果如图6.39所示。至此小花朵绘制完成，再将其进行群组。

图6.38 复制并旋转

图6.39 花朵效果

15 将绘制好的小花朵移动放置到背景中。然后将其复制多份，并分别调整其大小和位置，效果如图6.40所示。

16 将图形中的小花朵全部复制一份并进行水平镜像，然后将其水平向右移动放置到合适的位置，效果如图6.41所示。

图6.40 复制并缩小

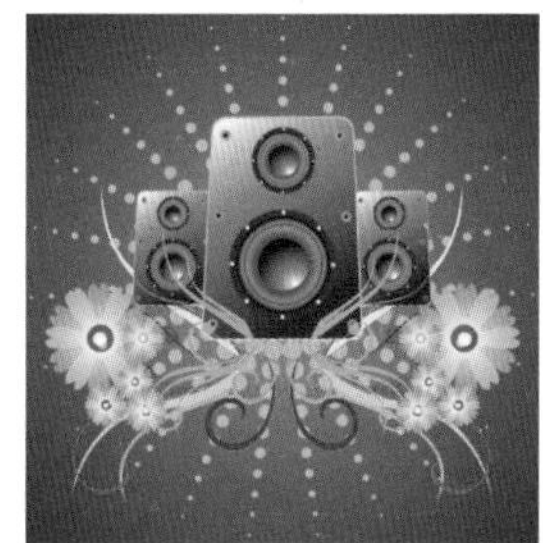

图6.41 镜像并移动

17 利用【椭圆形工具】◯在页面中绘制一个正圆，将其填充为靛蓝色（C：60；M：60；Y：0；K：0），【轮廓】为无。再将其复制多份并不同程度地缩小，然后分别填充为粉蓝（C：20；M：20；Y：0；K：0）、海军蓝（C：60；M：40；Y：0；K：40）和白色，效果如图6.42所示。

知识链接：【底纹填充】的使用方法

底纹填充也被称为纹理填充，用于赋予对象自然的外观。CorelDRAW X8提供预设的底纹样式，而且每种底纹均有一组可更改的选项。使用底纹填充所选对象的具体操作步骤如下：

（1）选择需要填充的对象，单击【编辑填充】对话框中的【底纹填充】按钮，从【底纹库】下拉列表框中选择不同的底纹库。单击╋按钮，可将当前所选的底纹另存到选定的底纹库中；单击━按钮，可删除所选的底纹。

（2）选择好所需的底纹库后，在【底纹列表】列表框中选取各种底纹图案，并可根据改变所选底纹的颜色及明亮对比等参数，以产生各种不同的底纹图案。

（3）单击【选项】按钮，弹出【底纹选项】对话框，设置所选底纹图案的分辨率和平铺尺寸。

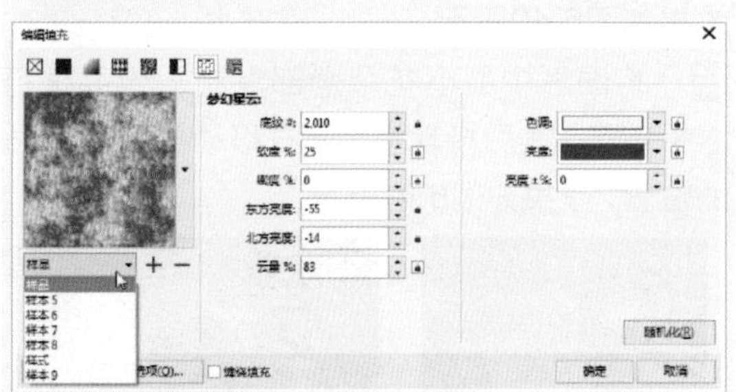

（4）单击【变换】按钮，打开【变换】对话框，设置所选底纹图案的拼接方式，设置完成后，单击【确定】按钮，即可将选定的底纹填充到所选对象。

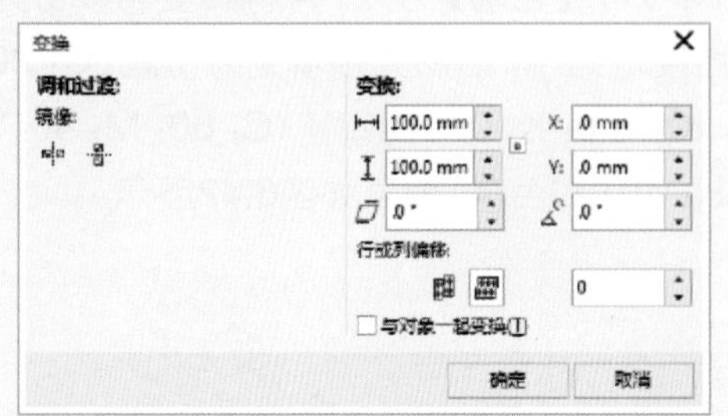

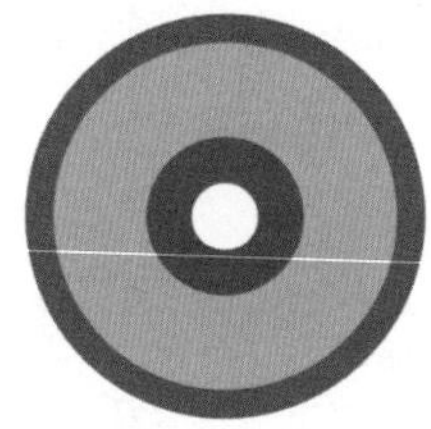

图6.42 圆形图形

18 再次将正圆复制一份，并将其填充设置为无，轮廓颜色设置为白色，效果如图6.43所示。然后将其进行群组。

图6.43 轮廓效果

19 将刚群组后的图形复制多份，并分别调整其大小和位置，效果如图6.44所示。

图6.44 复制并调整

20 将其全部选中，复制一份并进行水平镜像，水平向左移动放置到合适的位置，此时音响潮流插画的制作就已完成。

6.2 花之韵插画设计

本实例讲解花之韵插画设计。本例以冷色调为主，表现出花朵优雅的韵味，最终效果如图6.45所示。

图6.45 最终效

通过本例的制作，学习【贝塞尔工具】、【透明度工具】和【造型】泊坞窗中【相交】选项的使用，以及利用各种工具绘制出晶莹剔透的气泡效果；掌握花之韵的设计技巧。

视频文件：movie\6.2 花之韵插画设计.avi

源文件：源文件\第6章\花之韵插画设计.cdr

6.2.1 绘制唯美背景

1 单击工具箱中的【矩形工具】□按钮，在页面中绘制一个矩形，其填充为蓝绿色（C：100；M：0；Y：50；K：0）到白色的椭圆形渐变，其【X】位移为0，【Y】位移为-50%，【轮廓】为无，效果如图6.46所示。

2 利用【贝塞尔工具】在页面中绘制一个封闭图形，然后利用【形状工具】对其进行调整，效果如图6.47所示。

图6.46 渐变填充

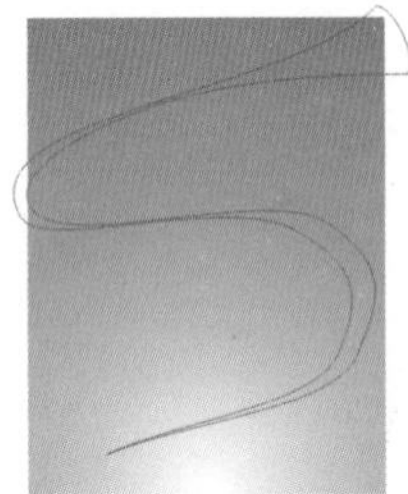

图6.47 封闭图形

3 选中刚调整后的图形，打开【造型】泊坞窗，在下拉列表框中选择【相交】选项，选中【保留原目标对象】复选框，如图6.48所示。

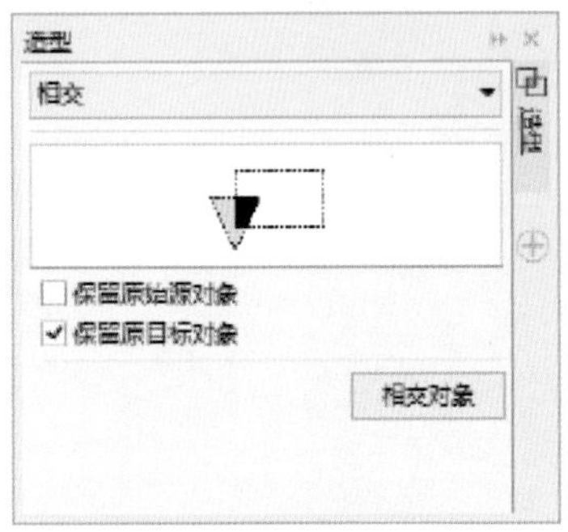

图6.48 【造型】泊坞窗

4 单击【造型】泊坞窗中的【相交对象】按钮，鼠标指针移至刚填充渐变后的矩形上单击，对图形进行相交修剪，效果如图6.49所示。（在此将相交后的图形填充为红色是为了方便大家看清相交后的图形效果）。

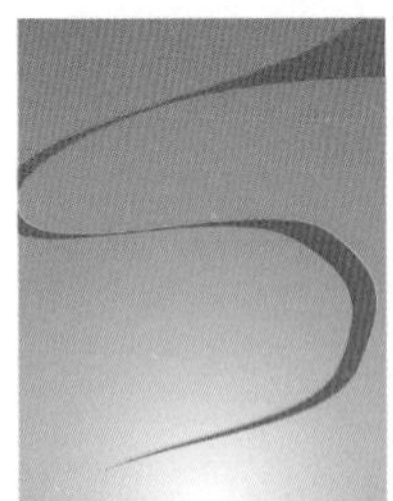

图6.49 相交效果

5 将刚相交后的图形填充为白色并将其复制多份，再分别移动放置到合适的位置，效果如图6.50所示。

知识链接：【PostScript填充】的使用方法

在CorelDRAW X8中，PostScript填充是指使用PostScript语言设计出的一种特殊的底纹填充。使用【PostScript填充】填充对象的具体操作步骤如下：

（1）选择要填充的对象，单击【编辑填充】对话框中【PostScript填充】按钮，选择各种内置的PostScript底纹。

（2）设置底纹填充的相关参数。选择不同的底纹样式，其参数设置也会相应发生变化，设置完成后，单击【确定】按钮，即可将选定的PostScript底纹填充到所选对象。

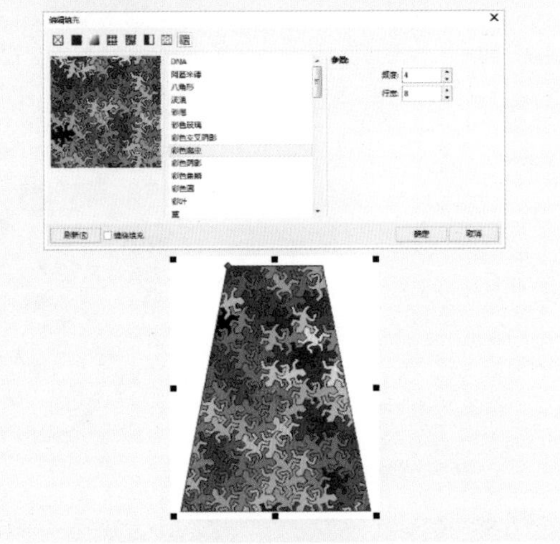

6 将复制出的图形进行群组。然后单击工具箱中的【透明度工具】按钮，将鼠标指针移至群组后图形的右上角，按住鼠标向左下角拖动，降低图形透明度，效果如图6.51所示。

图6.50 填充并复制

图6.51 降低透明度

知识链接：【透明度工具】的使用方法

创建透明效果的方法是，单击工具箱中的【透明度工具】按钮，选择需要为其添加透明效果的图形，然后在属性栏中的【透明度类型】中选择需要的透明度类型，即可为选择的图形添加透明效果。

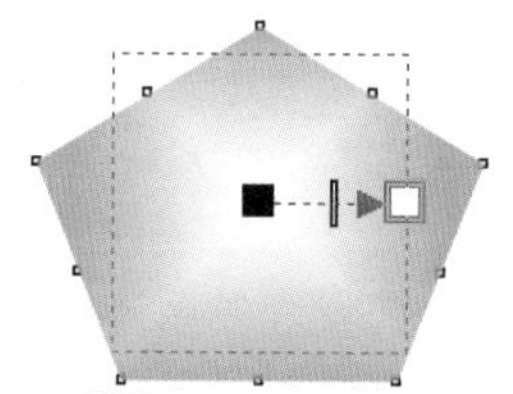

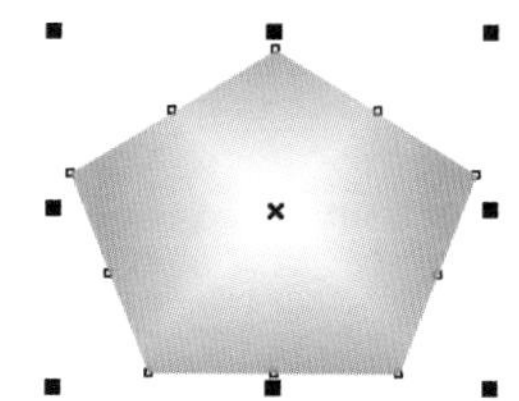

另外，利用【透明度工具】为图形添加透明效果后，图形中将出现透明调整杆，通过调整其大小或位置，可以改变图形的透明效果。

6.2.2 绘制美轮美奂的气泡

1 利用【椭圆形工具】在页面中绘制一个正圆，将其填充为白色，【轮廓】为无，效果如图6.52所示。然后将其复制两份并分别将其缩小。（在此添加了一个黑色的背景和将复制出的正圆分别填充了不同的颜色，是为了方便大家看清白色正圆复制并缩小的效果）。

2 将刚绘制的正圆进行群组，然后利用【透明度工具】从正圆的左下角向正圆的右上角拖动。降低透明度后的图形效果如图6.53所示。

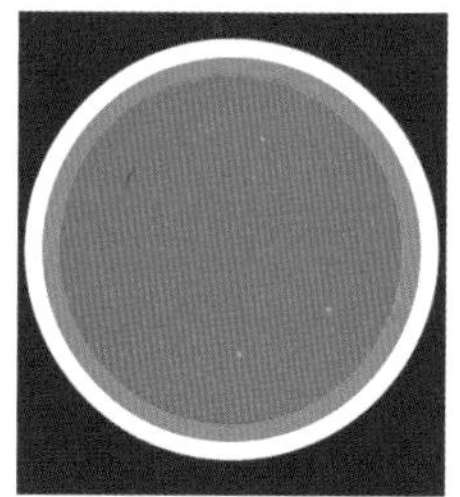

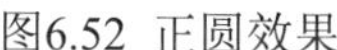

图6.52 正圆效果

图6.53 降低透明度

3 单击工具箱中的【星形工具】按钮，在属性栏中设置【点数或边数】为4，【锐度】为80，然后在页面中按住鼠标并拖动，绘制一个四角星，将其填充为白色，【轮廓】为无，效果如图6.54所示。

4 再次在页面中绘制一个四角星，设置其【锐度】为30，【填充】为白色，【轮廓】为无，放置到合适的位置，效果如图6.55所示。然后将两个四角星进行群组。

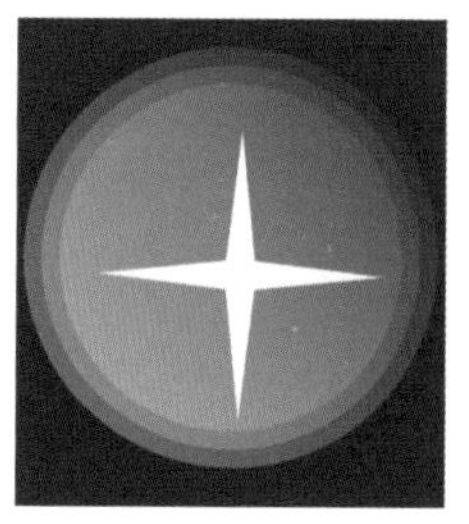

图6.54 四角星效果

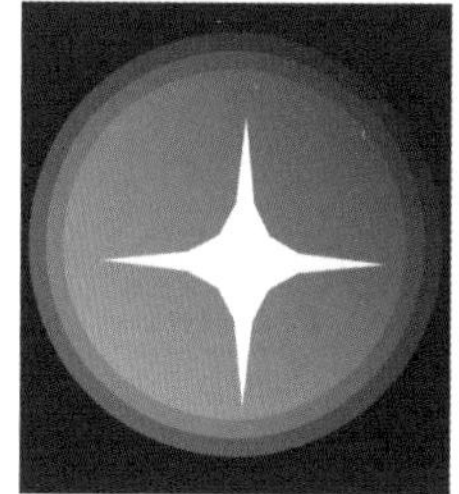

图6.55 复制并调整

5 利用【透明度工具】给将群组后的四角星降低透明度，将其稍加旋转并复制多份。然后分别调整其大小和位置，效果如图6.56所示。

6 利用【贝塞尔工具】在页面中绘制一个封闭图形；利用【形状工具】将其调整为月牙形状，并填充为白色，【轮廓】为无。再利用【透明度工具】降低透明度，效果如图6.57所示。至此，气泡绘制完成。

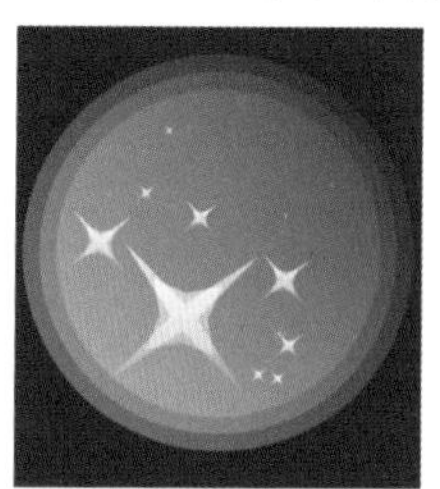

图6.56 复制并移动

图6.57 图形效果

7 将绘制好的气泡进行群组，然后将其缩小并移动放置到背景中。再将其复制多份，并分别调整其大小和位置，效果如图6.58所示。

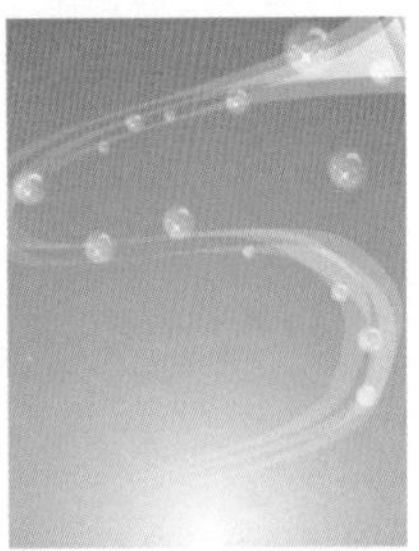

图6.58 复制并调整

知识链接：【PostScript底纹】使用中的细节

由【PostScript底纹】填充的对象在正常屏幕显示模式下，仅能以"PS"两个小字作为底纹，以提示其为PostScript底纹，只有在增强模式下才能在屏幕上显示出其图案内容。早期的版本中，必须要用PostScript打印机才能正确输出PostScript底纹图案，而在现在的版本中则自动将PostScript底纹图案转变为位图文档以便能在一般的非PostScript打印机输出。

6.2.3 绘制美丽的花朵

1 利用【贝塞尔工具】在页面中绘制一个封闭图形，再利用【形状工具】对其进行调整，调整后的图形如图6.59所示。

图6.59 封闭图形

2 利用【椭圆形工具】在页面中绘制一个正圆，将其放置到刚绘制的图形中。然后将两个图形进行焊接，效果如图6.60所示。

3 将焊接后的图形填充为绿色（C：100；M：0；Y：100；K：0），【轮廓】为无。然后将其复制一份并进行水平镜像再稍加旋转和移动，效果如图6.61所示。

图6.60 焊接效果

图6.61 填充并复制

4 利用【贝塞尔工具】在页面中绘制一个封闭图形，将其填充为绿色（C：100；M：0；Y：100；K：0），效果如图6.62所示。

5 两次有间隔的单击刚绘制的图形，将其中心点移至图形的下方，再将鼠标指针移至旋转控制点上按住鼠标向外拖动到合适的位置，按住鼠标右键将其缩小，效果如图6.63所示。

图6.62 填充效果

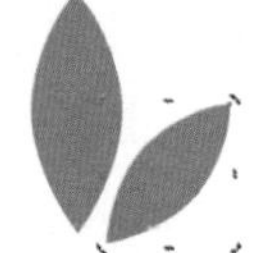

图6.63 旋转并复制

6 按住Ctrl键的同时按3次D键，重复刚才的旋转、复制并缩小操作。然后稍加调整图形的位置，效果如图6.64所示。

7 将复制出的图形选中复制一份，然后将其进行水平镜像，并向左移动放置到合适的位置，效果如图6.65所示。

图6.64 多次旋转并复制 　图6.65 镜像并移动

8 利用【椭圆形工具】在页面中绘制一个正圆，将其填充为绿色（C：100；M：0；Y：100；K：0），【轮廓】为无，并移动放置到刚绘制好的图形中。然后将其进行群组，并调整其位置和角度，效果如图6.66所示。

9 再次利用【贝塞尔工具】在页面中绘制一个封闭图形，将其填充为绿色（C：100；M：0；Y：100；K：0），【轮廓】为无，如图6.67所示。

图6.66 正圆效果

图6.67 封闭图形

知识链接：【智能填充工具】属性栏介绍

在CorelDRAW X8中，【智能填充工具】除了可以实现普通的颜色填充外，还可以自动识别多个图形重叠的交叉区域，对其进行复制，然后进行颜色填充。单击工具箱中的【智能填充工具】按钮，可以看到其属性栏中的各个选项。

- 【填充选项】：该选项包括【使用默认值】、【指定】和【无填充】3个选项。当选择【指定】选项时，单击右侧的颜色色块，可选择需要填充的颜色。
- 【轮廓】：该选项包括【使用默认值】、【指定】和【无轮廓】3个选项。当选择【指定】选项时，可在右侧的【轮廓宽度】选项中指定外轮廓线的粗细。单击最右侧的颜色色块，可选择外轮廓的颜色。

10 利用【椭圆形工具】在页面中绘制一个椭圆，将其填充为黄色（C：0；M：0；Y：100；K：0），【轮廓】为无，并移动放置到合适的位置，如图6.68所示。然后将其进行群组。

11 将刚群组后的图形复制两份，并分别旋转不同的角度。然后将其移动放置到合适的位置，效果如图6.69所示。

图6.68 椭圆效果

图6.69 复制并旋转

12 将步骤（1）~（11）所绘制的图形选中复制两份，然后调整其大小和位置，效果如图6.70所示。并对其进行群组。

13 利用【贝塞尔工具】在页面中绘制一个图形，利用【形状工具】对其进行调整，将其调整为花瓣形状，并填充为白色，【轮廓】为无。然后将其放置到合适的位置，如图6.71所示。

图6.70 复制并调整

图6.71 花瓣图形

14 选中刚绘制的花瓣，利用【变换】泊坞窗中的【旋转】功能，将其旋转并复制多份，使其成为花朵形状，如图6.72所示。

图6.72 旋转并复制

15 将刚绘制好的花朵复制一份，并将其稍加缩小。然后将填充颜色转换为黄色（C：0；M：0；Y：100；K：0）到白色的椭圆形渐变，效果如图6.73所示。

图6.73 复制并填充

16 将花朵选中进行群组，并将其复制多份，然后分别调整其大小和位置，效果如图6.74所示。

图6.74 复制并调整

17 利用【贝塞尔工具】在页面中绘制一条曲线，并将其移动放置到合适的位置，效果如图6.75所示。

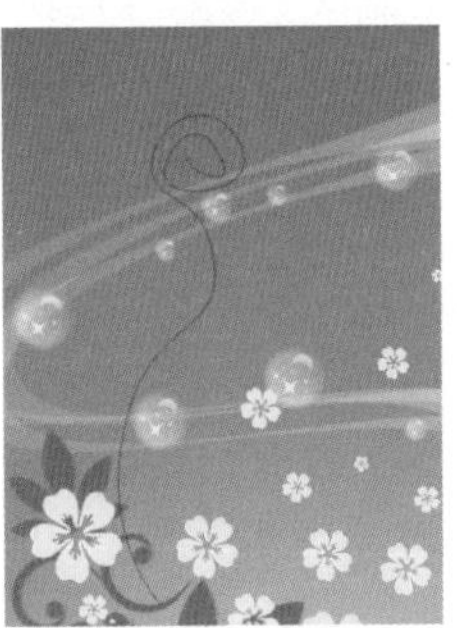

图6.75 绘制曲线

18 选中刚绘制的曲线，在属性栏中设置【轮廓宽度】为1.5mm，在【线条样式】下拉列表框中选择第一种虚线样式。然后将【轮廓】颜色设置为白色，效果如图6.76所示。

图6.76 填充效果

19 将其复制两份，并分别调整其大小、角度和位置，效果如图6.77所示。

图6.77 曲线效果

20 用同样的方法，再次在页面中绘制一个条曲线，并放置到合适的位置，效果如图6.78所示。

21 将页面中的虚线曲线选中，并将其移至步骤(12)所群组后的图形后面，完成最终效果。

图6.78 曲线效果

6.3 蝶恋花插画设计

本实例讲解蝶恋花插画设计。本例通过色彩的搭配，非常形象地表达了蝶恋花的唯美景象，最终效果如图6.79所示。

图6.79 最终效果

通过本例的制作，学习【贝塞尔工具】、【椭圆形工具】的使用方法，以及利用【透明度工具】制作出朦胧的羽化效果；掌握蝶恋花的设计技巧。

视频文件： movie\6.3 蝶恋花插画设计.avi

源文件： 源文件\第6章\蝶恋花插画设计.cdr

6.3.1 绘制背景

1 单击工具箱中的【矩形工具】□按钮，在页面中绘制一个矩形，将其填充为绿色（C：100；M：0；Y：100；K：0）到白色的椭圆形渐变，【轮廓】为无，效果如图6.80所示。

2 单击工具箱中的【椭圆形工具】○按钮，在页面中绘制一个正圆，将其填充为白色，【轮廓】为无，并放置到合适的位置，效果如图6.81所示。

图6.80 矩形效果

图6.81 正圆效果

3 将刚绘制的正圆复制一份，然后从中心稍加缩小，并将其填充为橘红色（C：0；M：60；Y：100；K：0）到白色的椭圆形渐变填充，效果如图6.82所示。

4 利用【贝塞尔工具】在页面中绘制一个封闭图形，再利用【形状工具】对其进行调整。调整后的图形效果如图6.83所示。

图6.82 复制并填充

图6.83 封闭图形

5 将调整后的图形填充为白色，【轮廓】为无。将其复制一份，并填充为白色到洋红色（C：0；M：100；Y：0；K：0）的线性渐变，然后将其稍加缩小，效果如图6.84所示。将其进行群组。

6 将刚群组后的图形复制多份，然后分别将其旋转到合适的位置并调整其大小，效果如图6.85所示。再将其进行群组。

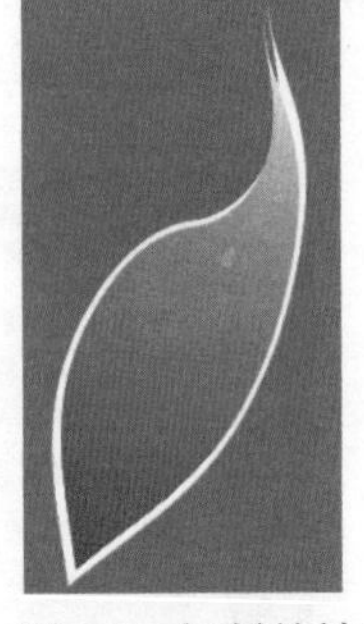
图6.84 复制并填充

图6.85 复制并调整

7 将刚群组后的图形复制一份，然后将其进行水平镜像并稍加缩小，放置到合适的位置，效果如图6.86所示。

8 单击工具箱中的【贝塞尔工具】按钮，在页面中绘制多条曲线，将其轮廓【颜色】设置为白色，效果如图6.87所示。

图6.86 复制并镜像

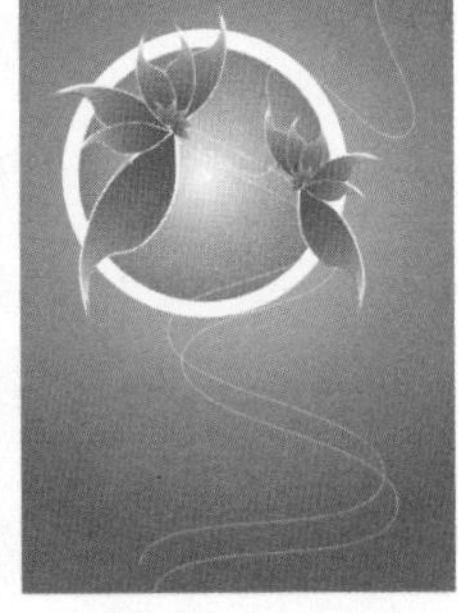
图6.87 曲线效果

6.3.2 绘制各种花朵

1 利用【贝塞尔工具】在页面中绘制一个封闭图形，再利用【形状工具】对其进行调整。然后将调整后的图形填充为黄色（C：0；M：0；Y：100；K：0），效果如图6.88所示。

2 将刚绘制好的花瓣复制多份，并分别沿着一个中心点进行旋转，效果如图6.89所示。

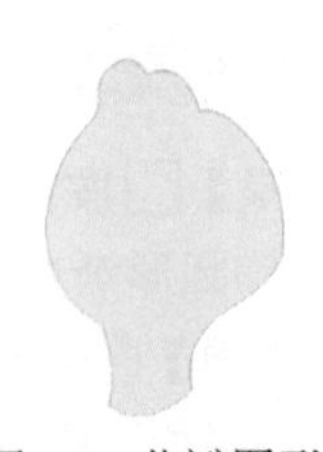
图6.88 花瓣图形

图6.89 复制并旋转

3 再次利用【贝塞尔工具】在页面中绘制两个封闭图形，分别将其填充为橘红色（C：0；M：60；Y：100；K：0）和白色，然后将其放置到合适的位置，效果如图6.90所示。

4 利用【椭圆形工具】在页面中绘制多个大小不一的椭圆，填充为橘红色（C：0；M：60；Y：100；K：0），分别放置到合适的位置，效果如图6.91所示。至此第一种花朵绘制完成，再将其进行群组。

图6.90 封闭图形

图6.91 椭圆效果

5 重复第一种花朵的绘制方法。利用【贝塞尔工具】在页面中绘制一个封闭图形，并将其填充为橘红色（C：0；M：60；Y：100；K：0），然后将其复制多份并进行旋转，效果如图6.92所示。

6 单击工具箱中的【贝塞尔工具】按钮，在页面中绘制一个封闭图形，并将其填充为白色，然后放置到合适的位置，效果如图6.93所示。

图6.92 填充效果

图6.93 图形效果

7 将刚绘制的图形复制一份，并将其旋转90°。然后将两个图形进行焊接，并将焊接后的图形稍加旋转，效果如图6.94所示。至此第二种花朵绘制完成，再将其进行群组。

8 再次利用【贝塞尔工具】在页面中绘制一个花瓣形状的图形，然后将其复制多份，并沿着一个中心点将复制出的图形进行旋转，效果如图6.95所示。再将其进行群组。

图6.94 复制并旋转

图6.95 花朵效果

9 将刚绘制的花朵选中，并填充为冰蓝色（C：40；M：0；Y：0；K：0）到白色的椭圆形渐变填充，效果如图6.96所示。

10 将绘制好的花朵移动放置到合适的位置，分别将花朵进行复制，并相对调整其大小和填充颜色，效果如图6.97所示。

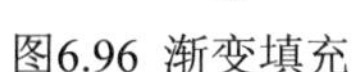
图6.96 渐变填充

图6.97 移动效果

6.3.3 添加蝴蝶和其他内容

1 单击工具箱中的【贝塞尔工具】按钮，在页面中绘制一个翅膀的轮廓图，效果如图6.98所示。

2 单击工具箱中的【形状工具】按钮，对刚绘制的翅膀轮廓图进行调整，效果如图6.99所示。

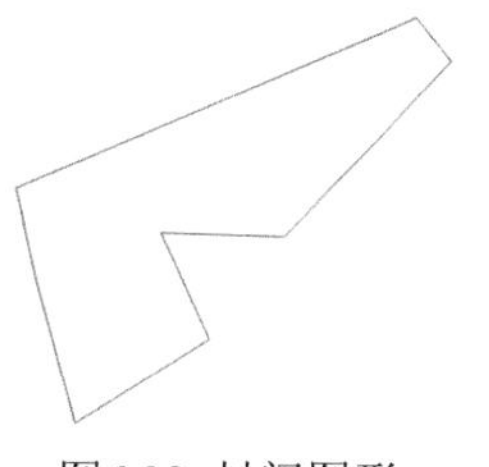
图6.98 封闭图形

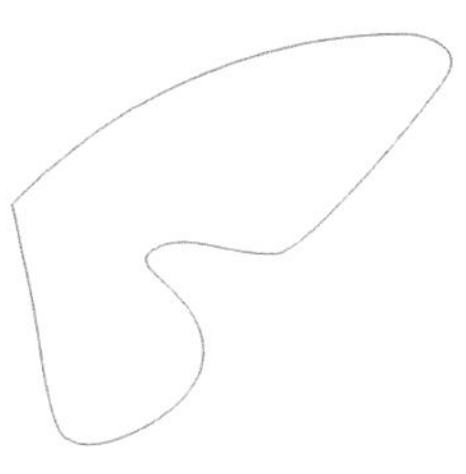
图6.99 调整效果

3 将刚调整后的轮廓图复制一份，并将其进行水平镜像，效果如图6.100所示。

4 利用【椭圆形工具】◯在页面中绘制一个椭圆和一个正圆，然后分别放置到合适的位置，效果如图6.101所示。

图6.100 镜像效果　图6.101 圆形图形

5 利用【贝塞尔工具】在页面中绘制一个封闭图形，然后将其复制一份并进行水平镜像，效果如图6.102所示。至此蝴蝶的轮廓图就绘制完成了。

6 将绘制好的蝴蝶轮廓图进行群组，并将其填充为冰蓝色（C：40；M：0；Y：0；K：0），轮廓为无，效果如图6.103所示。

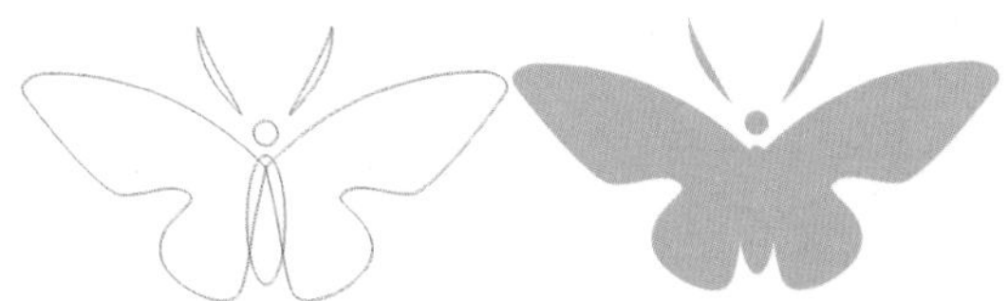

图6.102 蝴蝶轮廓图　图6.103 填充效果

7 将蝴蝶复制一份，再将其稍加缩小并填充为白色。然后将两个只蝴蝶进行群组并放置到合适的位置，效果如图6.104所示。

8 将群组后的蝴蝶选中并复制多份，再分别调整其大小和位置，效果如图6.105所示。

图6.104 复制并填充　图6.105 复制并调整

9 单击工具箱中的【椭圆形工具】◯按钮，在页面中绘制一个正圆，将其【填充】设置为无，轮廓【颜色】设置为白色，效果如图6.106所示。

10 将正圆复制一份并从中心稍加缩小，然后将其填充为白色，【轮廓】为无，如图6.107所示。

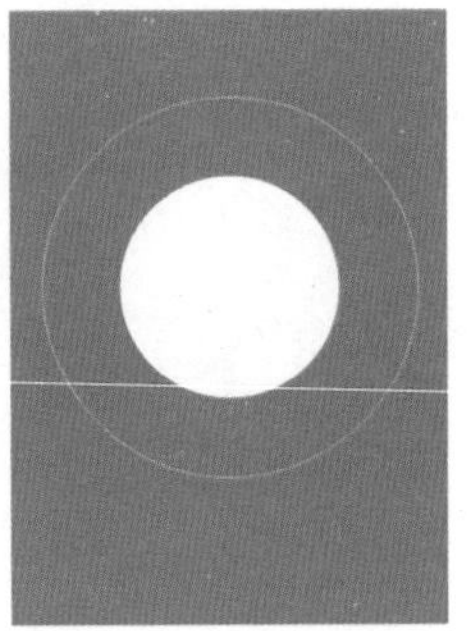

图6.106 正圆效果　图6.107 复制并缩小

11 将刚复制出的正圆再复制多份并分别从中心进行缩小，然后将页面中的正圆进行群组。再利用【透明度工具】对其降低透明度，效果如图6.108所示。

12 将刚降低透明度后的图形选中，将其稍加缩小再放置到合适的位置，效果如图6.109所示。然后将其复制多份，并分别调整其大小和位置，完成最终效果。

图6.108 降低透明度　图6.109 缩小并移动

第7章

手提袋包装设计

7.1 清凉一夏手提袋设计

实例解析 CorelDRAW X8

本实例主要使用【螺纹工具】、【贝塞尔工具】等制作出手提袋主体花纹，然后使用【透明度工具】制作出空间感极强的立体效果。本实例的最终效果如图7.1所示。

图7.1 最终效果

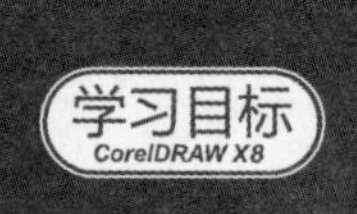

学习目标 CorelDRAW X8

本例主要学习【贝塞尔工具】、【透明度工具】、【渐变工具】、【螺纹工具】及【文本工具】的应用；掌握手提袋设计的技巧，以及能够在以后的设计工作中，发挥思维，提高操作能力，了解手提袋各个面的立体关系及色彩的变化与和谐。

云盘下载

视频文件： movie\7.1 清凉一夏手提袋设计.avi

源文件： 源文件\第7章\清凉一夏手提袋设计.cdr

7.1.1 设计袋身底纹

1 单击工具箱中的【矩形工具】□按钮，绘制一个【宽度】为285mm，【高度】为400mm的矩形，将图形填充为黄色（C：0；M：0；Y：100；K：0），【轮廓】设置为无。

2 单击工具箱中的【螺纹工具】◎按钮，在【属性栏】中设置【螺纹回圈】的值为3，绘制一个螺纹图形，并设置【轮廓】颜色为绿色（C：100；M：0；Y：100；K：0），如图7.2所示。

3 单击工具箱中的【贝塞尔工具】按钮，沿着螺纹的外轮廓绘制一个图形，将其填充为浅绿色（C：37；M：8；Y：87；K：0），如图7.3所示。

图7.2 绘制螺纹图形

图7.3 绘制不规则图形

4 调整完成后，将二者全部选中。执行菜单栏中的【对象】|【对齐和分布】|【对齐与分布】命令，打开【对齐与分布】泊坞窗，单击【水平居中对齐】和【垂直居中对齐】按钮，如图7.4所示。此时，二者便对齐到一起，效果如图7.5所示。

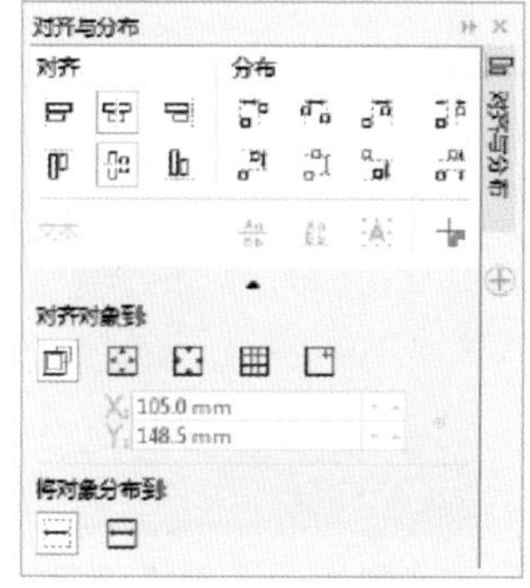

图7.4 【对齐与分布】对话框

图7.5 将两者结合到一起

知识链接：【对称式螺纹】的绘制方法

在CorelDRAW X8中提供了绘制螺纹图形的【螺纹工具】◎，螺纹图形包括对称式螺纹和对数螺纹。对称式螺纹的特点是对称式螺纹均匀扩展，每个回圈之间的间距相等；对数螺纹的特点是对数螺纹扩展时，回圈之间的距离从内向外不断增大。用户可以设置对数式螺纹向外扩展的比率。对称式螺纹具有相等的螺纹间距，其绘制方法如下：

（1）单击工具箱中的【螺纹工具】◎按钮，同时在其属性栏上显示该工具的属性设置。

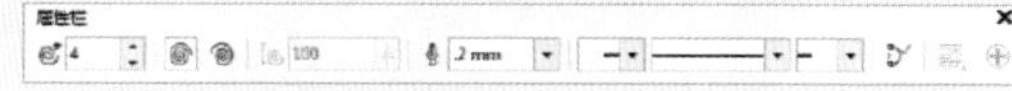

（2）在属性栏中单击【对称式螺纹】按钮，在【螺纹回圈】文本框中输入绘制螺纹的圈数，在这里输入14。

（3）在页面中按住鼠标左键，按对角方向拖动鼠标，即可绘制出对称式的螺纹。另外，在绘制的过程中，按住Ctrl键，可以绘制出圆形的对称式螺纹。

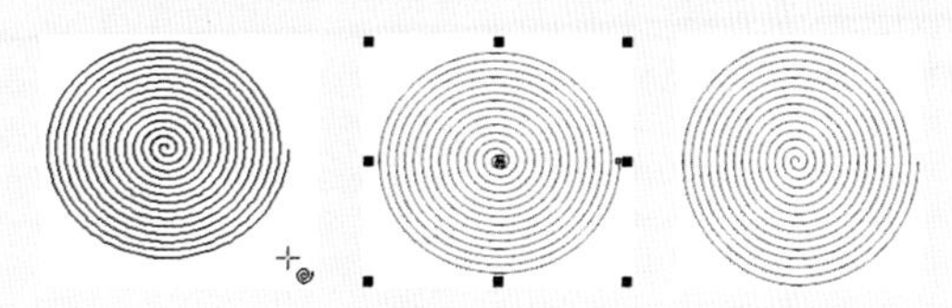

5 选中图形，执行菜单栏中的【对象】|【PowerClip】|【置于图文框内部】命令，将图形放置在前面绘制的黄色矩形内部。执行菜单栏中的【对象】|【PowerClip】|【编辑PowerClip】命令，编辑图形，如图7.6所示。

图7.6 放置在图文框内部

6 将螺纹图形复制多个并调整大小、方向、颜色和层次感，注意颜色要以绿色调为主，并注意大小和谐、摆放自然、疏密相当、空间流畅，效果如图7.7所示。

图7.7 组合摆放

7 单击工具箱中【透明度工具】按钮，此时光标呈状，然后在图形上拖动，分别为各个图形应用透明效果，如图7.8所示。

图7.8 应用透明效果

知识链接：绘制【对数螺纹】的方法

对数螺纹是指从螺纹中心不断向外扩展的螺旋方式，螺纹的距离从内向外不断扩大。绘制对数螺纹的具体操作步骤如下：

(1) 单击工具箱中的【螺纹工具】按钮，在其属性栏上单击【对数螺纹】按钮。

(2) 在【螺纹扩展参数】文本框中输入所需要的螺纹扩展量，然后在页面中按住鼠标左键，按对角方向拖动鼠标，即可绘制出对数的螺纹。

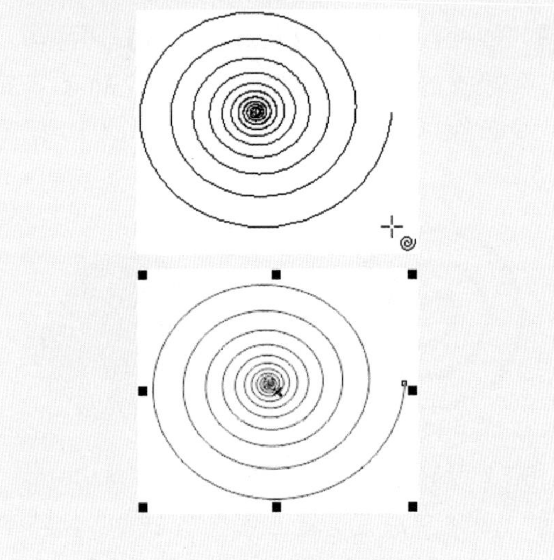

8 执行菜单栏中的【对象】|【PowerClip】|【结束编辑】命令，结束编辑，效果如图7.9所示。

图7.9 结束编辑

7.1.2 设计文字

1 单击工具箱中的【文本工具】字按钮，输入中文“清凉一夏”与英文“green summer”。执行菜单栏中的【对象】|【拆分美术字】命令，或者按Ctrl+K组合键将文字拆分，然后填充文字“清”为淡绿色（C：20；M：0；Y：85；K：0），“凉”为草绿色（C：35；M：0；Y：100；K：0），其他文字填充不同深浅的绿色；设置中文【字体】为“汉仪大宋简”，英文“green ”【字体】为“Dotum”，“summer”【字体】为“Arial Black”，调整完成后，将文字进行局部调整，如图7.10所示。

图7.10 填充并重组文字

2 单击工具箱中的【透明度工具】按钮，此时光标变成状，拖动鼠标分别将文字进行适当的透明处理，为文字应用透明效果，如图7.11所示。

图7.11 应用透明效果

3 将制作好的文字与袋身图形结合到一起。

至此，手提袋的正面和背面就绘制完成了，效果分别如图7.12、图7.13所示。

图7.12 正面效果图

图7.13 背面效果图

提示

在绘制透明度过程中，如果需要将透明度去掉，可以单击工具箱中的【透明度工具】按钮，选中图形，单击属性栏中的【无透明度】按钮，即可去除透明效果。

知识链接：【图纸工具】的操作方法

单击工具箱中的【图纸工具】按钮，可以绘制出各种不同大小和不同行列数的图纸图形，具体操作步骤如下：

（1）单击工具箱中的【图纸工具】按钮，然后将光标移至页面，按住鼠标左键向另一方向拖动，即可绘制出默认状态下的四行三列的图纸图形。

（2）如果按Shift键的同时拖动鼠标，可以绘制一个以起点为中心向外扩展的图纸图形；如果按Ctrl键，可以绘制一个宽度与高度相等的正图纸图形。

（3）通过调整属性栏中的【行数和列数】文本框的数值，可以绘制出不同行列数的图纸图形。

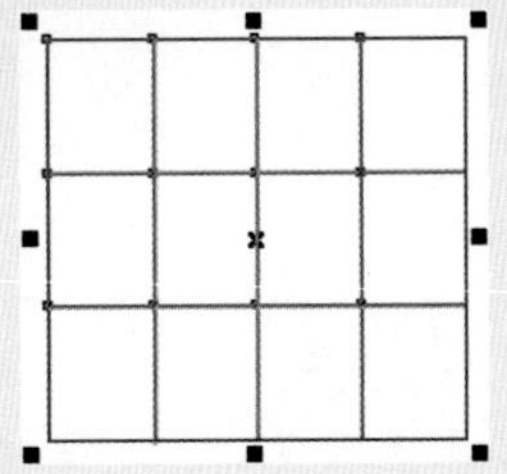

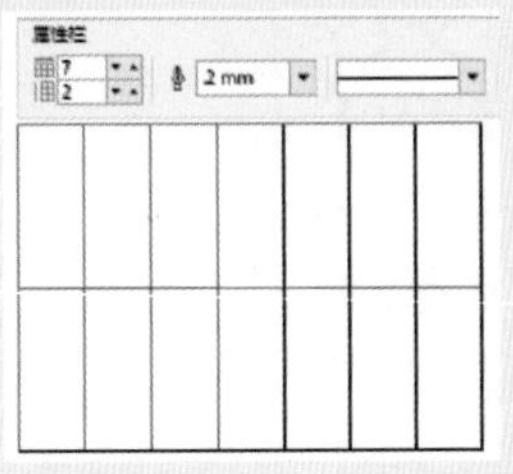

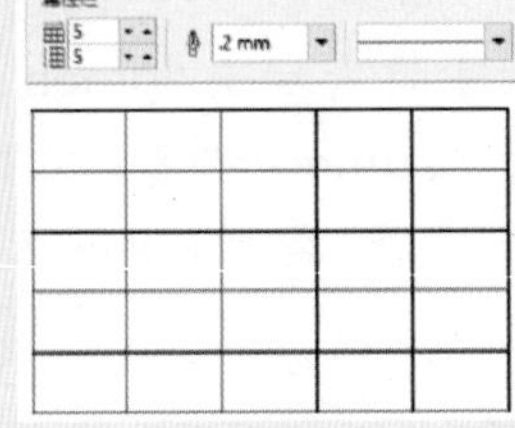

另外，如果想要设置图纸工具的默认值，可以双击工具箱中的【图纸工具】按钮，打开【选项】对话框，通过调整【宽度方向单元格数】和【高度方向单元格数】文本框中的数值，来更改图纸工具的默认值。

7.1.3 设计手提袋立体效果图

1 单击工具箱中的【贝塞尔工具】按钮，在界面上绘制出一个“n”状线条，如图7.14所示。

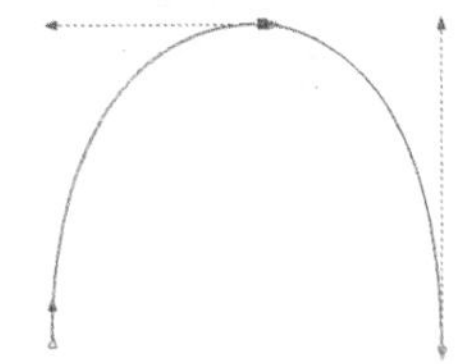

图7.14 绘制“n”形线条

2 设置适当的轮廓粗细大小。执行菜单栏中的【对象】|【将轮廓转换为对象】命令，将轮廓转换为对象图形。为手提袋绘制带子的轮廓形状，效果如图7.15所示。

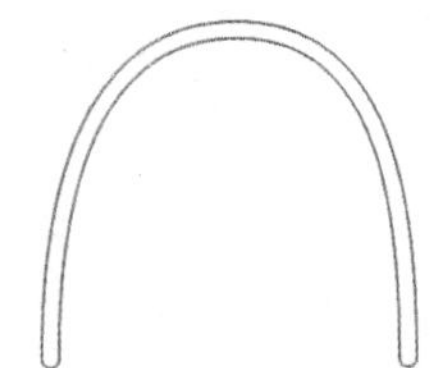

图7.15 将轮廓转换为对象

3 将图形填充为深绿色（C：85；M：35；Y：100；K：5）到淡绿色（C：30；M：5；Y：85；K：0）再到绿色（C：100；M：0；Y：100；K：0）的线性渐变填充，如图7.16所示。然后复制一份，绘制相关立体效果，完成手带的绘制，效果如图7.17所示。

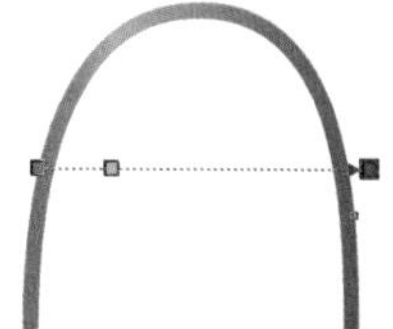

图7.16 填充渐变色

图7.17 完成手带效果图

4 单击工具箱中的【贝塞尔工具】按钮，为手提袋绘制袋口的立体图形，如图7.18所示。将其填充为灰色（C：0；M：0；Y：0；K：50）到白色的渐变，并设置【轮廓】为无，如图7.19所示。

图7.18 绘制袋口

图7.19 填充袋口

5 单击工具箱中的【贝塞尔工具】按钮，为手提袋绘制侧面的立体图形，如图7.20所示。将大形状填充为深绿色（C：90；M：60；Y：90；K：35）到淡绿色（C：80；M：5；Y：100；K：0）的线性渐变填充，将小形状填充为青绿色（C：91；M：44；Y：88；K：9）并设置【轮廓】为无，如图7.21所示。

图7.20 绘制侧面

图7.21 填充侧面

知识链接：应用颜色中如何选择调色板

在CorelDRAW X8中，颜色的应用是非常重要的，如果应用的颜色不匹配，将会影响所绘图的美观。因此需要正确地应用和设置颜色，而颜色主要通过颜色调色板来设置。

执行菜单栏中的【窗口】|【调色板】命令，将打开子菜单，其中提供了多种不同的调色板供选择使用。

选择一个调色板后，该调色板选项前会显示一个对号✔标志，并且所选调色板出现在CorelDRAW X8的工作区中；再次单击该调色板选项，即可将其关闭。在CorelDRAW X8中，可以同时打开多个调色板，这样能够更方便地选择颜色。

6 将前面绘制完成的袋口以及侧面与平面图完美结合，如图7.22所示。单击工具箱中的【椭圆形工具】按钮，为手带绘制两个绳眼，并添加手带，完成效果如图7.23所示。

图7.22 绘制侧面及袋口

图7.23 手提袋完整效果图

7.1.4 设计最终展示效果图

1 单击工具箱中的【矩形工具】□按钮，绘制一个【宽度】为1250mm，【高度】为800mm的矩形，将其填充为深绿色（C：90；M：45；Y：95；K：15）到浅绿色（C：35；M：15；Y：100；K：0）的辐射渐变，然后将绘制好的手提袋正面和背面各一个，并排摆放在矩形中。单击工具箱中的【贝塞尔工具】按钮，为手提袋绘制袋身阴影，并根据前面所学过的【透明度工具】为阴影应用透明效果，如图7.24所示。

图7.24 绘制阴影

2 复制袋身图形，单击属性栏中的【垂直镜像】按钮，使其垂直翻转。单击工具箱中的【橡皮擦工具】按钮，将图形下方2/3部分擦除，将图形再复制一份，分别放置到两个袋身下方。运用工具箱中的【透明度工具】按钮，为图形应用透明度效果，并在周围添加装饰性的文字和图案，完成最终设计效果，如图7.25所示。

图7.25 最终效果

知识链接：【橡皮擦工具】的使用方法

使用【橡皮擦工具】可以将图形对象多余的部分擦除掉，其操作步骤如下：

(1) 选中要擦除的对象，然后单击工具箱中的【橡皮擦工具】按钮。

(2) 将光标移至图形上，单击鼠标左键并拖动，即可擦除鼠标移动过的部分。

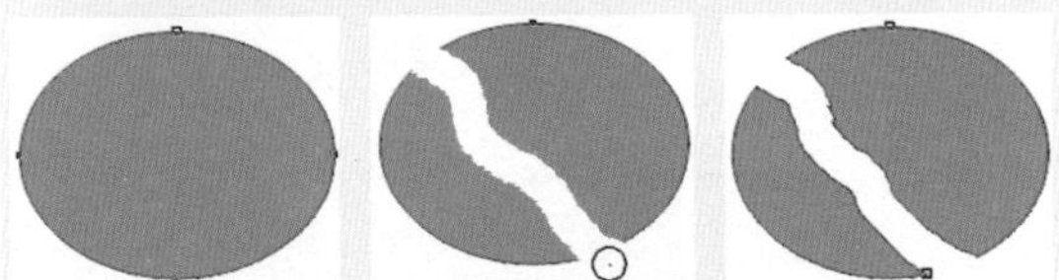

另外，使用【橡皮擦工具】还可以擦除位图图像，其方法是相同的。

提示

在使用工具箱中的【橡皮擦工具】时，如果提示“橡皮擦工具需要选择一个对象”，那么应该选择一个对象进行编辑；如果图形被放置在图文框中，应该执行菜单栏中的【对象】|【PowerClip】|【编辑PowerClip】命令，进行擦除；如果文件已经群组，就应该先按Ctrl+U组合键取消群组，方可进行擦除编辑。

技巧

在绘制阴影的时候，一定要注意，投影的颜色不一定都是黑色，应根据具体环境而添加，称为“环境色”。以本节为例，手提袋的阴影就应偏绿一点，因为包括背景、主体都是以绿色为主，所以环境色就应该是绿色。

7.2 唐人街时尚手提袋设计

本实例主要使用【文本工具】字、【贝塞尔工具】等制作出手提袋主体花纹以及文字，然后使用【阴影工具】制作空间感极强的立体效果。本实例的最终效果如图7.26所示。

图7.26 最终效果

本例主要学习【贝塞尔工具】、【透明度工具】、【文本工具】、【阴影工具】及【修剪】和【相交】的应用；掌握手提袋设计的技巧。

视频文件：movie\7.2 唐人街时尚手提袋设计.avi

源文件：源文件\第7章\唐人街时尚手提袋设计.cdr

7.2.1 绘制袋身框架

1 单击工具箱中的【贝塞尔工具】按钮，在页面中绘制5个封闭图形，效果如图7.27所示。

图7.27 绘制封闭图形

2 将4个封闭图形分别调整大小，可单击工具箱中的【形状工具】按钮，将各个节点重叠，组合为不规则图形，进而完成包装袋立体框架的线条图的绘制，如图7.28所示。

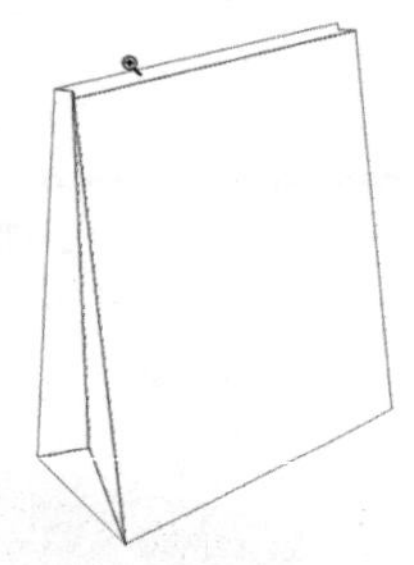

图7.28 组合封闭图形

3 再次单击工具箱中的【贝塞尔工具】按钮，在袋口右侧沿着轮廓线绘制一个三角形，效果如图7.29所示。

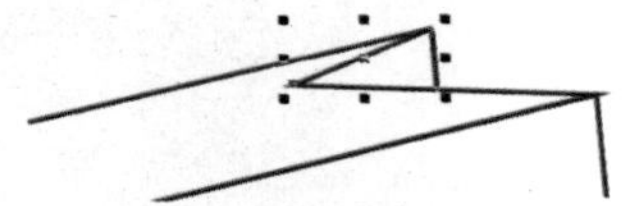

图7.29 绘制三角形

4 完成之后将三角形复制一份，将其放在原图下方位置。单击属性栏中的【水平镜像】按钮，先将其水平翻转，然后单击工具箱中的【形状工具】按钮，通过移动三角形的节点，改变形状放置到空缺处，效果如图7.30所示。

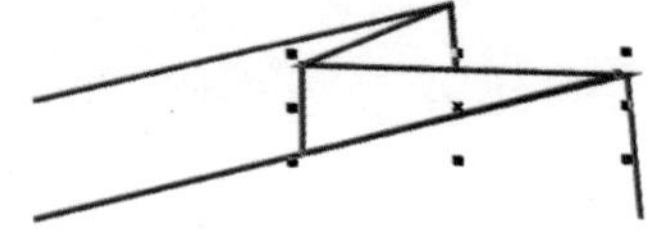

图7.30 复制三角形

5 单击工具箱中的【椭圆形工具】按钮，绘制一个【宽度】为3mm，【高度】为3mm的椭圆形，填充为黑色，设置【轮廓】为无。将其复制一份，并将它们放置在手提袋上，调整大小及位置，效果如图7.31所示。

6 单击工具箱中的【贝塞尔工具】按钮，在两个绳眼之间绘制一条曲线，效果如图7.32所示。

知识链接：在应用颜色中创建调色板的方法

在CorelDRAW X8中还可以创建新的调色板，另外，用户也可以根据个人的需要对调色板进行编辑。创建调色板有两种方法，即通过现有的文档创建和通过选定的颜色创建。

通过现有的文档创建：执行菜单栏中的【窗口】|【调色板】|【从文档中创建调色板】命令，打开【另存为】对话框，在该对话框中输入创建的文件名和文件类型后，单击【保存】按钮即可。

通过选定的颜色创建：执行菜单栏中的【窗口】|【调色板】|【从选择中创建调色板】命令，在弹出的【另存为】对话框中输入文件名和文件类型，然后单击【保存】按钮，即可保存创建的调色板。

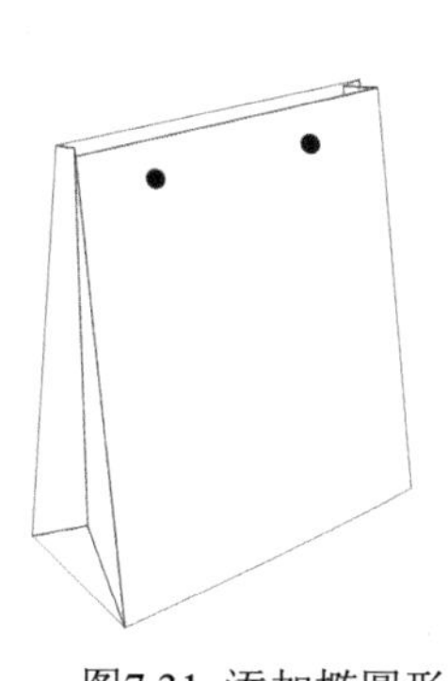

图7.31 添加椭圆形

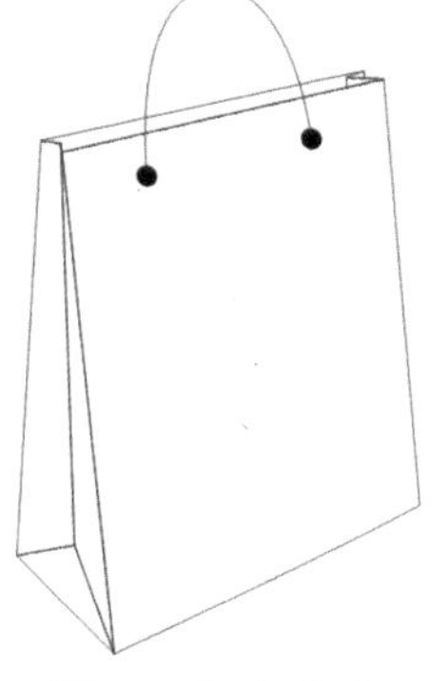

图7.32 添加曲线

7 选中曲线，将轮廓宽度适当加粗。执行菜单栏中的【对象】|【将轮廓转换为对象】命令，将线条转换成图形，如图7.33所示。然后单击工具箱中的【形状工具】按钮，对图形进行微调，检查边角线条的连接，如图7.34所示。

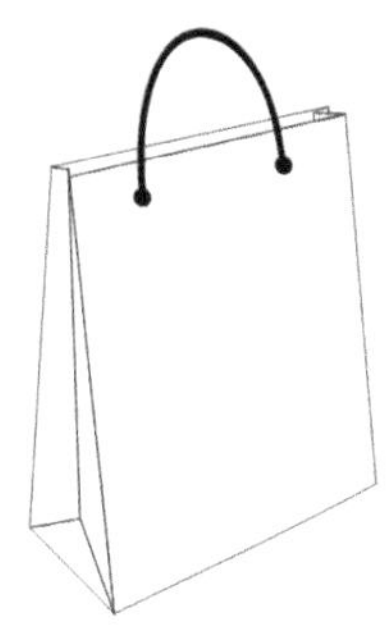

图7.33 加粗轮廓并将轮廓转换为对象

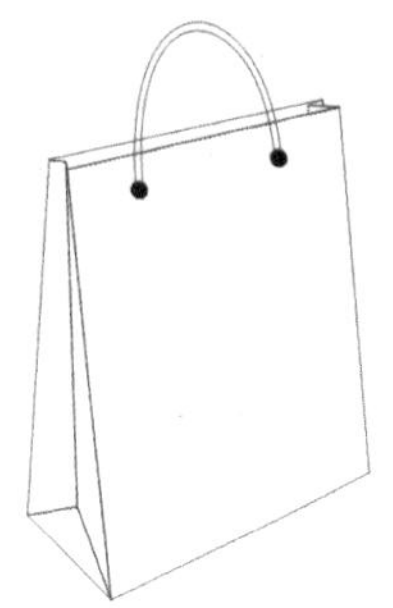

图7.34 调整图形完成框架绘制

知识链接：在应用颜色中编辑调色板的方法

对于现有的调色板，还可以对其进行编辑，具体操作步骤如下：

（1）执行菜单栏中的【窗口】|【调色板】|【调色板编辑器】命令，打开【调色板编辑器】对话框。单击【新建调色板】按钮，弹出【新建调色板】对话框，在该对话框中输入新建调色板的名称，在【描述】文本框中输入相关说明信息，然后单击【保存】按钮即可。

（2）单击【打开调色板】按钮，弹出【打开调色板】对话框，在该对话框中选择一个调色板，然后单击【打开】按钮，即可打开指定的调色板。

（3）在窗口中新建一个调色板后，单击【保存调色板】按钮，即可对新建的调色板进行保存。如果单击【调色板另存为】按钮，则可在弹出的【保存调色板为】对话框中将当前调色板另存。

（4）单击【编辑颜色】按钮，弹出【选择颜色】对话框，在该对话框中可编辑当前所选的颜色。编辑完成后，单击【确定】按钮即可。

(5) 如果要向指定的调色板中添加颜色，则单击【添加颜色】按钮，在弹出的【选择颜色】对话框中调节好所需的颜色，然后在【将颜色添加到“”】区域单击，即可将调节好的颜色添加到调色板中。如果要删除某个颜色，则单击【删除颜色】按钮即可将所选的颜色删除。

(6) 单击【将颜色排序】按钮，在弹出的下拉菜单中可以选择调色板中颜色的排列方式。如果要恢复系统的默认值，则单击【重置调色板】按钮即可。

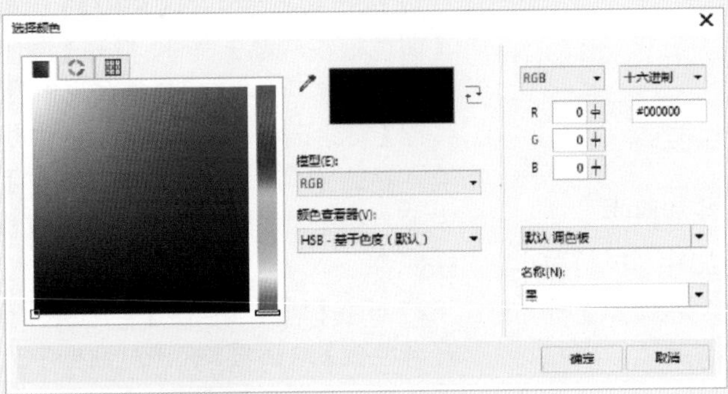

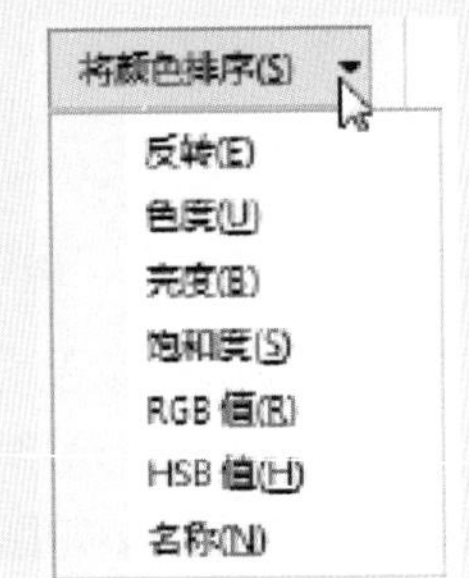

7.2.2 填充颜色导入图形

1 将之前绘制完成的手绳子复制一份，放置在所有图形的最后面，然后将他们依次选中并填充为红色（C：0；M：100；Y：100；K：0）、深红色（C：23；M：96；Y：91；K：0），效果如图7.35所示。

图7.35 填充绳眼颜色

2 逐一选中几个封闭图形，依次填充为黑色、红色（C：0；M：100；Y：100；K：0）、深红色（C：38；M：100；Y：97；K：3）、暗红色（C：16；M：95；Y：89；K：0）和紫红色（C：30；M：99；Y：96；K：1），效果如图7.36所示。

图7.36 填充手提袋颜色

3 执行菜单栏中的【文件】|【导入】命令，打开【导入】对话框，选择云下载文件中的“调用素材\第7章\龙纹.cdr”文件，单击【导入】按钮。在页面中单击鼠标，图形便会显示在页面中，效果如图7.37所示。

图7.37 导入素材

4 选中素材并将其复制一份。执行菜单栏中的【对象】|【组合】|【取消组合对象】命令，将图形解散群组，然后选中下半部分，按Delete键将其删除，效果如图7.38所示。

图7.38 删除一半

知识链接：变形效果中【推拉变形】的使用方法

应用【推拉变形】可以通过将图形向不同的方向拖动，从而将图形边缘推进或拉出。推拉变形图形的具体操步骤如下：

(1) 使用【选择工具】选择需要变形的图形，单击工具箱中的【变形工具】按钮。

(2) 在属性栏中单击【推拉变形】按钮，然后将鼠标光标移动到选择的图形上，按住鼠标左键并水平拖动。

(3) 拖动到合适的位置后，释放鼠标左键即可完成图形的变形操作。

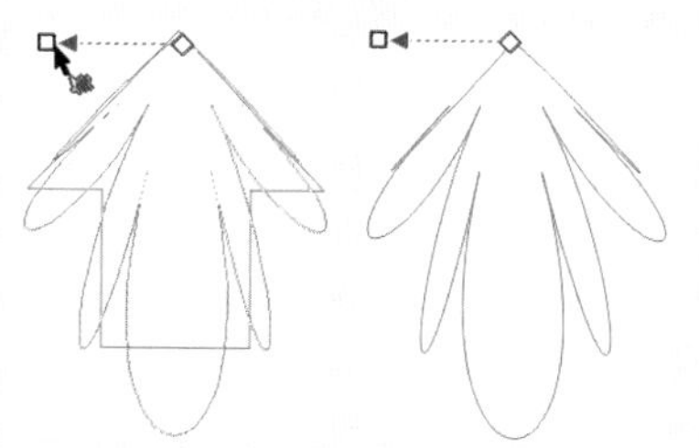

提示

当向左拖动时，可以使图形边缘推向图形的中心，产生推进变形效果；当向右拖动时，可以使图形边缘从中心拉开，产生拉出变形效果。

5 选中图形，执行菜单栏中的【对象】|【PowerClip】|【置于图文框内部】命令，将图形放置在手提袋正面黑色矩形内部。执行菜单栏中的【对象】|【PowerClip】|【编辑PowerClip】命令，编辑图形，将其调整大小，并单击转换到旋转模式。通过垂直移动两边的编辑点，使其角度与黑色矩形保持一致，填充为黑色(C：100；M：100；Y：100；K：100)，效果如图7.39所示。

图7.39 置于图文框内部

6 执行菜单栏中的【对象】|【PowerClip】|【结束编辑】命令，结束编辑，效果如图7.40所示。

图7.40 结束编辑

7.2.3 设计文字

1 单击工具箱中的【文本工具】字按钮，输入中文“唐人街”与英文“CHINATOWN”，设置中英文【字体】为“汉仪中楷简”，如图7.41所示。

唐人街
CHINATOWN

图7.41 输入文字

2 依次选中中文和英文文字，单击工具箱中的【形状工具】按钮，编辑文字之间的距离，并将其填充为红色（C：0；M：100；Y：100；K：0），效果如图7.42所示。

唐 人 街
CHINATOWN

图7.42 调整文字间距

知识链接：【推拉变形】的参数介绍

在【变形工具—推拉效果】属性栏中，单击【推拉变形】按钮后，打开相应的属性栏。

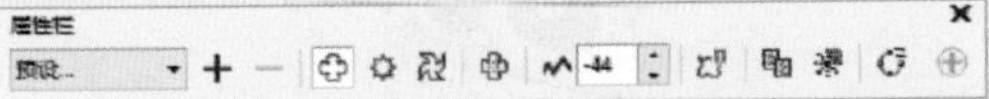

- 【居中变形】按钮：单击该按钮，可以确保图形变形时的中心点位于图形的中心点。
- 【推拉振幅】按钮：可以设置图形推拉变形的振幅大小。设置范围为-200～200。当参数为负值时，可将图形进行推进变形；当参数为正值时，可以对图形进行拉出变形，此数值的绝对值越大，变形越明显。
- 【添加新的变形】按钮：单击该按钮，可以将当前的变形图形作为一个新的图形，从而可以再次对此图形进行变形。

另外，需要注意的是，因为图形最大的变形程度取决于【推拉振幅】值的大小，如果图形需要的变形度超过了它的取值范围，则在图形的第一次变形后单击【添加新的变形】按钮，然后再对其进行第二次变形即可。

3 将制作完成的手提袋全部选中并复制一份。单击属性栏中的【水平镜像】按钮，先将其水平翻转，然后删除图案。单击工具箱中的【形状工具】按钮，通过移动图形的节点，来改变手提袋的形状，并将个别封闭图形填充为黑色，进行另一个手提袋的绘制，效果如图7.43所示。

4 将导入素材放置在袋身之上，解散群组之后，调整之间的距离。然后在其间添加英文文字“CHINATOWN”，填充素材和文字为深灰色（C：0；M：0；Y：0；K：60），同样再调整文字的大小、位置和角度，完成另一个手提袋的绘制，效果如图7.44所示。

图7.43 调整形状改变颜色　图7.44 添加素材与文字

5 单击工具箱中的【矩形工具】按钮，绘制一个【宽度】为200mm，【高度】为110mm的矩形，在属性栏中的【圆角半径】右侧的上下两个数值框中分别输入15，然后将轮廓略微加粗，并设置【轮廓】为暗红色（C：40；M：94；Y：91；K：3），填充为灰色（C：0；M：0；Y：0；K：10），效果如图7.45所示。

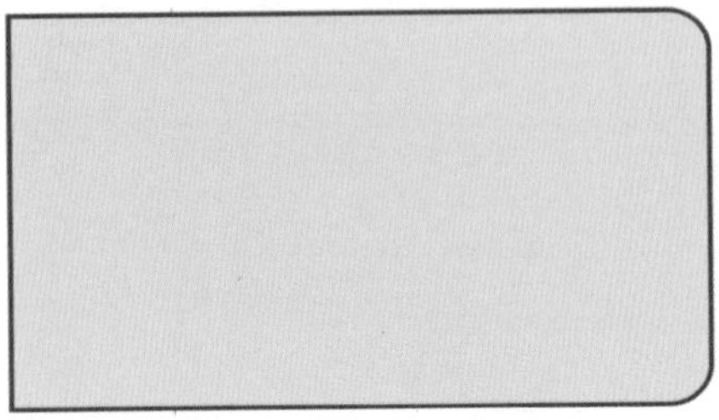

图7.45 绘制圆角矩形

6 将导入素材复制一份，放置到矩形中，并填充为白色。然后将两个绘制完成的手提袋放置入矩形中，调整位置和大小，效果如图7.46所示。

图7.46 添加手提袋

7 单击工具箱中的【矩形工具】□按钮，绘制一个与手提袋一般大小的矩形，将矩形放置在手提袋左侧。单击工具箱中的【形状工具】按钮，通过移动节点，改变矩形形状，效果如图7.47所示。

图7.47 绘制封闭图形

8 将封闭图形填充为灰色(C：0；M：0；Y：0；K：70)，设置【轮廓】为无。然后单击工具箱中的【透明度工具】按钮，拖动鼠标从右下角向左上角拉出直线，为两个“阴影”应用透明度效果，如图7.48所示。

图7.48 填充并应用透明效果

9 将手提袋上的文字进行复制并调整角度和大小，将其放置在矩形右下角，为整体设计添加其装饰，如图7.49所示。

图7.49 完成设计

知识链接：【拉链变形】的使用方法

应用【拉链变形】可以将当前选择的图形边缘调整为带有尖锐的锯齿状轮廓效果。拉链变形的具体操作步骤如下：

(1) 选择需要变形的图形，单击工具箱中的【变形工具】按钮。

(2) 在属性栏中单击【拉链变形】按钮，然后将鼠标光标移动到选择的图形上，按住鼠标左键并拖动，直至合适的位置后释放鼠标左键，即可为选择的图形添加拉链变形效果。

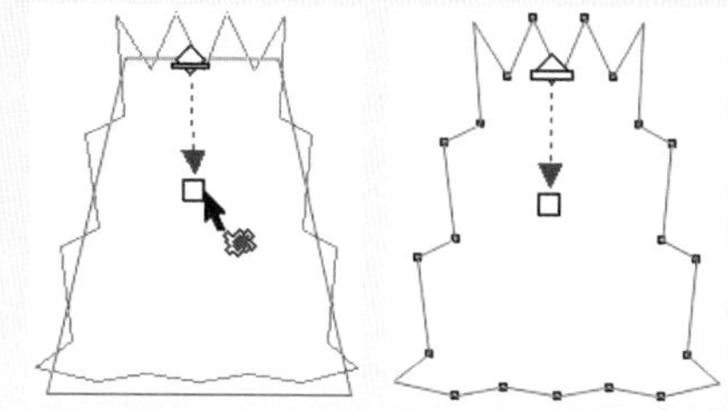

7.3 柒零后潮流手提袋设计

本实例主要使用【文本工具】字、【贝塞尔工具】等制作出手提袋主体图案以及文字，然后使用【阴影工具】制作空间感极强的立体效果。本实例的最终效果如图7.50所示。

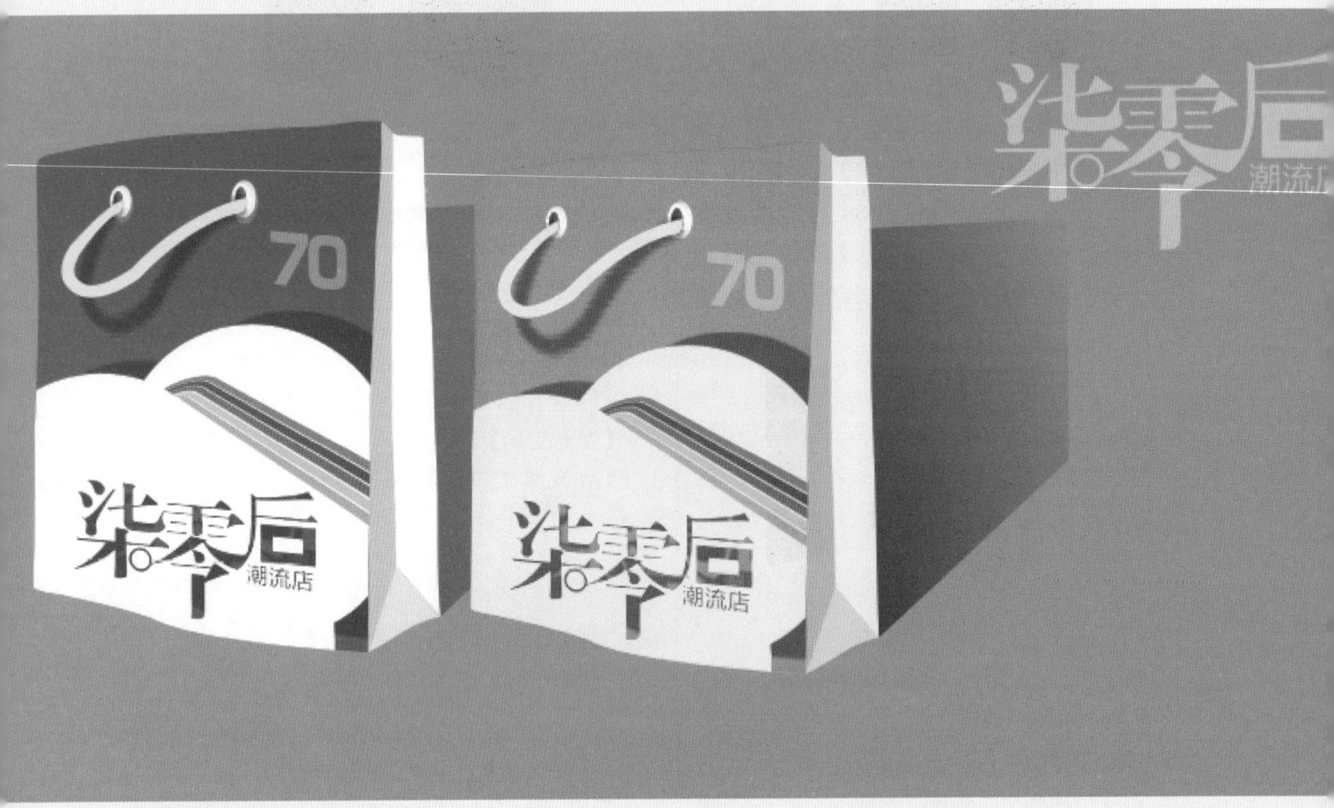

图7.50 最终效果

本例主要学习【贝塞尔工具】、【透明度工具】、【文本工具】、【阴影工具】及【修剪】和【相交】的应用；掌握手提袋设计的技巧。

视频文件：movie\7.3 柒零后潮流手提袋设计.avi

源文件：源文件\第7章\柒零后潮流手提袋设计.cdr

7.3.1 绘制袋身框架

1 单击工具箱中的【贝塞尔工具】按钮，在页面中绘制4个封闭图形，效果如图7.51所示。

2 将4个封闭图形分别调整大小并组合到一起，完成包装袋立体框架线条图的绘制，如图7.52所示。

图7.51 绘制封闭图形

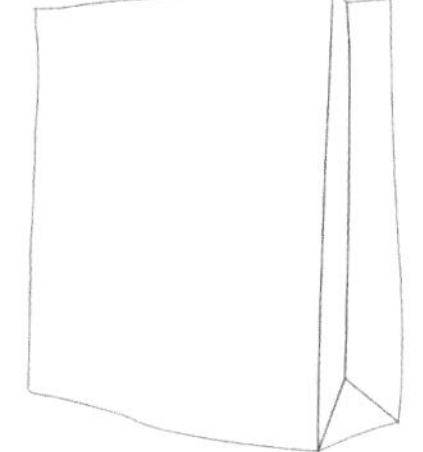

图7.52 组合封闭图形

3 单击工具箱中的【椭圆形工具】按钮，绘制一个【宽度】为4mm，【高度】为8mm的椭圆形，将其复制三份，分别设置它们宽度与高度为7mm×11mm、9mm×14mm、10mm×17mm，如图7.53所示。然后按照从小到大、从内到外的顺序依次排列，如图7.54所示。

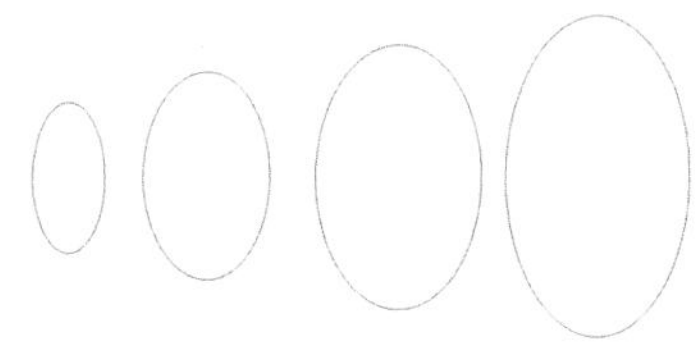

图7.53 绘制椭圆形

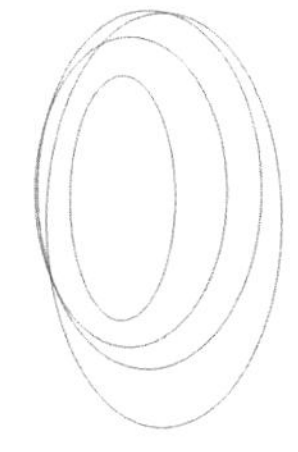

图7.54 摆放椭圆形

4 将椭圆形摆放完成之后，放置于袋身线条图之上，为袋身添加手绳的绳眼，如图7.55所示。

知识链接：【拉链变形】的参数介绍

在【交互式变形—推拉效果】属性栏中，单击【拉链变形】按钮后，打开相应的属性栏。

- 【拉链振幅】选项：用于设置图形的变形幅度，设置范围为0～100。
- 【拉链频率】选项：用于设置图形的变形频率，设置范围为0～100。
- 【随机变形】按钮：单击该按钮，可以使当前选择的图形根据软件默认的方式进行随机性的变形。
- 【平滑变形】：单击该按钮，可以使图形在拉链变形时产生的尖角变得平滑。
- 【局限变形】：单击该按钮，可以随着变形的进行，降低变形的效果。

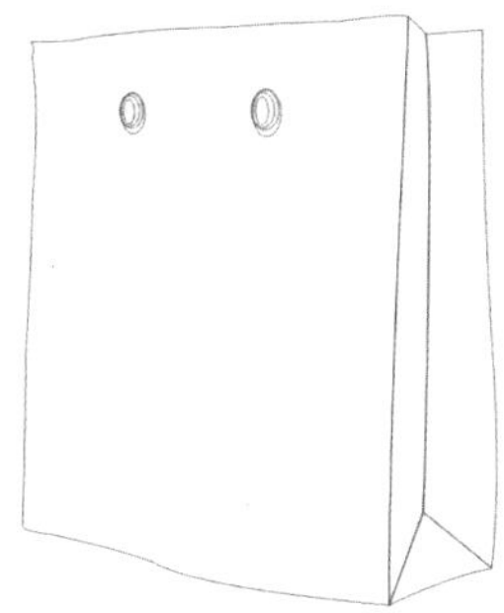

图7.55 添加椭圆形

5 单击工具箱中的【贝塞尔工具】按钮，在两个绳眼之间绘制一条曲线，效果如图7.56所示。

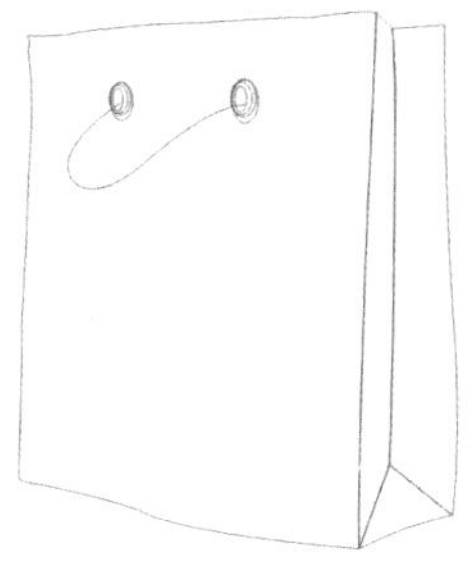

图7.56 绘制曲线

6 选中曲线，设置轮廓宽度为5，然后执行菜单栏中的【对象】|【将轮廓转换为对象】命令，将线条转换成图形，如图7.57所示。单击工具箱中的【形状工具】按钮，对图形进行微调，检查边角线条的连接，如图7.58所示。

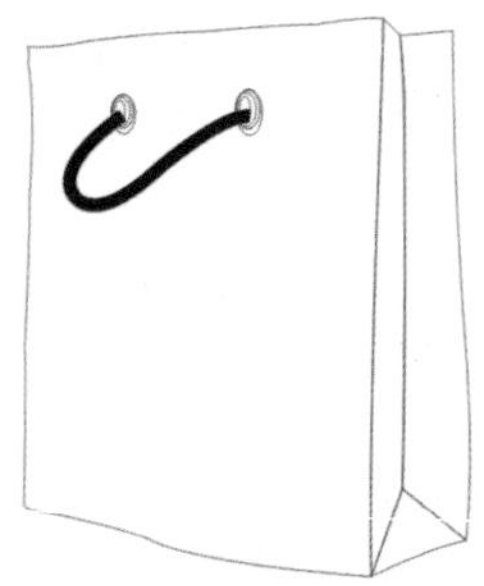

图7.57 加粗轮廓并将轮廓转换为对象

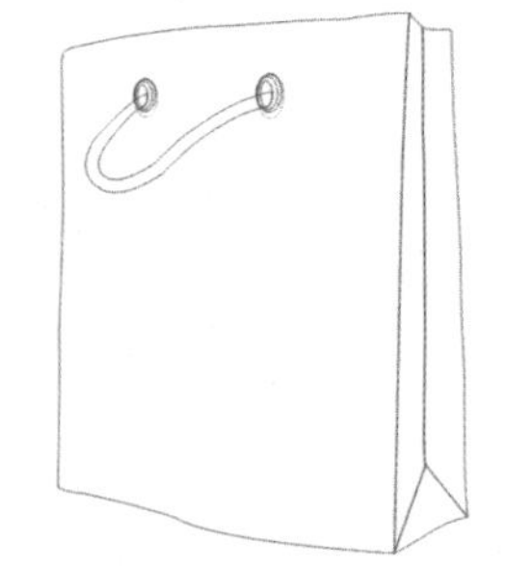

图7.58 调整图形完成框架绘制

7.3.2 填充颜色

1 选中手提袋绳眼最内圈的椭圆，填充为黑色到灰色（C：0；M：0；Y：0；K：80）的线性渐变，向外一层填充为白色，再向外一层填充为浅灰色（C：0；M：0；Y：0；K：20）到淡灰色（C：0；M：0；Y：0；K：10）的线性渐变填充，再向外一层填充为灰色（C：0；M：0；Y：0；K：30），并单击工具箱中的【透明度工具】按钮，为椭圆应用透明效果，如图7.59所示。将手绳填充为黄色（C：0；M：0；Y：100；K：0），效果如图7.60所示。

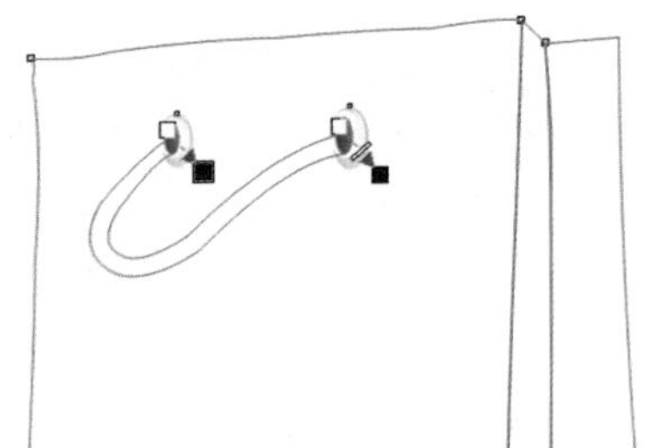

图7.59 填充绳眼颜色

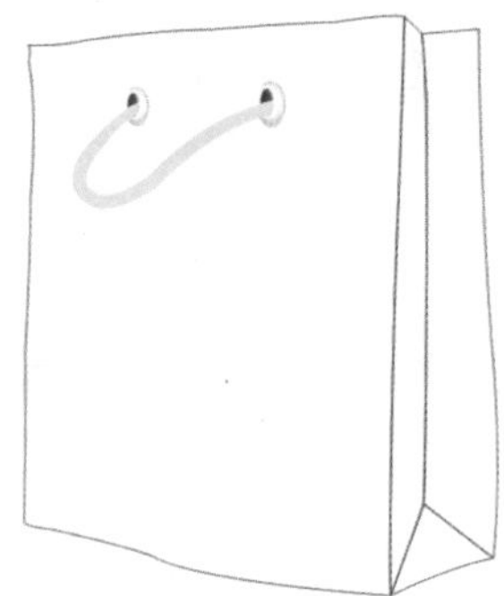

图7.60 填充手绳颜色

2 分别选中4个封闭图形，依次填充为蓝色（C：94；M：60；Y：22；K：0）、白色、浅灰色（C：0；M：0；Y：0；K：20）和淡灰色（C：0；M：0；Y：0；K：10），如图7.61所示。

图7.61 填充颜色

知识链接：【扭曲变形】的使用方法

应用【扭曲变形】可以使图形绕其自身旋转，产生类似螺旋形效果，其具体操作步骤如下：

(1) 选择需要变形的图形，单击工具箱中的【变形工具】按钮。

(2) 在属性栏中单击【扭曲变形】按钮，然后将鼠标移动到选择的图形上，单击鼠标左键确定变形的中心，拖动鼠标光标绕变形中心旋转，释放鼠标左键后即可产生扭曲变形效果。

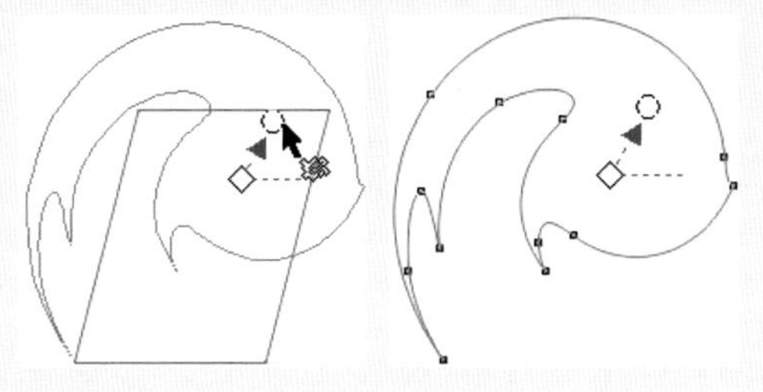

3 单击工具箱中的【标注形状工具】按钮，在属性栏中的【完美形状】中选择，拖动鼠标绘制一个标注形状图形，效果如图7.62所示。

图7.62 绘制标注图形

4 选中标注形状图形，执行菜单栏中的【对象】|【转换为曲线】命令，或者按Ctrl+Q组合键将图形转换为曲线，然后删除3个圆形，效果如图7.63所示。

图7.63 修改标注形状图形

5 将标注形状图形放置在手提袋袋身之上，选中全部标注形状图形和手提袋蓝色部分，单击属性栏中的【相交】按钮，将标注图形删除，在蓝色部分就会相交出一个新的封闭图形，将其填充为白色，效果如图7.64所示。

图7.64 相交出新图形

7.3.3 设计文字

1 单击工具箱中的【文本工具】字按钮，输入中文“柒零后”与数字“70”。填充文字“70”为白色，设置【字体】为“汉仪综艺体简”。设置中文“柒零后”【字体】为“方正小标宋简体”和“宋体”，如图7.65所示。

70柒零后

图7.65 输入文字

2 执行菜单栏中的【对象】|【拆分美术字】命令，将文字拆分。然后选中文字，执行菜单栏中【对象】|【转换为曲线】命令，或者按Ctrl+Q组合键将文字转换为曲线，然后单击工具箱中的【形状工具】按钮，进行编辑，如图7.66所示。

图7.66 选择节点

3 选中节点，按Delete键将节点删除，然后将光标放在变形之后的笔画曲线之上，单击鼠标右键，在弹出的快捷菜单中选择【到直线】命令，将笔画彻底删除，效果如图7.67所示。按照同样的方法删除其他文字的局部笔画，如图7.68所示。

图7.67 删除笔画

图7.68 删除其他文字局部笔画

4 分别单击工具箱中的【椭圆形工具】按钮和【矩形工具】按钮，为文字添加删除之后的笔画，如图7.69所示。

图7.69 添加形状图形

5 将文字调整彼此之间的间距，以及高低位置的摆放，然后输入中文“潮流店”，设置文字【字体】为“微软雅黑”，调整大小和字间距，效果如图7.70所示。

图7.70 完成字体制作

知识链接：【扭曲变形】的参数介绍

在属性栏中单击【扭曲变形】按钮后，打开相应的属性栏。

- 【顺时针旋转】按钮和【逆时针旋转】按钮：设置图形变形时的旋转方向。单击【顺时针旋转】按钮，可以使图形按照顺时针方向旋转；单击【逆时针旋转】按钮，可以使图形按照逆时针方向旋转。
- 【完整旋转】0选项：用于设置图形绕旋转中心旋转的圈数，设置范围为0～9。

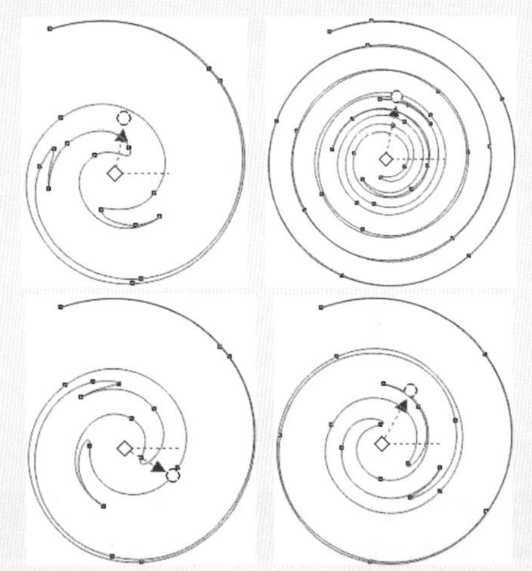

- 【附加角度】124选项：用于设置图形旋转的角度，设置范围为0～359。

7.3.4 设计手提袋立体效果图

1 将绘制好的文字“柒零后”放置在袋身白色部分，将数字“70”放置在包装袋蓝色部分，调整好大小与位置，如图7.71所示。

图7.71 添加文字

2 单击工具箱中的【透明度工具】按钮，为数字“70”应用半透明效果。将白色部分与“柒零后潮流店”全部选中，单击属性栏中的【修剪】按钮，然后将文字删除，在蓝色部分就会修剪出一个镂空的图形。再单击工具箱中的【阴影工具】按钮，为图形应用阴影效果，如图7.72所示。

图7.72 应用阴影效果

3 单击工具箱中的【阴影工具】按钮，为黄色的手提袋应用阴影效果，如图7.73所示。

图7.73 为手提袋应用阴影效果

4 单击工具箱中的【贝塞尔工具】按钮，绘制封闭图形，填充为黑色，设置【轮廓】为无。再单击工具箱中的【透明度工具】按钮，为封闭图形应用透明度效果，如图7.74所示。

图7.74 应用透明度效果

5 单击工具箱中的【贝塞尔工具】按钮，绘制5条封闭图形。再单击工具箱中的【形状工具】按钮，进行调节，如图7.75所示。

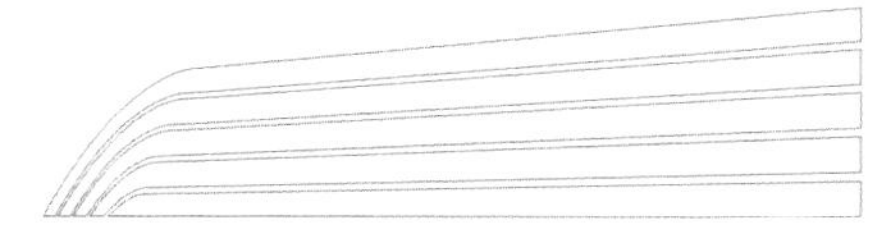

图7.75 绘制封闭图形

6 完成之后，分别为其填充五种不同的颜色，随后将5个图形全部选中，调整大小并旋转角度之后放置于手提袋上，如图7.76所示。

图7.76 添加到手提袋

7 选中手提袋并复制一份，为其填充橘红色（C：0；M：60；Y：100；K：0）和淡黄色（C：2；M：3；Y：54；K：0），完成不同颜色的包装，效果如图7.77所示。

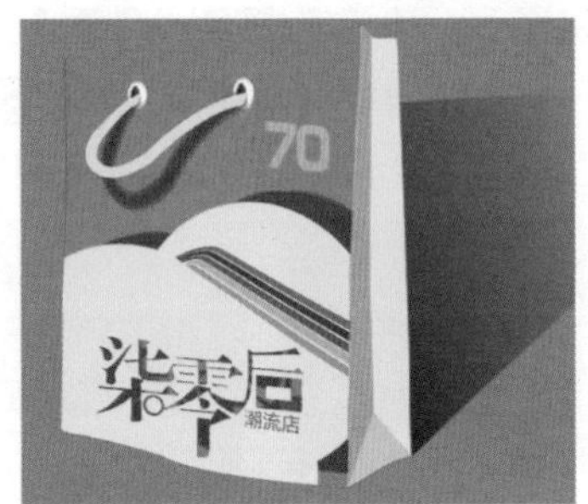

图7.77 复制一份填充颜色

8 单击工具箱中的【矩形工具】□按钮，绘制一个【宽度】为550mm，【高度】为300mm的矩形，设置【轮廓】为无，填充为灰色（C：0；M：0；Y：0；K：40）。然后将完成之后的手提袋放置在矩形中，并添加其他装饰，完成最终设计，效果如图7.78所示。

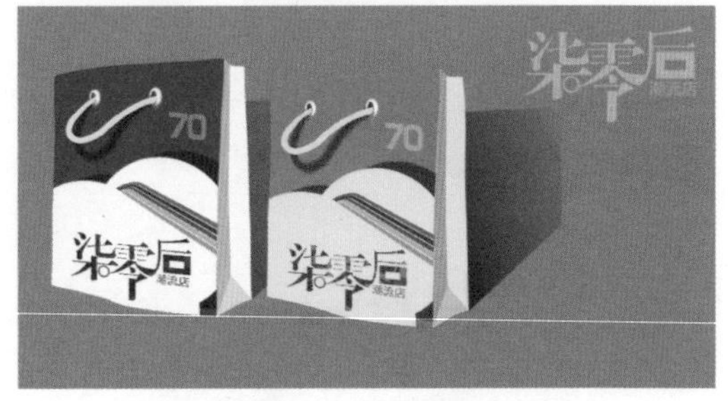

图7.78 完成设计

第9章

UI移动界面设计

8.1 制作相册图标

实例解析

本例讲解制作相册图标，此款相册图标十分简洁，以最简洁的图形构造表现出最准确的图标信息，最终效果如图8.1所示。

图8.1 最终效果

本例主要学习【矩形工具】、【形状工具】的使用；掌握【透明度工具】的制作方法。

视频文件：movie\8.1 制作相册图标.avi

源文件：源文件\第8章\制作相册图标.cdr

操作步骤

1 单击工具箱中的【矩形工具】按钮，按住Ctrl键绘制一个矩形，设置其【填充】为白色，【轮廓】为无，如图8.2所示。

2 单击工具箱中的【形状工具】按钮，拖动矩形右上角节点将其转换为圆角矩形，如图8.3所示。

图8.2 绘制矩形

图8.3 转换为圆角矩形

3 单击工具箱中的【矩形工具】按钮，在圆角矩形靠上方绘制一个矩形，设置其【填充】为橘红色（R：255，G：102，B：0），【轮廓】为无，如图8.4所示。

4 单击工具箱中的【形状工具】按钮，拖动右上角节点将其转换为圆角矩形，如图8.5所示。

图8.4 绘制矩形

图8.5 转换为圆角矩形

5 在圆角矩形上单击，将变形框中心点移至

底部位置，如图8.6所示。

6 按住鼠标左键旋转将其复制，在属性栏的【旋转角度】文本框中输入45，如图8.7所示。

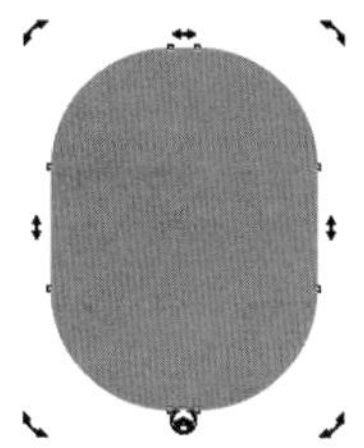

图8.6 移动中心点

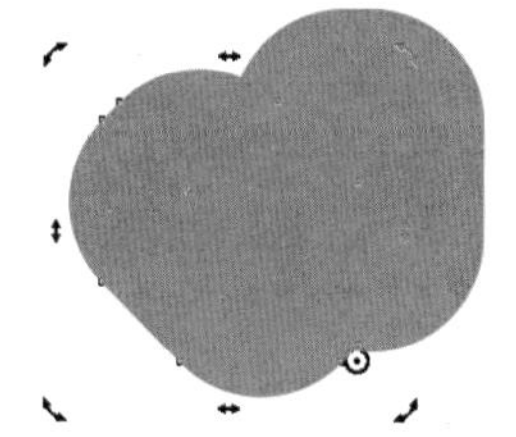

图8.7 旋转图形

7 按Ctrl+D组合键将图形复制多份，如图8.8所示。

8 分别选中复制生成的圆角矩形，将其更改为不同的颜色，如图8.9所示。

9 同时选中所有彩色圆角矩形，单击工具箱中的【透明度工具】按钮，将【透明度】更改为30，在属性栏中将【合并模式】更改为乘，这样这就完成了效果的制作，如图8.10所示。

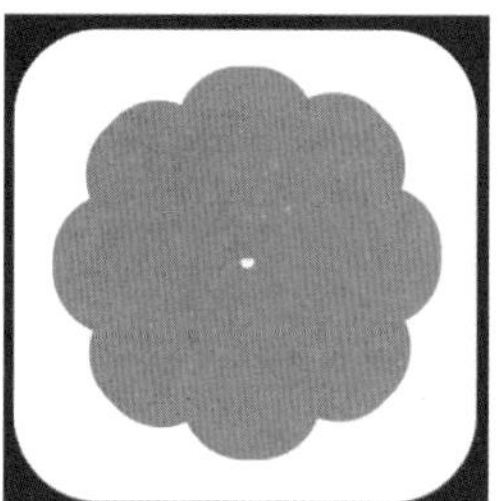

图8.8 复制图形

图8.9 更改颜色

图8.10 最终效果

8.2 制作日历图标

实例解析 CorelDRAW X8

本例讲解制作日历图标，此款图标作为典型的轻量化图标风格，整体表现形式简洁，同时在外观的视觉效果上相当出色，并且制作过程简单，最终效果如图8.11所示。

图8.11 最终效果

学习目标 CorelDRAW X8

本例主要学习【矩形工具】、【文本工具】、【修剪】的使用；掌握日历图标的制作方法。

云盘下载

视频文件：movie\8.2 制作日历图标.avi

源文件：源文件\第8章\制作日历图标.cdr

操作步骤 CorelDRAW X8

1 单击工具箱中的【矩形工具】□按钮，绘制一个矩形，设置其【填充】为浅红色（R：249，G：115，B：115），【轮廓】为白色，【轮廓宽度】为5，如图8.12所示。

2 单击工具箱中的【形状工具】按钮，拖动矩形右上角节点，将其转换为圆角矩形，如图8.13所示。

图8.12 绘制矩形

图8.13 转换为圆角矩形

3 单击工具箱中的【文本工具】字按钮，输入文字（Arial 粗体），如图8.14所示。

4 单击工具箱中的【矩形工具】□按钮，在文字上半部分位置绘制一个矩形。同时选中矩形及文字，单击属性栏中的【相交】按钮，如图8.15所示。

图8.14 输入文字

图8.15 将图文相交

5 再同时选中矩形及文字，单击属性栏中的【修剪】按钮，对图形进行修剪，并将矩形删除，如图8.16所示。

6 选中文字下半部分，将其高度适当缩小，如图8.17所示。

图8.16 修剪文字

图8.17 缩小高度

7 单击工具箱中的【矩形工具】□按钮，在上半部分文字位置绘制一个矩形，设置其【填充】为深红色（R：166，G：88，B：88），【轮廓】为无，如图8.18所示。

8 选中深红色矩形，单击工具箱中的【透明度工具】按钮，在图像上拖动降低透明度，如图8.19所示。

图8.18 绘制矩形

图8.19 降低透明度

9 单击工具箱中的【矩形工具】□按钮，在文字左侧绘制一个小矩形，设置其【填充】为白色，【轮廓】为无，如图8.20所示。

10 选中小矩形并向右侧平移复制，如图8.21所示。

图8.20 绘制矩形　　图8.21 复制矩形

11 单击工具箱中的【文本工具】字按钮，在图标右下角位置输入文字（Arial 粗体），这样就完成了效果的制作，如图8.22所示。

图8.22 最终效果

8.3 制作视频图标

本例讲解制作视频图标，此款视频图标具有很好的可识别性，其制作过程比较简单，最终效果如图8.23所示。

图8.23 最终效果

本例主要学习【矩形工具】□、【交互式填充工具】◈、【将轮廓转换为对象】命令的使用；掌握视频图标的制作方法。

视频文件： movie\8.3 制作视频图标.avi

源文件： 源文件\第8章\制作视频图标.cdr

操作步骤

1 单击工具箱中的【矩形工具】□按钮，绘制一个矩形，设置其【轮廓】为无。

2 单击工具箱中的【交互式填充工具】按钮，再单击属性栏中的【渐变填充】按钮，在图形上拖动填充青色（R：82，G：237，B：200）到蓝色（R：90，G：200，B：250）的线性渐变，如图8.24所示。

3 单击工具箱中的【形状工具】按钮，拖动矩形右上角节点，将其转换为圆角矩形，如图8.25所示。

图8.24 绘制矩形

图8.25 转换为圆角矩形

4 单击工具箱中的【矩形工具】□按钮，在图标顶部位置绘制一个矩形，设置其【轮廓】为无。

5 单击工具箱中的【交互式填充工具】按钮，再单击属性栏中的【渐变填充】按钮，在图形上拖动填充灰色（R：232，G：232，B：232）到白色的线性渐变，如图8.26所示。

6 单击工具箱中的【矩形工具】□按钮，在刚才绘制的矩形左侧位置按住Ctrl键绘制一个矩形，设置其【轮廓】为深灰色（R：26，G：26，B：26），【轮廓宽度】为8，如图8.27所示。

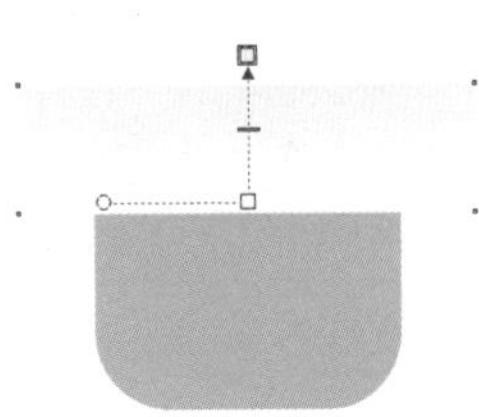

图8.26 绘制矩形

图8.27 绘制镂空矩形

7 同时选中镂空矩形，按Ctrl+C组合键复制，按Ctrl+V组合键粘贴，在属性栏中【旋转角度】文本框中输入45，将矩形高度缩小，如图8.28所示。

8 执行菜单栏中的【对象】|【将轮廓转换为对象】命令，单击工具箱中的【形状工具】按钮，选中矩形左侧节点将其删除，如图8.29所示。

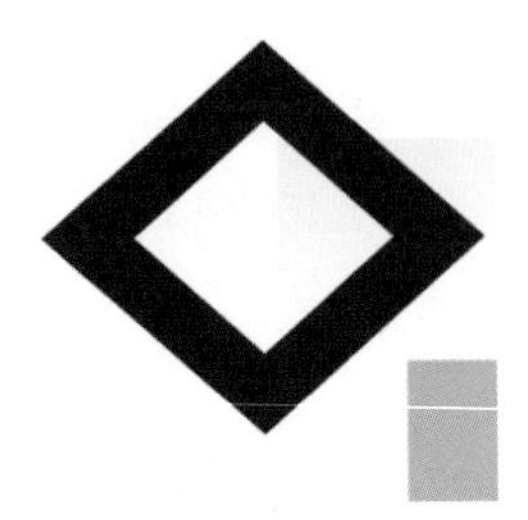

图8.28 旋转矩形

图8.29 删除节点

9 选中图形并向右侧平移复制，按Ctrl+D组合键将图形再次复制3份，如图8.30所示。

10 同时选中4个箭头图形，执行菜单栏中的【对象】|【PowerClip】|【置于图文框内部】命令，将图形放置到下方矩形内部，如图8.31所示。

图8.30 复制图形

图8.31 置于图文框内部

11 选中箭头图形及其下方灰色矩形，执行菜单栏中的【对象】|【PowerClip】|【置于图文框内部】命令，将图形放置到下方圆角矩形内部，这样就完成了效果的制作，如图8.32所示。

图8.32 最终效果

8.4 行程单界面设计

实例解析 CorelDRAW X8

本例讲解行程单界面设计。本例中界面以直观的行程单数据完美展示行程详情，制作过程比较简单，最终效果如图8.33所示。

图8.33 最终效果

本例主要学习【矩形工具】□、【置于图文框内部】命令、【阴影工具】□的使用；掌握行程单界面设计方法。

视频文件：movie\8.4 行程单界面设计.avi

源文件：源文件\第8章\行程单界面设计.cdr

操作步骤 CorelDRAW X8

8.4.1 绘制行程单

1 单击工具箱中的【矩形工具】□按钮，绘制一个矩形，设置其【填充】为深蓝色（R：45，G：47，B：59），【轮廓】为无，如图8.34所示。

2 选中矩形，按Ctrl+C组合键复制，按Ctrl+V组合键粘贴，将粘贴的矩形【填充】更改为白色，再将其等比缩小，如图8.35所示。

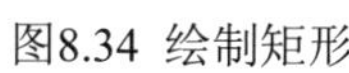

图8.34 绘制矩形

图8.35 复制矩形

3 单击工具箱中的【矩形工具】□按钮，绘制一个矩形，设置其【填充】为无，【轮廓】为白色，【轮廓宽度】为1，如图8.36所示。

4 选中矩形，在属性栏的【旋转角度】文本框中输入45，如图8.37所示。

图8.36 绘制矩形

图8.37 旋转矩形

5 选中矩形，执行菜单栏中的【对象】|【将轮廓转换为对象】命令，再单击工具箱中的【形状工具】按钮，选中矩形右侧节点将其删除后将高度适当缩小，如图8.38所示。

6 选中矩形，在属性栏中将【合并模式】更改为柔光，如图8.39所示。

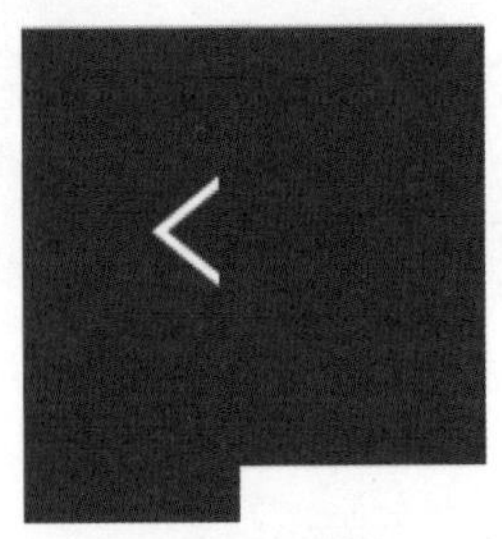

图8.38 删除节点

图8.39 更改合并模式

7 执行菜单栏中的【文件】|【打开】命令，打开"图标.cdr"文件，将打开的文件拖入界面右上角位置，并将其【填充】更改为白色，如图8.40所示。

8 以刚才同样的方法将图标【合并模式】更改为柔光，如图8.41所示。

9 执行菜单栏中的【文件】|【导入】命令，导入"客机.jpg"文件，在界面顶部位置单击并适当缩小，如图8.42所示。

10 选中图像，执行菜单栏中的【对象】|【PowerClip】|【置于图文框内部】命令，将图形放置到矩形内部，如图8.43所示。

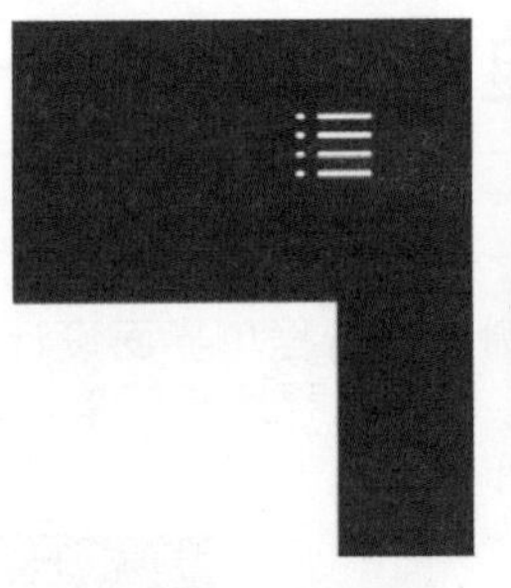

图8.40 添加图标

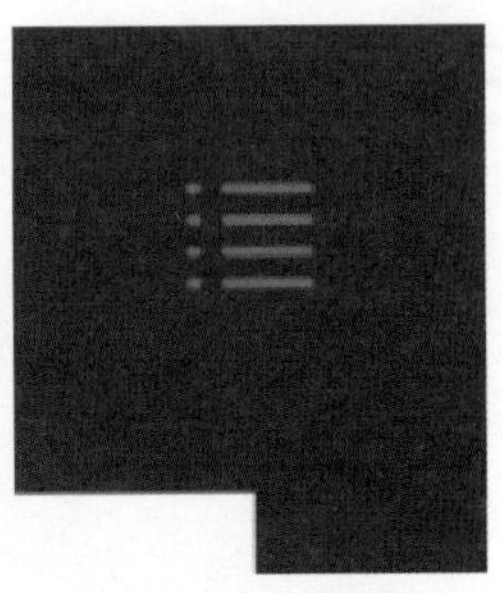

图8.41 更改合并模式

图8.42 导入素材

图8.43 置于图文框内部

8.4.2 添加行程信息

1 单击工具箱中的【文本工具】字按钮，在界面适当位置输入文字（Arial），如图8.44所示。

2 执行菜单栏中的【对象】|【插入条码】命令，在文字下方位置插入条码，如图8.45所示。

图8.44 添加文字

图8.45 插入条码

3 单击工具箱中的【椭圆形工具】○按钮，在条码左侧按住Ctrl键绘制一个正圆，如图8.46所示。

4 选中正圆并向右侧平移复制，如图8.47所示。

图8.46 绘制正圆　　图8.47 复制正圆

5 同时选中两个正圆及其下方矩形，单击属性栏中的【修剪】按钮，对图形进行修剪，并将两个正圆删除，如图8.48所示。

图8.48 修剪图形

6 选中白色矩形，单击工具箱中的【阴影工具】按钮，拖动添加阴影效果，在属性栏中将【阴影羽化】更改为10，【不透明度】更改为20，如图8.49所示。

7 单击工具箱中的【矩形工具】按钮，在白色矩形左侧绘制一个矩形，设置其【填充】为浅灰色（R：240，G：240，B：240），【轮廓】为无，如图8.50所示。

图8.49 添加阴影　　图8.50 绘制矩形

8 以刚才同样的方法在矩形右侧边缘绘制一个正圆，并将多余部分图形进行修剪，如图8.51所示。

图8.51 修剪图形

9 选中图形并向右侧平移复制及水平镜像，这样就完成了效果的制作，如图8.52所示。

图8.52 最终效果

8.5 制作商务应用APP界面

实例解析

本例讲解制作商务应用APP界面。本例中界面是一款经典的商务应用APP界面，界面整体设计感很强，以清晰、直观的图形及线条走势表现出应用的功能，最终效果如图8.53所示。

图8.53 最终效果

学习目标

本例主要学习【钢笔工具】、【椭圆形工具】、【2点线工具】的使用；掌握商务应用APP界面的制作方法。

视频文件： movie\8.5 制作商务应用APP界面.avi

源文件： 源文件\第8章\制作商务应用APP界面.cdr

8.5.1 制作折线图

1 执行菜单栏中的【文件】|【新建】命令，在弹出的【创建新文档】对话框中设置【宽度】为1080像素，【高度】为1920像素，【原色模式】为RGB，【渲染分辨率】为72，完成之后单击【确定】按钮，新建一个手机屏幕大小的页面。

2 执行菜单栏中的【文件】|【打开】命令，选择云下载文件中的“调用素材\第8章\商务应用APP界面\图标.jpg”文件，单击【打开】按钮，将打开的文件拖入当前页面顶部位置，如图8.54所示。

••••• 4:34 PM 100%

图8.54 添加素材

3 单击工具箱中的【钢笔工具】按钮，在状态栏下方绘制一条折线，设置【填充】为无，【轮廓】为深灰色（R：77，G：77，B：77），【轮廓宽度】为5，如图8.55所示。

4 单击工具箱中的【椭圆形工具】按钮，在折线左侧顶端按住Ctrl键绘制一个正圆，设置其【填充】为深灰色（R：77，G：77，B：77），【轮廓】为无，如图8.56所示。

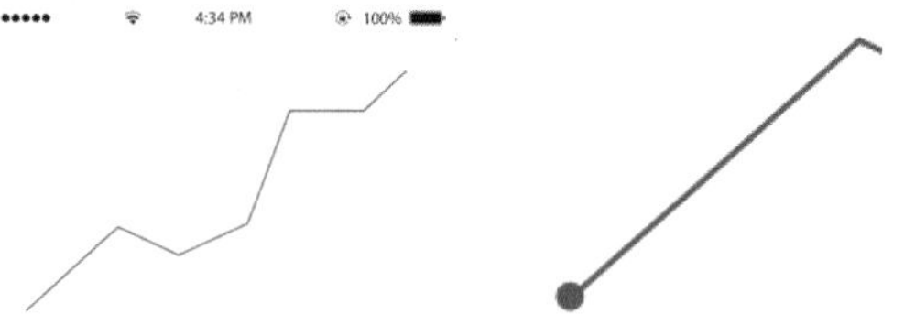

图8.55 绘制折线　　图8.56 绘制正圆

5 选中正圆，将其复制数份，如图8.57所示。

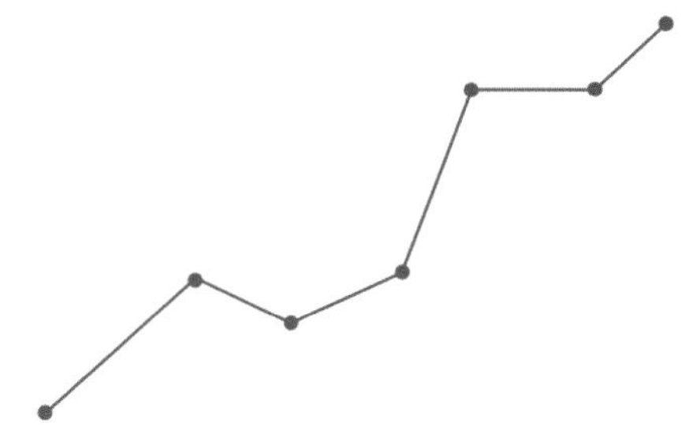

图8.57 复制正圆

6 单击工具箱中的【2点线工具】按钮，在折线左上角绘制一条稍短线段，设置其【轮廓】为灰色（R：77，G：77，B：77），【轮廓宽度】为8，在【轮廓笔】面板中，设置【线条端头】为圆形端头，如图8.58所示。

7 选中线段，向下复制两份，如图8.59所示。

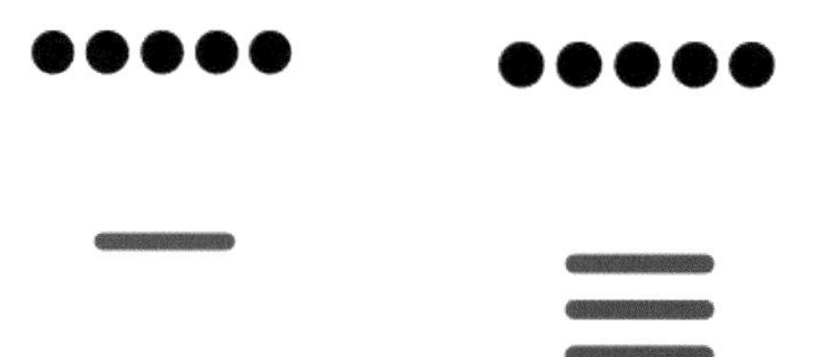

图8.58 绘制线段　　图8.59 复制线段

8 单击工具箱中的【2点线工具】按钮，在折线下方绘制一条长线段，设置其【轮廓】为灰色（R：179，G：179，B：179），【轮廓宽度】为5，在【轮廓笔】面板中，设置【线条端头】为圆形端头，如图8.60所示。

图8.60 绘制线段

9 单击工具箱中的【文本工具】**字**按钮，在线段位置输入文字（Myriad Pro），如图8.61所示。

图8.61 输入文字

10 单击工具箱中的【矩形工具】按钮，分别在3个文字位置绘制三个矩形，如图8.62所示。

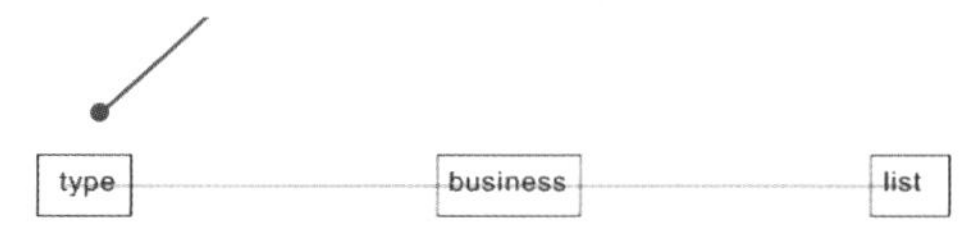

图8.62 绘制矩形

11 同时选中三个矩形及下方线段，单击属性栏中的【修剪】按钮，对图形进行修剪，完成之后将矩形删除，如图8.63所示。

图8.63 修剪图形

8.5.2 制作饼形图

1 单击工具箱中的【矩形工具】□按钮，绘制一个矩形，设置其【填充】为深灰色（R：77，G：77，B：77），【轮廓】为无，如图8.64所示。

2 单击工具箱中的【椭圆形工具】○按钮，在矩形位置按住Ctrl键绘制一个正圆，设置其【填充】为黄色（R：239，G：215，B：55），【轮廓】为无，按Ctrl+C组合键复制，如图8.65所示。

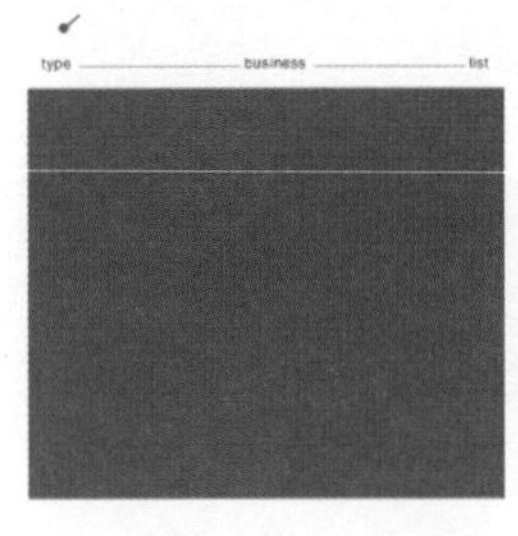

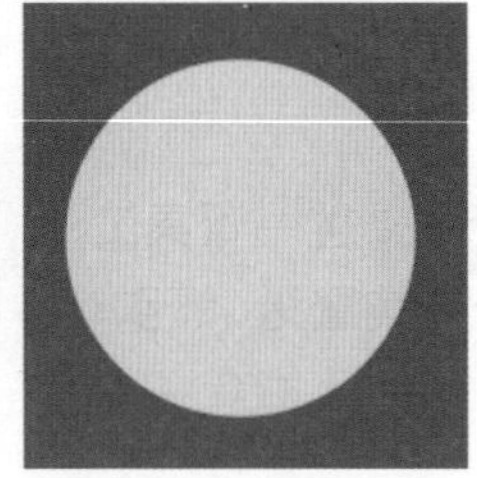

图8.64 绘制矩形　　图8.65 绘制正圆

3 单击属性栏中的【饼图】◔图标，将起始角度更改为130，结束角度更改为270。

4 按Ctrl+V组合键将正圆粘贴，再将起始角度更改为272，结束角度更改为290，如图8.66所示。

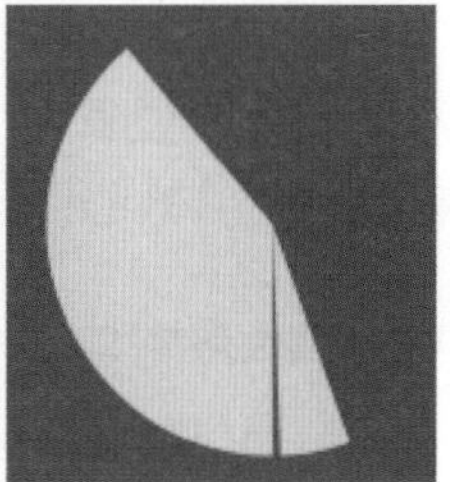

图8.66 制作饼图

5 以同样方法再次粘贴图形后，制作几份相似的图形，如图8.67所示。

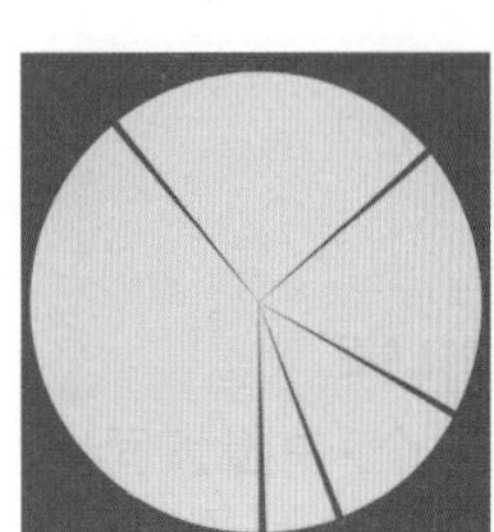

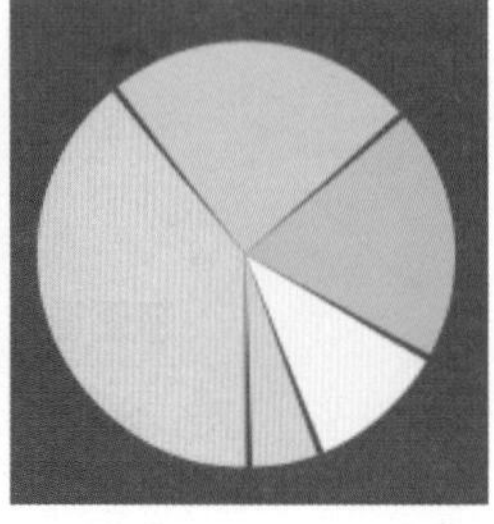

图8.67 制作图形

6 按Ctrl+V组合键将正圆粘贴，将其等比缩小，如图8.68所示。

7 同时选中所有饼图，按Ctrl+G组合键组合对象，再选中内部正圆与下方饼图，单击属性栏中的【修剪】按钮，对图形进行修剪，如图8.69所示。

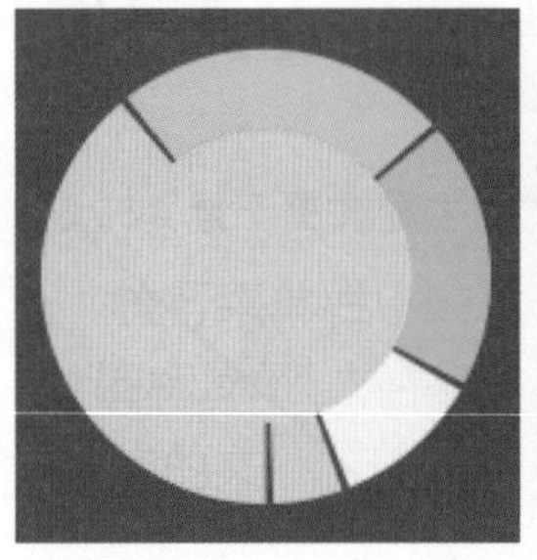

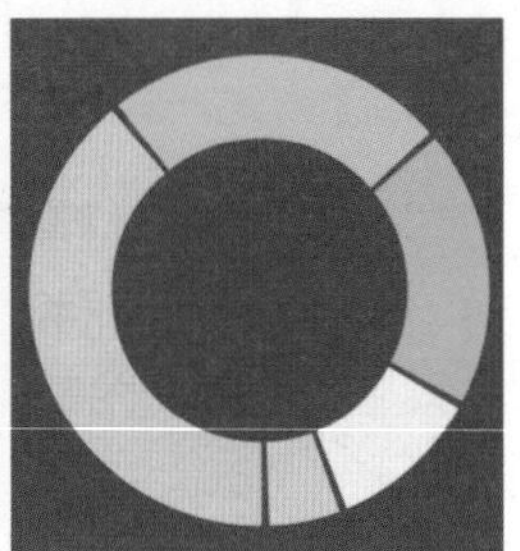

图8.68 粘贴图形　　图8.69 修剪图形

8 单击工具箱中的【钢笔工具】按钮，在饼图左下角绘制一条线段，设置其【轮廓】为灰色（R：230，G：230，B：230），轮廓宽度】为4，如图8.70所示。

9 单击工具箱中的【矩形工具】□按钮，在线段左侧位置绘制一个小矩形，设置其【填充】为灰色（R：230，G：230，B：230），【轮廓】为无，如图8.71所示。

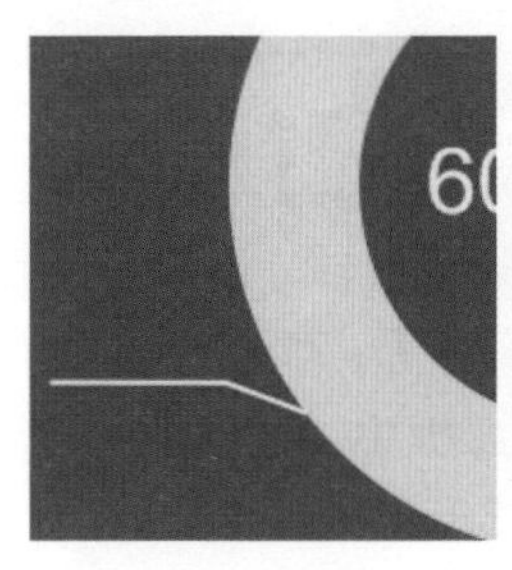

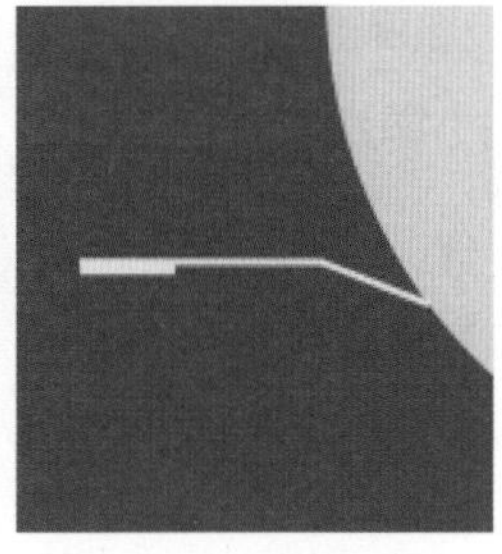

图8.70 绘制线段　　图8.71 绘制矩形

10 以同样方法分别在其他几个颜色饼图位置绘制相似图形，如图8.72所示。

11 单击工具箱中的【文本工具】**字**按钮，输入文字（Arial），如图8.73所示。

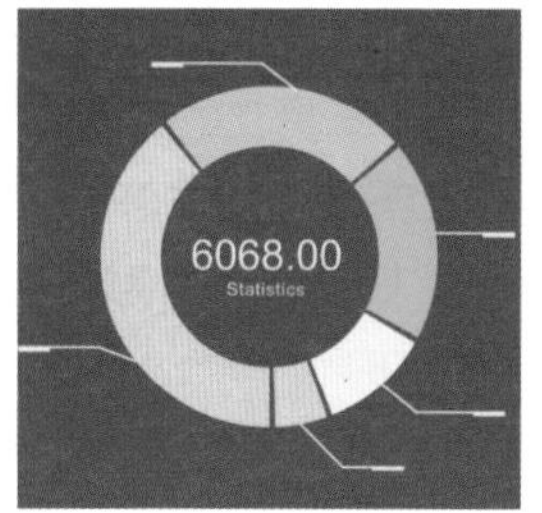

图8.72 绘制图形

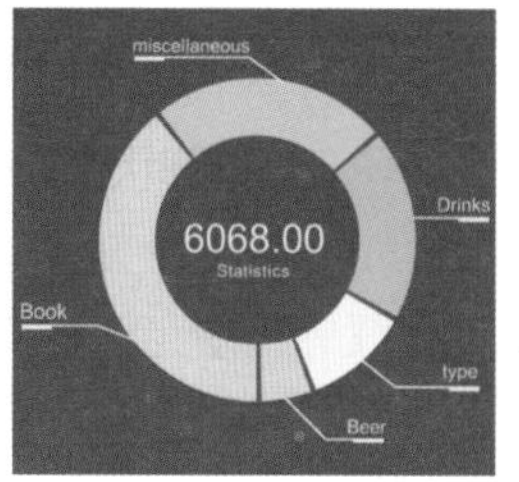

图8.73 输入文字

12 执行菜单栏中的【文件】|【打开】命令，打开“图标.jpg”文件，将打开的图标拖入界面底部，这样就完成了效果的制作，如图8.74所示。

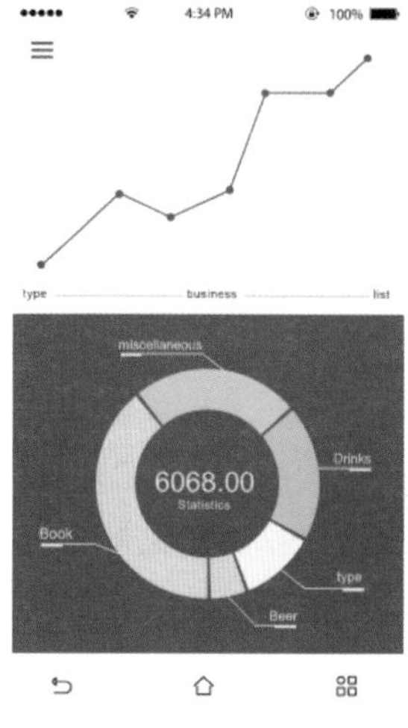

图8.74 最终效果

8.6 应用记录界面设计

本例讲解应用记录界面设计。记录类应用并不常见，此款应用的重点在于提醒用户记录自己的行为等信息，在绘制界面过程中以实用为主，最终效果如图8.75所示。

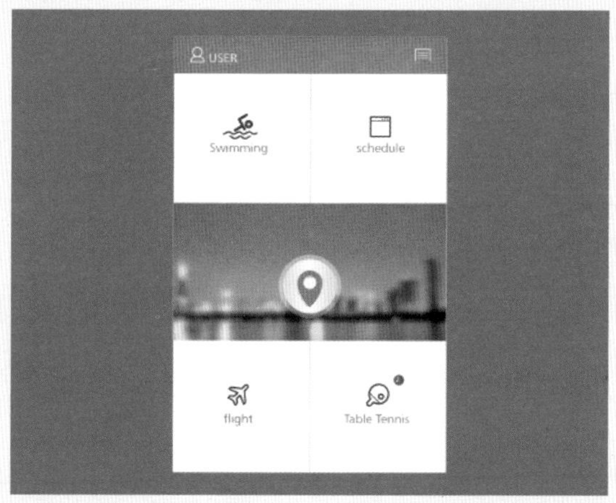

图8.75 最终效果

本例主要学习【矩形工具】□、【交互式填充工具】◈、【文本工具】字的使用；掌握应用记录界面设计方法。

视频文件： movie\8.6 应用记录界面设计.avi

源文件： 源文件\第8章\应用记录界面设计.cdr

操作步骤 CorelDRAW X8

8.6.1 绘制状态栏

1 单击工具箱中的【矩形工具】□按钮，绘制一个矩形，设置其【填充】为白色，【轮廓】为无，如图8.76所示。

2 选中矩形，按Ctrl+C组合键复制，按Ctrl+V组合键粘贴，将粘贴的矩形高度缩小，单击工具箱中的【交互式填充工具】按钮，再单击属性栏中的【渐变填充】按钮，在图形上拖动填充红色（R：253，G：63，B：88）到红色（R：248，G：70，B：62）的线性渐变，如图8.77所示。

图8.76 绘制矩形　　图8.77 复制并变换图形

3 执行菜单栏中的【文件】|【打开】命令，打开“图标.cdr”文件，将打开的文件拖入当前界面左上角，如图8.78所示。

图8.78 添加图标

4 单击工具箱中的【文本工具】字按钮，在图标旁边输入文字（Humnst777 BT），如图8.79所示。

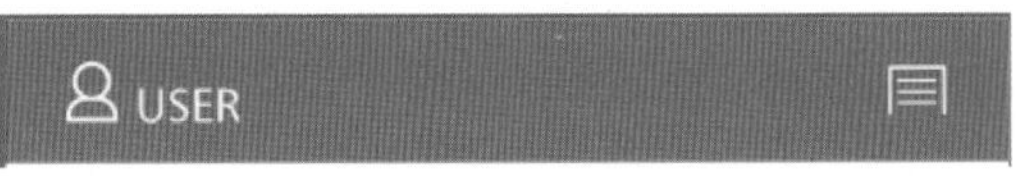

图8.79 添加文字

8.6.2 制作装饰图像

1 单击工具箱中的【矩形工具】□按钮，在界面中间绘制一个矩形，设置其【填充】为任意颜色，【轮廓】为无，如图8.80所示。

2 执行菜单栏中的【文件】|【导入】命令，导入“夜景.jpg”文件，在刚才绘制的矩形位置单击，如图8.81所示。

图8.80 绘制矩形　　图8.81 导入素材

3 执行菜单栏中的【位图】|【模糊】|【高斯式模糊】命令，在弹出的对话框中将【半径】更改为20像素，完成之后单击【确定】按钮，如图8.82所示。

4 选中图像，执行菜单栏中的【对象】|【PowerClip】|【置于图文框内部】命令，将图形放置到其下方矩形内部，如图8.83所示。

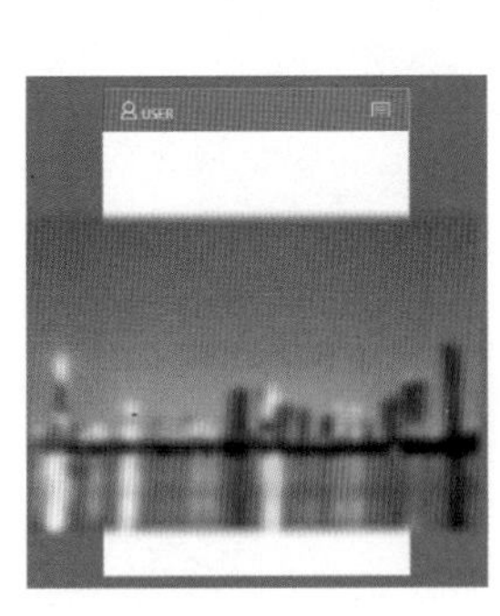

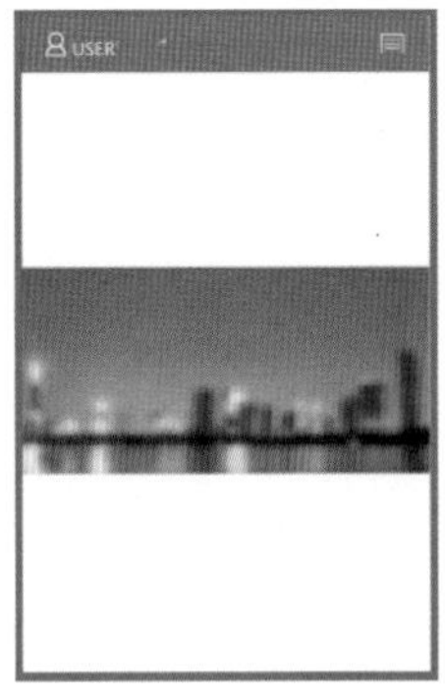

图8.82 添加模糊　　图8.83 置于图文框内部

5 单击工具箱中的【椭圆形工具】○按钮，绘制一个圆，设置其【轮廓】为无。

6 单击工具箱中的【交互式填充工具】按钮，再单击属性栏中的【渐变填充】按钮，在图形上拖动填充黄色（R：233，G：216，B：

190）到黄色（R：250，G：244，B：237）再到黄色（R：233，G：216，B：190）的线性渐变，如图8.84所示。

7 选中正圆，按Ctrl+C组合键复制，按Ctrl+V组合键粘贴，选中下方正圆，将【填充】更改为白色，如图8.85所示。

图8.84 绘制正圆

图8.85 复制并变换图形

8 选中白色正圆，单击工具箱中的【透明度工具】按钮，在属性栏中将【合并模式】更改为柔光，如图8.86所示。

9 单击工具箱中的【椭圆形工具】按钮，绘制一个圆，设置【填充】为深红色（R：235，G：94，B：52），【轮廓】为无，按Ctrl+C组合键复制，如图8.87所示。

图8.86 更改合并模式

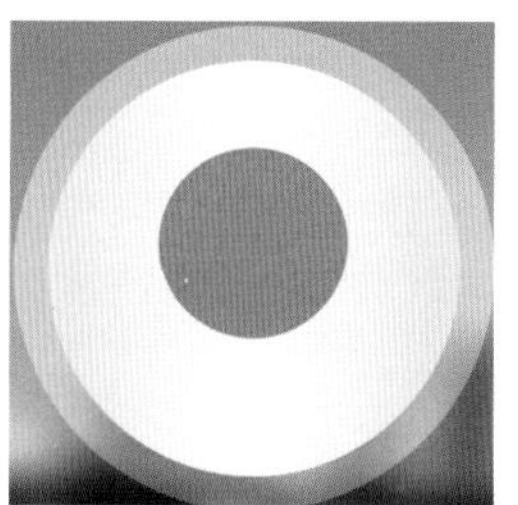

图8.87 绘制正圆

8.6.3 绘制标记图形

1 单击工具箱中的【钢笔工具】按钮，在正圆底部绘制一个不规则图形，设置其【填充】为深红色（R：235，G：94，B：52），【轮廓】为无，如图8.88所示。

2 同时选中两个图形，单击属性栏中的【合并】按钮，将其合并。

3 按Ctrl+V组合键将正圆粘贴，将粘贴的正圆 等比缩小并更改为其他任意颜色，如图8.89所示。

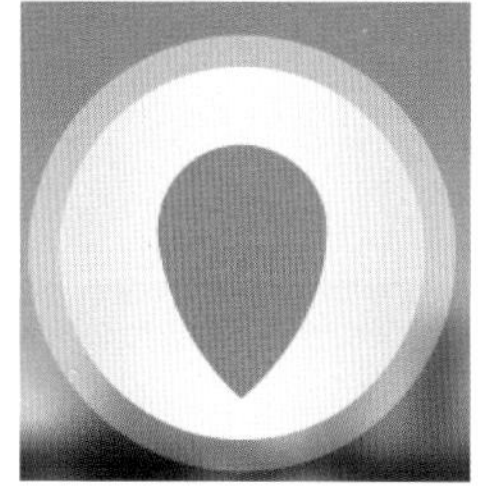

图8.88 绘制图形

图8.89 绘制正圆

4 同时选中两个图形，单击属性栏中的【修剪】按钮，对图形进行修剪，如图8.90所示。

5 选中标记图形，单击工具箱中的【阴影工具】按钮，拖动添加阴影效果，在属性栏中将【阴影羽化】更改为5，【不透明度】更改为20，如图8.91所示。

图8.90 修剪图形

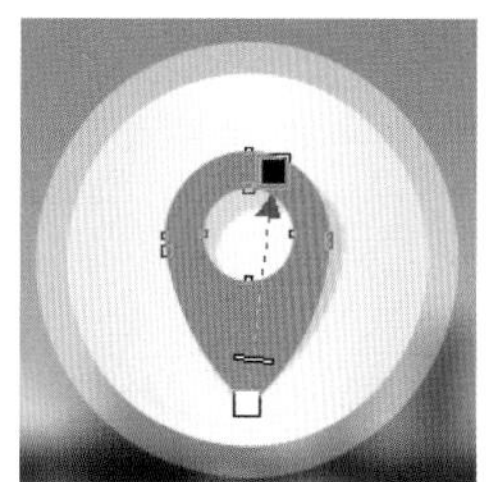

图8.91 添加阴影

6 单击工具箱中的【2点线工具】按钮，在界面中间上半部分绘制一条线段，设置其【轮廓】为灰色（R：180，G：180，B：180），【轮廓宽度】为0.5，并将线段向下复制一份，如图8.92所示。

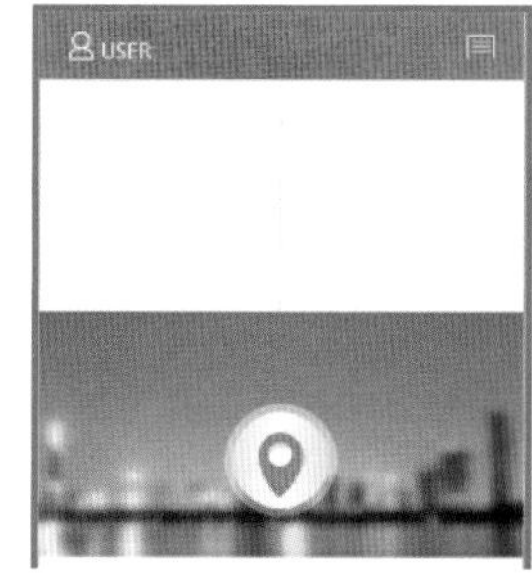

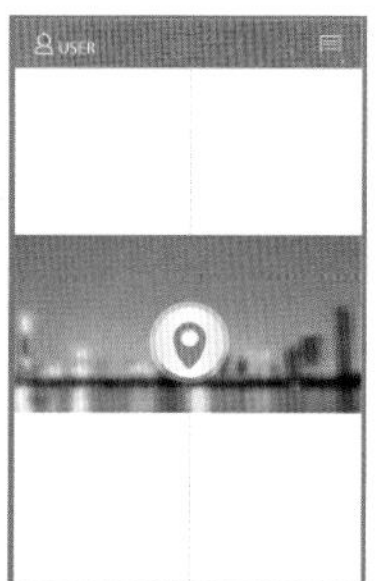

图8.92 绘制及复制线段

7 执行菜单栏中的【文件】|【打开】命令，打开“图标2.cdr”文件，将打开的文件拖入当前

界面中适当位置，如图8.93所示。

8 单击工具箱中的【文本工具】字按钮，在图标下方输入文字（Humnst777 BT），如图8.94所示。

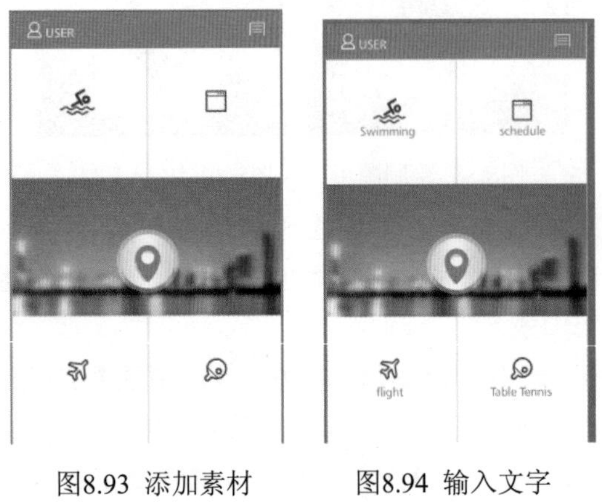

图8.93 添加素材　　图8.94 输入文字

8.6.4 绘制提示图形

1 单击工具箱中的【椭圆形工具】◯按钮，在右下角图标右上角位置绘制一个正圆，设置【填充】为红色（R：200，G：37，B：37），【轮廓】为无，如图8.95所示。

2 单击工具箱中的【文本工具】字按钮，在正圆位置输入文字（Humnst777 BT），这样就完成了效果的制作，如图8.96所示。

图8.95 绘制正圆

图8.96 最终效果

8.7 制作数据统计界面

实例解析 CorelDRAW X8

本例讲解制作数据统计界面。本例以数据类图文制作为主，将整个界面划分为几个版块，分别将每个版块信息进行归类，整体清晰、明了，最终效果如图8.97所示。

图8.97 最终效果

本例主要学习【矩形工具】□、【椭圆形工具】○、【2点线工具】、【文本工具】字的使用；掌握数据统计界面的制作方法。

视频文件：movie\8.7 制作数据统计界面.avi

源文件：源文件\第8章\制作数据统计界面.cdr

操作步骤

8.7.1 制作界面主图形

1 单击工具箱中的【矩形工具】□按钮，绘制一个矩形，设置其【填充】为浅灰色（R：250，G：250，B：250），【轮廓】为无。

2 选中矩形，按Ctrl+C组合键复制，按Ctrl+V组合键粘贴，将粘贴的矩形【填充】更改为深灰色（R：52，G：55，B：64），再缩小其宽度，如图8.98所示。

图8.98 复制并变换矩形

3 单击工具箱中的【椭圆形工具】○按钮，在矩形左上角按住Ctrl键绘制一个正圆，设置其【填充】为白色，【轮廓】为黑色，【轮廓宽度】为0.25，如图8.99所示。

4 执行菜单栏中的【文件】|【导入】命令，导入“小人.jpg”文件，在正圆下方位置单击，如图8.100所示。

图8.99 绘制正圆

图8.100 导入素材

5 选中图像，执行菜单栏中的【对象】|【PowerClip】|【置于图文框内部】命令，将图像放置到正圆内部，如图8.101所示。

6 单击工具箱中的【文本工具】字按钮，在头像右侧输入文字（Myriad Pro），如图8.102所示。

图8.101 置于图文框内部

图8.102 输入文字

7 单击工具箱中的【钢笔工具】按钮，在文字右侧绘制一条折线线段，设置【轮廓】为灰色（R：179，G：179，B：179），【轮廓宽度】为0.25，如图8.103所示。

图8.103 绘制折线

8 选中左侧深灰色图形，按Ctrl+C组合键复制，按Ctrl+V组合键粘贴，将粘贴的矩形【填充】更改为天蓝色（R：0，G：204，B：255），将高度缩小，再选中天蓝色矩形向下复制4份，并更改为深灰色（R：45，G：48，B：57），如图8.104所示。

图8.104 复制矩形

9 执行菜单栏中的【文件】|【打开】命令，打开“图标.jpg”文件，将打开的文件拖入当前页面中并更改颜色为白色和灰色（R：102，G：102，B：102），如图8.105所示。

10 单击工具箱中的【文本工具】字按钮，在图标右侧输入文字（Myriad Pro），如图8.106所示。

图8.105 添加图标　　图8.106 输入文字

11 单击工具箱中的【矩形工具】□按钮，在部分文字右侧位置绘制矩形并设置与颜色为灰色（R：102，G：102，B：102），如图8.107所示。

12 单击工具箱中的【形状工具】按钮，拖动矩形右上角节点，将其转换为圆角矩形，如图8.108所示。

图8.107 绘制矩形　　图8.108 转换为圆角矩形

13 选中圆角矩形向下移动复制一份，如图8.109所示。

14 单击工具箱中的【文本工具】字按钮，在圆角矩形位置输入文字（Myriad Pro），如图8.110所示。

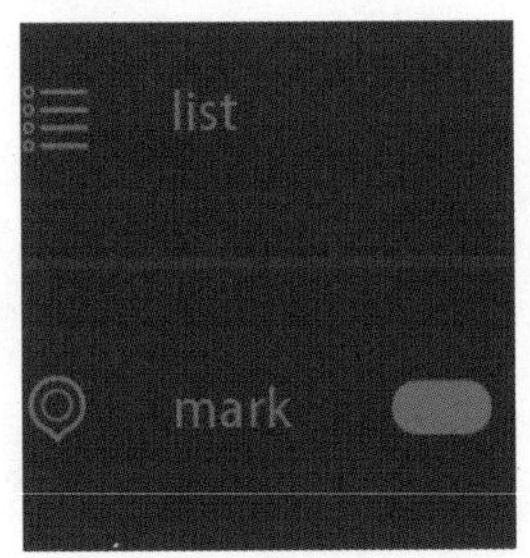

图8.109 复制圆角矩形　　图8.110 输入文字

15 选中最底部浅灰色矩形，按Ctrl+C组合键复制，按Ctrl+V组合键粘贴，将粘贴的图形【填充】更改为深灰色（R：55，G：58，B：67），再将其移至矩形顶部缩小其高度及宽度，如图8.111所示。

图8.111 复制并变换图形

8.7.2 制作按钮

1 单击工具箱中的【矩形工具】□按钮，在右上角绘制一个矩形，设置其【填充】为绿色（R：107，G：178，B：122），【轮廓】为无，如图8.112所示。

2 单击工具箱中的【形状工具】按钮，拖动矩形右上角节点，将其转换为圆角矩形，如图8.113所示。

3 单击工具箱中的【2点线工具】按钮，在圆角矩形上绘制一条线段，设置其【轮廓】为白色，【轮廓宽度】为0.5，如图8.114所示。

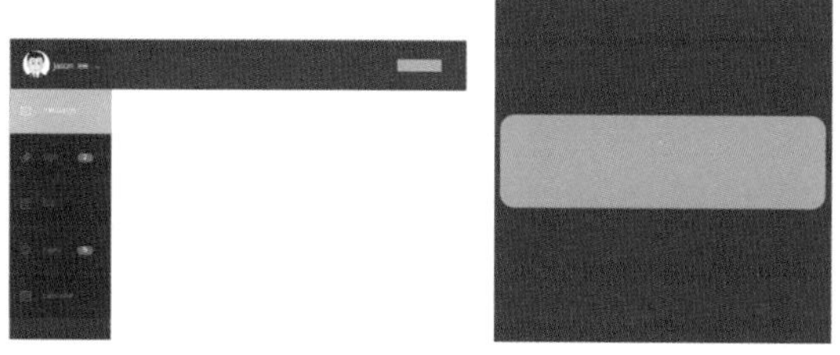

图8.112 绘制矩形　　图8.113 转换为圆角矩形

4 选中线段，按Ctrl+C组合键复制，按Ctrl+V组合键粘贴，在属性栏中【旋转角度】文本框中输入90，如图8.115所示。

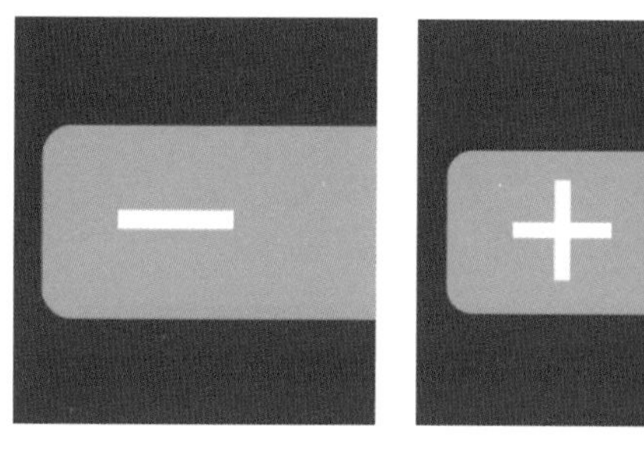

图8.114 绘制线段　　图8.115 复制线段并旋转

5 单击工具箱中的【文本工具】**字**按钮，输入文字（Myriad Pro），如图8.116所示。

图8.116 输入文字

6 将顶部矩形向下移动复制并适当增加其宽度，如图8.117所示。

图8.117 复制图形

7 选中复制生成的矩形，将其更改为灰色（R：232，G：232，B：232），将其向下移动复制，如图8.118所示。

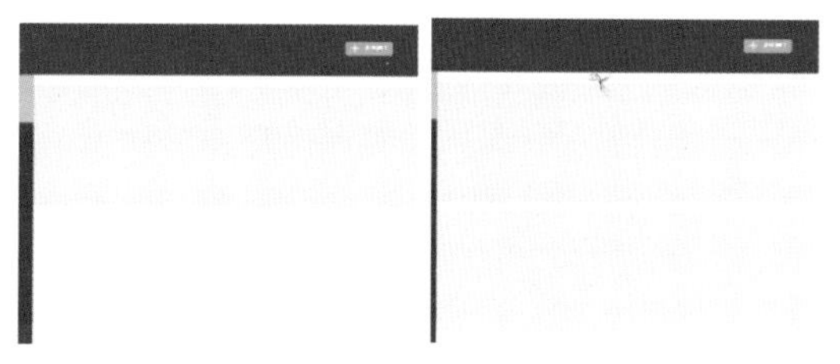

图8.118 更改颜色并复制图形

8.7.3 绘制数据图表

1 单击工具箱中的【矩形工具】□按钮，在上方灰色矩形靠左侧绘制一个矩形，设置其【填充】为蓝色（R：152，G：222，B：240），【轮廓】为无，如图8.119所示。

2 将矩形向右侧平移复制5份并更改颜色及变换高度制作柱状图，如图8.120所示。

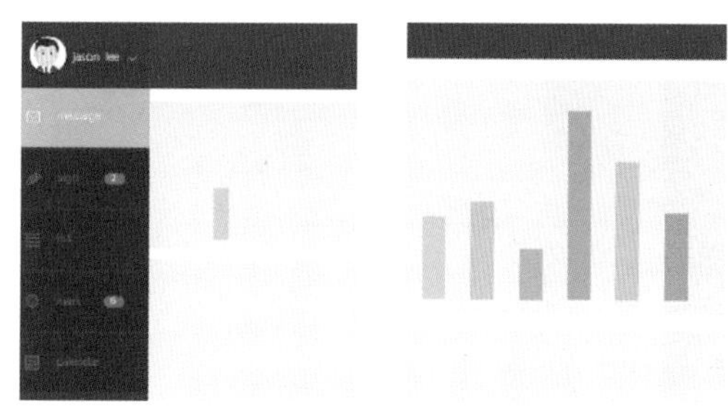

图8.119 绘制矩形　　图8.120 制作柱状图

3 单击工具箱中的【椭圆形工具】○按钮，在柱状图右侧按住Ctrl键绘制一个正圆，设置其【填充】为蓝色（R：152，G：222，B：240），【轮廓】为无，如图8.121所示。

4 选中正圆，将其复制5份，并修改不同的颜色，如图8.122所示。

图8.121 绘制正圆　　图8.122 复制正圆

5 单击工具箱中的【文本工具】字按钮，在适当位置输入文字（Myriad Pro），如图8.123所示。

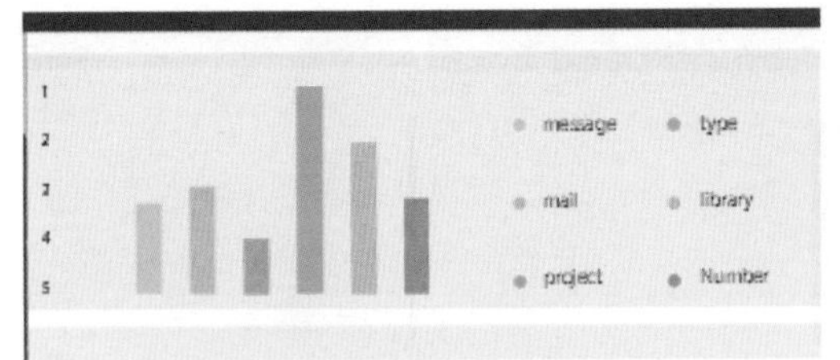

图8.123 输入文字

6 单击工具箱中的【椭圆形工具】○按钮，在下方灰色矩形靠左侧位置按住Ctrl键绘制一个正圆，设置其【填充】为无，【轮廓】为白色，【轮廓宽度】为2，如图8.124所示。

7 选中正圆，按Ctrl+C组合键复制，按Ctrl+V组合键粘贴，将粘贴的正圆【轮廓】更改为粉色（R：255，G：153，B：204），如图8.125所示。

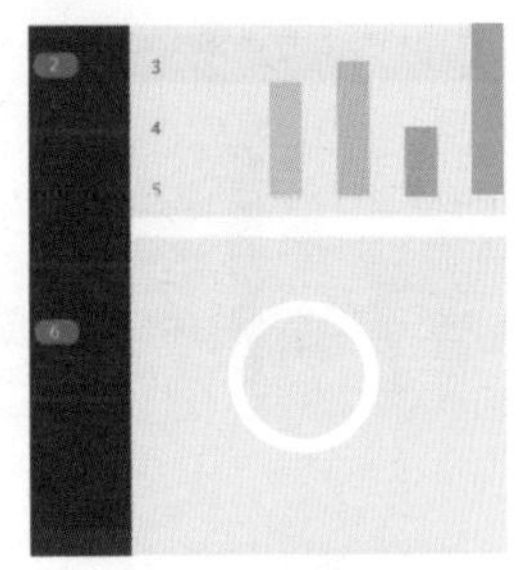

图8.124 绘制正圆　　图8.125 复制正圆

8 单击工具箱中的【形状工具】按钮，拖动粉色正圆节点将其变形，如图8.126所示。

9 同时选中白色及粉色正圆向右侧平移复制两份并分别更改其颜色，如图8.127所示。

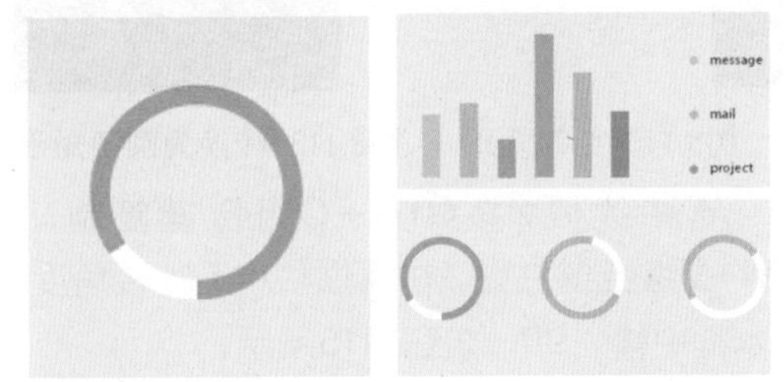

图8.126 将正圆变形　　图8.127 复制图形

10 单击工具箱中的【文本工具】字按钮，在适当位置输入文字（Myriad Pro），这样就完成了效果的制作，如图8.128所示。

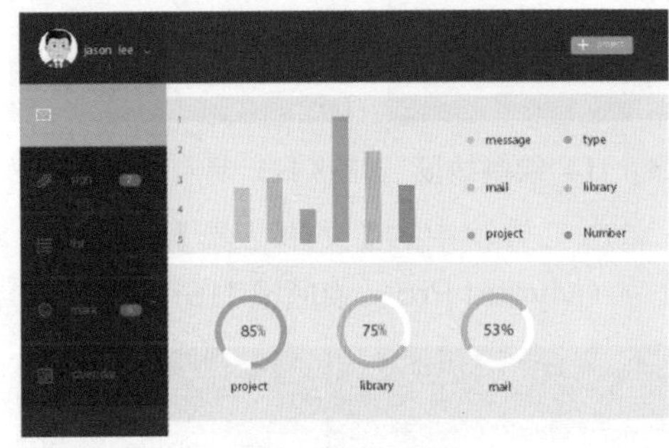

图8.128 最终效果

第9章

进站主页设计

9.1 问问搜搜主页设计

实例解析 CorelDRAW X8

本实例主要使用【矩形工具】□、【文本工具】字、【位图】等制作出简约、古朴、个性的广告招贴设计，最终效果如图9.1所示。

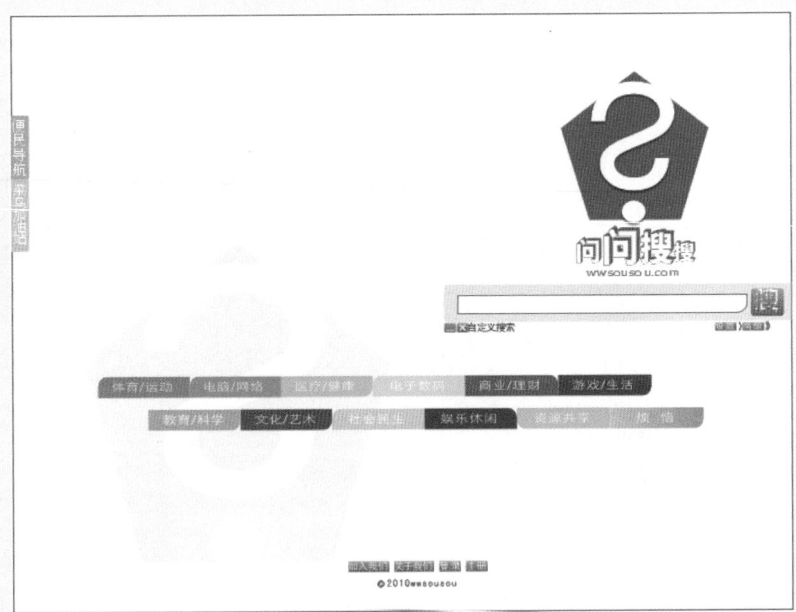

图9.1 最终效果

学习目标 CorelDRAW X8

本例主要学习【文本工具】、【矩形工具】的使用；掌握【形状工具】的应用以及了解搜索引擎的网页设计侧重点。

视频文件：movie\9.1 问问搜搜主页设计.avi

源文件：源文件\第9章\问问搜搜主页设计.cdr

9.1.1 制作标志图形

1 单击工具箱中的【多边形工具】○按钮，在属性栏的【点数或边数】数值框中输入5，绘制一个【宽度】为70mm，【高度】为70mm的五边形，填充颜色为洋红（C：0；M：100；Y：0；K：0），设置【轮廓】为无，效果如图9.2所示。

2 单击工具箱中的【文本工具】**字**按钮，输入一个标点符号“？”，设置【字体】为“华文细黑”。

然后将其填充为白色，并放置于洋红色的正五边形中，调整大小后效果如图9.3所示。

图9.2 绘制五边形

图9.3 添加符号

3 单击工具箱中的【文本工具】字按钮，输入中文“问问搜搜”和英文wwsousou.com，设置中英文【字体】为“方正综艺简体”，单击工具箱中的【文本工具】字按钮，逐一选中每个汉字，并在属性栏中的【字体大小】中调整不同程度的大小，如图9.4所示。

图9.4 输入并调整文字

4 将文字填充为洋红（C：0；M：100；Y：0；K：0），并另外复制出一组文字放在前面。单击工具箱中的【调和工具】按钮，从一个文字按住鼠标拖动到另一个文字，添加调和效果。然后释放鼠标，效果如图9.5所示。

图9.5 应用调和效果

5 将文字再复制一份并填充为白色，放置于调和后的洋红色文字之上，完成文字的制作，如图9.6所示。

图9.6 完成文字制作

6 将制作完成后的文字，放置到之前绘制完成的标志下方。“问问搜搜”的标志就制作完成了，效果如图9.7所示。

图9.7 完成标志制作

9.1.2 制作其他图框

1 单击工具箱中的【矩形工具】□按钮，绘制一个【宽度】为40mm，【高度】为10mm的矩形，【填充】为无。设置轮廓颜色为黑色，【轮廓宽度】为【细线】，然后在属性栏中的【圆角半径】左上角的数值框中输入5，完成变形。

2 确认选中矩形，执行菜单栏中的【对象】|【变换】【位置】命令，打开【变换】泊坞窗，设置【X】为40mm，【相对位置】为右侧中心，【副本】为5，如图9.8所示。单击【应用】按钮，此时图形便向右复制5个，然后将矩形全部选中并复制一份，放在下方，为每一个图形填充不同的颜色，如图9.9所示。

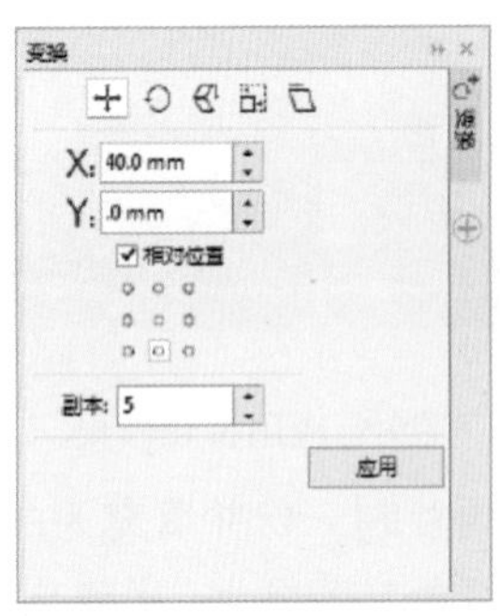

图9.8 【转换】泊坞窗

图9.9 复制并填充不同颜色

3 单击工具箱中的【矩形工具】□按钮，绘制一个【宽度】为160mm，【高度】为20mm的矩形，填充为淡灰色（C：0；M：0；Y：0；K：20），设置【轮廓】为无。在属性栏中的【圆角半径】左上角与左下角的数值框中输入2，完成变形，如图9.10所示。

图9.10 绘制矩形

4 单击工具箱中的【矩形工具】□按钮，绘制一个【宽度】为12mm，【高度】为12mm的矩形。利用前面学过的知识，通过属性栏中的【圆角半径】将方角矩形变成圆角，然后设置【轮廓】为无，填充为洋红（C：0；M：100；Y：0；K：0）到粉红（C：4；M：37；Y：8；K：0）的线性渐变，如图9.11所示。

5 将之前完成的文字“搜”复制一份，并运用前面讲过的【调和工具】按钮为文字添加效果。然后将其放在渐变色的小矩形中，制作出按钮的感觉，如图9.12所示。

图9.11 绘制并填充颜色

图9.12 添加文字

知识链接：控制调和对象

在对象之间创建调和效果后，属性栏中的选项功能如下：

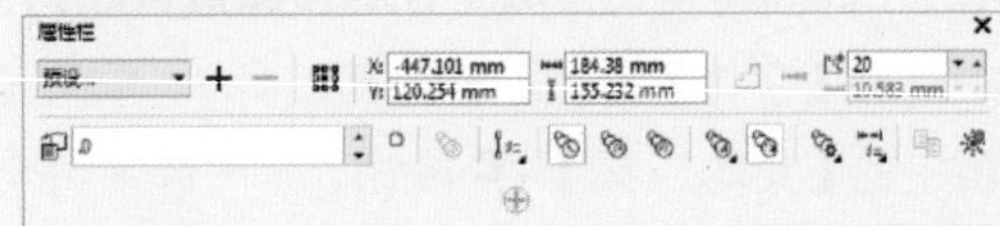

- 【预设列表】选项：系统提供的预设调和样式。
- 【调和对象】选项：用于设置调和效果中的调和步数或形状之间的偏移距离。
- 【调和方向】选项：用于设置调和效果的角度。
- 【环绕调和】按钮：按调和方向在对象之间产生环绕式的调和效果，该按钮只有在为调和对象设置了调和方向后才能使用。
- 【路径属性】按钮：将调和移动到新路径、显示路径或将调和从路径中脱离出来。
- 【直接调和】按钮：单击该按钮，直接在所选对象的填充颜色之间进行颜色过渡。
- 【顺时针调和】按钮：使对象上的填充颜色按色轮盘中顺时针方向进行颜色过渡。
- 【逆时针调和】按钮：使对象上的填充颜色按色轮盘中逆时针方向进行颜色过渡。
- 【对象和颜色加速】按钮：单击该按钮，弹出【加速】选项面板，拖动【对象】和【颜色】滑动条，可调整形状和颜色上的加速效果。
- 【调整加速大小】按钮：单击该按钮，可以调整调和中对象大小的更改速率。
- 【更多调和选项】按钮：拆分和融合调和、旋转调和中的对象和映射节点。
- 【起始和结束属性】按钮：单击该按钮，可以重新设置应用调和效果的起始端和末端对象。选择调和对象后，单击【起始和结束属性】按钮，在弹出的选项中选择【新终点】命令。此时光标变为状态，在新绘制的图形对象上单击鼠标左键，即可重新设置调和的末端对象。

6 将绘制完成的圆角正方形放置于前面设计好的矩形右侧，调整大小与位置，效果如图9.13所示。

图9.13 添加图标

7 再次单击工具箱中的【矩形工具】□按钮，绘制一个【宽度】为130mm，【高度】为10mm的矩形，将其填充为白色，轮廓颜色为洋红（C：0；M：100；Y：0；K：0），【轮廓宽度】为【细线】。调整完成之后，将小矩形放置在大矩形的中，如图9.14所示。

图9.14 添加矩形

8 将前面的圆角正方形复制4份，依次单击工具箱中的【矩形工具】□按钮和【文本工具】字按钮，进行绘制矩形（例如：—、✕）和输入其他文字，为搜索框添加其他按钮，效果如图9.15所示。

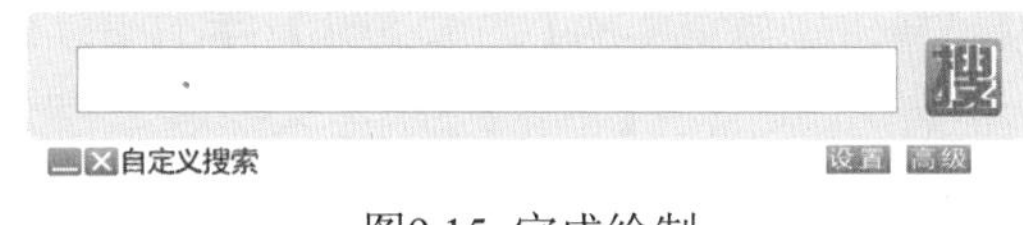

图9.15 完成绘制

知识链接：控制调和对象中需要注意的细节

在【调和工具】属性栏中单击【对象和颜色加速】选项中的🔒按钮，使其处于🔒锁定状态时，表示【对象】和【颜色】同时加速。再次单击该按钮，将其解锁后，可以分别对【对象】和【颜色】进行设置。如果重新设置调和效果的起点，那么新的起点图形必须调整到原调和效果中的末端对象的下层，否则会弹出提示用户不能利用当前控制的对话框。改变调和效果起点的操作方法与改变终点相似。单击工具箱中【选择工具】按钮，并在页面空白位置单击，取消所有对象的选取状态，然后拖动调和效果中的起端和末端对象，可以改变对象之间的调和效果。

9.1.3 绘制底框添加图形

1 单击工具箱中的【矩形工具】□按钮，绘制一个【宽度】为360mm，【高度】为270mm的矩形，填充为白色，设置【轮廓】为无。并将之前绘制完成的标识图案与各种图框或按钮放置在大矩形中，效果如图9.16所示。

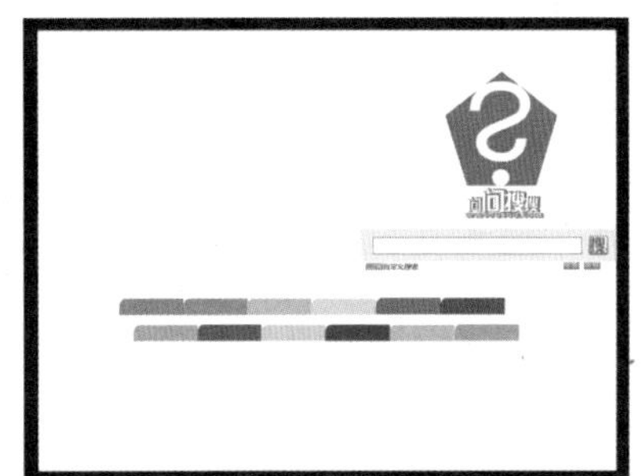

图9.16 添加到矩形中

2 单击工具箱中的【文本工具】字按钮，输入若干中文，设置文字【字体】为“华文细黑”，字体【大小】为15pt，然后逐一摆放在矩形链中，如图9.17所示。

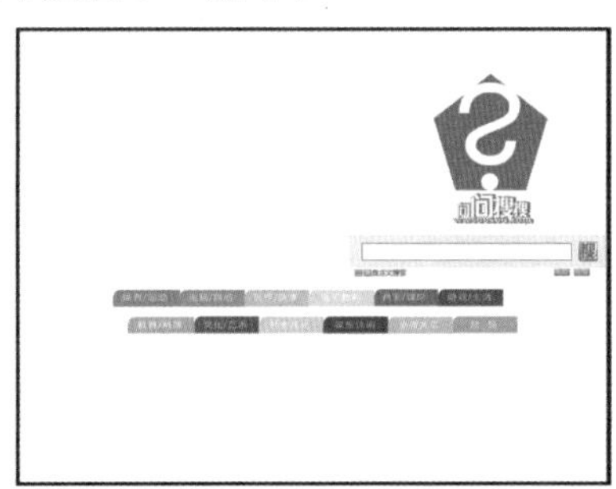

图9.17 给矩形链添加文字

3 单击工具箱中的【矩形工具】□按钮，绘制一个【宽度】为8mm，【高度】为30mm的矩形。然后在属性栏中的【圆角半径】右上角与右下角的数值框中输入1，完成变形。设置【轮廓】为无，填充为草绿色（C：45；M：4；Y：99；

K：0），复制一份并填充为黄色（C：4；M：19；Y：89；K：0），如图9.18所示。

4 单击工具箱中的【文本工具】字按钮，输入中文，设置文字【字体】为“华文细黑”，字体【大小】为19pt，填充为白色。单击属性栏中的【将文本更改为垂直方向】按钮，将文字变成竖式排列，如图9.19所示。然后逐一上下垂直摆放在矩形左侧内边的上方，与边贴齐，如图9.20所示。

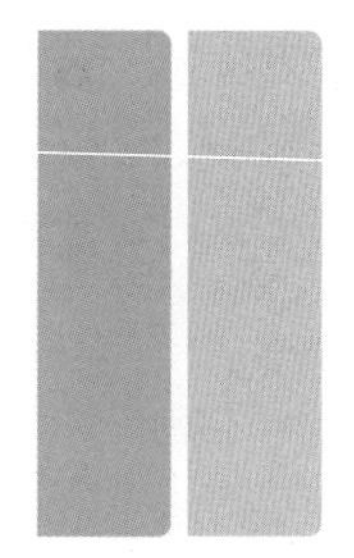

图9.18 绘制圆角矩形

图9.19 输入文字

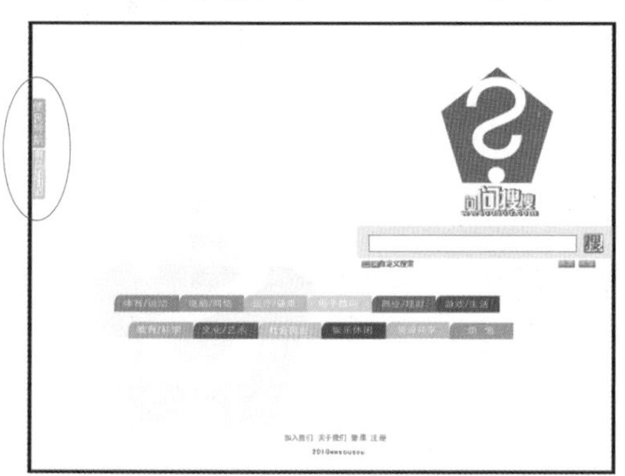

图9.20 放置到矩形中

5 将标志的图形部分复制一份，填充为淡灰色（C：0；M：0；Y：0；K：10）。执行菜单栏中的【位图】|【转换成位图】命令，打开【转换成位图】对话框，如图9.21所示，将灰色标志图形转换成位图。执行菜单栏中的【位图】|【模糊】|【高斯式模糊】命令，打开【高斯式模糊】对话框，如图9.22所示。

图9.21 【转换为位图】对话框

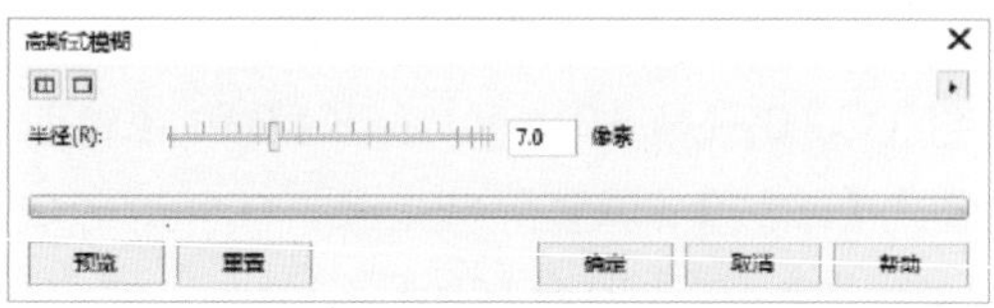

图9.22 【高斯式模糊】对话框

知识链接：【高斯式模糊】命令的使用方法

使用【高斯式模糊】命令，可以使图像按照高斯分布变化来产生模糊效果。使用【高斯式模糊】调整图形的方法是先选择需要调整的位图，再执行菜单栏中的【位图】|【模糊】|【高斯式模糊】命令，在弹出的【高斯式模糊】对话框中设置各项参数，设置完成后单击【确定】按钮，就可以得到模糊后的效果。

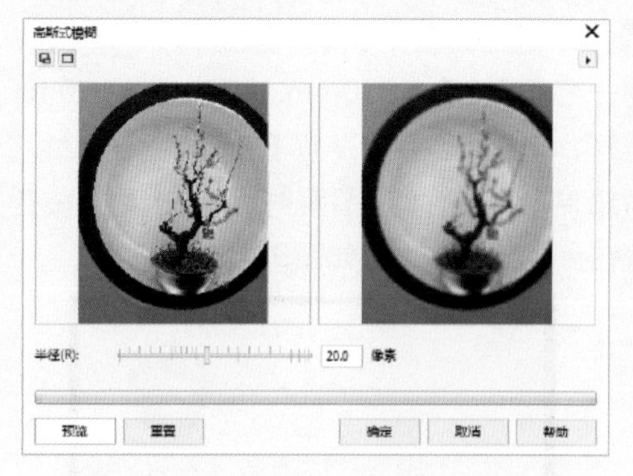

6 单击【确定】按钮，为图形应用模糊效果，如图9.23所示。然后将图形调整大小，放置于“页面”中的左下角，完成搜索引擎的网页页面设计，效果如图9.24所示。

图9.23 应用【模糊】效果

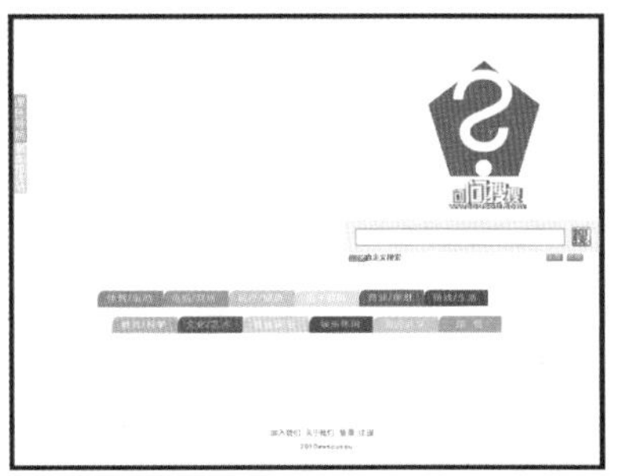

图9.24 完成制作

9.2 梓兴地产主页设计

本实例主要使用【矩形工具】□、【文本工具】字等制作出时尚、大气的地产类网页设计，最终效果如图9.25所示。

图9.25 最终效果

本例主要学习【矩形工具】、【文本工具】的使用；掌握【形状工具】的应用；了解网页设计构图法则、颜色之间的合理调配及文字字体与大小的标准。

视频文件：movie\9.2 梓兴地产主页设计.avi

源文件：源文件\第9章\梓兴地产主页设计.cdr

操作步骤 CorelDRAW X8

9.2.1 制作标志图形

1 单击工具箱中的【矩形工具】□按钮，绘制一个【宽度】25mm，【高度】25mm的矩形。再单击工具箱中的【文本工具】字按钮，输入一个大写的英文字母“Z”，设置【字体】为“Blackoak Std”，然后将字母放置到矩形中，通过移动节点使字母最大限度地容纳于矩形之中，如图9.26所示。

2 选中矩形与字母，单击属性栏中的【修剪】按钮，将矩形修剪，单击选中字母，提取并放置在一旁，以备后用。修剪后的效果如图9.27所示。

图9.26 绘制矩形和字母

图9.27 应用修剪效果

3 单击工具箱中的【文本工具】字按钮，输入中文“梓兴地产”和英文“ZIXING GROUP，设置中文【字体】为“方正小标宋简体”，英文【字体】为“Century Gothic”，如图9.28所示。

梓兴地产
ZIXING GROUP

图9.28 输入文字

4 将文字填充为墨绿色（C：91；M：64；Y：79；K：68）。单击工具箱中的【形状工具】按钮，调整中英文的间距，效果如图9.29所示。

图9.29 调整文字

知识链接：沿路径调和对象的方法

在对象之间创建调和效果后，单击【调和工具】属性栏中的【路径属性】按钮，使调和对象按照指定的路径进行调和。

具体的操作步骤是，首先选择调和对象后，单击属性栏中的【路径属性】按钮，然后在弹出的下拉列表框中选择【新路径】选项，此时光标将变为形状，使用光标单击目标路径后，即可使调和对象沿该路径进行调和。

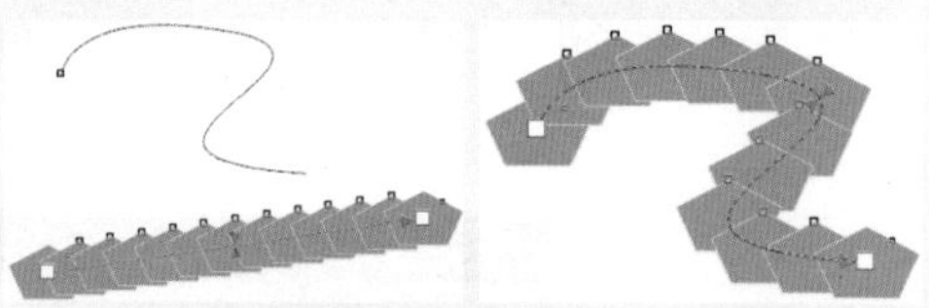

此外，在选择调和对象后，执行菜单栏中的【对象】|【顺序】|【逆序】命令，可以反转对象的调和顺序，调整其调和顺序。

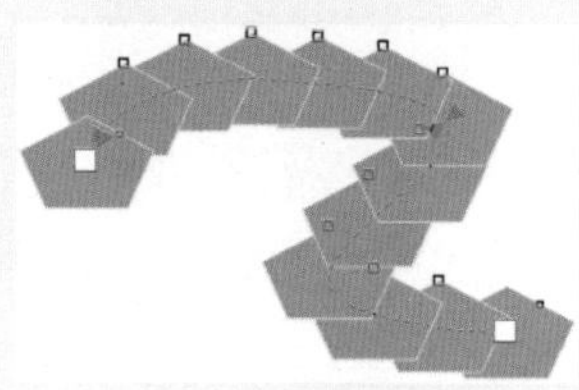

5 将之前完成修剪的图形设置【轮廓】为无，填充为黄色（C：2；M：22；Y：96；K：0）到橙色（C：1；M：51；Y：95；K：0）的线性渐变，效果如图9.30所示。

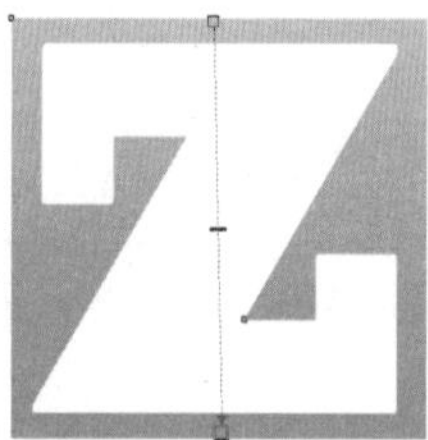

图9.30 填充颜色

6 单击工具箱中的【形状工具】按钮，通过调整4个角的节点来完成整体图形倾斜与变

形的效果。然后将完成制作的文字添加到标志的一旁，至此，标志设计就完成了，如图9.31所示。

图9.31 完成标志设计

9.2.2 绘制框架及内部图形

1 单击工具箱中的【矩形工具】□按钮，绘制一个【宽度】为250mm，【高度】为25mm的长条形矩形，设置【轮廓】为无，填充为浅灰色（C：0；M：0；Y：0；K：20）。确认选中矩形，在属性栏中【圆角半径】的右下角输入12，完成圆角效果，如图9.32所示。

图9.32 绘制灰色圆角矩形

2 将前面绘制的矩形复制一份，长度不变，【高度】改变为18mm，填充为墨绿色（C：91；M：64；Y：79；K：68）。然后将墨绿色的矩形放置到灰色矩形之上，效果如图9.33所示。

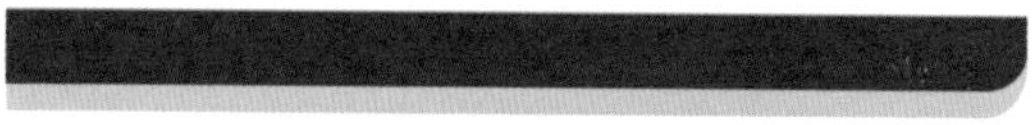

图9.33 复制绿色圆角矩形

3 单击工具箱中的【矩形工具】□按钮，绘制一个【宽度】为361mm，【高度】为271mm的矩形，设置【填充】为无，轮廓颜色为黑色，【轮廓宽度】为细线。然后将之前绘制的标志图形与长条形矩形放置到矩形中的上方位置，效果如图9.34所示。

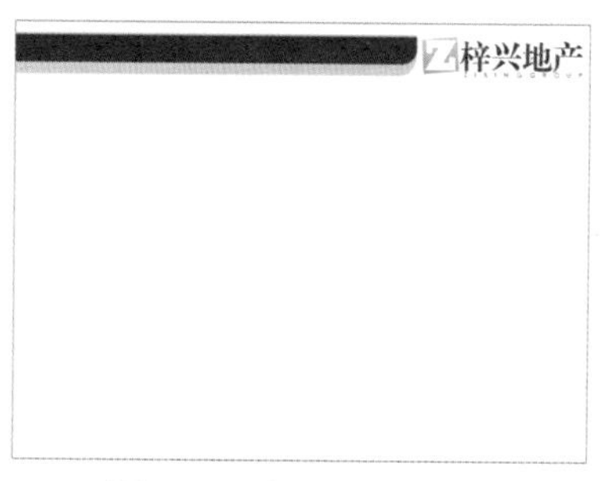

图9.34 添加图片与标志

知识链接：复制调和属性的方法

当绘图窗口中有一个调和对象时，单击属性栏中的【复制调和属性】按钮，可以将这个对象中的属性复制到另一个选中要调和的对象中，得到具有相同属性的调和效果。选择需要修改调和属性的目标对象，单击属性栏中的【复制调和属性】按钮，当光标变为➡形态时，单击用于复制调和属性的源对象，即可将源对象中的调和属性复制到目标对象中。

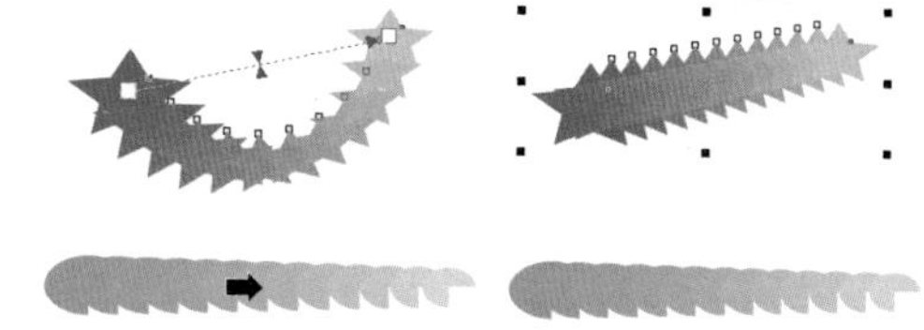

4 执行菜单栏中的【文件】|【导入】命令，打开【导入】对话框。选择云下载文件中的“调用素材\第9章\楼盘效果图.PNG”文件，单击【导入】按钮。在页面中单击，素材便会显示在页面中，如图9.35所示。

图9.35 导入素材

5 将素材图片放置在矩形中，调整大小与位置，并单击工具箱中的【贝塞尔工具】按钮，沿着素材图片绘制左右两个封闭图形，如图9.36所示。

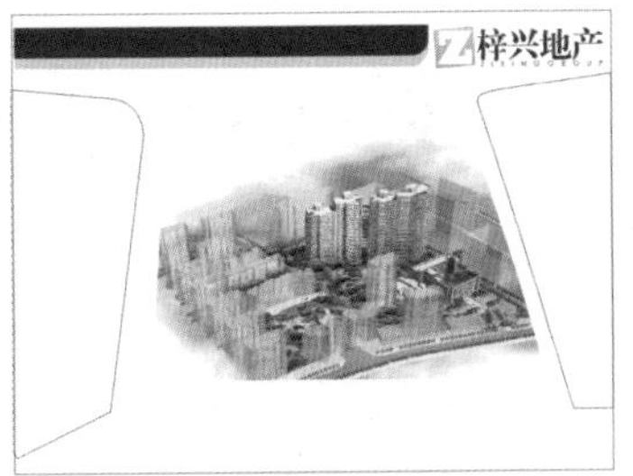

图9.36 绘制两个封闭图形

6 选中封闭图形，设置【轮廓】为无，并填充为黄色（C：2；M：22；Y：96；K：0）到橙色（C：1；M：51；Y：95；K：0）的线性渐变，效果如图9.37所示。

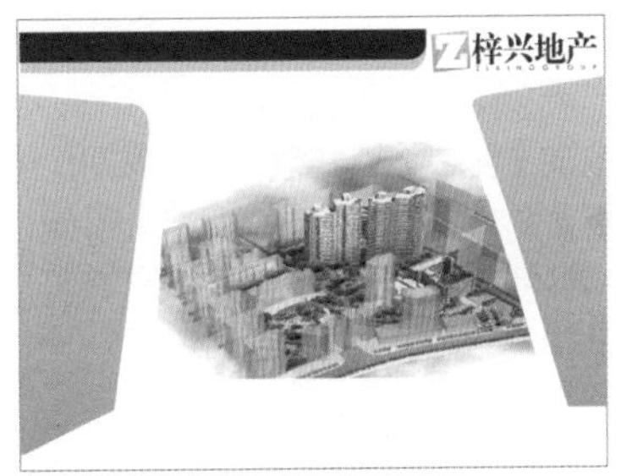

图9.37 填充颜色

7 单击工具箱中的【贝塞尔工具】按钮，绘制一条折线，连接起左右两块封闭图形，调整【轮廓宽度】为4mm，如图9.38所示。

图9.38 绘制一条折线

8 确认选中线条，执行菜单栏中的【对象】|【将路径转换为对象】命令，把线条转换成图形，并按住“Shift”键选中左右两侧的封闭图形，单击属性栏中的【合并】按钮，将其焊接，如图9.39所示。

9 单击工具箱中的【矩形工具】按钮，绘制一个【宽度】为361mm，【高度】为3mm的矩形，填充为墨绿色（C：91；M：64；Y：79；K：68），设置【轮廓】为无，放置在矩形上方，并复制两个，放置于矩形下方，设置矩形宽度不变，【高度】为8mm，如图9.40所示。

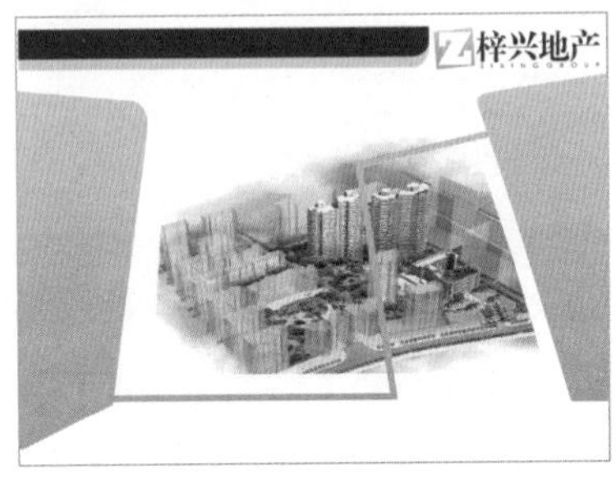

图9.39 合并效果

知识链接：拆分调和对象的方法

在选择调和对象后，执行菜单栏中的【对象】|【拆分调和群组】命令，或者按键盘上的Ctrl+K组合键拆分群组对象。分离后的各个独立对象仍保持分离前的状态。

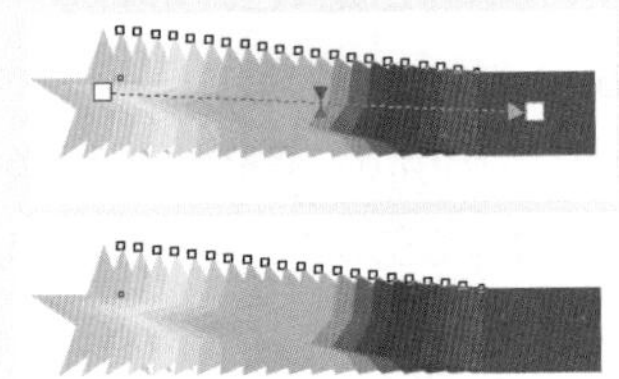

在调和对象上单击鼠标右键，在弹出的快捷菜单中选择【拆分调和群组】命令，也可完成分离调和对象的操作。调和对象被分离后，之前调和效果中的起端对象和末端对象可以被单独选取，而位于两者之间的其他图形将以群组的方式组合在一起，按Ctrl+U组合键即可解散群组，从而方便用户进行下一步的操作。

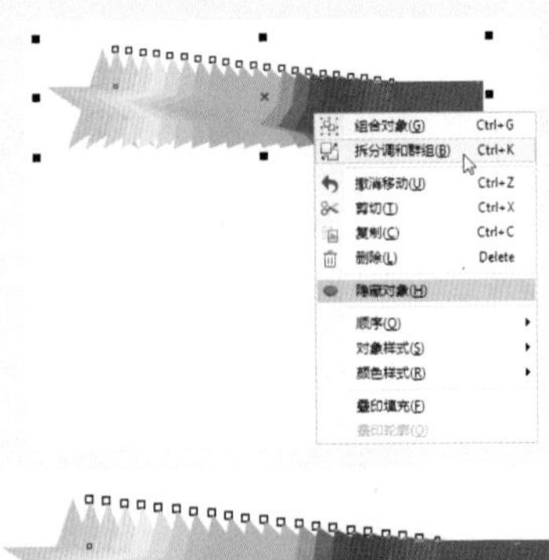

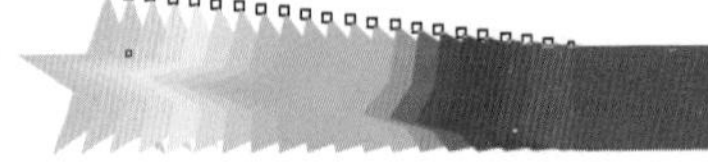

图9.40 绘制长条形矩形

10 将标志图形复制一份，单击使其转变成旋转模式，调整图形的角度，使其与橙色图形的竖边角度一致，如图9.41所示。

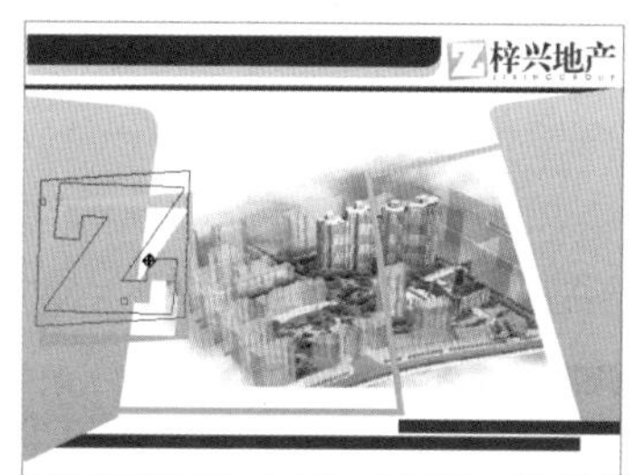

图9.41 应用相交效果

11 选中标志与橙色图形，单击属性栏中的【相交】按钮，完成相交效果，并将相交之后的图形【轮廓】设置为无，填充为橘红色（C：0；M：60；Y：100；K：0）。同样将标志再次放在右边的橙色图形上，依照相同的办法，完成相交效果，并将图形【轮廓】设置为无，填充为橘红色（C：0；M：60；Y：100；K：0），效果如图9.42所示。

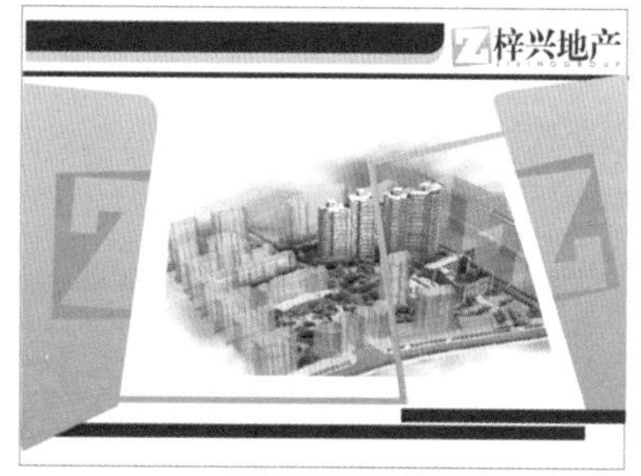

图9.42 添加底纹

12 单击工具箱中的【矩形工具】□按钮，绘制一个【宽度】为42mm，【高度】为10mm的矩形，填充为黄色（C：2；M：22；Y：96；K：0）到橙色（C：1；M：51；Y：95；K：0）的线性渐变，设置【轮廓】为无。并在属性栏中的【圆角半径】右上角与右下角的数值框中输入3，然后水平扭曲图形并复制5个，一一添加到右侧橙色的图形中，效果如图9.43所示。

图9.43 添加圆角矩形

知识链接：清除调和效果的方法

为对象应用调和效果后，如果不需要再使用此种效果，可以清除对象的调和效果，只保留起端对象和末端对象。清除调和效果的操作是选择调和对象后，执行菜单栏中的【效果】|【清除调和效果】命令，或者单击属性栏中的【清除调和】按钮，即可清除图形中的调和效果。

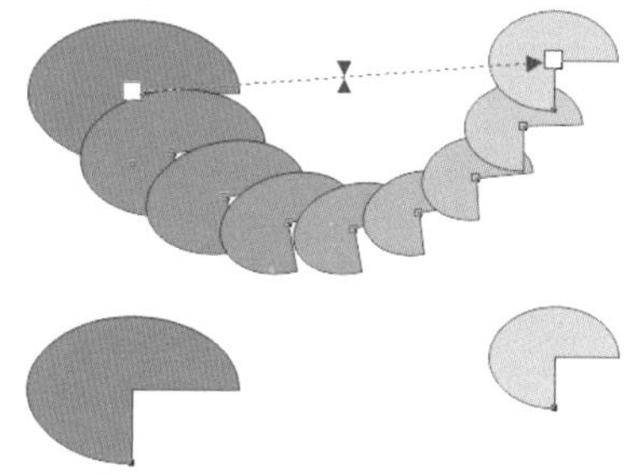

9.2.3 组合图形完成设计

1 单击工具箱中的【文本工具】**字**按钮，输入页面上出现的所有中文和英文，设置中文【字体】为“微软雅黑”，英文【字体】为“Century Gothic”，并将文字调整大小，放置到合适的位置。单击工具箱中的【贝塞尔工具】按钮，在每个词语之间绘制一条隔线，设置轮廓【颜色】为白色，【轮廓宽度】为0.5mm，如图9.44所示。

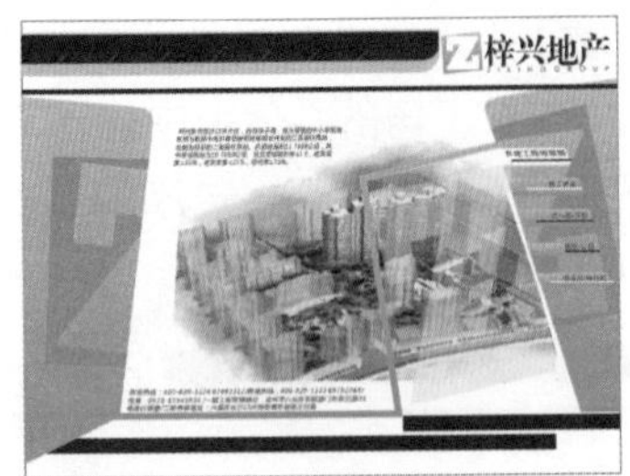

图9.44 绘制矩形

2 将个别文字颜色调整为白色或墨绿色（C：91；M：64；Y：79；K：68），放置在适当色块中，使其看起来更加正常与和谐，如图9.45所示。

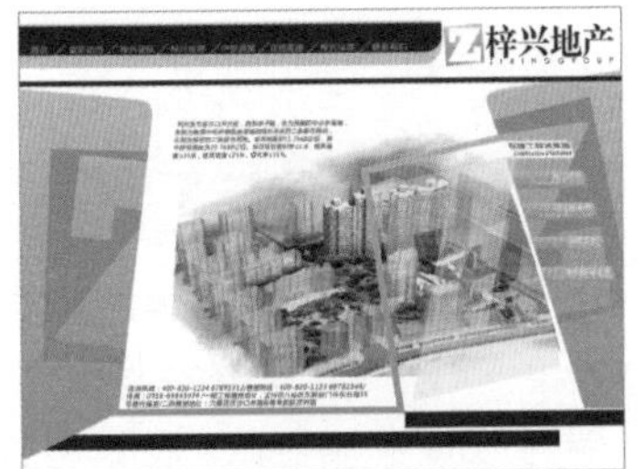

图9.45 改变文字颜色

3 单击工具箱中的【矩形工具】按钮，绘制一个【宽度】为30mm，【高度】为8mm的矩形。利用前面学过的知识，通过属性栏中的【圆角半径】将方角矩形变成圆角，然后设置【轮廓】为无。再单击矩形进行扭曲编辑，并填充为浅灰色（C：0；M：0；Y：0；K：20），将其放在选项文字下方，文字颜色改变为墨绿色（C：91；M：64；Y：79；K：68），效果如图9.46所示。

图9.46 绘制小矩形制作选择方式

4 将前面的圆角矩形复制一份，放置在矩形条的下方，然后添加不同的文字，调整颜色与大小，完成设计，效果如图9.47所示。

图9.47 完成设计

9.3 汽车网页设计

实例解析 CorelDRAW X8

本实例主要使用【矩形工具】、【文本工具】字等，制作出时尚、大气的地产类网页设计，最终效果如图9.48所示。

图9.48 最终效果

本例主要学习【矩形工具】□、【置于图文框内部】命令、【钢笔工具】、【椭圆形工具】○的使用；掌握汽车网页设计方法。

视频文件：movie\9.3 汽车网页设计.avi

源文件：源文件\第9章\汽车网页设计.cdr

操作步骤 CorelDRAW X8

9.3.1 制作网页主视觉

1 单击工具箱中的【矩形工具】□按钮，绘制一个矩形，如图9.49所示。

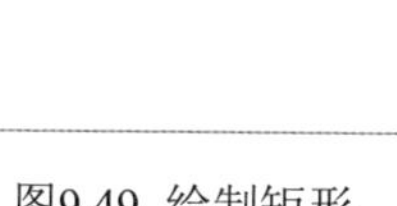

图9.49 绘制矩形

2 执行菜单栏中的【文件】|【导入】命令，导入“风景.jpg”文件，在矩形位置单击载入素材，如图9.50所示。

图9.50 载入素材

3 选中图像，执行菜单栏中的【对象】|【PowerClip】|【置于图文框内部】命令，将图形放置到矩形内部，将【轮廓】更改为无，如图9.51所示。

4 单击工具箱中的【矩形工具】□按钮，在图像左侧绘制一个矩形，设置其【填充】为红色（R：181，G：29，B：32），【轮廓】为无，如图9.52所示。

图9.51 置于图文框内部

5 在矩形上单击，将其斜切变形，如图9.53所示。

图9.52 绘制矩形　　图9.53 斜切变形

6 选中矩形，执行菜单栏中的【对象】|【PowerClip】|【置于图文框内部】命令，将图形放置到图像内部，如图9.54所示。

7 执行菜单栏中的【文件】|【导入】命令，导入“汽车.png”文件，在矩形位置单击载入素材，如图9.55所示。

8 单击工具箱中的【钢笔工具】按钮，沿汽车左半部分边缘绘制一个不规则图形，设置其【填充】为红色（R：181，G：29，B：32），【轮廓】为无，如图9.56所示。

图9.54 置于图文框内部

图9.55 导入素材

9 选中图形，单击工具箱中的【透明度工具】按钮，在属性栏中将【合并模式】更改为柔光，如图9.57所示。

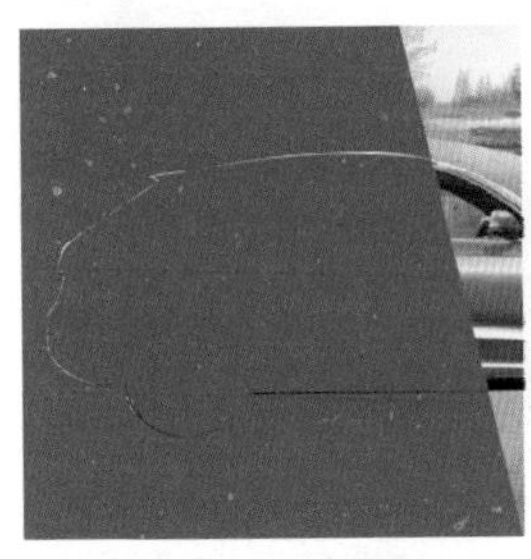
图9.56 绘制图形

图9.57 更改合并模式

10 单击工具箱中的【椭圆形工具】按钮，在汽车图像底部绘制一个椭圆，设置其【填充】为黑色，【轮廓】为无，如图9.58所示。

11 执行菜单栏中的【位图】|【转换为位图】命令，在弹出的对话框中分别选中【光滑处理】及【透明背景】复选框，完成之后单击【确定】按钮。

12 执行菜单栏中的【位图】|【模糊】|【高斯式模糊】命令，在弹出的对话框中将【半径】更改为20像素，完成之后单击【确定】按钮。

13 单击工具箱中的【透明度工具】按钮，将【透明度】更改为20，如图9.59所示。

图9.58 绘制椭圆

图9.59 更改透明度

9.3.2 添加交互信息

1 单击工具箱中的【文本工具】字按钮，在适当位置输入文字（方正兰亭黑_GBK），如图9.60所示。

2 执行菜单栏中的【文件】|【打开】命令，选择云下载文件中的“调用素材\第10章\汽车网页设计\图标.cdr”文件，单击【打开】按钮，将打开的图标拖入当前页面中部分文字旁边，并将颜色更改为白色，如图9.61所示。

图9.60 输入文字

图9.61 添加素材

3 单击工具箱中的【椭圆形工具】按钮，在网页右上角绘制一个正圆，设置其【填充】为红色（R：181，G：29，B：32），【轮廓】为无，如图9.62所示。

4 选中正圆，将其移至底部位置复制两份并缩小，分别将两个小正圆更改为橘红色（R：255，G：102，B：0）及幼蓝色（R：102，G：153，B：255），如图9.63所示。

图9.62 绘制正圆

图9.63 复制图形

5 选中红色正圆，单击工具箱中的【透明度工具】按钮，在属性栏中将【合并模式】更改为乘，如图9.64所示。

6 执行菜单栏中的【文件】|【打开】命令，打开“图标2.cdr”文件，将打开的图标拖入圆形上方，并修改颜色为白色，如图9.65所示。

图9.64 更改合并模式　　图9.65 导入素材

7 单击工具箱中的【椭圆形工具】○按钮，在刚才绘制的正圆下方按住Ctrl键绘制一个正圆，设置其【填充】为白色，【轮廓】为无，如图9.66所示。

8 选中正圆，向下移动复制3份，如图9.67所示。

图9.66 绘制正圆　　图9.67 复制正圆

9 同时选中4个正圆，单击工具箱中的【阴影工具】□按钮，拖动添加阴影，如图9.68所示。

10 选中最下方正圆，将其更改为红色（R：181，G：29，B：32），如图9.69所示。

图9.68 添加阴影　　图9.69 更改颜色

9.3.3 制作边栏图文

1 单击工具箱中的【矩形工具】□按钮，在网页底部绘制一个矩形，设置其【填充】为黑色，【轮廓】为无，如图9.70所示。

2 在矩形上单击鼠标右键，从弹出的快捷菜单中选择【转换为曲线】命令。

3 单击工具箱中的【形状工具】按钮，拖动左上角节点将其变形，如图9.71所示。

图9.70 绘制矩形　　图9.71 将矩形变形

4 选中矩形，单击工具箱中的【透明度工具】按钮，将【透明度】更改为60，如图9.72所示。

图9.72 更改透明度

5 单击工具箱中的【文本工具】字按钮，输入文字（方正兰亭黑_GBK、方正兰亭细黑_GBK），如图9.73所示。

图9.73 输入文字

6 选中【至真关心　永恒真情】文字，将其斜切变形，如图9.74所示。

图9.74 将文字变形

9.3.4 处理装饰图像

1 执行菜单栏中的【文件】|【导入】命令，导入“绿叶.png”文件，在网页适当位置单击导入素材，如图9.75所示。

2 选中绿叶，将其向下移动复制一份并旋转缩小，如图9.76所示。

图9.75 导入素材　图9.76 复制并变换图像

3 执行菜单栏中的【位图】|【模糊】|【高斯式模糊】命令，在弹出的对话框中将【半径】更改为5像素，完成之后单击【确定】按钮，如图9.77所示。

4 执行菜单栏中的【位图】|【模糊】|【动态模糊】命令，在弹出的对话框中将【间距】更改为100像素，【方向】更改为40，完成之后单击【确定】按钮，如图9.78所示。

图9.77 添加高斯式模糊　图9.78 添加动态模糊

5 单击工具箱中的【文本工具】**字**按钮，在网页中间位置输入文字（方正兰亭黑_GBK），如图9.79所示。

图9.79 输入文字

6 选中绿叶图像，将其复制数份，并为其添加与之间相似的模糊效果，这样就完成了效果的制作，如图9.80所示。

图9.80 最终效果

9.4 世界杯网页设计

实例解析 CorelDRAW X8

本例讲解世界杯网页设计。本例网页在设计过程中以经典的世界杯绿色为主题色调，整个网页给人一种十分专业的视觉感觉，最终效果如图9.81所示。

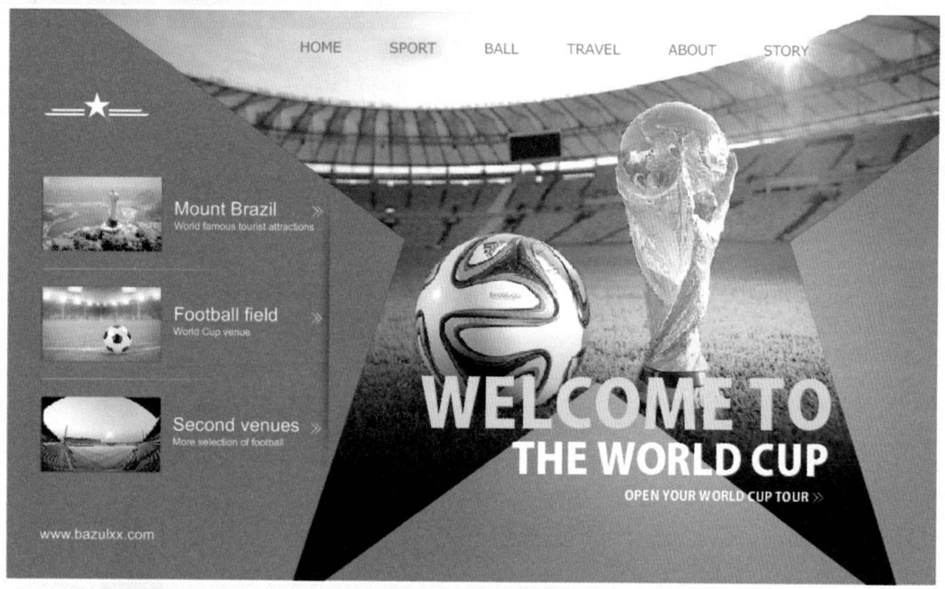

图9.81 最终效果图

本例主要学习【矩形工具】□、【转换为位图】命令、【添加杂点】命令、【高斯式模糊】命令的使用；掌握世界杯网页设计方法。

视频文件：movie\9.4 世界杯网页设计.avi

源文件：源文件\第9章\世界杯网页设计.cdr

操作步骤 CorelDRAW X8

9.4.1 制作主题背景

1 单击工具箱中的【矩形工具】□按钮，绘制一个矩形，设置其【填充】为绿色（R：5，G：92，B：50），【轮廓】为无，如图9.82所示。

图9.82 绘制矩形

2 执行菜单栏中的【位图】|【转换为位图】命令，在弹出的对话框中分别选中【光滑处理】及【透明背景】复选框，完成之后单击【确定】按钮。

3 执行菜单栏中的【位图】|【杂点】|【添加杂点】命令，在弹出的对话框中选中【高斯式】单选按钮，将【层次】更改为80，【密度】更改为100，选中【单一】单选按钮，【颜色】为白色，完成之后单击确定按钮，如图9.83所示。

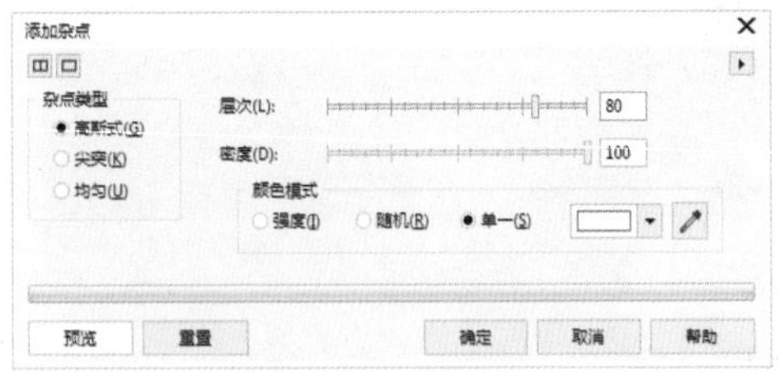

图9.83 设置添加杂点

5 单击工具箱中的【椭圆形工具】○按钮，在矩形靠右侧按住Ctrl键绘制一个正圆，设置其【填充】为白色，【轮廓】为无，如图9.84所示。

图9.84 绘制正圆

6 执行菜单栏中的【位图】|【转换为位图】命令，在弹出的对话框中分别选中【光滑处理】及【透明背景】复选框，完成之后单击【确定】按钮。

7 执行菜单栏中的【位图】|【模糊】|【高斯式模糊】命令，在弹出的对话框中将【半径】更改为115像素，完成之后单击【确定】按钮，如图9.85所示。

8 选中模糊图像，单击工具箱中的【透明度工具】▩按钮，在属性栏中将【合并模式】更改为叠加，如图9.86所示。

图9.85 添加高斯式模糊　　图9.86 更改合并模式

9 选中最底部矩形，按Ctrl+C组合键复制，按Ctrl+V组合键粘贴，将粘贴的矩形【填充】更改为无。

10 选中高光图像，执行菜单栏中的【对象】|【PowerClip】|【置于图文框内部】命令，将图像放置到矩形内部。

11 单击工具箱中的【星形工具】☆按钮，在矩形右侧位置绘制一个星形，设置【填充】为黑色，【轮廓】为无，如图9.87所示。

图9.87 绘制星形

12 单击工具箱中的【矩形工具】□按钮，在星形上半部分位置绘制一个矩形，如图9.88所示。

13 同时选中矩形及星形，单击属性栏中的【修剪】按钮，对图形进行修剪，如图9.89所示。

图9.88 绘制矩形　　图9.89 修剪图形

14 将星形分别移至底部和右侧，将多余部分星形修剪，如图9.90所示。

图9.90 修剪星形

15 执行菜单栏中的【文件】|【导入】命令，导入“足球场.jpg”文件，在星形位置单击，如图9.91所示。

图9.91 导入素材

16 选中足球场图像，执行菜单栏中的【对象】|【PowerClip】|【置于图文框内部】命令，将图形放置到星形内部，如图9.92所示。

图9.92 导入素材

17 单击星形底部【选择PowerClip内容】按钮，单击工具箱中的【透明度工具】按钮，在图像上拖动降低透明度，如图9.93所示

图9.93 降低透明度

9.4.2 制作细节信息

1 单击工具箱中的【文本工具】字按钮，在适当位置输入文字（Kozuka Gothic Pr6N H），如图9.94所示。

图9.94 输入文字

2 单击工具箱中的【钢笔工具】按钮，在最底部文字右侧绘制一个箭头，设置其【轮廓】为白色，【轮廓宽度】为0.5，如图9.95所示。

3 选中箭头向右侧平移复制一份，如图9.96所示。

图9.95 绘制箭头　　图9.96 复制箭头

4 单击工具箱中的【椭圆形工具】按钮，在顶部部分文字位置绘制一个椭圆，设置其【填充】为黄色（R：246，G：211，B：63），【轮廓】为无，如图9.97所示。

5 执行菜单栏中的【位图】|【转换为位图】命令，在弹出的对话框中分别选中【光滑处理】及【透明背景】复选框，完成之后单击【确定】按钮。

6 执行菜单栏中的【位图】|【模糊】|【高斯式模糊】命令，在弹出的对话框中将【半径】更改为20像素，完成之后单击【确定】按钮，如图9.98所示。

图9.97 绘制椭圆

图9.98 添加高斯式模糊

7 单击工具箱中的【星形工具】☆按钮，在网页左上角位置绘制一个星形，设置其【填充】为白色，【轮廓】为无，如图9.99所示。

8 单击工具箱中的【矩形工具】□按钮，在星形左侧绘制一个矩形，设置其【填充】为白色，【轮廓】为无，如图9.100所示。

图9.99 绘制星形

图9.100 绘制矩形

9 在矩形上单击鼠标右键，从弹出的快捷菜单中选择【转换为曲线】命令。

10 单击工具箱中的【形状工具】按钮，拖动左下角节点将其变形，如图9.101所示。

11 选中图形，将其向下移动复制并适当放大，如图9.102所示。

12 同时选中两个图形，向右侧平移复制，单击属性栏中的【水平镜像】按钮，将其水平镜像，如图9.103所示。

图9.101 将矩形变形

图9.102 绘制图形

图9.103 复制图形

9.4.3 处理网页配图

1 单击工具箱中的【矩形工具】□按钮，在徽标下方绘制一个矩形，如图9.104所示。

2 将矩形复制两份，如图9.105所示。

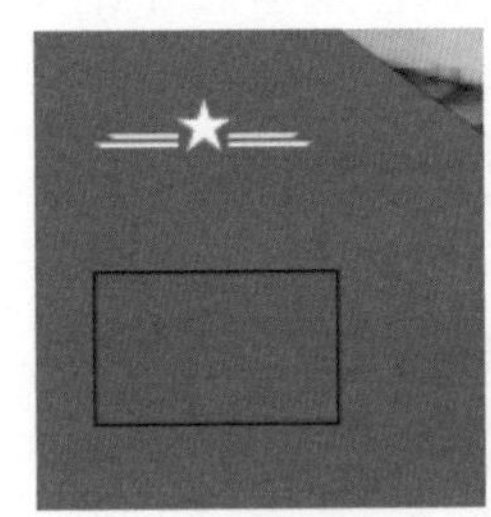

图9.104 绘制矩形

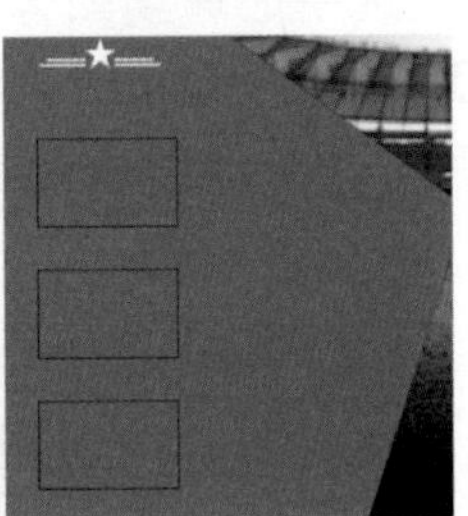

图9.105 复制矩形

3 执行菜单栏中的【文件】|【导入】命令，导入“图像.jpg”文件，在矩形位置单击，如图9.106所示。

4 选中图像，执行菜单栏中的【对象】|【PowerClip】|【置于图文框内部】命令，将图形放置到最上方矩形内部并缩小，如图9.107所示。

图9.106 导入素材　图9.107 置于图文框内部

5 执行菜单栏中的【文件】|【导入】命令，导入“图像2.jpg、图像3.jpg”文件，在矩形位置单击。

6 以刚才同样方法为其执行置于图文框内部命令，统一图像大小，如图9.108所示。

7 同时选中3个图像，将其【轮廓】更改为无，如图9.109所示。

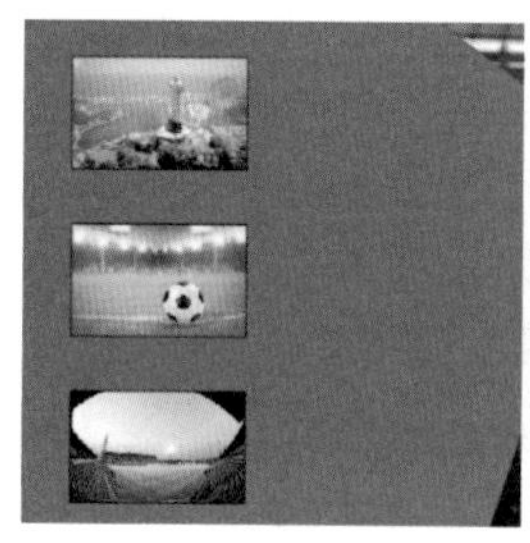

图9.108 置于图文框内部　图9.109 去除轮廓

8 同时选中3个图像，单击工具箱中的【阴影工具】按钮，在图像上拖动添加阴影，在属性栏中将【阴影羽化】更改为2，【不透明度】更改为30，如图9.110所示。

9 单击工具箱中的【2点线工具】按钮，在第一个图像下方绘制一条线段，设置其【轮廓】为白色，【轮廓宽度】为0.5，如图9.111所示。

图9.110 添加阴影　图9.111 绘制线段

10 选中线段，单击工具箱中的【透明度工具】按钮，在图形上拖动降低透明度，在属性栏中将【合并模式】更改为柔光，如图9.112所示。

图9.112 更改合并模式

11 选中线段，向下移动复制两份，如图9.113所示。

12 单击工具箱中的【文本工具】字按钮，在适当位置输入文字（Arial），如图9.114所示。

图9.113 复制线段　图9.114 输入文字

13 单击工具箱中的【椭圆形工具】按钮，在文字右侧绘制一个扁椭圆，设置其【填充】为黑色，【轮廓】为无，如图9.115所示。

14 执行菜单栏中的【位图】|【转换为位图】命令，在弹出的对话框中分别选中【光滑处理】及【透明背景】复选框，完成之后单击【确定】按钮。

15 执行菜单栏中的【位图】|【模糊】|【高斯式模糊】命令，在弹出的对话框中将【半径】更改为10像素，完成之后单击【确定】按钮，如图9.116所示。

16 单击工具箱中的【矩形工具】按钮，在图像右侧位置绘制一个矩形，如图9.117所示。

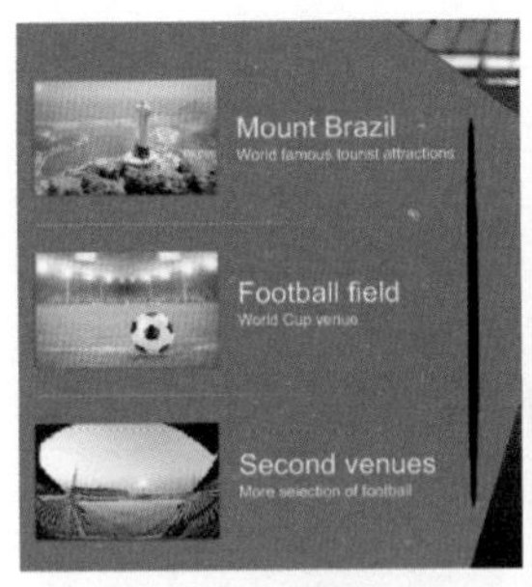

图9.115 绘制椭圆

图9.116 添加高斯式模糊

17 同时选中矩形及图像，单击属性栏中的【修剪】按钮，对图像进行修剪，如图9.118所示。

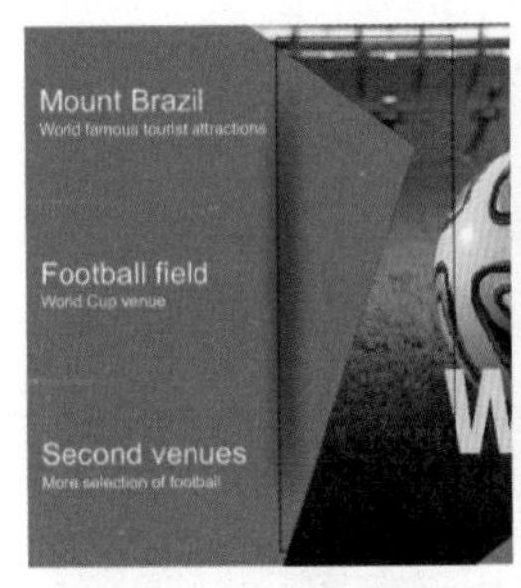

图9.117 绘制矩形

图9.118 修剪图像

18 单击工具箱中的【钢笔工具】按钮，在上方文字右侧绘制一个箭头，设置【轮廓】为白色，【轮廓宽度】为0.5，如图9.119所示。

19 选中箭头向右侧平移复制一份，如图9.120所示。

图9.119 绘制箭头

图9.120 绘制箭头

20 同时选中两个箭头，向下移动复制两份。

21 单击工具箱中的【文本工具】字按钮，在网页左下角位置输入文字（Arial），这样就完成了效果的制作，如图9.121所示。

图9.121 最终效果

9.5 汉堡网页设计

实例解析 CorelDRAW X8

本例讲解汉堡网页设计。汉堡作为典型的西式主食，在饮食界具有非一般的代表意义，在网页制作过程中以红色作为主色调，将汉堡的美味特质完美地表现出来，最终效果如图9.122所示。

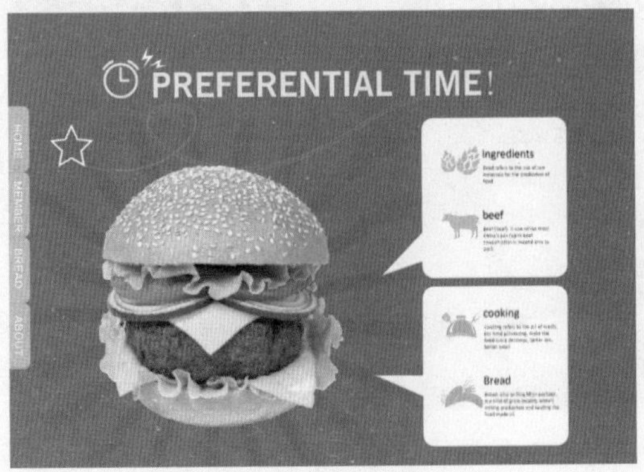

图9.122 最终效果

学习目标 CorelDRAW X8

本例主要学习【矩形工具】□、【添加透视】命令、【透明度工具】▩、【星形工具】☆的使用；掌握汉堡网页设计方法。

云盘下载

视频文件：movie\9.5 汉堡网页设计.avi

源文件：源文件\第9章\汉堡网页设计.cdr

操作步骤 CorelDRAW X8

9.5.1 制作放射背景

1 单击工具箱中的【矩形工具】□按钮，绘制一个矩形，设置【填充】为红色（R：190，G：53，B：55），【轮廓】为无，如图9.123所示。

图9.123 填充渐变

2 单击工具箱中的【矩形工具】□按钮，在矩形上绘制一个矩形，设置其【填充】为红色（R：168，G：43，B：46），【轮廓】为无，如图9.124所示。

3 执行菜单栏中的【效果】|【添加透视】命令，按住Ctrl+Shift组合键将矩形透视变形，如图9.125所示。

图9.124 绘制矩形

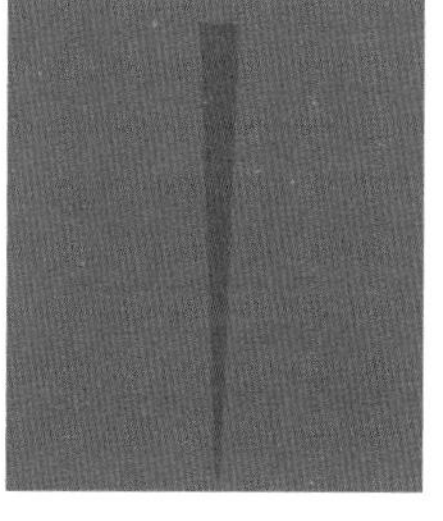

图9.125 将矩形变形

4 在矩形上单击，将中心点移至底部位置，按住鼠标左键顺时针旋转至一定角度按下鼠标右键，将图形复制，如图9.126所示。

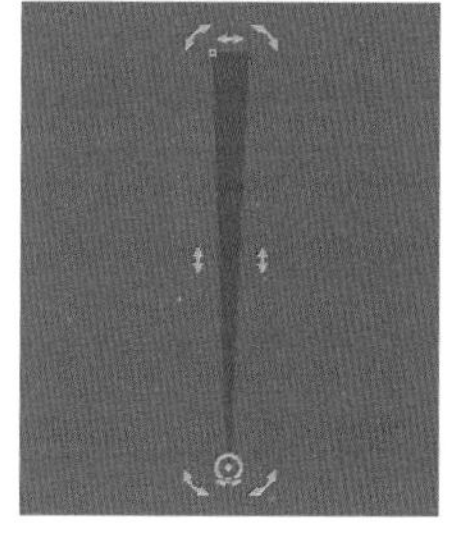

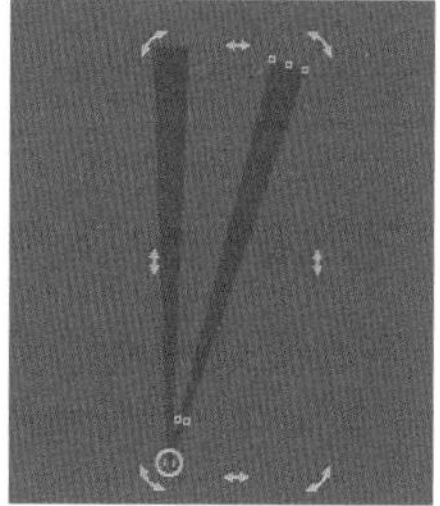

图9.126 复制图形

5 按Ctrl+D组合键将图形复制多份，如图9.127所示。

6 同时选中所有图形，单击属性栏中的【合并】⊡按钮，将图形合并，再单击工具箱中的【透明度工具】▩按钮，分别单击属性栏中的【渐变透明度】◩及【椭圆形渐变透明度】▩按钮，如图9.128所示。

图9.127 复制图形

图9.128 最终效果

7 选中刚才绘制的放射图形，执行菜单栏中的【对象】|【PowerClip】|【置于图文框内部】命令，将放射图形放置到下方矩形内部，如图9.129所示。

8 执行菜单栏中的【文件】|【导入】命令，导

入“汉堡.cdr文件，在放射图形位置单击并缩小图像，如图9.130所示。

图9.129 置于图文框内部

图9.130 导入图像

9.5.2 制作网页标签

1 单击工具箱中的【矩形工具】□按钮，在汉堡图像左侧位置绘制一个矩形，设置其【填充】为橙色（R：255，G：166，B：0），【轮廓】为无，如图9.131所示。

2 单击工具箱中的【形状工具】按钮，拖动右上角节点将其转换为圆角矩形，如图9.132所示。

图9.131 绘制矩形

图9.132 转换为圆角矩形

3 选中圆角矩形，向下移动复制，再按Ctrl+D组合键将图形复制2份，如图9.133所示。

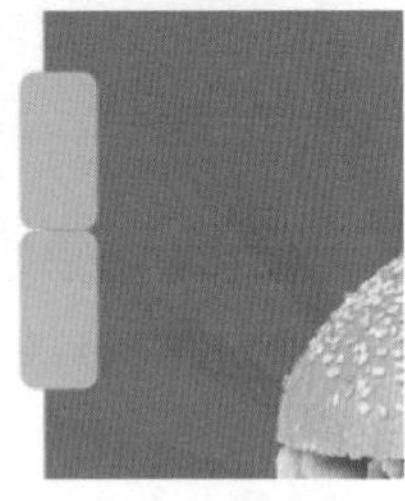

图9.133 复制图形

4 同时选中4个圆角矩形，执行菜单栏中的【对象】|【PowerClip】|【置于图文框内部】命令，将图形放置到下方矩形内部，如图9.134所示。

5 单击工具箱中的【文本工具】字按钮，输入文字（NewsGoth BT），如图9.135所示。

图9.134 置于图文框内部

图9.135 添加文字

6 执行菜单栏中的【文件】|【打开】命令，打开“图标.cdr”文件，将打开的文件拖入页面刚才添加的文字左侧位置，如图9.136所示。

7 单击工具箱中的【钢笔工具】按钮，在图标右上角绘制一个闪电图形，设置其【填充】为白色，【轮廓】为无，如图9.137所示。

图9.136 添加图标

图9.137 绘制图形

8 选中闪电图形将其复制一份并适当缩小旋转，如图9.138所示。

图9.138 复制变换图形

9.5.3 修饰商品

1 单击工具箱中的【矩形工具】□按钮，在汉堡图像右侧绘制一个矩形，设置其【填充】为浅灰色（R：240，G：240，B：240），【轮

廓】为无，如图9.139所示。

2 单击工具箱中的【形状工具】按钮，拖动矩形右上角节点将其转换为圆角矩形，如图9.140所示。

图9.139 绘制矩形

图9.140 转换为圆角矩形

3 在圆角矩形上单击鼠标右键，从弹出的快捷菜单中选择【转换为曲线】命令。

4 单击工具箱中的【钢笔工具】按钮，在圆角矩形左下角边缘位置单击添加三个节点，如图9.141所示。

5 单击工具箱中的【形状工具】按钮，拖动节点将其变形，如图9.142所示。

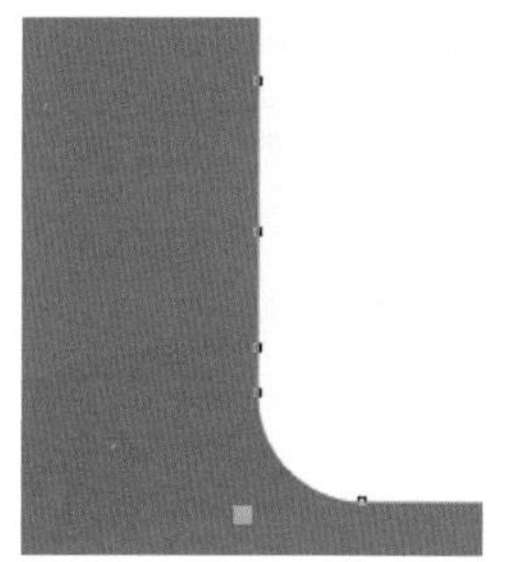
图9.141 添加节点

图9.142 将图形变形

6 选中经过变形的圆角矩形，向下移动复制，再单击工具箱中的【形状工具】按钮，拖动左侧变形部分，调整变形效果，如图9.143所示。

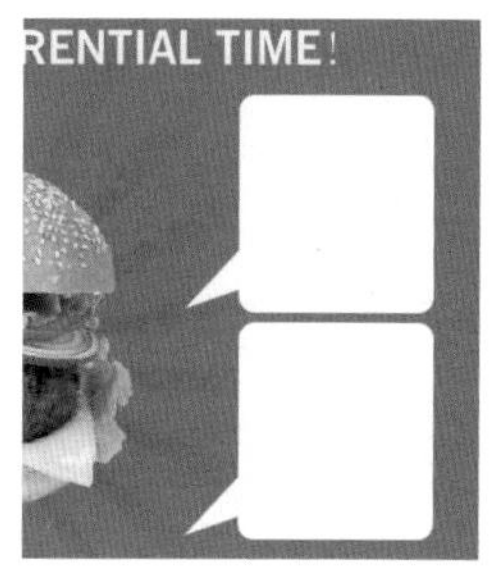

图9.143 拖动节点

7 执行菜单栏中的【文件】|【打开】命令，打开“食品图标.cdr”文件，将打开的文件拖入当前页面圆角矩形位置，如图9.144所示。

8 单击工具箱中的【文本工具】字按钮，在图标右侧输入文字（Calibri），如图9.145所示。

图9.144 添加图标

图9.145 输入文字

9 单击工具箱中的【钢笔工具】按钮，在汉堡图像顶部绘制一条曲线，设置其【填充】为无，【轮廓】为白色，【轮廓宽度】为细线，如图9.146所示。

10 选中曲线，将其向下稍微移动复制，如图9.147所示。

图9.146 绘制曲线

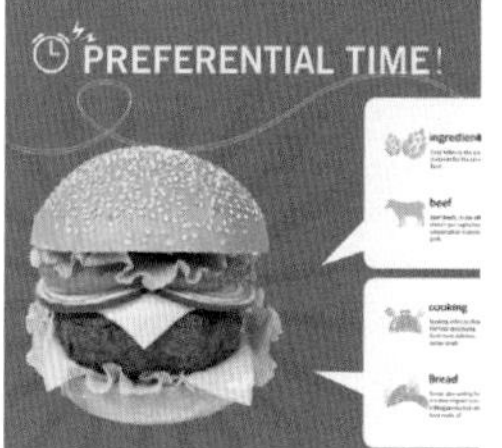

图9.147 复制曲线

11 同时选中两条曲线，单击属性栏中的【合并】按钮，将线条合并，如图9.148所示。

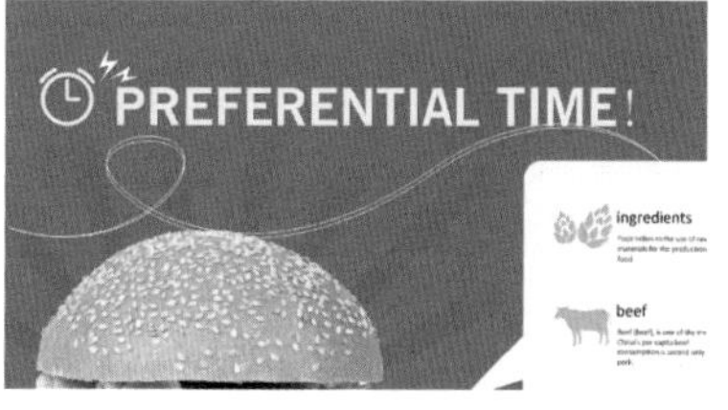

图9.148 合并线段

12 选中线段，单击工具箱中的【透明度工具】按钮，在属性栏中将【合并模式】更改为柔光，在右侧位置拖动适当降低其透明度，如图9.149所示。

13 单击工具箱中的【星形工具】☆按钮，设置【填充】为无，【轮廓】为白色，【轮廓宽度】为1，如图9.150所示。

图9.149 降低透明度

图9.150 绘制星形

14 单击工具箱中的【形状工具】按钮，拖动星形内侧节点将其稍微变形，这样就完成了效果的制作，如图9.151所示。

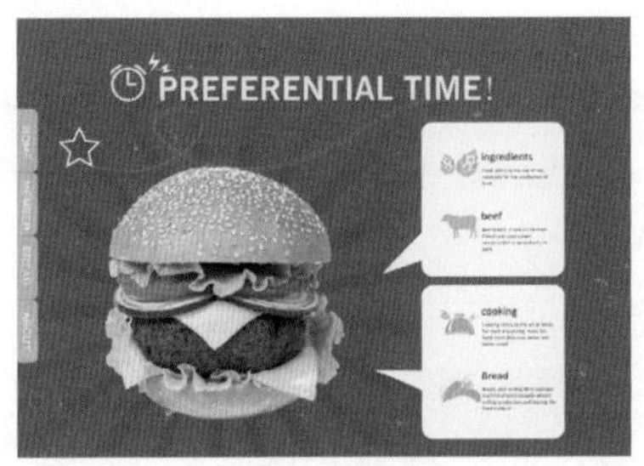

图9.151 最终效果

第10章

手绘招贴设计

10.1 惯性思维招贴设计

实例解析 CorelDRAW X8

本实例主要使用【贝塞尔工具】、【文本工具】字、【立体化工具】等制作出具有青春活力、造型简洁的插画效果，最终效果如图10.1所示。

图10.1 最终效果

学习目标 CorelDRAW X8

本例主要掌握【文本工具】、【贝塞尔工具】及【立体化工具】命令的应用；熟悉插画设计的最新表现形式，并且在色彩上能够运用自如。

视频文件：movie\10.1 惯性思维招贴设计.avi

源文件：源文件\第10章\惯性思维招贴设计.cdr

操作步骤 CorelDRAW X8

10.1.1 制作外框及绘制底色

1 单击工具箱中的【矩形工具】按钮，绘制一个【宽度】为200mm，【高度】为300mm的矩形，设置其【轮廓】为无，【填充】为黄绿色（C：12；M：0；Y：90；K：0），如图10.2所示。

图10.2 绘制矩形并填充颜色

2 单击工具箱中的【贝塞尔工具】按钮，在灰色矩形中任意绘制多个三角形，填充不同深浅的绿色，让矩形呈现出一种立体感，如图10.3所示。

图10.3 绘制三角形并填充颜色

3 单击工具箱中的【箭头形状工具】按钮，拖动鼠标绘制一个箭头形状，调整其大小之后，复制一份并通过属性栏中的【水平镜像】按钮调整到相反方向，如图10.4所示。

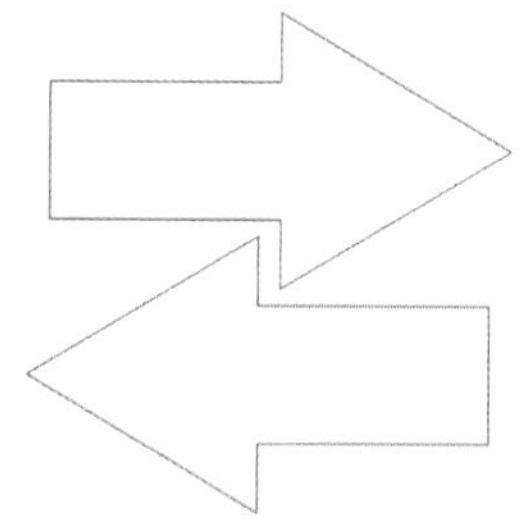

图10.4 绘制箭头图形复制并水平翻转

4 依次选中箭头图形，放置到矩形中下部位置，调整大小和间距。为其中一个图形填充白色，设置【轮廓】为无，另一个设置轮廓【颜色】为绿色（C：30；M：0；Y：100；K：0），【轮廓宽度】为1.5mm，【填充】为无，如图10.5所示。

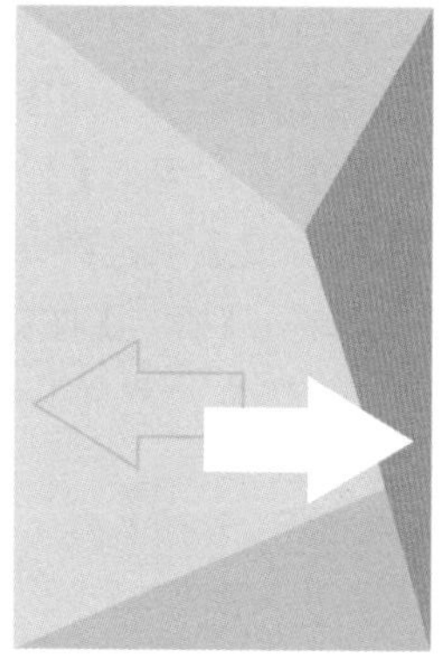

图10.5 摆放位置并添加颜色

5 单击工具箱中的【透明度工具】按钮，拖动鼠标为白色箭头应用透明度效果，效果如图10.6所示。

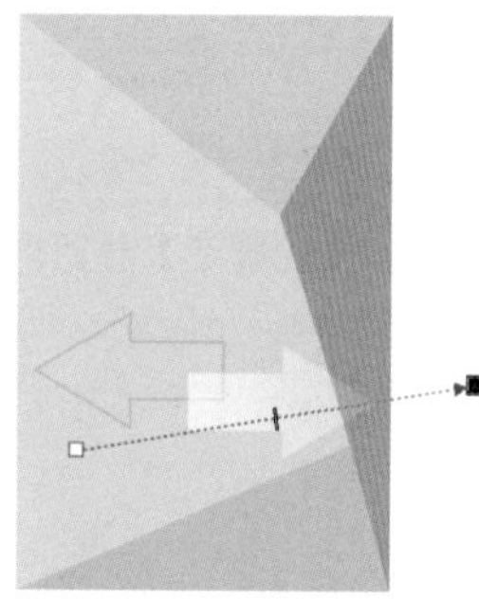

图10.6 应用透明度效果

6 将白色透明箭头图案复制一份，放置在图形右上方并水平翻转。确认选中图形，执行菜单栏中的【对象】|【转换为曲线】命令，或按Ctrl+Q组合键将图形转换为曲线，单击工具箱中的【形状工具】按钮，通过移动节点来改变图形的整体形状，如图10.7所示。

7 单击工具箱中的【椭圆形工具】按钮，在属性栏中单击【弧】按钮，调整效果如图10.8所示。

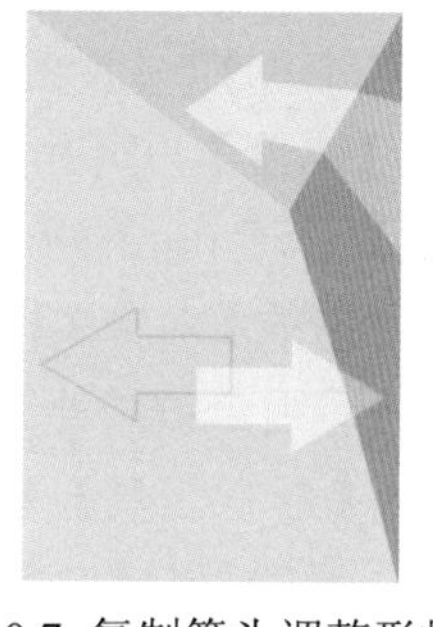

图10.7 复制箭头调整形状

图10.8 绘制弧形

8 将弧形放置与于矩形中，调整大小与位置。打开【轮廓笔】对话框，如图10.9所示，设置轮廓【颜色】为白色，【轮廓宽度】为1.5mm，在【线条样式】下拉菜单中选择线条样式为虚线模式，单击【确定】按钮完成操作，如图10.10所示。

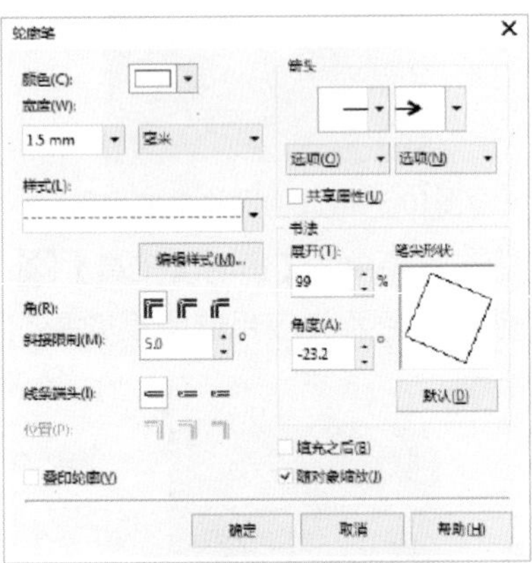

图10.9 【轮廓笔】对话框

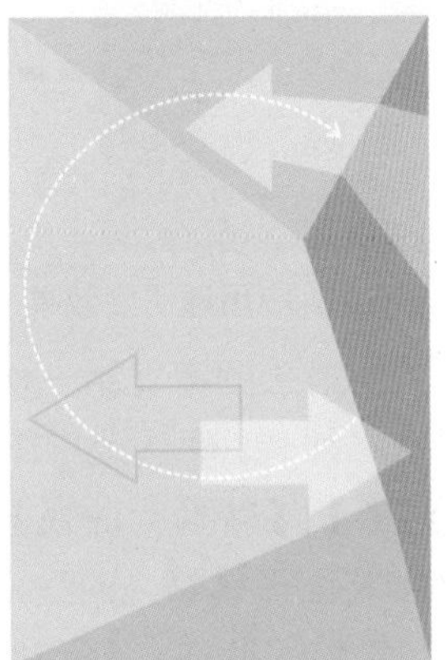

图10.10 完成弧线编辑

9 单击工具箱中的【椭圆形工具】○按钮，绘制一个【高度】为40mm，【宽度】为40mm的正圆形，填充颜色为无，设置轮廓【颜色】为黄绿色（C：9；M：0；Y：80；K：0），【轮廓宽度】为7mm，效果如图10.11所示。将图形放置于矩形的适当位置，单击工具箱中的【透明度工具】按钮，为环形应用透明效果，如图10.12所示。

图10.11 绘制正圆

图10.12 应用透明效果

10.1.2 绘制图形

1 单击工具箱中的【矩形工具】□按钮，分别绘制【宽度】为52mm，【高度】为56mm和【宽度】为35mm，【高度】为56mm的两个矩形。选中图形，执行菜单栏中的【对象】|【转换为曲线】命令，或按Ctrl+Q组合键将矩形转换为曲线；单击工具箱中的【形状工具】按钮，通过移动节点来改变图形的整体形状，然后将二者左右拼贴，如图10.13所示。

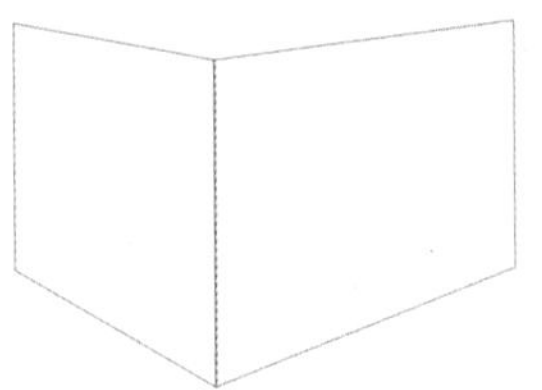

图10.13 绘制两个矩形并变形

2 单击工具箱中的【矩形工具】□按钮，绘制一个【宽度】为35mm，【高度】为40mm的矩形，在属性栏中【圆角半径】的下面两个数值框分别输入8，使矩形的下方两个角变成圆角。然后单击工具箱中的【形状工具】按钮，移动节点来改变图形的整体形状，如图10.14所示。

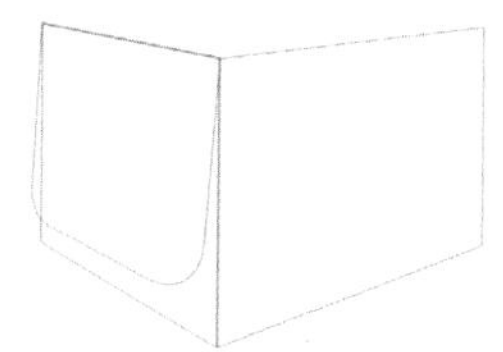

图10.14 绘制并添加圆角矩形

知识链接：【对象管理器】泊坞窗中参数的介绍

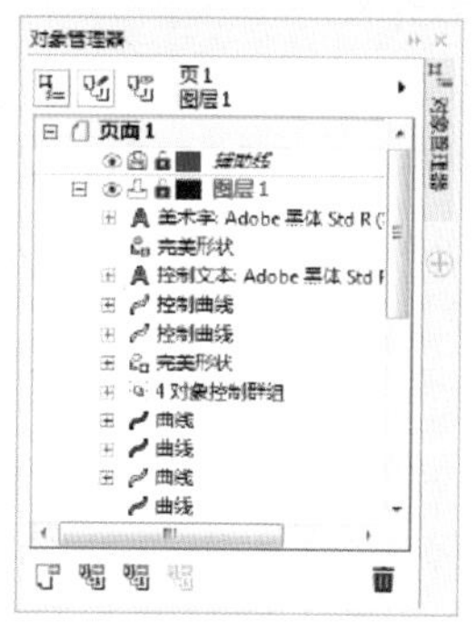

- 【显示或隐藏】按钮：单击按钮，可以隐藏图层。在隐藏图层后，按钮将变为状态，单击按钮，又可以显示图层。
- 【启用还是禁用打印和导出】按钮：单击按钮，可以禁用图层的打印和导出，此时按钮变为状态。禁用打印和导出图层后，可防止该图层中的内容被打印或导出到绘图中，也防止在全屏预览中显示。单击按钮，又可启用图层的打印和导出。
- 【锁定或解锁】按钮：单击按钮，可锁定图层，此时图标将变为状态。单击按钮，可解除图层的锁定，使图层成为可编辑状态。

3 单击工具箱中的【贝塞尔工具】按钮，贴齐图形的边角绘制一个三角形和两个四边形，如图10.15所示。

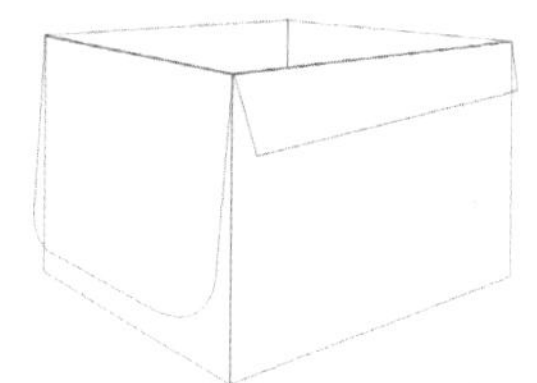

图10.15 绘制并添加其他图形

4 分别选中其中的4个图形，为它们填充白色、灰色（C：0；M：0；Y：0；K：20）淡绿色（C：35；M：0；Y：97；K：0）、绿色（C：100；M：0；Y：100；K：0）、粉红色（C：4；M：55；Y：42；K：0）和深红色（C：27；M：90；Y：84；K：0），设置【轮廓】为无，如图10.16所示，完成立体效果。

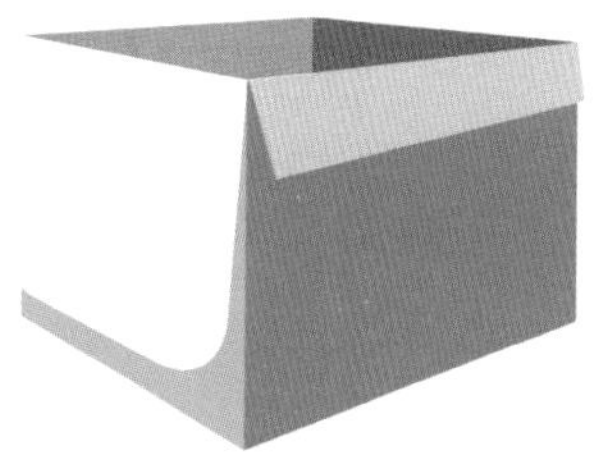

图10.16 填充不同颜色

5 单击工具箱中的【文本工具】字按钮，输入大写英文“INERTIA THINKING”，设置【字体】为“Adobe 黑体 Std R”，【大小】为“20pt”，如图10.17所示。

INERTIA THINKING

图10.17 输入文字

6 单击工具箱中的【形状工具】按钮以及【封套工具】按钮，以调整角度和倾斜度，如图10.18所示。

INERTIA THINKING

图10.18 编辑之后的效果

7 单击工具箱中的【阴影工具】按钮，为其中两个白色的图形应用阴影效果，再将制作完成的文字调整到适当大小放置在右侧的矩形中，如图10.19所示。

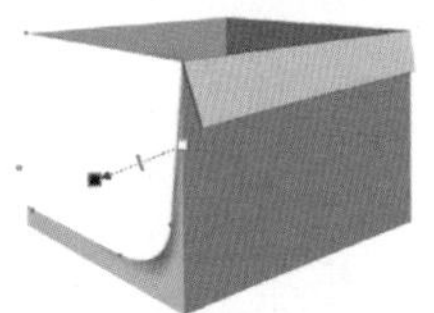

图10.19 阴影效果

知识链接：【立体化照明】的参数介绍

单击【立体化照明】按钮，将弹出【立体化照明】面板。在此面板中，可以为立体化图形添加光照效果和阴影，从而使立体化图形产生的立体效果更强。

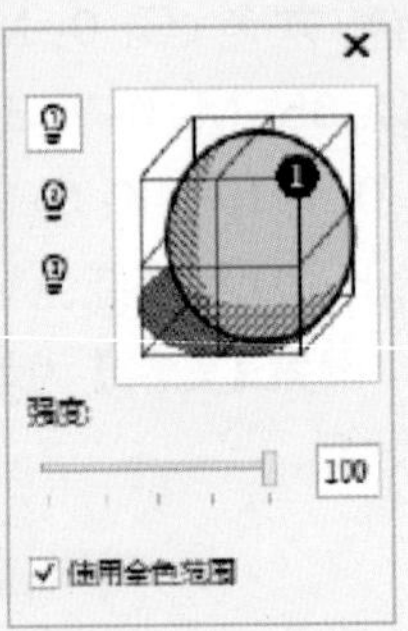

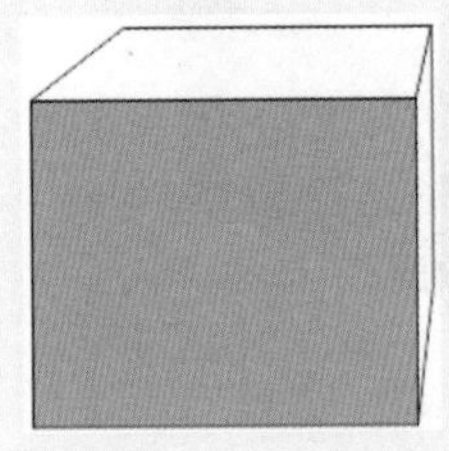

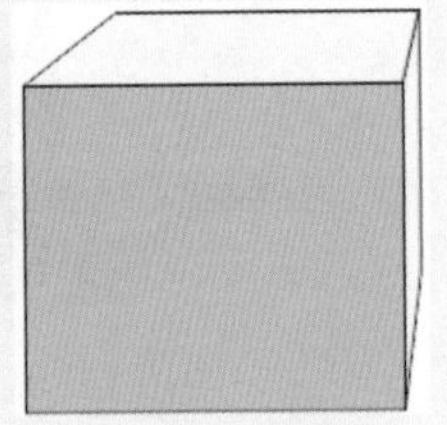

- 【光源1】、【光源2】和【光源3】按钮：单击光源按钮，可以在当前选择的立体化图形中应用一个、2个或3个光源。再次单击光源按钮，可以将其去除。另外，在预览窗口中拖动光源按钮可以移动其位置。
- 【强度】滑块：单击此滑块，可以调整光源的强度。向左拖动滑块，可以使光源的强度减弱，使立体化图形变暗；向右拖动滑块，可以增加光源的光照强度，使立体化图形变亮。注意，每个光源是单独调整的，在调整之前应先在预览窗口中选择好光源。
- 【使用全色范围】复选框：选中该复选框，可以使阴影看起来更加逼真。

8 选中文字部分，单击工具箱中的【立体化工具】按钮，光标变成“”状，按住鼠标向左上部拖动少许距离，然后释放鼠标。单击属性栏中的【立体化颜色】按钮，设置为【使用递减的颜色】，填充为绿色（C：100；M：0；Y：100；K：0）到黑色，并将文字颜色变成绿色（C：100；M：0；Y：100；K：0）。单击属性栏中的【立体化照明】按钮，调整之后，完成立体化效果，如图10.20所示。

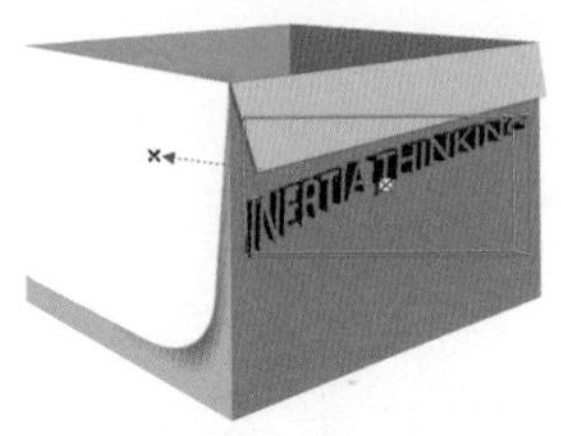

图10.20 立体化效果

9 单击工具箱中的【文本工具】字按钮，输入中文“惯性思维”，设置【字体】为“微软雅黑”，【大小】为“175pt”，填充为浅绿色（C：37；M：7；Y：83；K：0）。选中中文部分，单击属性栏中的【将文本更改为垂直方向】按钮，执行菜单栏中的【对象】|【拆分美术字】命令，或者按Ctrl+K组合键将文字拆分，重新摆放，效果如图10.21所示。

10 选中全部文字，按Ctrl + Q组合键，将其转换为曲线，并将其群组。单击工具箱中的【立体化工具】按钮，光标变成“”状，按住鼠标向右上部拖动少许距离，然后释放鼠标，为其应用立体化效果。单击属性栏中的【立体化颜色】按钮，设置为【使用递减的颜色】，填充为绿色（C：100；M：0；Y：100；K：0）到黑色，完成立体化效果，如图10.22所示。

图10.21 排列文字

图10.22 立体化效果

知识链接：【对象管理器】泊坞窗快捷菜单中的功能介绍

执行菜单栏中的【窗口】|【泊坞窗】|【对象管理器】命令，打开【对象管理器】泊坞窗。单击【对象管理器】泊坞窗右上角的▸按钮，可弹出快捷菜单，在该快捷菜单中的几个常用功能介绍如下：

- 【新建图层】命令：选择该命令，可新建一个图层。
- 【新建主图层】命令：选择该命令，可新建一个主图层。
- 【删除图层】命令：选择需要删除的图层，然后选择该命令，可以将所选的图层删除。
- 【移到图层】命令：选取需要移动的图层，然后选择【移到图层】命令，再单击目标图层，即可将所选的对象移动到目标图层中。
- 【复制到图层】命令：选取需要复制的对象，然后选择【复制到图层】命令，再单击目标图层，即可将所选的对象复制到目标图层中。
- 【显示对象属性】命令：选择该命令，显示对象的详细信息。
- 【跨图层编辑】命令：当该命令为✔选中状态时，可允许编辑所有的图层；当取消该命令的选中时，只能允许编辑活动的图层，也就是所选的图层。
- 【扩展为显示选定的对象】命令：选择该命令，显示所选的对象。
- 【显示页面】命令：选择该命令，【对象管理器】泊坞窗内只显示页面。
- 【显示图层】命令：选择该命令，【对象管理器】泊坞窗内只显示图层。

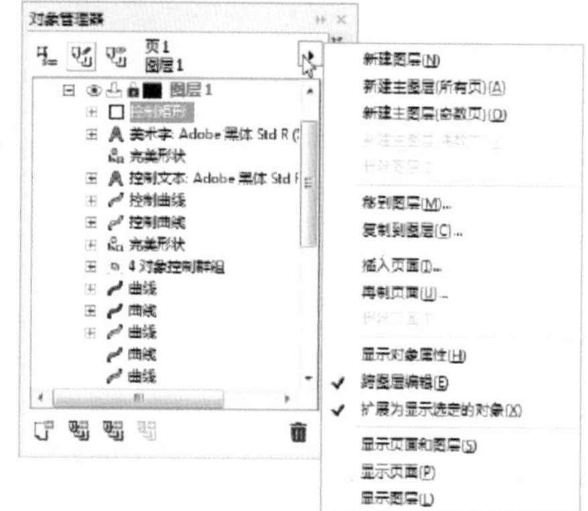

10.1.3 组合图形完成设计

1 将制作完成的盒子放在矩形中，调整大小以及位置。单击工具箱中的【贝塞尔工具】按钮，为盒子绘制阴影，如图10.23所示。

2 选中封闭图形并填充深绿色（C：91；M：52；Y：93；K：24）。单击工具箱中的【透明度工具】按钮，选中图形，按住鼠标向右上角拖动，为其应用透明效果，如图10.24所示。

图10.23 绘制封闭图形

图10.24 应用透明效果

知识链接：在【对象管理器】泊坞窗中创建图层的方法

在【对象管理器】泊坞窗中单击【新建图层】按钮，即可创建一个新图层，同时在出现的文字编辑框中可以修改图层的名称。默认状态下，新建的图层以【图层2】命名。如果要在主页面中创建新的主图层，单击【对象管理器】泊坞窗左下角的【新建主图层(所有页)】按钮即可。

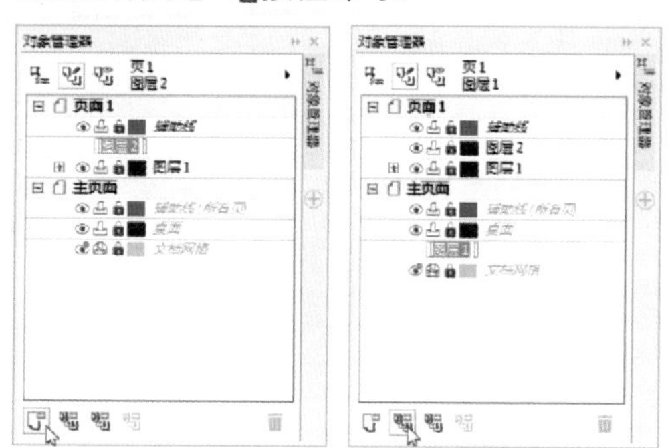

3 单击工具箱中的【箭头形状工具】按

钮，拖动鼠标绘制一个箭头形状，调整其大小之后，在属性栏中的【旋转角度】中输入90，使箭头指向上方。单击图形，使图形变成旋转模式，将光标移动到“ ↕ ”状编辑点时，拖动鼠标对图形应用扭曲效果，如图10.25所示。

4 调整完成之后，将箭头填充为绿色（C：44；M：0；Y：80；K：0），【轮廓】设置为无，并调整大小放置于盒子的一侧，如图10.26所示。

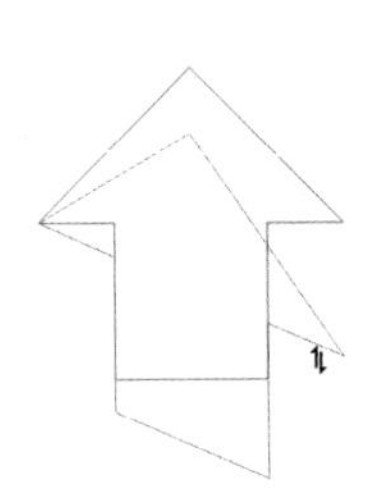

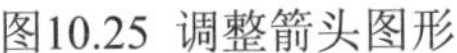

图10.25 调整箭头图形

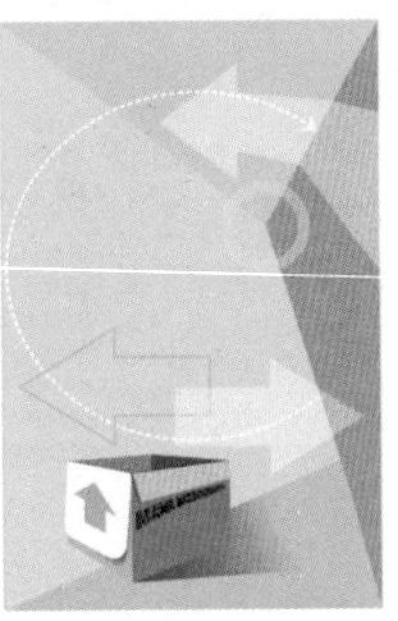

图10.26 完成效果

5 将之前绘制完成的中文“惯性思维”放置到矩形中的盒子上方，效果如图10.27所示。将盒子上的英文复制一份，调整大小和方向以及角度，然后放置在矩形顶端，如图10.28所示，完成插画设计最终效果图。

图10.27 添加文字

图10.28 完成绘制

10.2 一路捡拾青春招贴设计

实例解析 CorelDRAW X8

本实例主要使用【矩形工具】□、【文本工具】字、【立体化工具】等制作出青春活泼、绚丽多彩的书籍杂志插画作品，最终效果如图10.29所示。

图10.29 最终效果

学习目标 CorelDRAW X8

本例主要掌握【文本工具】、【矩形工具】及【立体化工具】命令的应用，能够熟练运用图案表现的形象来传达审美与实用相统一的原则。

云盘下载

视频文件：movie\10.2 一路捡拾青春招贴设计.avi

源文件：源文件\第10章\一路捡拾青春招贴设计.cdr

操作步骤 CorelDRAW X8

10.2.1 制作外框及填充底色

1 单击工具箱中的【矩形工具】□按钮，绘制一个【宽度】为150mm，【高度】为220mm的矩形，复制两个矩形，并依次设置【宽度】为100mm，【高度】为220mm。然后将三个矩形并排放置，首尾贴齐，如图10.30所示。

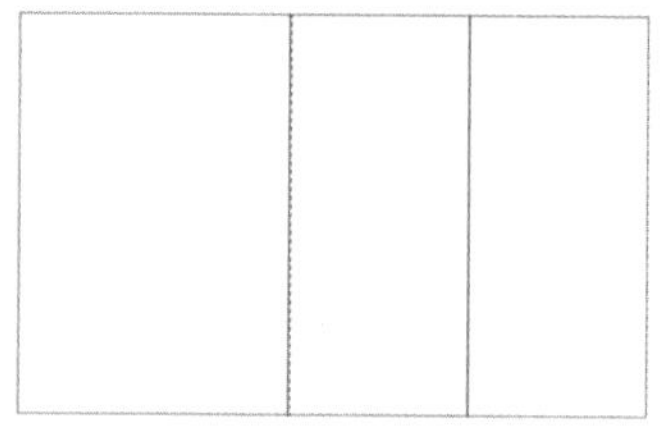

图10.30 绘制矩形

2 依次选中3个矩形，分别填充为灰色（C：0；M：0；Y：0；K：10）、真绿色（C：16；M：0；Y：95；K：0），浅清色（C：37；M：4；Y：4；K：0），效果如图10.31所示。

图10.31 填充颜色

知识链接：在【对象管理器】泊坞窗中删除图层的方法

在绘图过程中，如果要删除不需要的图层，可在【对象管理器】泊坞窗中选择需要删除的图层，然后单击【删除】按钮，或者直接按Delete键，即可直接删除选中的图层。

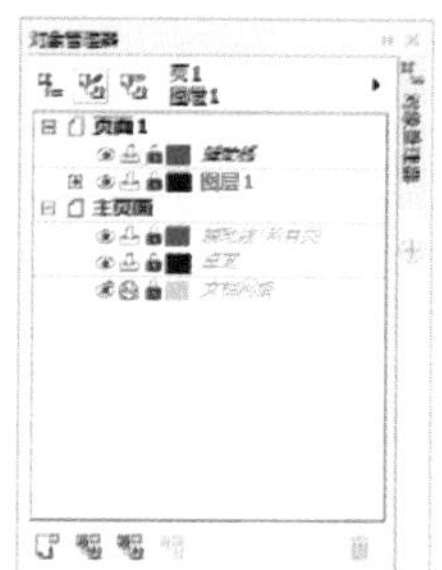

10.2.2 制作文字

1 单击工具箱中的【文本工具】字按钮，输入数字“46”，设置【字体】为“汉仪综艺体简”。执行菜单栏中的【对象】|【拆分美术字】命令，或者按Ctrl+K组合键将文字拆分，并将数字组摆放在一起，如图10.32所示。

图10.32 输入并调整数字

2 选中数字，执行菜单栏中的【对象】|【转换为曲线】命令，或者按Ctrl+Q组合键，将文字全部转换为曲线，设置【填充】为无，【轮廓】颜色为白色。单击工具箱中的【阴影工具】按钮，按住鼠标从左上角向右下角拖动，并设置属性栏中的【阴影不透明度】为50，【阴影羽化】为1，然后将图形放置到最右侧的绿色和蓝色矩形上方，调整大小和位置，效果如图10.33所示。

图10.33 完成编辑放置到矩形中

3 将数字复制一份，填充为白色，设置【轮廓】为无。单击工具箱中的【阴影工具】按钮，按住鼠标从右上角向左下角拖动，并设置属性栏中的【阴影的不透明度】为50，【阴影羽化】为1，然后将图形放置到最左侧的灰色矩形上方，调整大小和位置，效果如图10.34所示。

图10.34 完成编辑放置到矩形中

4 单击工具箱中的【文本工具】字按钮，输入英文“weare”，设置字体为“汉仪综艺体简”。选中文字，执行菜单栏中的【对象】|【拆分美术字】命令，或者按Ctrl+K组合键将文字拆分，并调整不同大小，效果如图10.35所示。

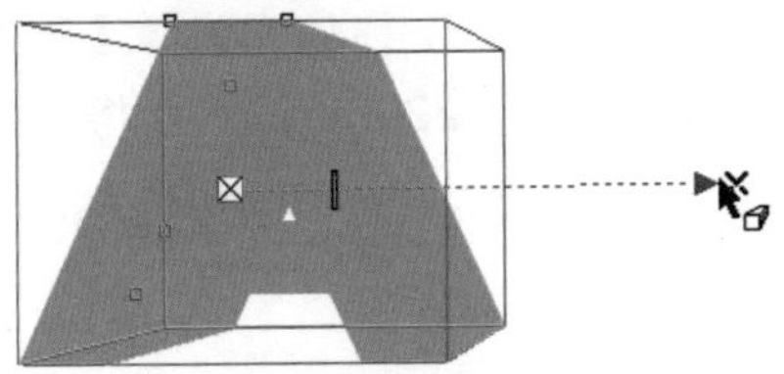

图10.35 输入并调整英文

5 选中字母“A”，填充为蓝色（C：69；M：7；Y：15；K：0）。单击工具箱中的【立体化工具】按钮，从左向右水平拖动，效果如图10.36所示。释放鼠标完成立体化效果之后，单击属性栏中的【立体化照明】按钮，打开光源小窗口，通过调整光源亮度，改善色彩的明暗，效果如图10.37所示。

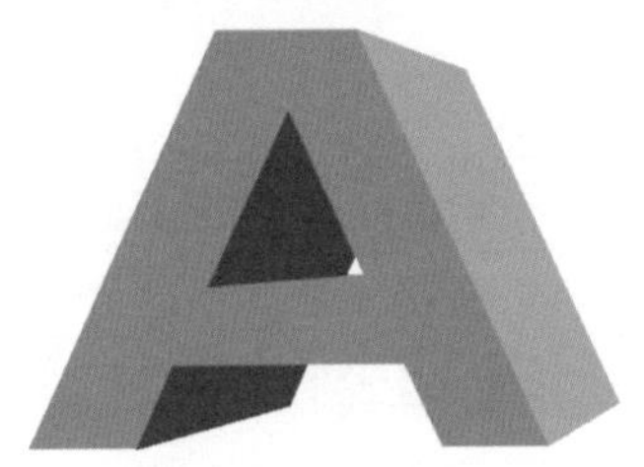

图10.36 拖动鼠标应用立体化效果

图10.37 调整照明

6 逐一选中其他英文字母，填充不同颜色、调整不同大小之后，依照前面讲过的方法，为其应用立体效果，并注意色彩的和谐搭配与照明的设置，效果如图10.38所示。

图10.38 填充立体字的颜色

知识链接：【立体化工具】中【灭点属性】选项的参数介绍

【灭点属性】选项是更改灭点的锁定位置、复制灭点或在对象间共享灭点。【灭点属性】包括【灭点锁定到对象】、【灭点锁定到页面】、【复制灭点，自……】、【共享灭点】4个选项。

- 【灭点锁定到对象】选项：图形的灭点是锁定到图形上的。当对图形进行移动时，灭点和立体效果将随图形的移动而移动。
- 【灭点锁定到页面】选项：图形的灭点将被锁定到页面上。当对图形进行移动时，灭点的位置保持不变。
- 【复制灭点，自…】选项：选择该选项后鼠标光标将变为形态，此时将鼠标光标移动到绘图窗口中的另一个立体化图形上单击，可以使该立体化图形与选择的立体化图形的灭点复制到选择的立体化图形上。
- 【共享灭点】选项：选择该选项后鼠标光标将变为形态，此时将鼠标光标移动到绘图窗口中的的另一个立体化图形上单击，可以使该立体化图形与所选择的立体化图形共同使用一个灭点。

7 分别选中各个字母，单击工具箱中的【封套工具】按钮，将封套4条边上的中心节点全部删除。然后依次右键单击4条边，在弹出的快捷菜单中选择【到直线】命令，将4条边改成直线，如图10.39所示。

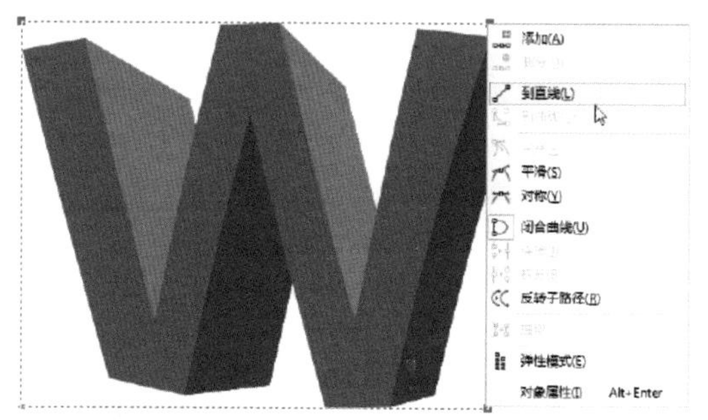

图10.39 选择【到直线】命令

8 按住封套左上角的编辑点，垂直向下拖动少许，然后按住封套左下角的编辑点，垂直向上拖动少许，将文字完成变形效果，如图10.40所示。

图10.40 应用封套工具

9 分别选中各个字母，将其放置于彩色背景中，摆放位置尽可能达到参差不齐，又错落有致的立体效果，如图10.41所示。

图10.41 添加到背景中

知识链接：【立体化工具】中【立体化旋转】选项的参数介绍

单击【立体化旋转】按钮，将弹出选项面板。将鼠标光标移动到面板中，当鼠标光标变为形状按住鼠标左键拖动，旋转此页面的数值按钮，可以调节立体图形的视图角度。

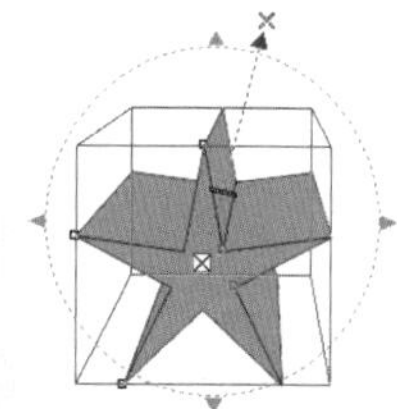

- 按钮：单击该按钮，可以将旋转后立体图形的视图角度恢复为初始形态。
- 按钮：单击该按钮，【立体的方向面板】将变为【旋转值】选项面板，通过设置【旋转值】面板中的x、y、z的参数，也可以调整立体化图形的视图角度。

在选择的立体化图形上再次单击，将出现旋转框，在旋转框内按住鼠标左键并拖动，也可以旋转立体图形。

10.2.3 添加其他文字完成设计

1 单击工具箱中的【文本工具】字按钮，输入英文“lost youth”，设置【字体】为“impact”。选中文字，执行菜单栏中的【对象】|【拆分美术字】命令，或者按Ctrl+K组合键将文字拆分，然后调整不同大小，效果如图10.42所示。

图10.42 输入并调整文字

2 选中“youth”，单击工具箱中的【封套工具】按钮，按照前面讲过的方法，将文字完成变形效果，如图10.43所示。

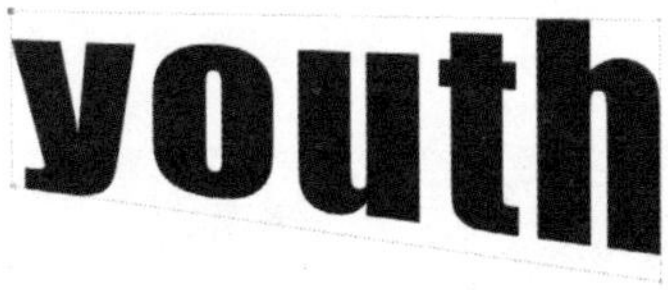

图10.43 应用封套效果

3 将文字放置到背景板左侧的灰色矩形下方，填充为青色（C：84；M：21；Y：5；K：0），并调整大小和位置以及两个单词之间的距离，如图10.44所示。

图10.44 添加文字到背景版中

4 选中单词“youth”，复制一份。单击属性栏中的【垂直镜像】按钮，将文字翻转，双击使其转变成旋转模式，将光标放在左侧状编辑点上，按住鼠标垂直向上拖动完成扭曲，效果如图10.45所示。

图10.45 翻转调整文字

5 单击工具箱中的【橡皮擦工具】按钮，选中“youth”的翻转文字，按住鼠标拖动擦除一半，如图10.46所示。

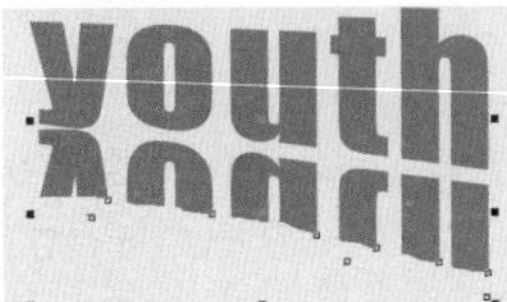

图10.46 使用橡皮擦工具擦除文字

6 选中单词“lost”，按照之前同样的方法将其翻转并放置在其单词下方，然后单击工具箱中的【透明度工具】按钮，分别选中单词的“翻转文字”，按住鼠标直线拖动，完成透明效果，为英文应用倒影的立体感觉，如图10.47所示。

图10.47 应用透明效果

知识链接：【透明度工具】应用的小技巧

在【透明度类型】选项中选择【无】以外的其他选项时，属性栏中的参数才可用，需要注意的是，选择不同的选项弹出的选项参数也各不相同；为图形添加透明效果后，图形中将出现透明调整杆，通过调整其大小或位置，可以改变图形的透明效果。

7 单击工具箱中的【文本工具】字按钮，输入中文“一路捡拾青春”。选中文字，执行菜单栏中的【对象】|【拆分美术字】命令，将文字拆分，设置【字体】分别为“汉仪字典宋简”“幼圆”“微软雅黑”，并调整不同大小，然后将相应词组摆放在一起，效果如图10.48所示。

一路捡拾青春

图10.48 输入并调整中文字体

8 单击工具箱中的【文本工具】字按钮，输入汉语拼音“yilu jianshi qingchun”。选中拼音，同样执行菜单栏中的【对象】|【拆分美术字】命令，将文字拆分，设置字体为“Felix titling”，并调整不同大小，然后将相应词组摆放在一起，效果如图10.49所示。

JIANSHI
YILU QINGCHUN

图10.49 输入并调整拼音

9 将文字分别添加到背景板中右侧蓝色与绿色的矩形中，调整位置与大小，填充为白色与黄绿色（C：16；M：0；Y：95；K：0），效果如图10.50所示。

图10.50 完成设计

知识链接：在【对象管理器】泊坞窗中删除图层的细节

默认页面（页面1）不能被删除或复制，同时辅助线图层、桌面图层和网格图层也不能被删除。如果需要删除的图层被锁定，那么必须将该图层解锁后，才能将其删除，在删除图层时，将同时删除该图层上的所有对象，如果要保留该图层上的对象，可先将对象移动到另一个图层上，然后再删除当前图层。

10.3 星座物语招贴设计

实例解析 CorelDRAW X8

本实例主要使用【矩形工具】□、【贝塞尔工具】、【文本工具】字等制作出青春活泼、绚丽多彩的星座插画效果。本实例的最终效果如图10.51所示。

图10.51 最终效果

本例主要掌握【贝塞尔工具】、【矩形工具】及【导入】命令的应用，了解插画设计的基本绘制方法，并能通过以上工具掌握插画设计的技巧。

视频文件：movie\10.3 星座物语招贴设计.avi

源文件：源文件\第10章\星座物语招贴设计.cdr

10.3.1 制作外框及绘制底色

1 单击工具箱中的【矩形工具】□按钮，绘制一个【宽度】为300mm，【高度】为200mm的矩形。单击工具箱中的【形状工具】按钮，此时光标变成▶状，将光标放置到矩形的任意一个角，按住鼠标向对角拖动，如图10.52所示。释放鼠标便可完成圆角效果，如图10.53所示。

图10.52 绘制圆角矩形

图10.53 完成圆角矩形绘制

2 选中圆角矩形，将其填充灰白色（C：4；M：5；Y：8；K：0）到白色的椭圆形渐变填充，如图10.54所示。释放鼠标便可完成渐变效果，如图10.55所示。

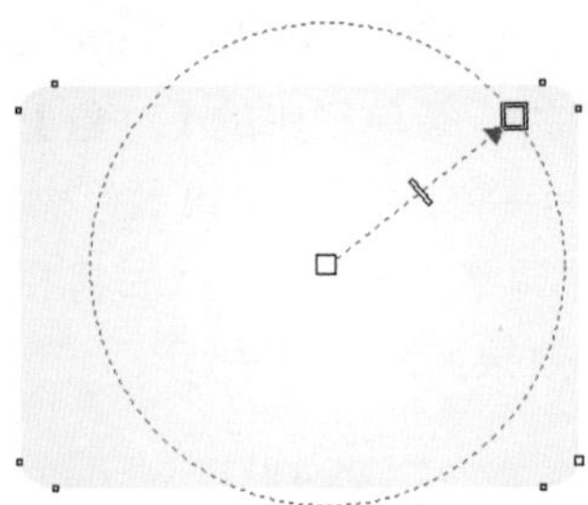

图10.54 应用渐变效果

图10.55 渐变效果

知识链接：在图层中添加对象的方法

要在指定的图层中添加对象，首先需要保证该图层处于未锁定状态。如果图层被锁定，可在【对象管理器】泊坞窗中单击图层名称前的🔒按钮，将其解锁。在图层中添加对象的方法是：在图层名称上单击，使该图层成为选取状态，然后在CorelDRAW中绘制、导入和粘贴到CorelDRAW中的对象，都会被放置在该图层中。

10.3.2 绘制图形

1 单击工具箱中的【贝塞尔工具】按钮，随意绘制一个云朵形状的封闭图形，当光标变成状时，在绘图区单击鼠标绘制一个云朵图形，效果如图10.56所示。

图10.56 云朵线条绘制

提示

所谓“走线”就是指在【贝塞尔工具】的应用中，由于程序具有记忆和自动功能，它会根据上一步的位置和走向，进行自主选择绘制线条。防止“走线”，就是要人为地破坏这种记忆功能，双击最后落笔的节点切断引导线，再进行新的绘制。

2 选中绘制完成的云朵图形，按住鼠标并拖动至圆角矩形上，调整大小和位置，如图10.57所示。

图10.57 放置到圆角矩形中

3 将两个图形全部选中，单击属性栏中的【相交】按钮，删除图形多余的部分，如图10.58所示。

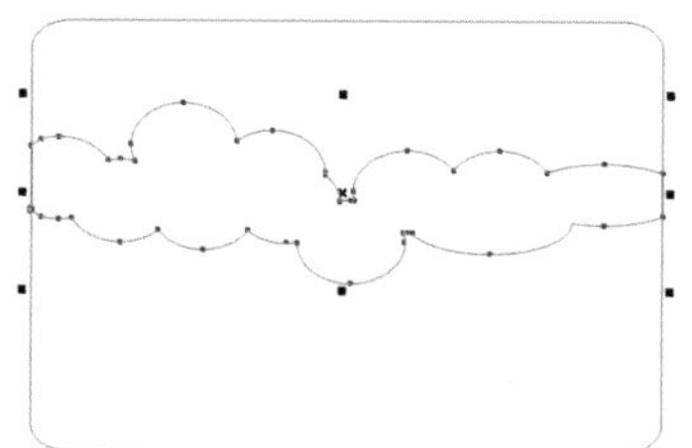

图10.58 修剪之后的效果

知识链接：在新建的主图层中添加对象

在新建主图层时，主图层始终都将添加到主页面上，并且添加到主图层上的内容在文档的所有页面上都可见，用户可以将一个或多个图层添加到主页面，以保留这些页面具有相同的页眉、页脚或者静态背景等内容。

在新建的主图层中添加对象的具体操作步骤如下：

单击【对象管理器】泊坞窗左下角的【新建主图层(所有页)】按钮，新建一个主图层为【图层1】，执行菜单栏中的【文件】|【导入】命令，导入一张作为页面背景的图片，此时该图像将被添加到主图层【图层1】中。

在页面标签中单击按钮，为当前文件插入一个新的页面，得到【页面2】，此时可以发现页面2具有与页面1相同的背景。执行菜单栏中的【视图】|【页面排序器视图】命令，可以同时查看两个页面的内容。

4 选中云朵图形并复制两份，并分别为其填充为淡灰色（C：6；M：5；Y：8；K：0）、深灰色（C：0；M：0；Y：0；K：30）以及白色。然后将它们按顺序叠加在一起，上下摆放，错落有致，表现出立体感，如图10.59所示。

图10.59 叠加的立体效果

5 将云朵图形全部选中，执行菜单栏中的【对象】|【组合】|【组合对象】命令，将它们全部群组，如图10.60所示。

图10.60 群组效果

6 复制云朵图形，执行菜单栏中的【对象】|【PowerClip】|【置于图文框内部】命令，将复制的云朵图形放置到圆角矩形内部，如图10.61所示。调整位置、角度与大小后，再执行菜单栏中的【效果】|【PowerClip】|【结束编辑】命令，结束编辑图形，效果如图10.62所示。

图10.61 放置到图文框内部

图10.62 结束编辑

7 单击工具箱中的【矩形工具】□按钮，绘制一个长条状矩形，如图10.63所示。选中矩形，执行菜单栏中的【对象】|【变换】|【位置】命令，打开【变换】泊坞窗，设置【相对位置】为右侧中心，【副本】为2，如图10.64所示。单击【应用】按钮，原图便可在右侧复制2个同样大小的图形，并从左向右分别为其填充青色（C：100；M：0；Y：0；K：0）、洋红色（C：0；M：100；Y：0；K：0）、黄色（C：0；M：0；Y：100；K：0），设置【轮廓】为无，效果如图10.65所示。

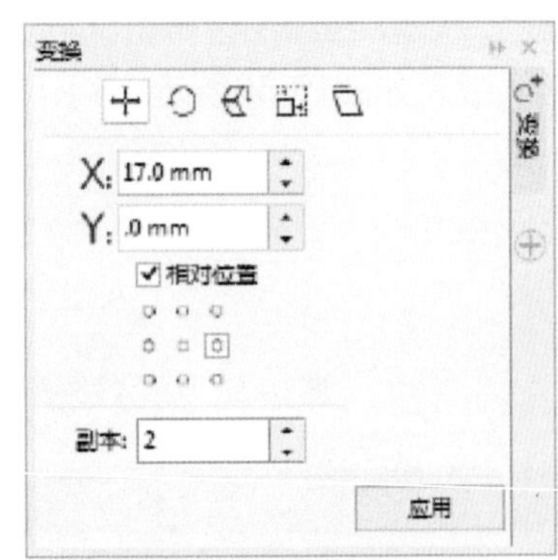

图10.63 绘制矩形　　图10.64 【变换】泊坞窗

8 将矩形群组并复制一份，分别双击图形进行旋转，如图10.66所示。最后执行【置于图文框内部】命令，将图形放在矩形内部并摆放好位置，结束编辑，如图10.67所示。

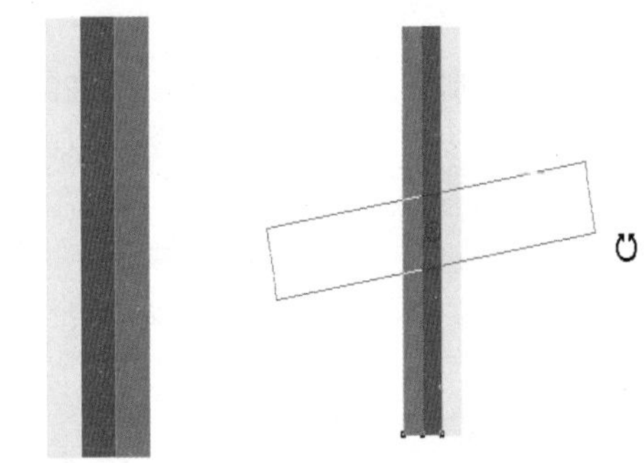
图10.65 完成变换并填充颜色　　图10.66 转换位置

图10.67 群组效果

10.3.3 导入素材

1 执行菜单栏中的【文件】|【导入】命令，打开【导入】对话框，选择云下载文件中的“调用素材\第10章\建筑物.cdr”文件，单击【导入】按钮。在页面中单击鼠标，图形便会显示在页面中，如图10.68所示。

图10.68 导入素材

2 选中导入的图形，将其填充为白色，按住鼠标将其拖动到插画底版的矩形中，调整大小并放在适当位置，如图10.69所示。

图10.69 放置到图形中

3 按照以上导入的方法，将云下载文件中的“调用素材\第10章\墨滴.cdr”文件，也导入到页面中。单击工具箱中的【橡皮擦工具】按钮，并在属性栏中设置【橡皮擦厚度】为50mm，然后擦除墨滴部分图形，擦除操作过程如图10.70所示。

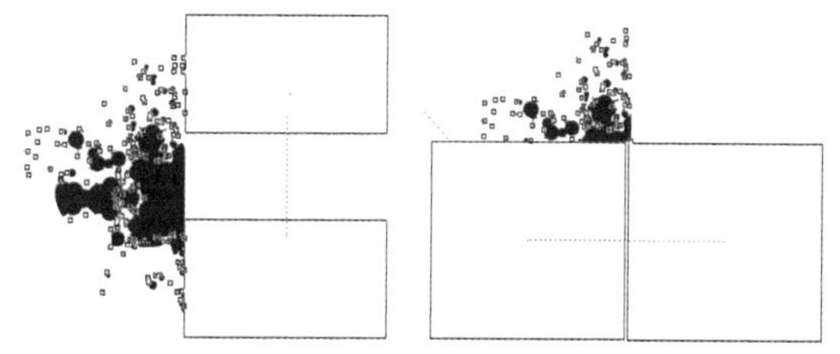

图10.70 擦除操作过程

知识链接：【橡皮擦工具】使用时需要注意的细节

如果要擦除的对象部分很大或很小，可以在属性栏的【橡皮擦厚度】文本框中设置橡皮擦的厚度，数值越大，擦除的宽度越宽。单击【减少节点】按钮，可以减少使用橡皮擦工具擦除对象时所产生的节点。单击【圆形笔尖】○按钮，可以将橡皮擦工具的笔尖形状设置为圆形；单击【方形笔尖】□按钮，可以将橡皮擦工具的笔尖形状设置为方形。

4 选中修改过的墨滴图形并复制两份，然后各自旋转角度，放置在矩形插画底版的不同位置，如图10.71所示。

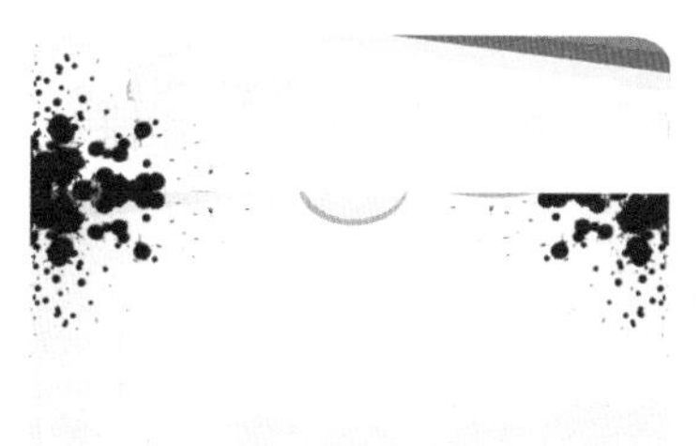

图10.71 摆放墨滴

5 分别填充“墨滴”图形为青绿色（C：20；M：2；Y：96；K：0）、橙色（C：2；M：25；Y：96；K：0）、橘红色（C：0；M：60；Y：100；K：0），效果如图10.72所示。

图10.72 为墨滴填充颜色

10.3.4 制作文字

1 单击工具箱中的【矩形工具】□按钮，绘制一个【宽度】为114mm，【高度】为50mm的矩形并将方角矩形变成圆角，设置【轮廓】为无，将其填充为绿色（C：100；M：0；Y：100；K：0）。然后单击工具箱中的【封套工具】按钮，分别删除上下以及右侧的3条边中心的节点，如图10.73所示。

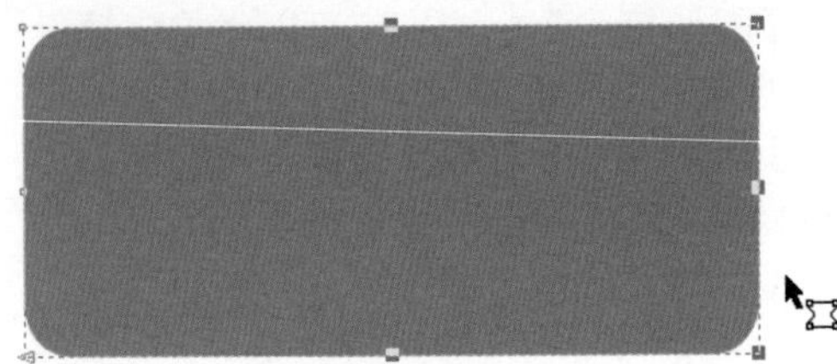

图10.73 删除节点

2 按住鼠标并拖动，选中3个节点，效果如图10.74所示。

图10.74 选中效果

3 单击鼠标右键，在弹出的快捷菜单中选择【到直线】命令，调整矩形右侧的两个节点，将其缩小，如图10.75所示。

图10.75 缩放效果

4 选中图形并复制两个。选中复制出来的两个图形，按住Shift键的同时，将光标移动到图形任意一个角，当光标变成状时，按住鼠标向对角拖动，将图形等比例缩小，如图10.76所示。

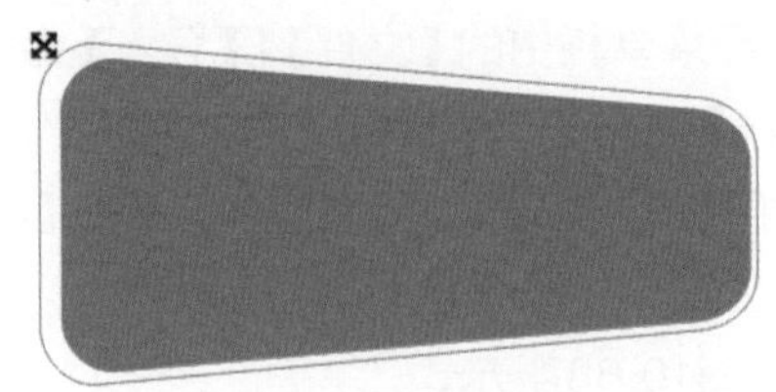

图10.76 等比例缩小

5 将复制的两个矩形都填充为白色，并将最上方的图形轮廓颜色设置为浅黄色（C：0；M：0；Y：60；K：0），效果如图10.77所示。

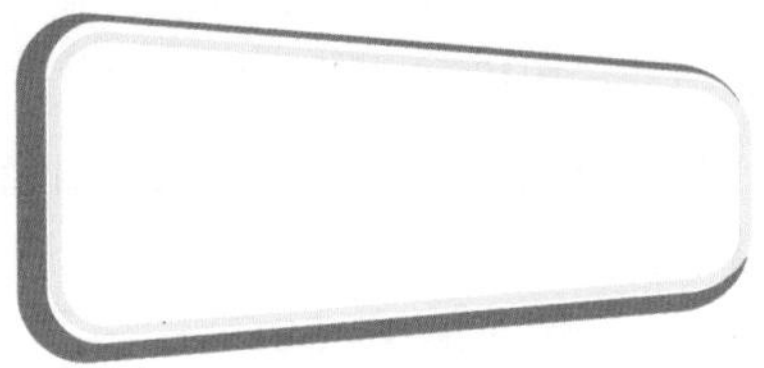

图10.77 文字牌匾效果

6 单击工具箱中的【文本工具】字按钮，输入中文“摩羯座”，设置【字体】为“汉仪中圆简”，并同样运用【封套工具】将文字变形，使文字可以放置到牌匾中。复制文字，分别填充颜色为深绿色（C：80；M：0；Y：100；K：0）、淡绿色（C：20；M：0；Y：85；K：0），做成叠加效果，如图10.78所示。

图10.78 添加文字

7 将文字放到插画底版的右侧，单击工具箱中的【文本工具】字按钮，在牌匾下面输入“12月22日-1月19日 ”，【字体】为“微软雅黑”，填充为深绿色（C：93；M：41；Y：98；K：9），适当倾斜文字，效果如图10.79所示。

图10.79 将牌匾放入插画中

8 单击工具箱中的【文本工具】字按钮，输入中文“星座物语”，英文“Constellation story”，将中文【字体】设置为“微软雅黑”，英文【字体】设置为“Trajian Pro”。执行菜单栏中的【对象】|【拆分美术字】命令，或者按Ctrl+K组合键将“星座物语”拆分，并摆放在插画底版中，设置文字的颜色为黑色，效果如图10.80所示。

图10.80 添加文字

9 选择文字“语”，执行菜单栏中的【对象】|【转换为曲线】命令，或按Ctrl+Q组合键，将其转换为曲线，如图10.81所示。

10 单击工具箱中的【形状工具】按钮，通过删除节点去除“语”的部分笔画，如图10.82所示。

图10.81 转换为曲线　图10.82 删除部分笔画

知识链接：删除节点的方法

如果需要将曲线上多余的节点删除，则单击【删除节点】按钮即可，具体操作是：使用【形状工具】单击或框选出所需要删除的节点，然后单击其属性栏中的【删除节点】按钮即可。

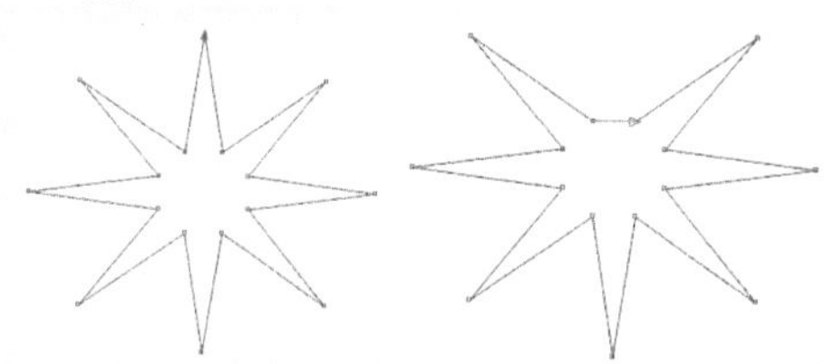

用户也可以直接使用【形状工具】双击曲线上需要删除的节点；或者在使用【形状工具】选取节点后单击鼠标右键，在弹出的快捷菜单中选择【删除】命令；或者使用【形状工具】选中需要删除的节点，然后按键盘上的Delete键，即可将该节点删除。

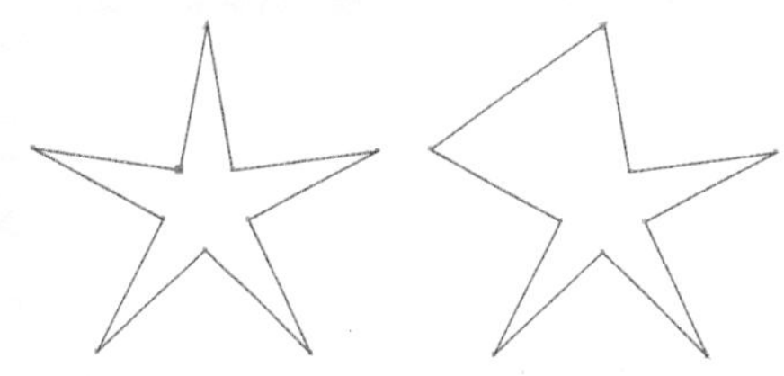

11 摆放英文，并将前两个字母C和O拆分下来，单独编辑并调整位置，巧妙地与汉字“语”相结合，更具时尚气息，最终效果如图10.83所示。

图10.83 最终插画设计

10.4 追赶时间脚步招贴设计

实例解析

本实例主要使用【贝塞尔工具】、【文本工具】字、【阴影工具】等制作出绚烂多姿、造型层次分明的插画效果。本实例的最终效果如图10.84所示。

图10.84 最终效果

学习目标

本例主要掌握【贝塞尔工具】、【矩形工具】、【文本工具】、【导入】命令的应用，熟悉插画设计的最新表现形式，并能够把握细节之处的制作要点。

云盘下载

视频文件： movie\10.4 追赶时间脚步招贴设计.avi

源文件： 源文件\第10章\追赶时间脚步招贴设计.cdr

操作步骤

10.4.1 制作外框及绘制底色

1 单击工具箱中的【矩形工具】按钮，绘制一个【宽度】为245mm，【高度】为500mm的矩形，设置其【轮廓】为无，【填充】为橘红色（C：0；M：60；Y：100；K：0）。复制一份，编辑【宽度】为155mm，【高度】为500mm，将其放置在与橘红色矩形右侧对齐，效果如图10.85所示。

2 执行菜单栏中的【文件】|【导入】命令，打开【导入】对话框，选择云下载文件中的“调用素材\第10章\花藤.cdr”文件，单击【导入】按钮。在页面中单击，图形便会显示在页面中，如图10.86所示。

图10.85 复制并编辑填充矩形

图10.86 导入素材

知识链接：在图层中移动对象的方法

要移动图层，可以在图层名称上单击，选取需要移动的图层，然后将该图层拖动到新的位置即可。

要移动对象到新的图层，首先选择对象所在的图层，并单击图层名称左边的⊞按钮，展开该图层的所有子图层，然后选择所要移动的对象所在的子图层，向新图层拖动，当光标变为➘▮状态时释放鼠标，即可将该对象移动到指定的图层中。

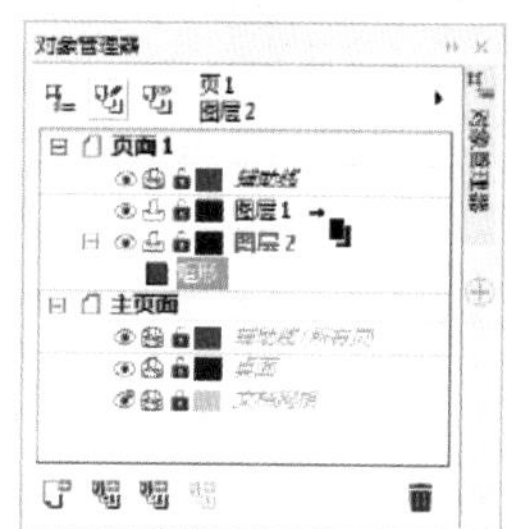

3 选中素材并复制一份。执行菜单栏中的【对象】|【PowerClip】|【置于图文框内部】命令，将其中之一花藤素材放置在橘红色矩形内部，如图10.87所示。

4 执行菜单栏中的【对象】|【PowerClip】|【编辑PowerClip】命令，编辑素材，将其填充为淡紫色（C：10；M：9；Y：3；K：0），并调整大小和位置。最后执行菜单栏中的【对象】|【PowerClip】|【结束编辑】命令，结束编辑，效果如图10.88所示。

图10.87 置于图文框内部

图10.88 结束编辑

5 按照相同的方法，将另外一份花藤素材放置到橘红色矩形右侧的矩形中，调整好大小并填充为淡灰色（C：0；M：0；Y：0；K：10），完成制作外框及绘制底色的设计，效果如图10.89所示。

图10.89 完成底色绘制

10.4.2 绘制所需图形

1 单击工具箱中的【贝塞尔工具】按钮，绘制一个长腰三角形，【宽度】约为20mm，【高度】约为245mm，如图10.90所示。

2 选中三角形，执行菜单栏中的【对象】|【变换】|【旋转】命令，打开【变换】泊坞窗，将旋转中心设置为中下，在旋转【角度】中输入10，【副本】设置为35，如图10.91所示。各项参数设置完成后，单击【应用】按钮，便可组成一个完美的圆形，如图10.92所示。

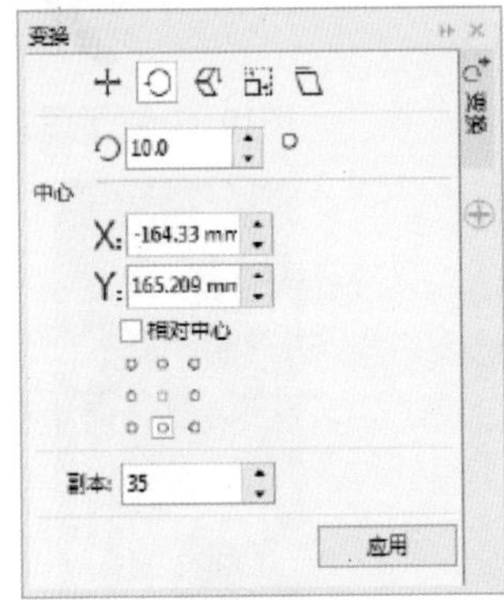

图10.90 绘制三角形　图10.91 【变换】泊坞窗

3 单击工具箱中的【矩形工具】按钮，绘制一个【宽度】为258mm，【高度】为328mm的矩形，设置【轮廓】为无，填充为黄色（C：1；M：16；Y：87；K：0），效果如图10.93所示。

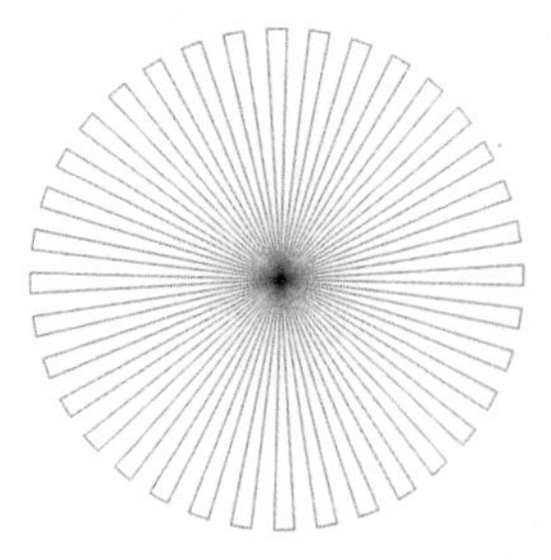

图10.92 完成圆形的排列　图10.93 绘制矩形

4 单击工具箱中的【形状工具】按钮，然后在属性栏中的【圆角半径】一栏中，在对应矩形4个角的数值框中分别输入10，将方角变成圆角，效果如图10.94所示。

5 将三角形组成的圆全部选中并复制一份，按照之前讲过的方法，放置到黄色圆角矩形中，设置【轮廓】为无，填充为白色，并调整大小与位置，效果如图10.95所示。

图10.94 转换为圆角矩形　图10.95 添加到矩形中

6 将另外一份三角形组成的圆，设置【轮廓】为无，然后将其右侧一半三角全部删除，留下左侧一半。单击工具箱中的【阴影工具】按钮，选中图形并按住鼠标由右上角向左下角拖动，设置属性栏中的【阴影的不透明度】为50，【阴影羽化】为1，效果如图10.96所示。然后将图形添加到橘红色背景图上，填充为白色，并调整大小和位置，效果如图10.97所示。

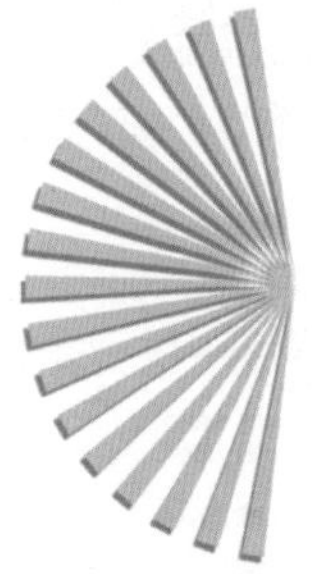

图10.96 应用阴影效果　图10.97 放置到橘色矩形之上

7 执行菜单栏中的【文件】|【导入】命令，打开【导入】对话框，选择云下载文件中的“调用素材\第10章\奔跑的人.cdr”文件，单击【导入】按钮。在页面中单击，图形便会显示在页面中，如图10.98所示。

图10.98 导入素材

知识链接：在图层中复制对象的方法

在不同图层之间复制对象，可以在【对象管理器】泊坞窗中，选择需要复制的对象所在的子图层，然后按Ctrl+C组合键进行复制，再选择目标图层，按Ctrl+V组合键进行粘贴，即可将选取的对象复制到新的图层中。

8 将素材图形调整大小后放置在黄色矩形中，效果如图10.99所示。选中人物剪影和矩形，单击属性栏中的【修剪】按钮，选中黑色人形，按Delete键将其删除，完成图形的修剪，效果如图10.100所示。

图10.99 放置在矩形上

图10.100 完成修剪

9 根据前面讲过的方法，单击工具箱中的【阴影工具】按钮，选中图形并按住鼠标由右上角向左下角拖动。然后设置属性栏中的【阴影的不透明度】为50，【阴影羽化】为2，将图形添加到白色背景图上，并调整大小和位置，效果如图10.101所示。

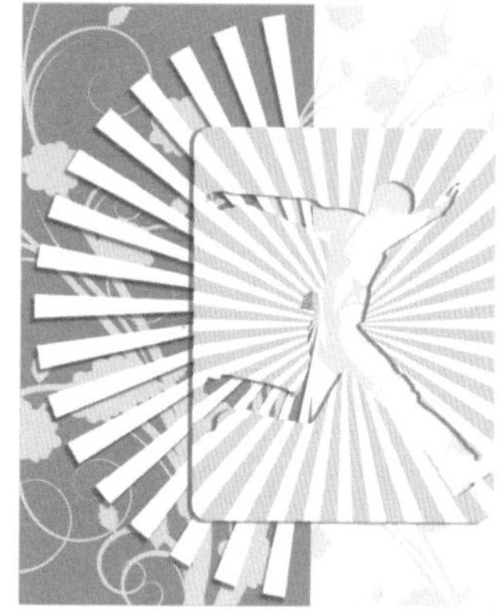

图10.101 完成图形部分设计

10.4.3 添加文字完成设计

1 单击工具箱中的【文本工具】**字**按钮，输入中文“追赶时间的脚步”，英文“The pace of catch-up time”，如图10.102所示。设置中文为不同的字体，设置英文【字体】为“Impact”，调整适当大小，如图10.103所示。

追赶时间的脚步
The pace of catch-up time

图10.102 输入文字

追赶时间的脚步
The pace of catch-up time

图10.103 调整文字字体

2 选中所有文字，执行菜单栏中的【对象】|【拆分美术字】命令，或者按Ctrl+K组合键将所有文字拆分。将中文依次添加到矩形中，调整不同大小并摆放不同位置，如图

10.104所示。

图10.104 添加中文文字并调整位置

3 将拆分后的英文同样依次摆放到矩形中，并将个别单词填充为橘红色（C：0；M：60；Y：100；K：0），调整大小完成最终设计，效果如图10.105所示。

图10.105 添加英文文字

第11章

书籍装帧设计

11.1 城市坐标书籍封面设计

本实例主要使用【矩形工具】、【贝塞尔工具】、【形状工具】等制作出时尚个性的旅游书籍封面。本实例的最终封面效果如图11.1所示；立体效果如图11.2所示。

图11.1 书籍封面效果

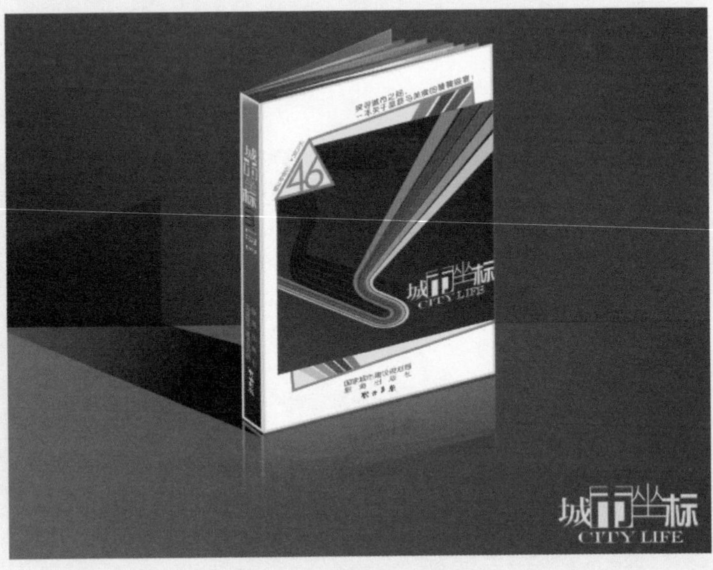

图11.2 书籍立体效果

本例主要学习【贝塞尔工具】、【形状工具】及【文本工具】的应用；掌握书籍封面设计的技巧。

视频文件： movie\11.1 城市坐标书籍封面设计.avi

源文件： 源文件\第11章\城市坐标书籍封面设计.cdr

11.1.1 绘制底纹

1 单击工具箱中的【贝塞尔工具】按钮，绘制底纹，如图11.3所示。

2 将图形复制4份，单击工具箱中的【形状工具】按钮，依次为复制出来的图形进行调整角度、大小、倾斜，将5个图形摆放在一起，如图11.4所示。

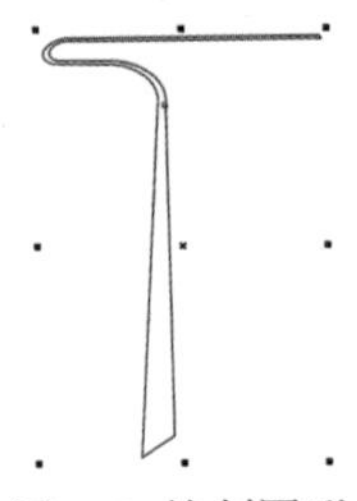

图11.3 绘制图形

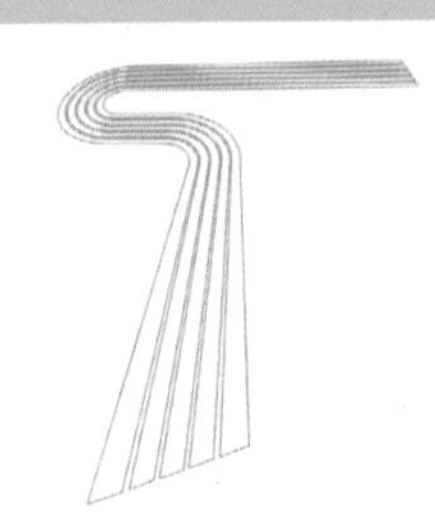

图11.4 调整并组合新图形

3 给图形填充各种颜色并按Ctrl+G组合键进行群组，设置【轮廓】为无，如图11.5所示。用同样的工具和同样的方法，再绘制一个类似的图形，全部选中并按Ctrl+G组合键进行群组，设置【轮廓】为无，颜色填充为灰色（C：0；M：0；Y：0；K：88）到灰色（C：0；M：0；Y：0；K：100）的线性渐变填充，效果如图11.6所示。

图11.5 五彩条纹

图11.6 灰色渐变条纹

提示

在运用【贝塞尔工具】绘制图形时，如果需要【轮廓】，切记一定要在【轮廓笔】面板中选中【随对象缩放】复选框，这样一来，线条就不会因为图形的放大或缩小而产生变化了。

11.1.2 设计框架

1 单击工具箱中的【矩形工具】□按钮，绘制一个矩形，设置其【宽度】为185mm，【高度】为260mm，轮廓颜色为灰色（C：0；M：0；Y：0；K：10），【轮廓宽度】为2.0mm，按Ctrl+Q组合键将图形转换为曲线，如图11.7所示。

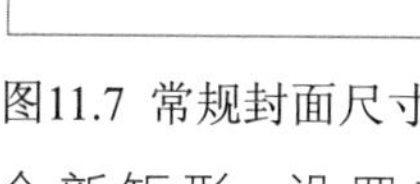

图11.7 常规封面尺寸

2 复制一个新矩形，设置其【宽度】为155mm，【高度】为190mm，并填充为黄色（C：0；M：0；Y：100；K：0），设置【轮廓】为绿色（C：100；M：0；Y：100；K：0），【轮廓宽度】为2.0mm，如图11.8所示。

图11.8 复制新矩形

3 选中前面制作好的五彩条纹，执行菜单栏中的【对象】|【PowerClip】|【置于图文框内部】命令，将图形放置在黄色矩形内部，如图11.9所示。

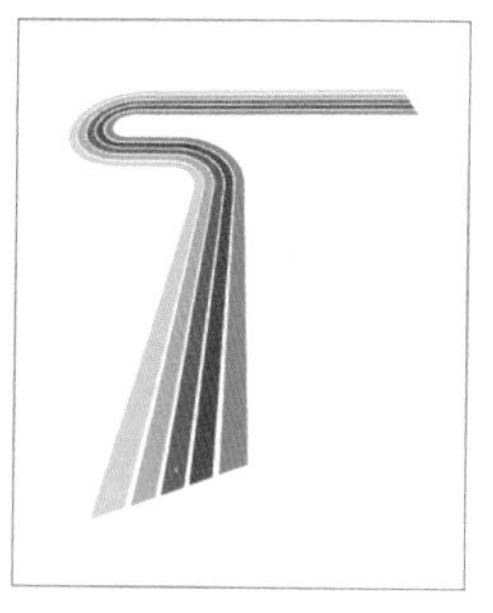

图11.9 置于图文框内部

知识链接：【沾染工具】的使用方法

使用【沾染工具】为对象应用不规则涂抹变形效果的具体操作步骤是，先选取需要处理的对象，单击工具箱中的【沾染工具】按钮，在对象上按住鼠标左键并拖动鼠标，即可涂抹拖动的部位。

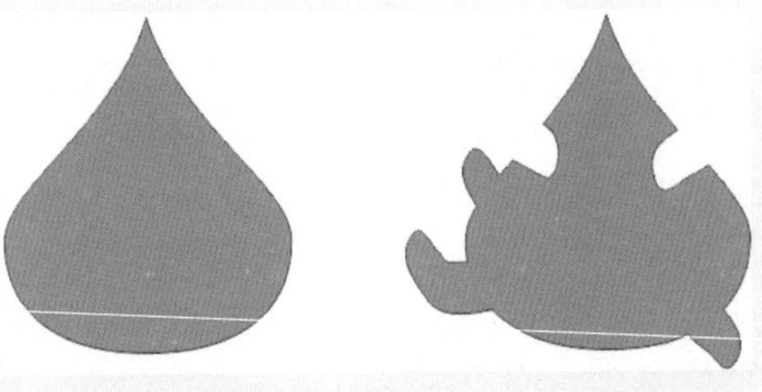

4 执行菜单栏中的【对象】|【PowerClip】|【编辑PowerClip】命令，编辑图形，复制一份并依次调整方向和位置。然后执行菜单栏中的【对象】|【PowerClip】|【结束编辑】命令，结束编辑条纹，效果如图11.10所示。

图11.10 完成后的效果

5 双击矩形四周会出现编辑点，将光标放在↘状的编辑点上，此时光标变成↻状，按住鼠标并向左拖动，如图11.11所示。调整好位置后，完成倾斜，效果如图11.12所示。

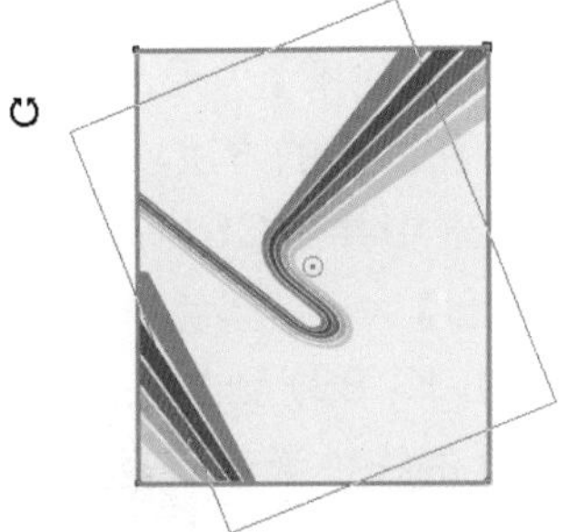

图11.11 绘制倾斜效果

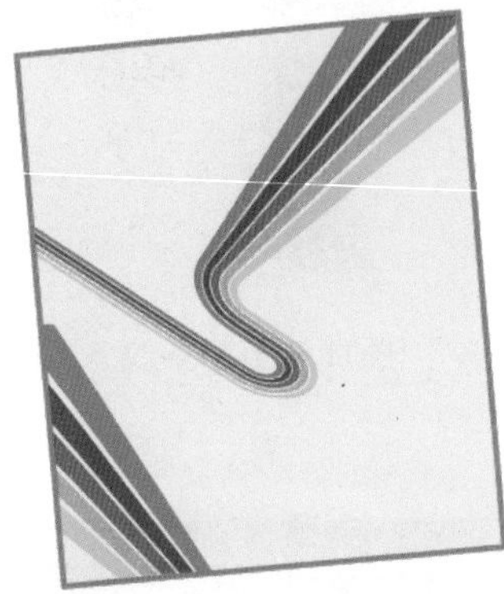

图11.12 倾斜之后的效果

6 单击工具箱中的【矩形工具】□按钮，设置其【宽度】为170mm，【高度】为170mm，按Ctrl+Q组合键将图形转换为曲线，并填充为灰色（C：0；M：0；Y：0；K：80）到灰色（C：0；M：0；Y：0；K：100）的线性渐变，设置【轮廓】为无，如图11.13所示。

图11.13 灰色渐变矩形

知识链接：【粗糙工具】的使用方法

【粗糙工具】是一种多变的扭曲变形工具，它可以改变矢量图形对象中曲线的平滑度，从而产生粗糙的边缘变形效果。

使用【粗糙工具】调整对象边缘的步骤是：先选取需要处理的对象，在工具箱中单击【粗糙工具】按钮后，按住鼠标左键并在对象边缘拖动鼠标，即要可使对象产生粗糙的边缘效果。

7 将绘制完成的条纹图案，按照同样的方法执行【置于图文框内部】命令并进行编辑内容，将黑色条纹与五彩条纹都放置在矩形中，然后调整位置和方向，注意一定要有空间感与层次感。执行菜单栏中的【对象】|【PowerClip】|【结束编辑】命令，结束编辑条纹图案，效果如图11.14所示。

图11.14 完成后的效果

8 将3个矩形从下到上依次排列放置。选择黄色和黑色的矩形，按Ctrl+G组合键，将它们群组到一起。然后按住Shift键的同时选中后面最大的矩形，执行菜单栏中的【对象】|【对齐和分布】|【对齐与分布】命令，打开【对齐与分布】泊坞窗，在【对齐对象到】组中单击【活动对象】，单击【右对齐】和【垂直居中对齐】按钮，如图11.15所示。至此，封面构图与框架就完成了，效果如图11.16所示。

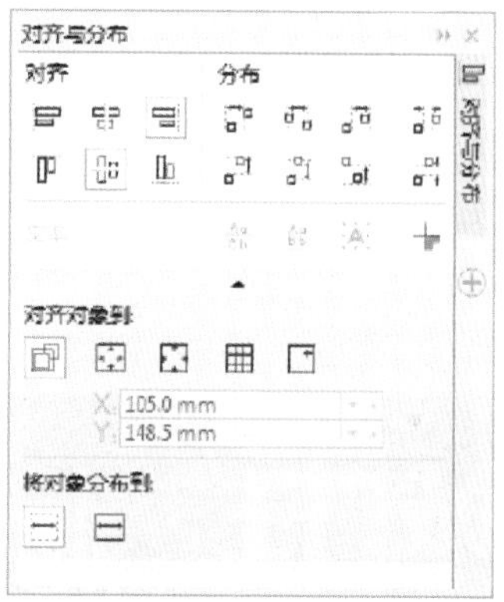

图11.15 【对齐与分布】对话框

图11.16 框架最终效果

提示

在绘制图形过程中，如果图片有很多层，并且有时候有的图层被遮挡在上一幅图的下面，这时，选中你要调整的图层，只需按Shift+PageUp（上）或Shift+PageDown（下）组合键，即可向上或向下一层；另外还可以单击鼠标右键，在弹出的快捷菜单中选择【顺序】命令进行调整。

11.1.3 制作文字

1 单击工具箱中的【文本工具】字按钮，输入中文“城市坐标”与英文“city life”。执行菜单栏中的【对象】|【拆分美术字】命令，或者按Ctrl+K组合键将文字拆分，然后填充文字颜色为灰色（C：0；M：0；Y：0；K：10），将中文设置为不同字体、不同大小；英文设置为“Engravers MT”。确定完成后，按Ctrl+Q组合键将所有文字转换为曲线，如图11.17所示。

图11.17 输入并调整文字

2 单击工具箱中的【矩形工具】□按钮，绘制一个小矩形，选择文字“市”，调整到略比矩形大一点，然后将文字放在矩形中并连同矩形全部选中，单击属性栏中的【修剪】按钮，删除文字，留下修剪后的图形。将文字再进行局部大小、位置的调整，完成效果如图11.18所示。

图11.18 完成效果

11.1.4 完成封面辅助图案

1 单击工具箱中的【形状工具】按钮，首先选中黑色矩形，双击如图11.19红圈部分为其添加节点，然后双击图中绿圈部分为其删除节点，将黑色矩形的左上角去掉。用同样的方法去掉黄色矩形的一角，整体效果如图11.20所示。

图11.19 添加节点（图形局部）

图11.20 删除后效果（图形局部）

2 单击工具箱中的【贝塞尔工具】按钮，沿着两个图形新增加的边，绘制一个三角形，填充颜色为黄色（C：0；M：0；Y：100；K：0），【轮廓】为绿色（C：100；M：0；Y：100；K：0），【轮廓宽度】为2.0mm。单击工具箱中的【文本工具】字按钮，输入数字“46”，设置【字体】为“华文细黑”，单击工具箱中的【形状工具】按钮，调整数字之间的距离，并填充颜色为绿色（C：100；M：0；Y：100；K：0），调整大小之后效果如图11.21所示。

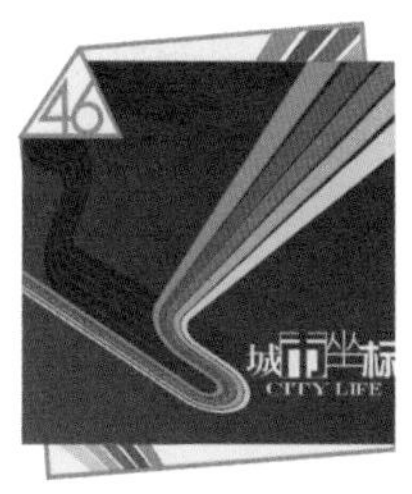

图11.21 合并之后的效果（图形局部）

3 添加封面其他文字，并调整字体、大小、颜色及位置等，将其放置在封面上，完成封面设计图，效果如图11.22所示。

图11.22 完整封面设计

提示

填充颜色的时候，如果其他图形中已经出现了要填充的颜色（或者必须要与其他图形中的颜色相符），那么就可以单击工具箱中的【颜色滴管工具】按钮，此时光标变成状，拖动鼠标将其移动到需要填充的颜色中并单击，光标变成状，拖动鼠标将其移动到需要填充颜色的图形中并单击，即可完成填充；还可以用来吸取轮廓颜色，将鼠标拖动到需要填充颜色的图形轮廓上单击，此时光标变成，即可完成描边。

11.1.5 完成书脊和立体效果

1 单击工具箱中的【矩形工具】□按钮，绘制一个【宽度】为20mm，【高度】为260mm的矩形，填充颜色为白色到灰色（C：0；M：0；Y：0；K：100）的线性渐变，设置【轮廓】为灰色（C：0；M：0；Y：0；K：10），【轮廓宽度】为2.0mm。

2 将制作好的文字，包括书名、英文名、出版社名等复制一份并全部竖式排列，如图11.23所示。

图11.23 书脊文字

3 将竖式文字放置到书脊中，上下排列，并把颜色变换成白色。然后把书脊与封面组合到一起，效果如图11.24所示。

图11.24 封面与书籍组合效果

4 双击封面，并对它们进行垂直扭曲。将光标放在封面右侧的 ↕ 状编辑点上，此时光标变成 ⇅ 状，按住鼠标并垂直向上拖动，完成扭曲效果，如图11.25所示。

图11.25 封面扭曲

5 按照同样的方法，将书脊部分也应用扭曲效果，如图11.26所示。

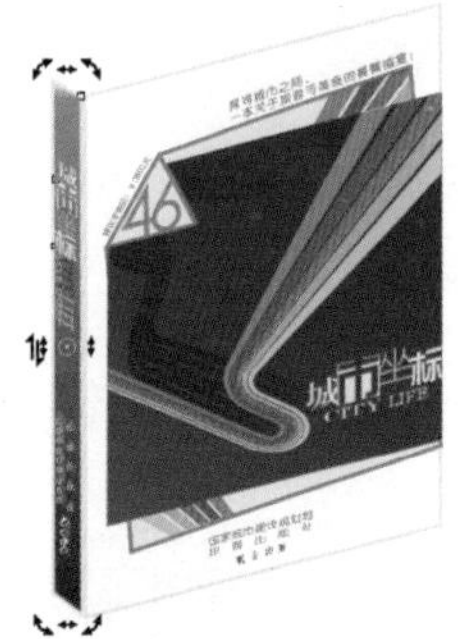

图11.26 书脊扭曲

6 单击工具箱中的【贝塞尔工具】按钮，绘制三角形并复制多份，为它们填充不同的颜色，如图11.27所示。以达到旅游类书籍五彩斑斓的特点，并单击工具箱中的【透明度工具】按钮，按照前面讲过的方法，为图形应用透明效果，为书籍添加内页，效果如图11.28所示。

图11.27 复制并填充各种颜色

图11.28 应用透明效果

7 将前面做好的内页与封面和书脊摆放到一起，并复制封面，单击属性栏中的【垂直镜像】按钮，将封面翻转。同样双击封面的镜像图形，垂直向上扭曲图形直至与封面的底部互相吻合。

知识链接：垂直或者水平镜像使用的小技巧

选择对象后，将光标移动到对象左边或右边居中的控制点上，按住鼠标左键向对应的另一边拖动鼠标，当拖出对象范围后释放鼠标，可使对象按不同的宽度比例进行水平镜像；同样，拖动上方或下方居中的控制点到对应的另一边，当拖出对象范围后释放鼠标，可使对象按不同的高度比例垂直镜像，在拖动鼠标时按Ctrl键，可使对象保持长宽比例不变的情况下水平或垂直镜像，在释放鼠标之前单击鼠标右键，可在镜像对象的同时复制对象。

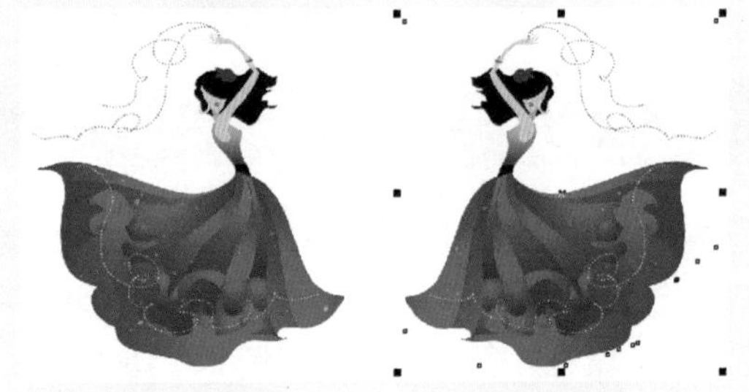

8 执行菜单栏中的【位图】|【转换为位图】命令，打开【转换为位图】对话框，单击【确定】按钮。然后单击工具箱中的【透明度工具】按钮，为其应用透明效果，制作出倒影的立体感觉。同样的方法制作书脊倒影，效果如图11.29所示。

9 单击工具箱中的【矩形工具】按钮，绘制两个矩形，分别设置【宽度】为600mm，【高度】为265mm和【宽度】为600mm，【高度】为190mm，【轮廓】为无，将小矩形填充为浅灰色（C：13；M：10；Y：10；K：0）到青灰色（C：77；M：65；Y：65；K：36）的线性渐变。将大矩形填充为80%黑到黑的线性渐变，将制作好的书籍立体效果图放置其中，单击工具箱中的【矩形工具】□按钮，为书籍绘制投影，再单击工具箱中的【透明度工具】按钮，为它们应用透明效果，使投影看起来更加真实和生动。最后添加一些装饰完成封面立体效果，如图11.30所示。

图11.29 立体效果

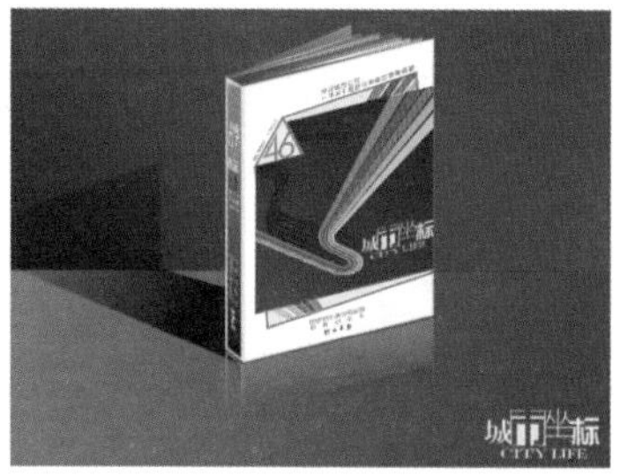

图11.30 最终展示效果

提示

在制作图形投影的时候，如果本身图形面积已经很大，那么就可以截取图形一小部分来做透明处理。单击工具箱中的【矩形工具】□按钮，绘制一个矩形，调整适当大小，将其与要修剪的图片全部选中，单击属性栏中的【修剪】按钮，将图形修剪，然后做透明度处理，这样既防止了面积过大，也使整体构图变得更简洁、美观。

11.2 中国民俗书籍封面设计

实例解析 CorelDRAW X8

本实例主要使用【矩形工具】□、【形状工具】等制作出简约、精美，具有中国传统艺术感的封面设计作品。本实例的最终展开面效果如图11.31所示；最终立体效果如图11.32所示。

图11.31 书籍展开面效果

图11.32 书籍立体效果

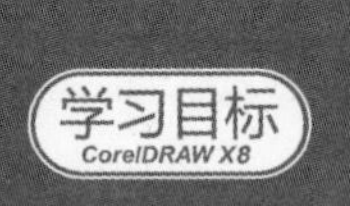

本例主要学习【贝塞尔工具】、【矩形工具】及【文本工具】的应用；掌握书籍封面设计的技巧。在此类书籍设计中，一定要注意色彩不可太花太乱，否则整体没有“力度”和“厚度”，在构图上，一定要做到乱中有序、序中有稳、稳中有神。

视频文件：movie\11.2 中国民俗书籍封面设计.avi

源文件：源文件\第11章\中国民俗书籍封面设计.cdr

11.2.1 制作文字

1 单击工具箱中的【文本工具】字按钮，输入中文“中国民俗”，设置【字体】为“幼圆”，输入英文“CHINESE FOLK CUSTOM”，设置【字体】为“adobe caslon pro bold”。

2 选中中文，执行菜单栏中的【对象】|【拆分美术字】命令，将文字拆分。然后全部选中，执行菜单栏中的【对象】|【转换为曲线】命令，将它们转换为曲线，调整大小并相互放置在合适的位置，效果如图11.33所示。

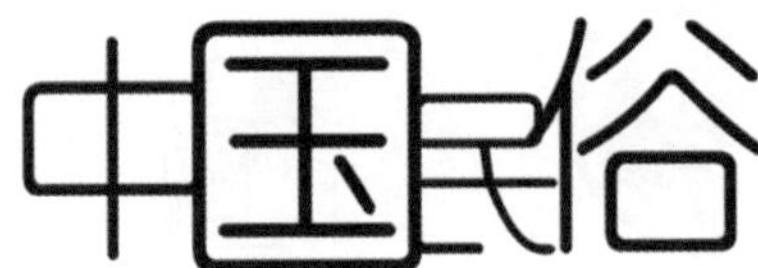

图11.33 调整文字

3 执行菜单栏中的【文件】|【导入】命令，打开【导入】对话框，选择云下载文件中的“调用素材\第11章\剪纸1.cdr”文件，单击【导入】按钮。单击鼠标，图形便会显示在页面中，执行菜单栏中的【对象】|【组合】|【取消组合对

象】命令，取消群组，然后将剪纸素材依次调整大小。单击工具箱中的【形状工具】按钮，将文字部分笔画变换或删除，然后恰当地将4个素材分别与文字合二为一，效果如图11.34所示。

图11.34 编辑文字

知识链接：通过【新建样式】创建图形或文本样式

通过【新建样式】创建图形或文本样式的操作步骤是：首先执行菜单栏中的【窗口】|【泊坞窗】|【对象样式】命令，打开【对象样式】泊坞窗，单击【样式】右侧的【新建样式】按钮，在弹出的菜单中选择要创建样式的选项，比如选择【轮廓】。

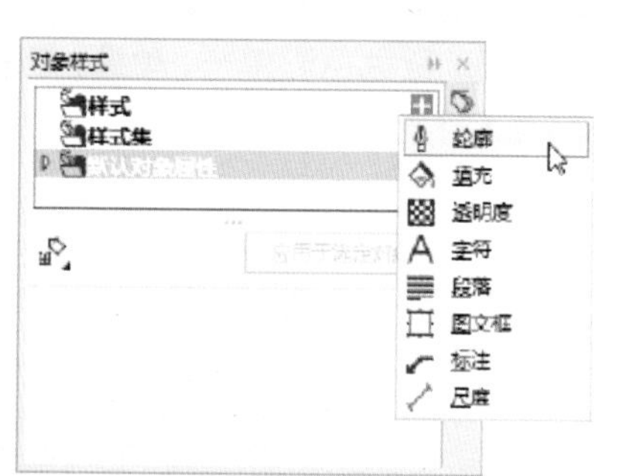

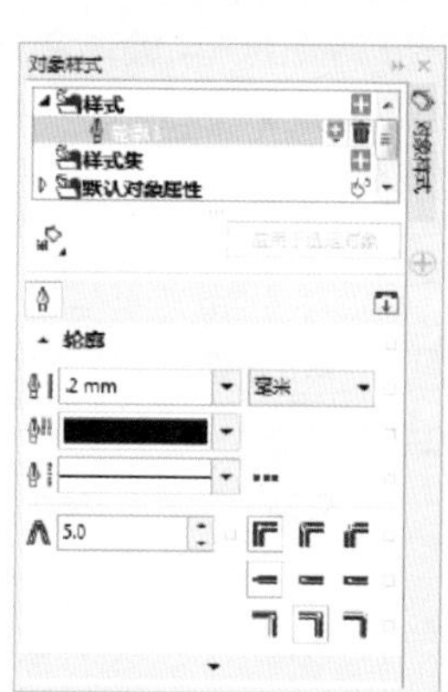

选择【轮廓】命令后，在【样式】选项组中可以看到新建的【轮廓1】样式，然后通过【轮廓】选项组中的参数来设置轮廓的样式，比如将【宽度】设置为3mm，颜色设置为红色，可以根据自己的需要设置其他的轮廓参数，这样就完成了轮廓样式的新建。

11.2.2 绘制封面封底

1 单击工具箱中的【矩形工具】按钮，绘制一个【宽度】为200mm，【高度】为200mm的正方形，设置【轮廓】为无，并将其填充为深红色（C：72；M：90；Y：87；K：41）到红色（C：52；M：96；Y：90；K：10）的椭圆形渐变，制作封面如图11.35所示。

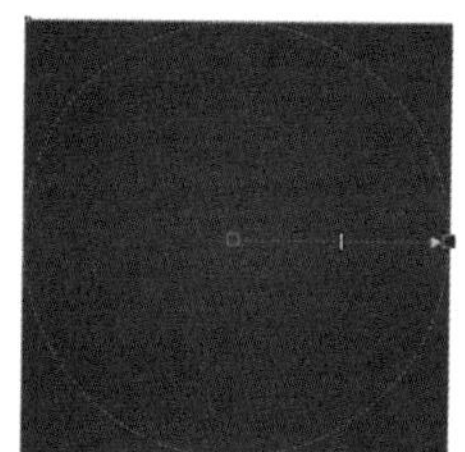

图11.35 绘制封面矩形

2 将图形复制一份，将其填充为白色，制作成封底，执行菜单栏中的【对象】|【对齐和分布】|【顶端对齐】命令，将它们顶端对齐。完成封面与封底的组合，效果如图11.36所示。

图11.36 绘制封底矩形

3 执行菜单栏中的【文件】|【导入】命令，打开【导入】对话框，选择云下载文件中的“调用素材\第11章\剪纸2.cdr”文件，单击【导入】按钮。在页面中单击鼠标，图形便会显示在页

面中，将素材填充为橘红色（C：0；M：60；Y：100；K：0）。

知识链接：通过现有对象创建图形或文本样式

选择需要创建图形或文本样式的对象，然后为其填充所需的颜色，并设置好轮廓属性等。选中对象并单击鼠标右键，在弹出的快捷菜单中选择【对象样式】|【从以下项新建样式】命令，在子菜单中选择要创建样式的命令，比如选择【轮廓】，在弹出的【从以下项新建样式】对话框中，输入新样式的名称，然后单击【确定】按钮，即可按该对象的轮廓属性创建为新的图形样式。

从以下项新建样式集
新样式集名称(N)：样式设置
☑ 打开"对象样式"泊坞窗(O)
确定　取消　帮助

4 单击工具箱中的【贝塞尔工具】按钮，沿着素材中人物的面部轮廓，绘制一个封闭图形，再顺着一侧绘制一个大弧形封闭图形，如图11.37所示。

5 将两个图形全部选中，执行菜单栏中的【对象】|【PowerClip】|【置于图文框内部】命令，将图形放置在素材内部，如图11.38所示。

图11.37 绘制封闭图形

图11.38 置于图文框内部

6 执行菜单栏中的【对象】|【PowerClip】|【编辑PowerClip】命令，编辑图形，填充颜色为白色，设置【轮廓】为无，为人物添加面具和装饰，避免色彩单一、单调。最后执行菜单栏中的【对象】|【PowerClip】|【结束编辑】命令，结束编辑，效果如图11.39所示。

图11.39 结束编辑

7 将制作好的人物放到之前绘制的渐变矩形中合适的位置，如图11.40所示。利用同样的方法将之前制作好的文字也放置在渐变矩形中，如图11.41所示。

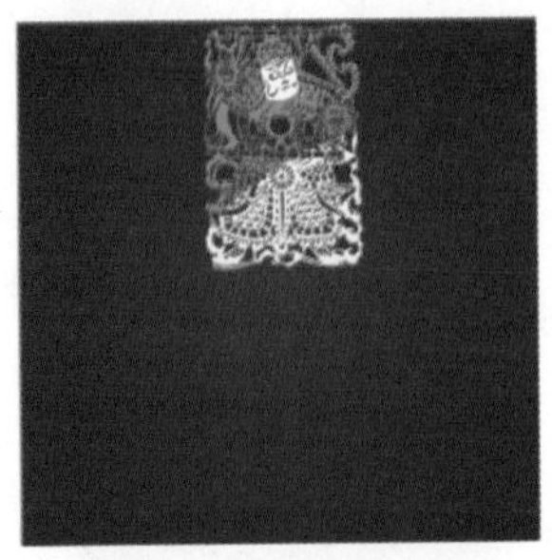

图11.40 将剪纸素材放到封面中

图11.41 将文字放到封面中

8 输入出版社名称，设置【字体】为“汉仪长美黑简”，上下摆放。

9 选中“旅游出版社”，单击工具箱中的【形状工具】按钮，此时光标变成状，将光标放在状的编辑点上，按住鼠标，此时光标变成↔状并向右拖动，如图11.42所示。调整好位置后释放鼠标，使上下两行首尾对齐，效果如图11.43所示。

中华民间艺术协会
旅游出版社

图11.42 拖动文字

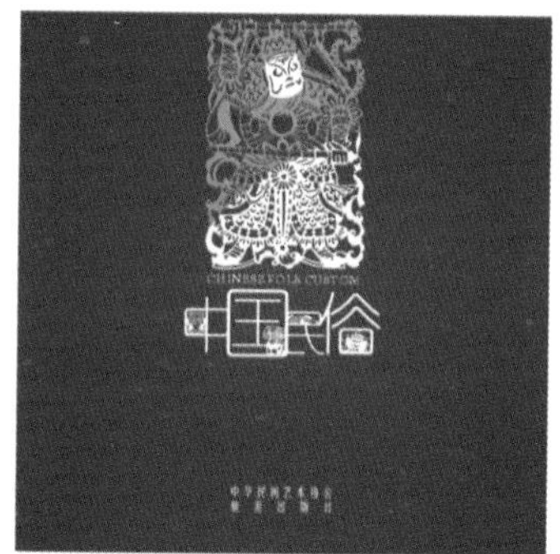

图11.43 完成封面所有制作

10 执行菜单栏中的【文件】|【导入】命令，打开【导入】对话框，选择云下载文件中的“调用素材\第11章\剪纸3.cdr”文件，单击【导入】按钮。在页面中单击鼠标，图形便会显示在页面中，选择左侧图形，将图形填充为淡灰色（C：0；M：0；Y：0；K：20），如图11.44所示。

知识链接：应用图形或文本样式

在创建新的图形或文本样式后，新绘制的对象不会自动应用该样式。下面以应用新建的图形样式为例，介绍应用图形或文本样式的方法，首先选择需要应用图形样式的对象，单击鼠标右键，在弹出的快捷菜单中选择【对象样式】|【应用样式】命令，在子菜单中选择所需要的样式即可。

图11.44 填充灰色

11 调整图形大小并与封底右对齐，如图11.45所示。

图11.45 调整大小

12 按照上面的步骤，导入云下载文件中的“调用素材\第11章\剪纸4.cdr”文件，单击

【导入】按钮，如图11.46所示。单击属性栏中的【垂直镜像】按钮，进行垂直翻转，然后单击工具箱中的【橡皮擦工具】按钮，将图形左侧2/3部分擦除，如图11.47所示。

图11.46 导入素材

图11.47 擦除素材并翻转

13 同样调整大小，将图形与封底左对齐，执行菜单栏中的【对象】|【对齐和分布】|【水平居中对齐】命令，完成对齐操作，并将其填充为深红色（C：64；M：92；Y：88；K：29），效果如图11.48所示。

图11.48 编辑封底底纹

14 将之前制作好的文字“中国民俗”与“CHINESE FOLK CUSTOM”竖式排列，修改填充颜色为深红色（C：64；M：92；Y：88；K：29），并放入到页面中心，如图11.49所示。

图11.49 完成封底绘制

15 最后，将制作好的封面和封底分别群组，完成书籍封面的制作，如图11.50所示。

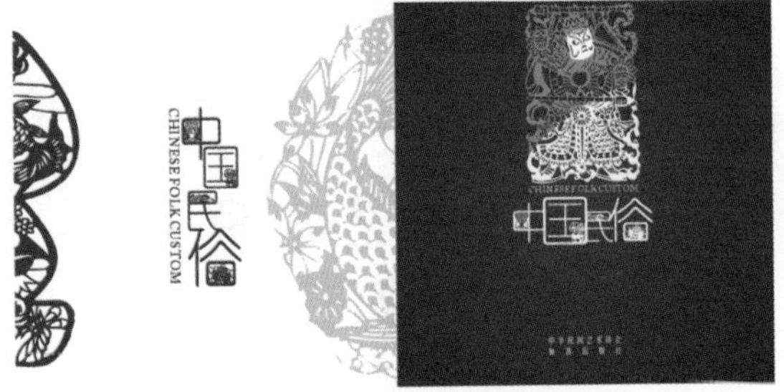

图11.50 封面封底效果

11.2.3 绘制立体效果

1 单击工具箱中的【矩形工具】□按钮，绘制两个矩形制作背景，分别填充颜色为深灰色（C：0；M：0；Y：0；K：90）和浅灰色（C：0；M：0；Y：0；K：70）。

2 把封面与封底放置其中，调整好大小和位置，如图11.51所示。

图11.51 调整大小

3 选中封面，双击图形，周围便会出现编辑点，将光标放在 ↕ 状的编辑点上，此时光标变成 ⥮ 状，按住鼠标并向上拖动，完成扭曲效果，如图11.52所示。

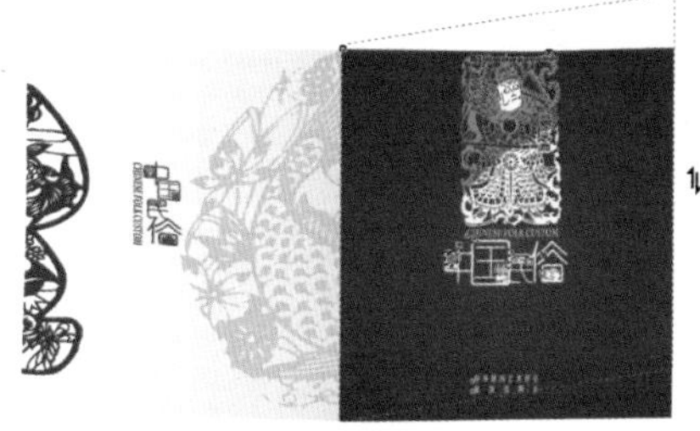

图11.52 扭曲图形

4 将封底按照同样的方法制作倾斜的立体效果，如图11.53所示。

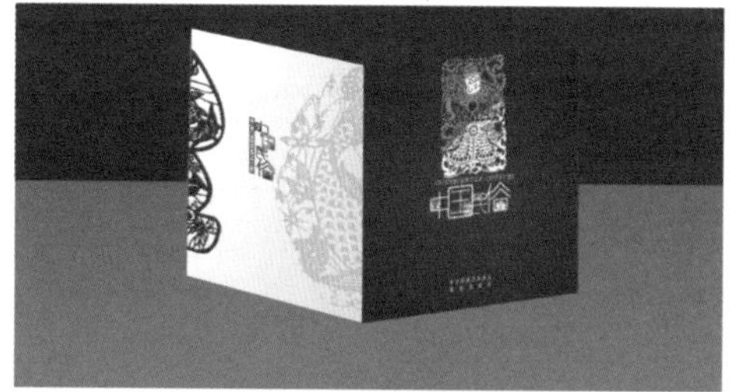

图11.53 扭曲效果

知识链接：查找和删除样式

如果已经将图形或者文本样式应用到当前文件中，就可以通过查找命令快速查找相应的图形样式。在【对象样式】泊坞窗中选择需要查找的图形或者文本样式，然后单击所选对象后面的【删除样式】按钮，即可删除选择的样式。另外，也可以在选中需要删除的样式后，直接按Delete键将其删除。

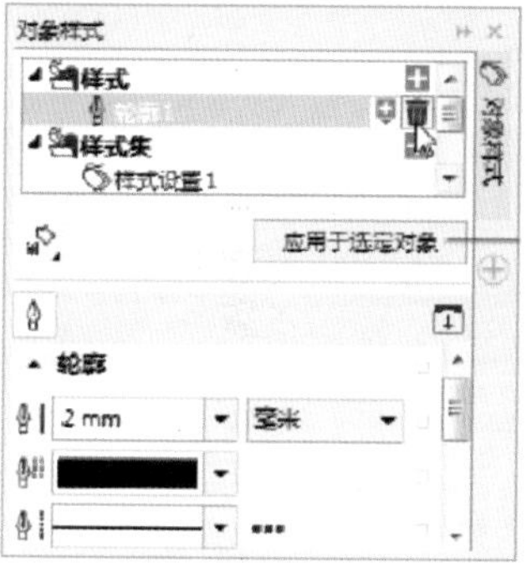

5 单击工具箱中的【矩形工具】按钮，绘制与封面大小一致的矩形并复制多份，再根据前面讲过的方法，将矩形分别垂直扭曲，要在保持边长统一的情况下角度不同，为书籍绘制内页。然后按Shift+PageDown组合键，将内页置于封面后一层，如图11.54所示。

图11.54 绘制内页

6 分别选择绘制的内页，并为内页填充不同颜色，以制作出不同的彩色页面效果，如图11.55所示。

图11.55 填充颜色

7 单击工具箱中的【贝塞尔工具】按钮，为封面绘制阴影，并单击工具箱中的【透明度工具】按钮，应用透明效果，如图11.56所示。

图11.56 绘制阴影

8 分别复制封面与封底。执行菜单栏中的【位图】|【转换为位图】命令，打开【转换为位图】对话框，将图形转换为位图。单击属性栏中的【垂直镜像】按钮，垂直翻转图形，再单击工具箱中的【橡皮擦工具】按钮，擦掉多余部分。最后再次单击工具箱中的【透明度工具】按钮，给倒影应用透明度效果，如图11.57所示。

图11.57 完成设计

11.3 每周体坛杂志封面设计

本实例主要使用【矩形工具】、【阴影工具】、【文本工具】字等制作出多彩醒目、活泼的运动类杂志的封面设计，最终效果如图11.58所示。

图11.58 最终效果

本例主要学习【文本工具】、【矩形工具】、【阴影工具】、【形状工具】的应用；充分理解杂志封面设计的用色法则，认识杂志封面设计与其他艺术设计的共同点和不同点。

视频文件： movie\11.3 每周体坛杂志封面设计.avi

源文件： 源文件\第11章\每周体坛杂志封面设计.cdr

11.3.1 制作外框及填充底色

1 单击工具箱中的【矩形工具】□按钮，绘制一个【宽度】为58mm，【高度】为85mm的矩形，设置【轮廓】为黑色，【填充】为灰色（C：0；M：0；Y：0；K：10）。

知识链接：从对象创建颜色样式的方法

创建颜色样式时，新样式将被保存到活动绘图中，同时可将它应用于绘图中的对象，创建颜色样式的具体操作步骤如下：

首先选择要创建颜色样式的对象，然后为其设置填充色和轮廓色，执行菜单栏中的【窗口】|【泊坞窗】|【颜色样式】命令，打开【颜色样式】泊坞窗。单击【新建颜色样式】按钮，即可创建颜色样式。在【颜色样式】泊坞窗中单击【从选定项新建】，弹出【创建颜色样式】对话框，选中【对象填充】、【对象轮廓】或【填充轮廓】单选按钮，以确定使用选定对象中的哪种颜色。选中【将所有颜色样式转换为】复选框，可以把从颜色匹配系统中添加的颜色转换为CMYK或RGB色，以便可以将它们自动归到相应的父颜色下。完成设置后，单击【确定】按钮，即可创建颜色样式。

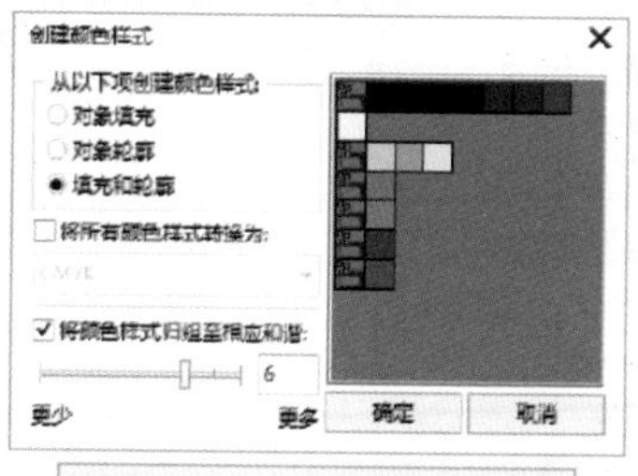

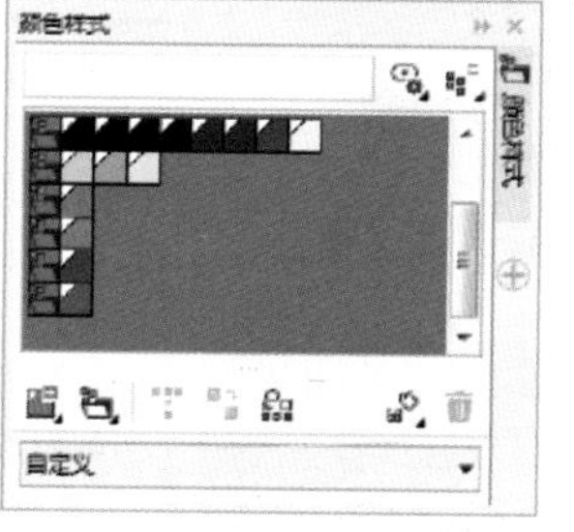

2 执行菜单栏中的【文件】|【导入】命令，打开【导入】对话框，选择云下载文件中的“调用素材\第11章\背景图案.AI”文件，单击【导入】按钮。在页面中单击，图形便会显示在页面中，如图11.59所示。然后将其填充为橘红色（C：0；M：40；Y：100；K：0）和青色（C：100；M：0；Y：24；K：0）相间的色条图案，如图11.60所示。

图11.59 导入素材

图11.60 改变颜色

3 选中全部图形，执行菜单栏中的【效果】|【PowerClip】|【置于图文框内部】命令，将图形放置在矩形内部，如图11.61所示。

图11.61 置于图文框内部

4 执行菜单栏中的【效果】|【PowerClip】|【编辑PowerClip】命令，编辑图形，调整大小和位置。然后复制三份，单击转换到旋转模式进行旋转位置，再将部分复制的图形填充不同的颜色，效果如图11.62所示。最后执行菜单栏中的【效果】|【PowerClip】|【结束编辑】命令，结束编辑，效果如图11.63所示。

图11.62 编辑图形

图11.63 结束编辑

11.3.2 制作封面中的图形

1 执行菜单栏中的【文件】|【导入】命令，打开【导入】对话框，选择云下载文件中的“调用素材\第11章\运动人形.AI”文件，单击【导入】按钮。在页面中单击，图形便会显示在页面中，如图11.64所示。

图11.64 导入素材

2 选取“篮球”人物剪影，并填充为灰色（C：0；M：0；Y：0；K：10）。然后将一旁的文字全部选中，执行菜单栏中的【对象】|【PowerClip】|【置于图文框内部】命令，将文字放置在“篮球”人物剪影内部，如图11.65所示。

图11.65 置于图文框内部

知识链接：编辑颜色样式的方法

在CorelDRAW X8中可以编辑父颜色与子颜色。当更改父颜色的色度后，它的所有子颜色都将根据新的色度、原始饱和度以及亮度值更新。例如，如果将父颜色从红色改为黄色，那么该父颜色下的子颜色都将转换为黄色阴影。如果编辑的是子颜色，那么父颜色不会受到影响。

编辑颜色样式中的父颜色与子颜色的具体操作步骤是，在【颜色样式】泊坞窗中选择需要编辑的颜色，在【颜色样式】泊坞窗的下方将显示相关的编辑选项，在其中设置所需的颜色，设置好颜色后，所选颜色会自动变成所修改的颜色。

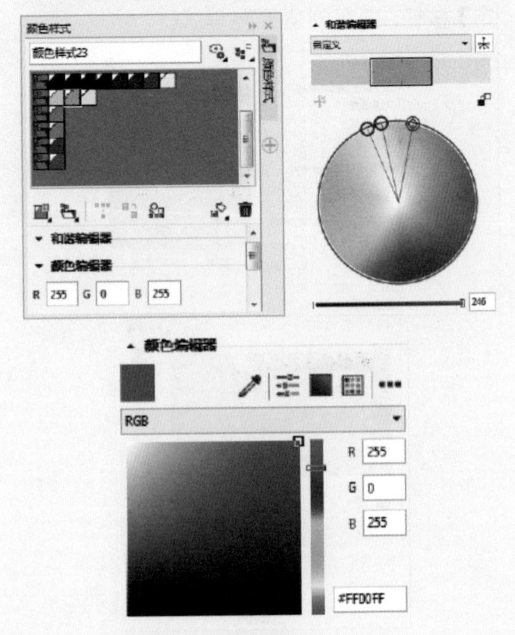

3 确认选中灰色“篮球”人物剪影，按照前面讲过的方法，执行菜单栏中的【对象】|【PowerClip】|【编辑PowerClip】命令，编辑图形，单击选中全部文字群，缩小并且复制多份，然后留出篮球将整个人体轮廓填满，效果如图11.66所示。

4 选中所有文字并填充为白色，然后执行菜单栏中的【对象】|【PowerClip】|【结束编辑】命令，结束编辑，效果如图11.67所示。

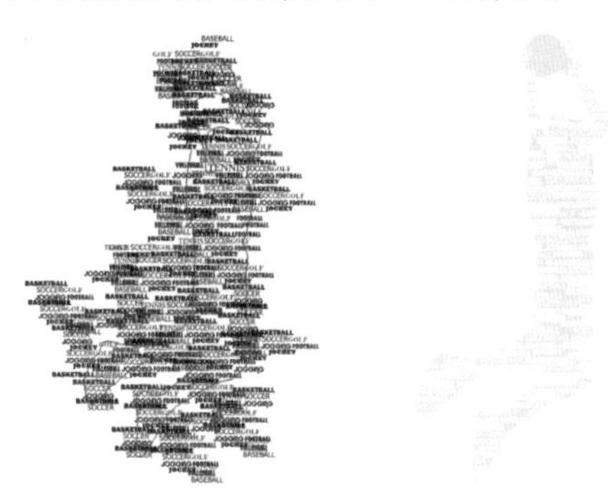

图11.66 编辑文字　　图11.67 结束编辑

5 选中“篮球”人物剪影，单击工具箱中的【阴影工具】按钮，将光标放在图形中，按住并水平向右拖动到适当位置释放鼠标，然后在属性栏中设置X和Y两个阴影偏移数值为0，为图形应用阴影效果。将图形填充为无，充分体现一种浮雕式的立体感，效果如图11.68所示。

6 将“篮球”人物剪影放置到之前绘制完成的封面中去，调整好大小和周边距离，效果如图11.69所示。

图11.68 应用阴影效果

图11.69 放置到封面中

提示

如果在封面调整剪影的过程中出现阴影变形，那么就在外部调整好大小和角度之后再放到封面中，以免造成其他问题。

11.3.3 制作封面中的文字

1 单击工具箱中的【文本工具】字按钮，输入中文“每周体坛”，设置文字【字体】为“汉仪双线体简”，如图11.70所示。

每周体坛

图11.70 输入文字

2 选中文字，执行菜单栏中的【对象】|【拆分美术字】命令，将文字拆分，摆放成“田”字形，如图11.71所示。

图11.71 拆分并重新摆放

知识链接：删除颜色样式的方法

对于【颜色样式】泊坞窗中不需要的颜色样式，可以将其删除，当删除应用于对象上的颜色样式后，对象的外观不会受到影响。删除颜色样式的方法是，在【颜色样式】泊坞窗中选中需要删除的颜色样式，然后按Delete键即可。

3 将文字全部选中，执行菜单栏中的【对象】|【转换为曲线】命令，将文字全部转换为曲线。然后开始编辑文字，进行笔画删除、笔画连接、笔画拉长等操作，如图11.72所示。完成之后的效果如图11.73所示。

图11.72 编辑文字各个笔画

图11.73 完成编辑

4 单击工具箱中的【文本工具】字按钮，输入英文“WEEKLY SPORTS”，设置文字【字体】为“Futura Md BT”，然后将英文放置于制作完成的汉字下方，完成标识绘制，如图11.74所示。

5 单击工具箱中的【矩形工具】□按钮，绘制一个小矩形，然后在属性栏中【圆角半径】其中的右上角与右下角数值框中输入3，将矩形的两个直角改变成圆角，如图11.75所示。

图11.74 中英文字体组合

图11.75 编辑矩形

6 将之前完成的中英文字体的组合放置到半圆角矩形中，并单击工具箱中的【文本工具】字按钮，输入期刊号，设置字体为“汉仪大宋简”，效果如图11.76所示。

图11.76 将文字与矩形摆放到一起

7 选中全部矩形与文字，并将其放置到封面的左上角，将矩形的【轮廓】设置为无，填充为白色，调整大小和位置。并通过单击工具箱中的【形状工具】按钮，将矩形进行变形处理。然后单击工具箱中的【阴影工具】按钮，为其应用阴影效果，如图11.77所示。

图11.77 放置到封面中

8 将矩形复制3份，从上到下依次排开，单击工具箱中的【形状工具】按钮，逐个调整形状，填充不同的颜色，如图11.78所示。

图11.78 复制小矩形

9 单击工具箱中的【文本工具】字按钮，输入封面上的其他文字并设置相应字体，摆放在矩形中，调整矩形与设置文字的颜色，如图11.79所示。

图11.79 添加文字并填充颜色

10 单击工具箱中的【椭圆形工具】○按钮，绘制一个正圆形并设置【轮廓】为无。选中封面大矩形，执行菜单栏中的【对象】|【PowerClip】|【编辑PowerClip】命令，进行编辑图形，将橘红色与蓝色相间的图案选中并按Ctrl+C组合键复制。执行菜单栏中的【对象】|【PowerClip】|【结束编辑】命令，结束编辑，再按Ctrl+V组合键粘贴图形。选中粘贴的图案，执行菜单栏中的【对象】|【PowerClip】|【置于图文框内部】命令，将图案放置到小正圆中，做成装饰篮球，如图11.80所示。

11 利用同样的方法，再次绘制另一本不同系列的杂志封面，效果如图11.81所示。

图11.80 完成设计

图11.81 完成相应封面

知识链接：创建模板的方法

在当前文件中设置好页面属性，并在页面中绘制出模板的基本图形或添加所需的文本对象。执行菜单栏中的【文件】|【另存为模板】命令，弹出【保存绘图】对话框，设置要保存位置，在【文件名】文本框中输入模板文件的名称，然后单击【保存】按钮。弹出【模板属性】对话框，在其中添加相应的模板参考信息后，单击【确定】按钮，即可将当前文件保存为模板。

11.4 最佳选手书籍封面设计

实例解析

本实例主要使用【矩形工具】□、【文本工具】字等制作出简约、精美，色彩柔和的封面设计作品，最终效果如图11.82所示。

图11.82 最终效果

学习目标

本例主要学习【文本工具】、【矩形工具】及【形状工具】的应用：掌握书籍封面设计的技巧。

云盘下载

视频文件： movie\11.4 最佳选手书籍封面设计.avi

源文件： 源文件\第11章\最佳选手书籍封面设计.cdr

操作步骤

11.4.1 制作底框及底色

1 单击工具箱中的【矩形工具】□按钮，绘制一个【宽度】为60mm，【高度】为70mm的矩形。

2 单击工具箱中的【贝塞尔工具】按钮，绘制一个封闭图形，如图11.83所示。再次复制两份并上下依次摆放，并分别填充为深蓝色（C：79；M：53；Y：19；K：0）、蓝色（C：70；M：44；Y：6；K：0）、蓝色（C：55；M：24；Y：2；K：0），设置【轮廓】为无，如图11.84所示。

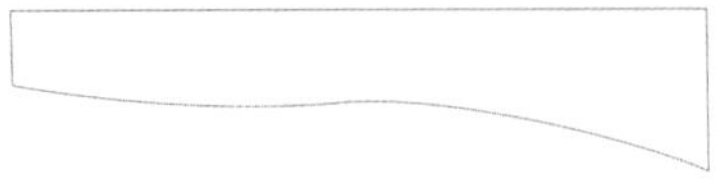

图11.83 绘制封闭图形

图11.84 复制并填充颜色

3 执行菜单栏中的【对象】|【PowerClip】|【置于图文框内部】命令，将3个蓝色封闭图形放置在四边形内部，如图11.85所示。

图11.85 置于图文框内部

4 执行菜单栏中的【对象】|【PowerClip】|【编辑PowerClip】命令编辑图形，将3个封闭图形调整好距离和位置，执行菜单栏中的【对象】|【PowerClip】|【结束编辑】命令，结束编辑图形，效果如图11.86所示。

图11.86 编辑图形的位置

5 执行菜单栏中的【文件】|【导入】命令，打开【导入】对话框，选择云下载文件中的“调用素材\第11章\日记纸.JPEG”文件，单击【导入】按钮。在页面中单击，图形便会显示在页面中，如图11.87所示。

图11.87 导入素材

知识链接：【模板属性】对话框中各选项的含义介绍

- 【名称】文本框：在该文本框中指定一个模板的名称，该名称会随模板缩略图一同显示。
- 【打印面】选项：在该选项下拉列表中可选择一个页码选项，包括【单一】和【双面】选项。
- 【折叠】选项：在该选项下拉列表中可选择一种折叠方式，选择【其他】选项后，可以在该选项右边的文本框中选择折叠类型。
- 【类型】选项：在该选项下拉列表中可选择一种模板类型，选择【其他】选项后，可以在该选项右边的文本框中输入模板类型。
- 【行业】选项：从该选项下拉列表中可选择模板应用的行业，选择【其他】选项后，可以在该选项右边的文本框中输入模板专用的行业。
- 【设计员注释】文本框：在该文本框中输入有关模板设计用途的重要信息。

6 按照之前讲过的方法，同样将素材也放置在矩形中，调整好大小使其能够全部遮住空白部分并放置在蓝色图形的最下面。然后结束编辑，效果如图11.88所示。

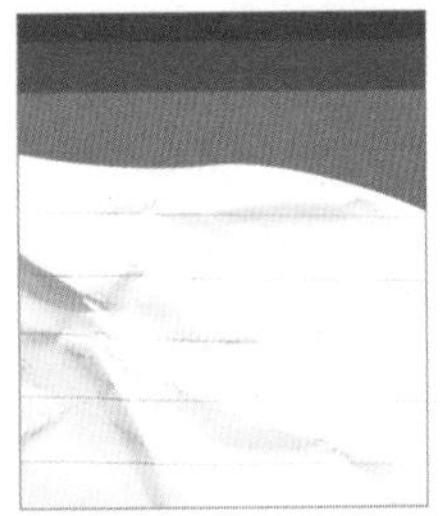

图11.88 结束编辑

7 将矩形复制一份，并将矩形中的蓝色封闭图形提取出来。单击工具箱中的【矩形工具】□按钮，绘制一个【宽度】为30mm，【高度】为50mm的矩形，在属性栏中的【圆角半径】右下角的数值框中输入15，完成边角圆滑效果，如图11.89所示。

8 将蓝色图形放置到圆角矩形中，选中图形并单击转换到旋转模式，旋转90，如图11.90所示。

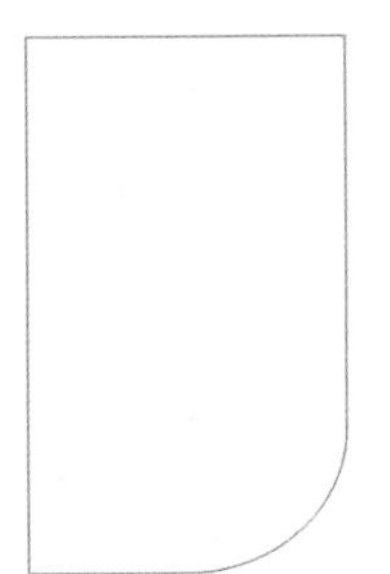

图11.89 绘制圆角矩形

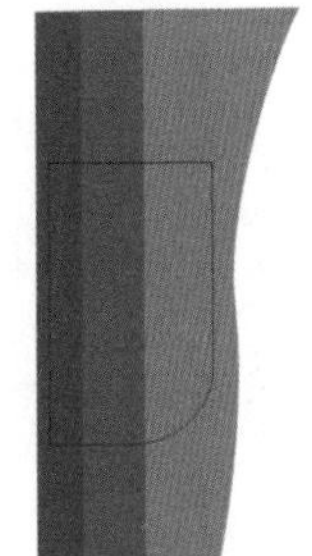

图11.90 旋转蓝色图形

9 执行菜单栏中的【对象】|【PowerClip】|【结束编辑】命令，结束编辑图形，效果如图11.91所示。

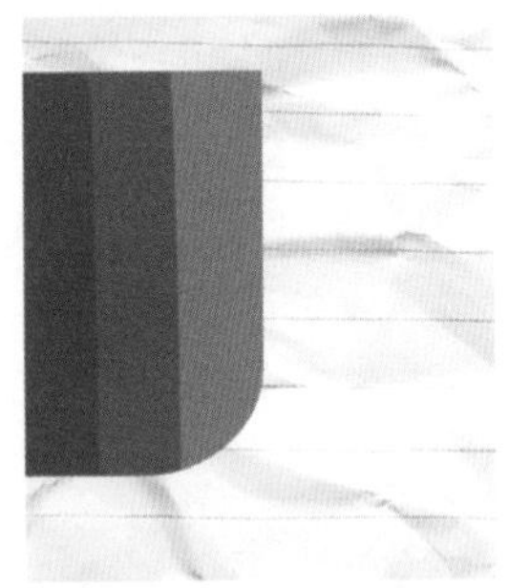

图11.91 结束编辑

10 将两张图放置在一起，调整到相互对齐与大小边长的统一，设置【轮廓】为无，完成封面与封底的组合，效果如图11.92所示。

图11.92 组合封面封底

11.4.2 绘制文字

1 单击工具箱中的【文本工具】字按钮，输入中文“最佳选手”，设置【字体】为“华文中宋”，同时输入英文“BEST PLAYERS”，设置【字体】为“Arial Black”，效果如图11.93所示。

最佳选手
BEST PLAYERS

图11.93 输入文字

2 选中文字，执行菜单栏中的【对象】|【拆分美术字】命令，将其拆分。重新调整文字的摆放位置，如图11.94所示。

最佳选手
BEST
PLAYERS

图11.94 调整文字位置

3 执行菜单栏中的【文件】|【导入】命令，打开【导入】对话框，选择云下载文件中的“调用素材\第11章\人形剪影.cdr”文件，单击【导入】按钮。在页面中单击鼠标，图形便会显示在页面中，如图11.95所示。

知识链接：应用模板的方法

在CorelDRAW X8中，系统提供了多种类型的模板，用户可以从这些模板中创建新的绘图页面，也可以从中选择一种适合的模板载入到绘制的图形文件中。在CorelDRAW X8中，打开模板或者通过模板创建新的绘图页面的操作步骤如下：

（1）执行菜单栏中的【文件】|【从模板新建】命令，打开【从模板新建】对话框。在【过滤器】的【查看方式】下拉列表中，可以选择按【类型】或【行业】方式对预设模板进行分类，单击对应的分类组，可以在【模板】中查看该组中的所有模板文件。

（2）单击【从模板新建】对话框左下角的【浏览】按钮，可以打开其他目录中保存的更多的模板文件。在【模板】中选择需要打开的模板文件，然后单击【打开】按钮，即可从该模板新建一个绘图页面。

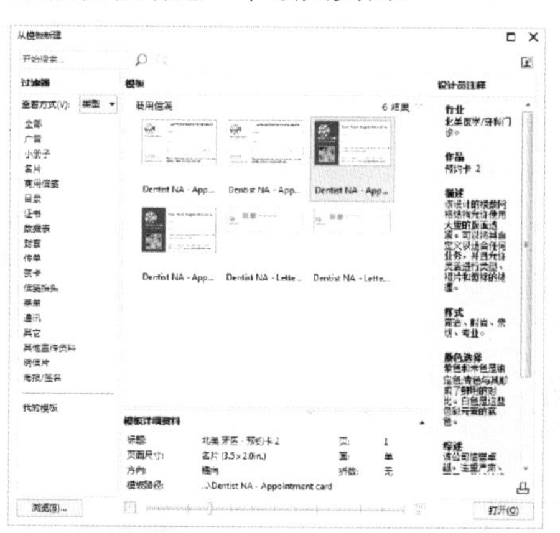

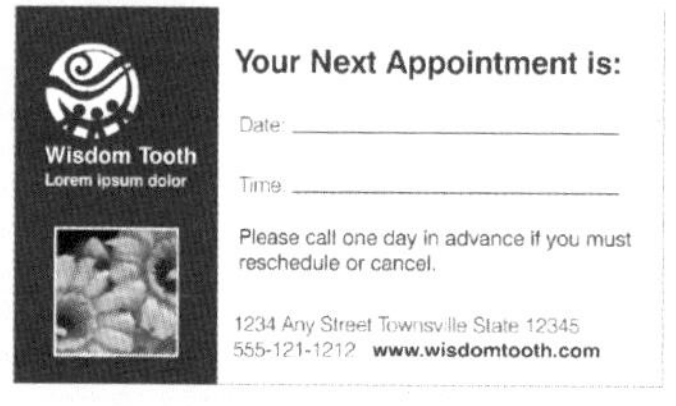

4 选中英文单词“PLAYERS”，执行菜单栏中【对象】|【转换为曲线】命令，将文字转换为曲线。然后单击工具箱中的【形状工具】按钮，选中字母“Y”的所有节点，按Delete键将其删除，如图11.96所示。

图11.95 导入素材

BEST
PLA ERS

图11.96 删除字母“Y”

5 选中导入素材并复制一份，调整大小直至能放置到“Y”的地方，用人形代替字母，如图11.97所示。

BEST
PLAYERS

图11.97 添加素材

6 分别选中“最佳选手”“BEST”“PLAYERS”，执行菜单栏中【对象】|【转换为曲线】命令，将文字转换为曲线，如图11.98所示。

图11.98 将文字转换为曲线

11.4.3 调整其他

1 将文字添加到封面和封底，调整大小与位置，并将导入的素材也放置在封面上，效果如图11.99所示。

图11.99 将剪纸素材放到封面

2 将3个蓝色不规则图形从矩形中复制出一份，按照之前讲过的方法，将其复制并放到人物剪影之中，分别调整大小和位置，宽度与高度，然后结束编辑，效果如图11.100所示。

图11.100 将封闭图形放置到人形中

3 结束编辑人像剪影中的不规则图形，然后复制3个蓝色图形再次将其放入封面英文单词中，如图11.101所示；分别调整大小和位置，宽度与高度，然后束编辑，效果如图11.102所示。

PLAYERS

图11.101 将封闭图形放置到文字中

图11.102 复制图形

4 选中封面上的"人物剪影"素材，单击工具箱中的【阴影工具】按钮，按住鼠标从右下角向左上角拖动，为其添加阴影效果，并在属性栏中的【阴影的不透明度】中输入50，在【阴影羽化】中输入3，完成阴影效果，如图11.103所示。

图11.103 添加阴影

5 将编辑后的英文"PLAYERS"复制一份，同样放置到封面内部，与最下面的蓝色不规则图形略有交集，然后单击属性栏中的【修剪】按钮，将蓝色图形进行修剪，选中文字，按Delete键删除，结束编辑之后完成封面设计，效果如图11.104所示。

图11.104 修剪内部完成设计

第12章

商业海报设计

12.1 交友派对海报设计

实例解析 CorelDRAW X8

本实例主要使用【文本工具】字、【立体化工具】、【星形工具】☆等制作出成熟不乏活力、成功不乏青春的活动海报设计，最终效果如图12.1所示。

图12.1 最终效果

本例主要学习【文本工具】、【星形工具】、【立体化工具】、【阴影工具】及【形状工具】的应用。

视频文件：movie\12.1 交友派对海报设计.avi

源文件：源文件\第12章\交友派对海报设计.cdr

12.1.1 绘制海报底框及所需图片

1 单击工具箱中的【矩形工具】□按钮，绘制一个【宽度】为700mm，【高度】为500mm的矩形，然后在属性栏的【圆角半径】右下侧数值框中输入20，将方角变成圆角。执行菜单栏中的【对象】|【转换为曲线】命令，将矩形转换成曲线。单击工具箱中的【形状工具】按钮，在矩形上方与右侧的两条边上分别添加一个节点，然后删除右上角的节点，并调节直线的角度，如图12.2所示。

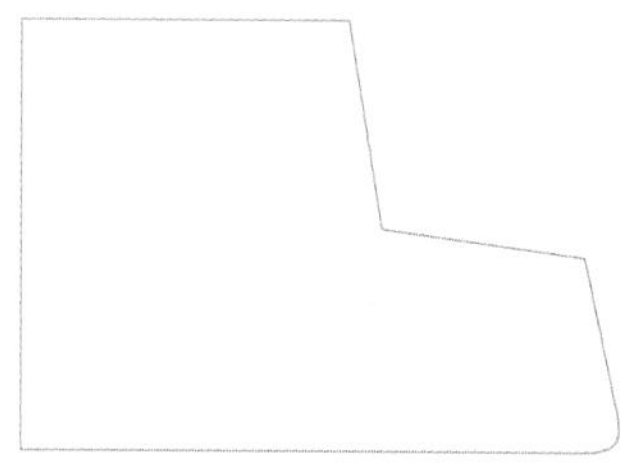

图12.2 绘制框架

2 选中不规则图形，将其【填充】设置为深蓝色（C：89；M：49；Y：6；K：0），【轮廓】设置为无，如图12.3所示。

图12.3 填充颜色

知识链接：【星形工具】和【多边形工具】的区别

在【星形工具】属性栏中可以随意设置星形的尖角程度，而在【多边形工具】中只能设置点数或边数。

3 单击工具箱中的【星形工具】☆按钮，设置属性栏中的【点数或边数】为6，【锐度】为33，绘制一个六角星，如图12.4所示。

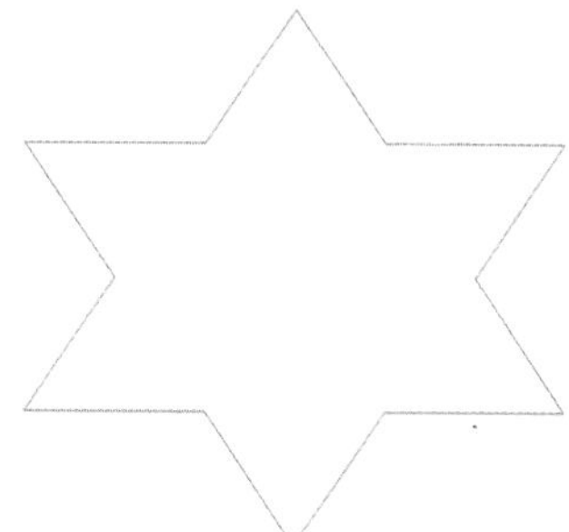

图12.4 绘制六角星

4 单击工具箱中的【贝塞尔工具】按钮，沿六角形对角绘制一条直线，如图12.5所示。

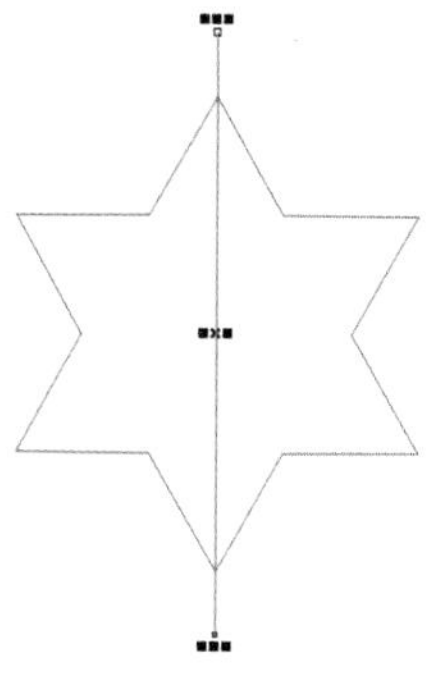

图12.5 绘制直线

5 选中直线，执行菜单栏中的【对象】|【变换】|【旋转】命令，打开【变换】泊坞窗，在【角度】数值框中输入30，单击【相对中心】中的圆心处，设置【副本】为5，如图12.6所示。单击【应用】按钮，效果如图12.7所示。

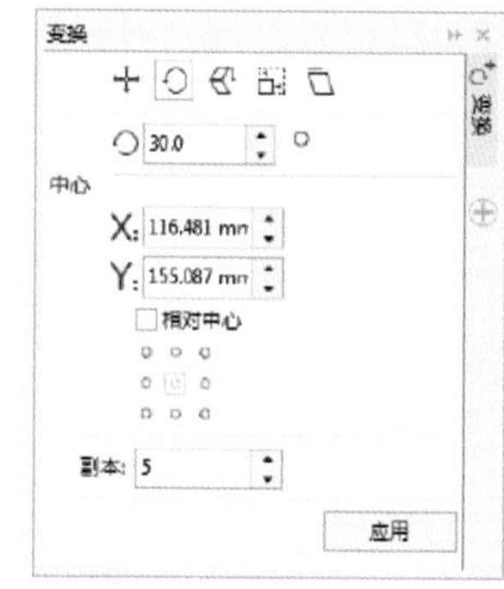

图12.6 【变换】泊坞窗

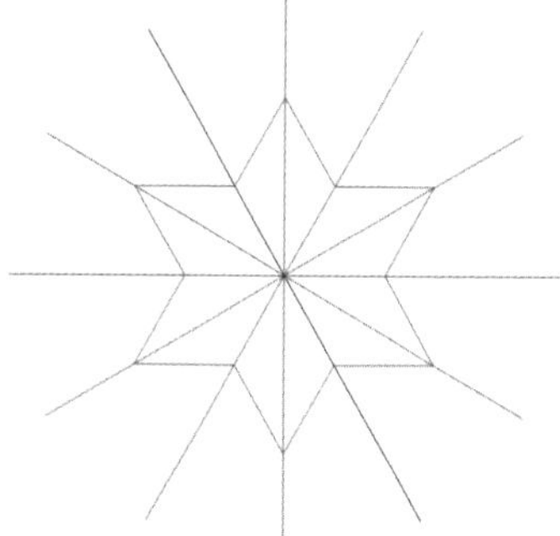

图12.7 复制直线

6 选中所有直线，执行菜单栏中的【对象】|【将轮廓转换成对象】命令，将线条变成图形。然后选中全部图形，单击属性栏中的【修剪】按钮，将图形进行修剪，如图12.8所示。再按住Shift键选中所有直线，按Delete键将其删除，效果如图12.9所示。

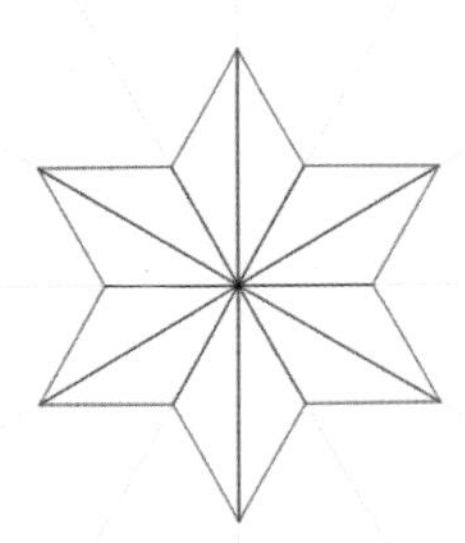

图12.8 修剪图形

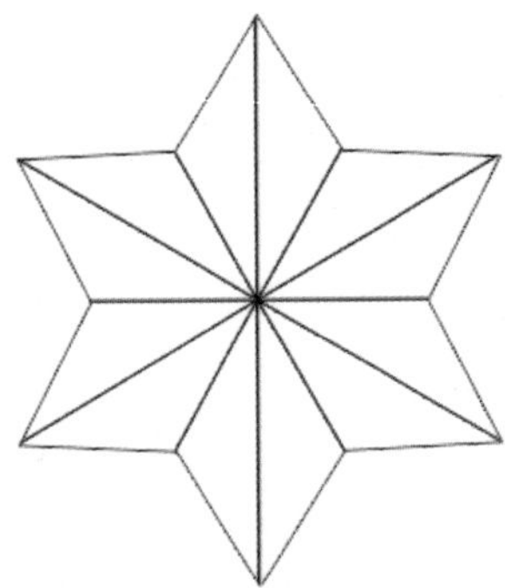

图12.9 复制直线三角形

7 选中六角形，执行菜单栏中的【对象】|【拆分曲线】命令，或者单击属性栏中的【拆分】按钮，将六角形分成12个三角形，并删除图形下方的6个，效果如图12.10所示。

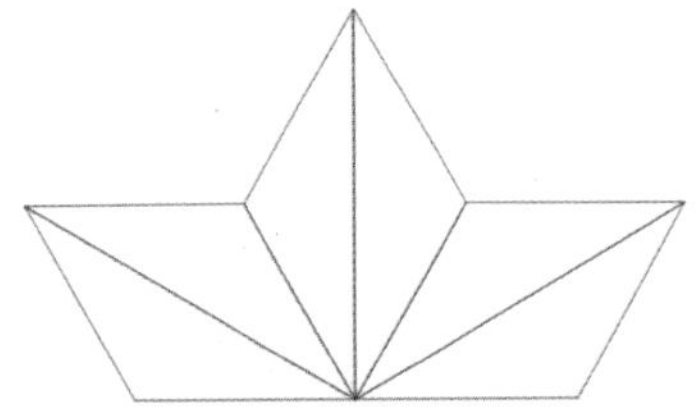

图12.10 删除部分图形

8 选中留下来的6个三角形，放置于深蓝色的背景框中，调整大小并旋转角度。将部分图形填充为蓝色（C：79；M：9；Y：0；K：0），设置【轮廓】为无；部分图形填充为无，设置【轮廓】为蓝色（C：79；M：9；Y：0；K：0），效果如图12.11所示。

图12.11 调整角度与大小放置到背景中

知识链接：【复杂星形工具】的使用方法

复杂星形即多边星形，使用【复杂星形工具】可以绘制出复杂星形，下面介绍绘制复杂星形的方法。

单击工具箱中【复杂星形工具】按钮，在其【属性栏】的【点数或边数】文本框中输入所需要的边数或点数。在【锐度】文本框中输入星形各角的锐度，在页面中按住鼠标，向另一方向拖动鼠标，即可绘制出复杂星形。

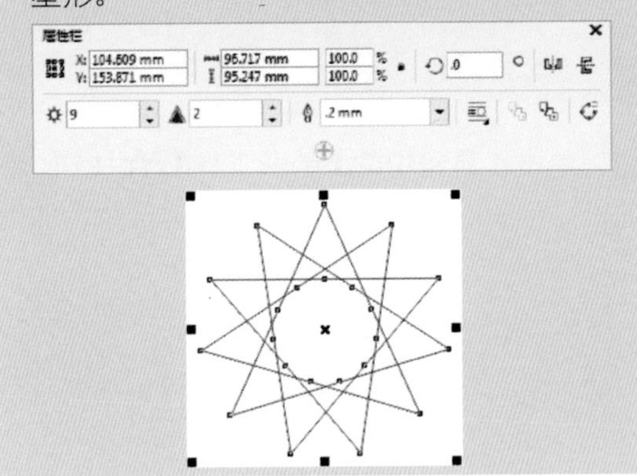

12.1.2 制作文字

1 单击工具箱中的【文本工具】字按钮，输入英文“post 70s”，设置【字体】为“Century Gothic”，复制一份以备后用。确认选中一组文字，执行菜单栏中的【对象】|【拆分美术字】命令，将文字拆分并重新摆放位置。如图12.12所示。

图12.12 输入并拆分重组文字

2 选中文字并再次单击，使文字转换成旋转模式，通过调节左右以及上下两个⇕状编辑点，将文字完成变形效果，如图12.13所示。

图12.13 扭曲文字

知识链接：【去交错】命令的使用方法

使用【去交错】命令，可以将图像中不清楚的颜色以扫描的形式进行变换。其具体操作步骤是：先选择需要调整的位图，执行菜单栏中的【效果】|【变换】|【去交错】命令，弹出【去交错】对话框。在【扫描线】选项区域中设置扫描的方式；在【替换方法】选项区域中设置替换的方法，设置完成后，单击【确定】按钮，即可将去交错的效果应用于图像。

3 将文字全部选中，填充为白色，设置【轮廓宽度】为2mm，【轮廓】为蓝色（C：91；M：22；Y：0；K：0）。单击工具箱中的【立体化工具】按钮，从右上角向左下角拖动，完成立体化效果，如图12.14所示。

图12.14 应用立体化效果

4 选中全部文字图形，将文字放置在深蓝色背景框的右上角空缺处，调整大小与位置，如图12.15所示。

图12.15 添加到背景框

5 将之前复制出的“post 70s”备份选中并单击，转换到旋转模式，按住↘状节点，拖动鼠标旋转到偏竖行排列，如图12.16所示。

图12.16 旋转文字

6 选中文字并将其拖至深蓝色背景，调整大小和位置。选中文字，执行菜单栏中的【对象】|【拆分美术字】命令，将文字全部拆分。再次选中全部文字，执行菜单栏中的【对象】|【转换为曲线】命令，将文字转换成曲线。按住Shift键选中深蓝色背景，单击属性栏中的【修剪】按钮，将蓝色背景框进行修剪，按Delete键将其删除，效果如图12.17所示。

图12.17 修剪后的效果

知识链接：【反显】命令的使用方法

使用【反显】命令，可以使所选图像的颜色反显，形成摄影负片的外观。反显的方法是：在页面区域中选中图像，然后执行菜单栏中的【效果】|【变换】|【反显】命令即可。

7 执行菜单栏中的【文件】|【导入】命令，打开【导入】对话框，选择云下载文件中的“调用素材\第12章\柒零后.cdr”文件，单击【导入】按钮。在页面中单击，图形便会显示在页面中，如图12.18所示。

图12.18 导入素材

8 将导入的素材文字放置在深蓝色背景框中，填充为蓝色（C：79；M：9；Y：0；K：0），然后单击工具箱中的【阴影工具】按钮，按住鼠标从左上角向右下角拖动，并设置属性栏中的【阴影的不透明度】为50，【阴影羽化】为2，调整大小和位置，效果如图12.19所示。

图12.19 填充为蓝色

9 将前面导入的素材“柒零后”复制一份，单击工具箱中的【文本工具】**字**按钮，输入其他文字并调整大小，设置【字体】为“微软雅黑”，效果如图12.20所示。

图12.20 输入并摆放文字

10 单击工具箱中的【贝塞尔工具】按钮，沿着文字边缘绘制一个外框，填充为灰色（C：0；M：0；Y：0；K：40），设置轮廓与文字为白色，【轮廓宽度】为4mm，旋转图形并单击工具箱中的【阴影工具】按钮，按住鼠标从图形底部向上拖动，效果如图12.21所示。

图12.21 完成文字制作

12.1.3 完成拼贴结束绘制

1 单击工具箱中的【贝塞尔工具】按钮，沿着六角形外框绘制一条折线，效果如图12.22所示。

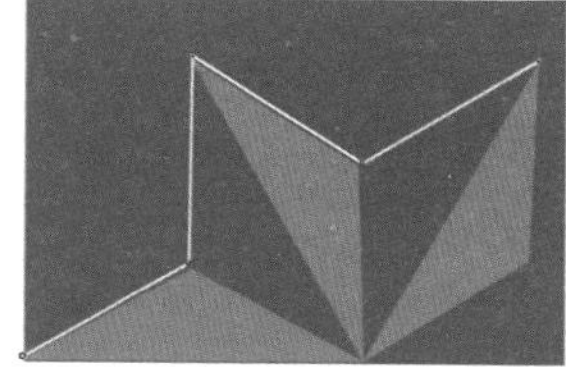

图12.22 绘制折线

2 单击工具箱中的【文本工具】字按钮，输入其他文字，设置相应字体及颜色，调整大小之后右键拖动至折线上，待光标变成“⊕”状，释放鼠标，在弹出的快捷菜单中选择【使文本适合路径】命令。然后将文字与折线全部选中，执行菜单栏中的【对象】|【拆分在一路径上的文本】命令，将其拆分，选中折线按Delete键将其删除，效果如图12.23所示。

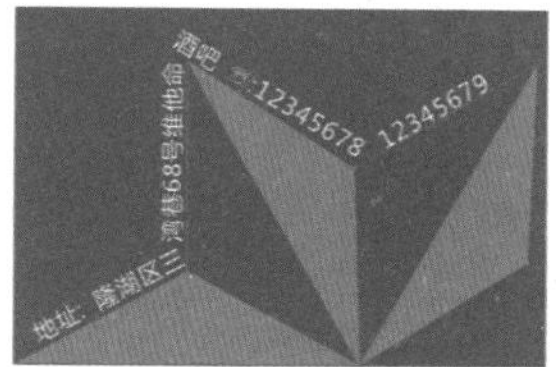

图12.23 文字效果

3 单击工具箱中的【文本工具】字按钮，输入中文“成功人士交友派对”，填充颜色为白色，设置【字体】为“微软雅黑”，将文字逐个改变大小，进行微调。完成之后放置在适当位置，调整整体大小，至此，交友派对的海报就制作完成了，最终效果如图12.24所示。

图12.24 最终效果

知识链接：使文本适合路径的方法

使文本适合路径是将所输入的美术文本按指定的路径进行编辑，使其达到意想不到的艺术效果。使文本适合路径的具体操作步骤如下：

绘制一条开放的曲线作为路径，再创建一行美术文本。同时选中创建的美术文本和绘制的曲线，执行菜单栏中的【文本】|【使文本适合路径】命令，将选中的美术文本排列在选中的路径上。

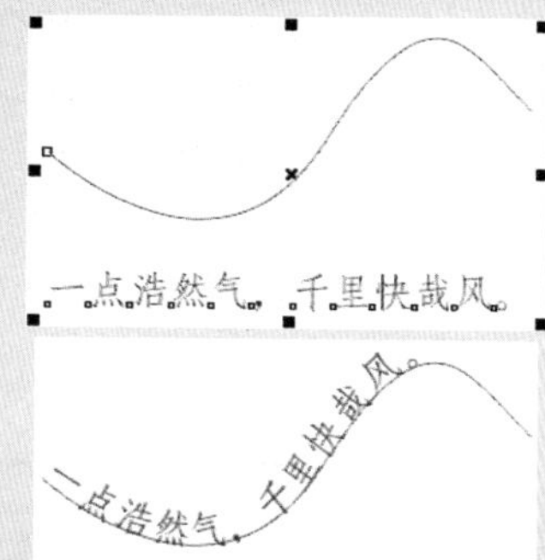

另外，沿路径输入文本时，系统会根据路径的形状自动排列文本，使用的路径可以是闭合的图形也可以是未闭合的曲线。其优点在于文字按任意形状排列，并且可以轻松地制作各种文本排列的艺术效果。

将鼠标光标移动到路径的外轮廓上，当鼠标光标显示为形态时，单击鼠标左键插入文本光标，依次输入需要的文本，此时输入的文本可沿图形的外轮廓排列。如果将鼠标光标放置在闭合图形的内部，当鼠标光标显示为形态时，单击鼠标左键，此时图形内部将根据闭合图形的形状出现虚线框，并显示插入文本光标，依次输入需要的文本，所输入的文本即以图形外轮廓的形状进行排列。

12.2 公益海报设计

本实例主要使用【矩形工具】□、【标注形状工具】🗨、【文本工具】字等制作出简约、醒目的海报设计，最终效果如图12.25所示。

图12.25 最终效果

本例主要学习【文本工具】、【矩形工具】的使用；掌握【箭头形状工具】、【形状工具】的应用。了解海报设计的侧重点，充分认识到海报设计与其他艺术设计的共同点和不同点。

视频文件：movie\12.2 公益海报设计.avi

源文件：源文件\第12章\公益海报设计.cdr

12.2.1 制作外框及填充底色

1 单击工具箱中的【矩形工具】□按钮，绘制一个【宽度】为500mm，【高度】为700mm的矩形。

提示

500mm×700mm是常规海报尺寸，其他还有标准尺寸：13cm×18cm、19cm×25cm、30cm×42cm、42cm×57cm、50cm×70cm、60cm×90cm、70cm×100cm，常见尺寸是42cm×57cm、50cm×70cm。

2 单击工具箱中的【矩形工具】□按钮，绘制一个矩形，设置【轮廓】为无，填充颜色为绿色（C：76；M：0；Y：92；K：0），如图12.26所示。确认选中矩形，然后单击切换到旋转模式，将光标放到任意一个角上进行旋转，旋转后的效果如图12.27所示。

图12.26 绘制矩形

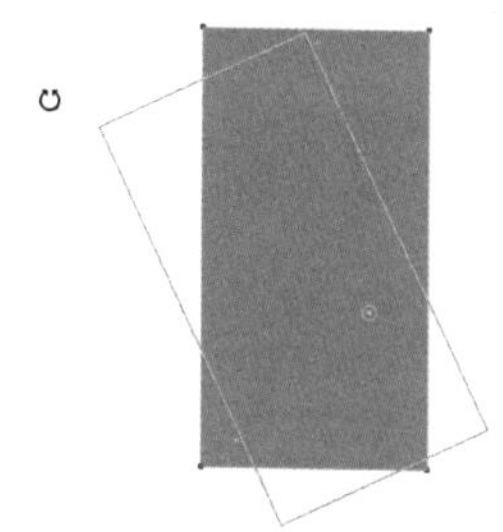

图12.27 旋转矩形的效果

3 选中绿色矩形，将其放置在之前绘制的大矩形上，如图12.28所示。将矩形全部选中之后，单击属性栏中的【相交】按钮，然后删除绿色矩形，将相交之后的部分填充为绿色（C：76；M：0；Y：92；K：0），效果如图12.29所示。

图12.28 放置到矩形上

图12.29 相交并填充颜色

知识链接：【极色化】命令的使用方法

使用【极色化】命令，可以将图像中的颜色范围成纯色色块、使图像简单化，常常用于减少图像中的色调值数量。调整对象【极色化】的操作步骤是，选择需要调整的位图，执行菜单栏中的【效果】|【变换】|【极色化】命令，弹出【极色化】对话框。

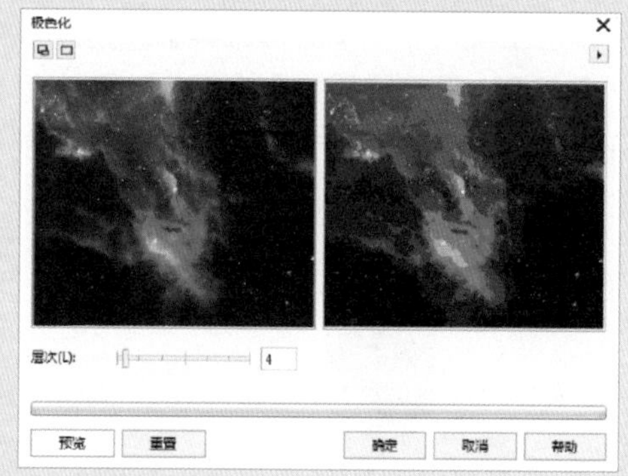

通过调整对话框框中的【层次】滑块，可以调整图像的色调分离效果。数值越低，色调分离效果越明显；数值越高，色调分离效果越不明显，设置完成后，单击【确定】按钮即可。

4 将相交之后的绿色部分选中并复制一份。确认选中图形之后，单击属性栏中的【水平镜像】按钮，翻转图形并将其移动到大矩形的右下角位置，如图12.30所示。

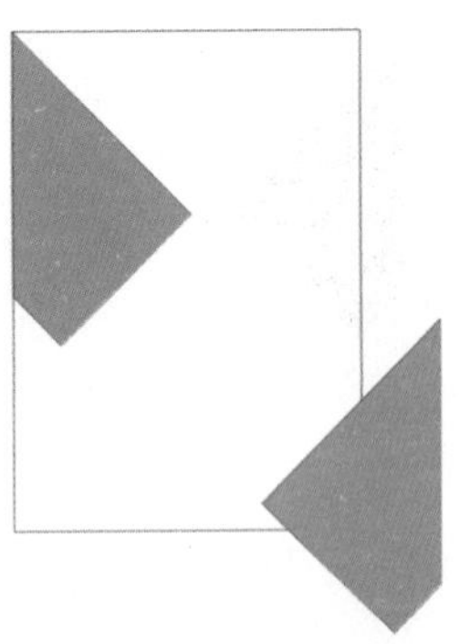

图12.30 复制并水平翻转

5 按照前面讲过的方法将翻转后的图形与大矩形全部选中，再次单击属性栏中的【相交】按钮，同样删除绿色矩形并填充相交部分为绿色（C：76；M：0；Y：92；K：0），效果如图12.31所示。

图12.31 相交之后的效果

12.2.2 绘制版面图形及文字

1 单击工具箱中的【矩形工具】按钮，绘制一个矩形，设置【轮廓】为无，填充为绿色（C：76；M：0；Y：92；K：0），并放置在之前绘制完成的绿色矩形上，如图12.32所示。

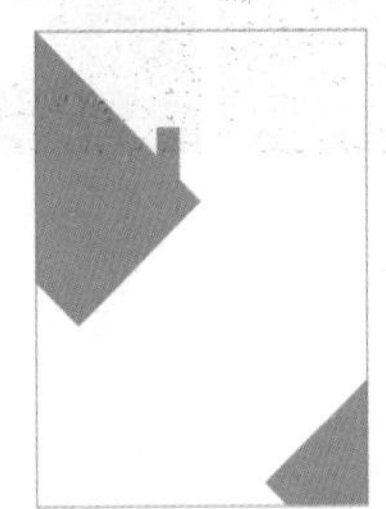

图12.32 将矩形放到底版中

2 单击工具箱中的【标注形状工具】按钮，单击属性栏中的【完美形状】按钮，从弹出的列表框中选择，然后向右上方拖动鼠标绘制一个标注形状，如图12.33所示。

图12.33 绘制标注形状

知识链接：校正位图色斑效果的方法

使用【校正】命令可以通过更改图像中的相异像素来减少杂色。校正位图色斑效果的具体操作步骤如下：

选择需要调整的位图，执行菜单栏中的【效果】|【校正】|【尘埃与刮痕】命令，弹出【尘埃与刮痕】对话框，通过调整【阈值】和【半径】选项的滑块，可以调整图像中刮痕减少的效果。

3 选中标注形状，填充颜色为绿色（C：76；M：0；Y：92；K：0），设置【轮廓】为无，调整大小之后，放置在小矩形上方，做成烟囱里升起的烟雾艺术效果，如图12.34所示。

图12.34 将标注图形放置到底版中

4 单击工具箱中的【箭头形状工具】按钮，同样单击属性栏中的【完美形状】按钮，在弹出的列表框中选择，拖动鼠标绘制一个正四方箭头形状，如图12.35所示。

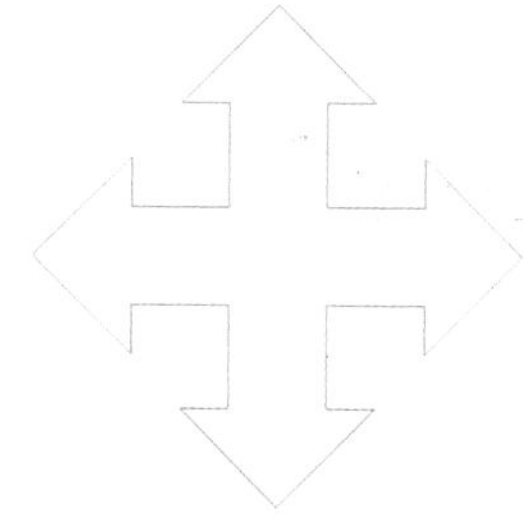

图12.35 绘制箭头形状

5 确认选中绘制完成的四方箭头图形，设置【轮廓】为无，填充颜色为绿色（C：76；M：0；Y：92；K：0），并复制出两个，摆放成一个心形图案，效果如图12.36所示。

图12.36 心形图案效果

6 单击工具箱中的【文本工具】**字**按钮，输入大写英文“LEP”，设置文字字体为“微软雅黑”，颜色为黑色。将心形图案放置到底版中，作为公益标志，让海报更具欣赏性和权威性，如图12.37所示。

图12.37 放置到底版中

知识链接：位图的颜色遮罩的功能特点

在CorelDRAW X8中，使用【颜色遮罩】命令可以将位图显示的颜色进行隐藏，使该处位图像变为透明状态。遮罩颜色还能改变选定的颜色，而不改变图像中的其他颜色，也可以将问题颜色遮罩保存到文件中，以便在日后使用时打开此文件。

提示

“LEP”意为：“Love and Environmental Protection”即“爱与环保”，“爱心环保”。

7 单击工具箱中的【文本工具】**字**按钮，输入英文，并使用回车键进行分行，设置文字【字体】为“方正超粗黑简体”并变换大小，效果如图12.38所示。

We
want
GREEN

图12.38 输入英文并变换大小和字体

8 选中第一个制作完成的文字组，调整大小并填充为白色，放置到之前设计好的绿色烟雾上，效果如图12.39所示。

图12.39 放置到图形中

9 单击工具箱中的【文本工具】**字**按钮，输入英文，同样使用回车键进行分行，设置文字【字体】为“Gill Sans MT”，颜色为黑色，然后调整大小，效果如图12.40所示。

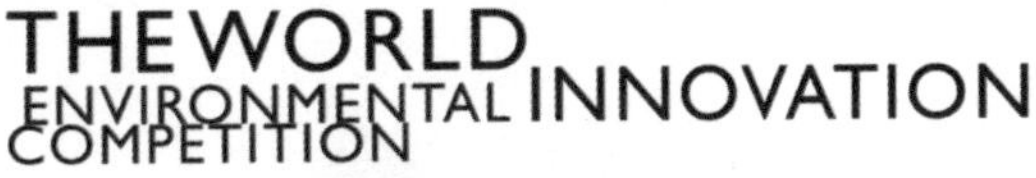

THE WORLD
ENVIRONMENTAL INNOVATION
COMPETITION

图12.40 输入英文并调整

知识链接：位图颜色遮罩的操作方法

选择需要调整的位图，执行菜单栏中的【位图】|【位图颜色遮罩】命令，弹出【位图颜色遮罩】泊坞窗，选中【隐藏颜色】单选按钮，在色彩条列表框中选取一个色彩条，并选取该色彩条，单击【颜色选择】按钮，使用光标在位图中需要隐藏的颜色上单击，在色彩条列表框下方，拖动滑块设置容限值，然后单击【应用】按钮，即可将位于所选颜色范围内的颜色全部隐藏；在【位图颜色遮罩】泊坞窗中选中【显示颜色】单选按钮，并保持选取的颜色不变，然后单击【应用】按钮，即可将所选颜色以外的其他颜色全部隐藏。

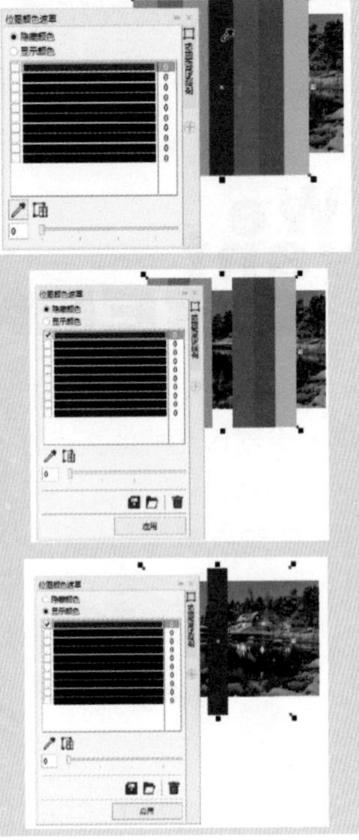

10 单击工具箱中的【文本工具】**字**按钮，输入英文“September 10, 2015”，使用回车键进行分行，设置文字【字体】为“Gill Sans MT”，颜色为黑色。然后执行菜单栏中的【对象】|【转换为曲线】命令，将文字转换为曲线，单击工具箱中的【形状工具】按钮，将“P”与其下方的数字“1”全部删除，如图12.41所示。

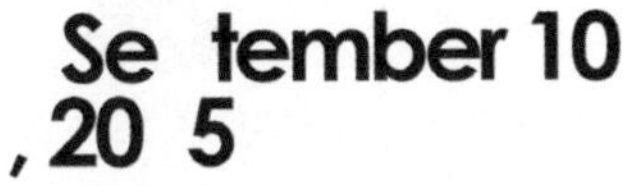

Se tember 10
, 20 5

图12.41 删除文字

11 重新输入字母“P”，用同样的方法，将“P”转换成曲线，单击工具箱中的【形状工具】按钮，将其变形并填充为绿色（C：76；M：0；Y：92；K：0），如图12.42所示。

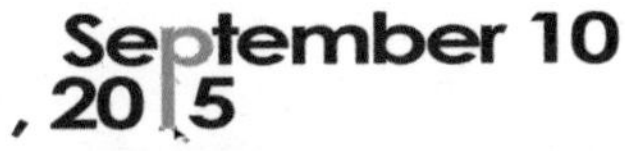

September 10
, 2015

图12.42 添加并变换文字

提示

在【位图颜色遮罩】泊坞窗口中，【容限】数值越高，所选颜色周围的颜色范围则越广。如果选定紫蓝色并增加容限，CorelDRAW X8就会隐藏或者显示浅蓝、铁青等颜色。

12 将制作完成的文字放入矩形底版的中下位置，改变大小并调整位置，完成设计，如图12.43所示。

We want GREEN
THE WORLD
ENVIRONMENTAL INNOVATION
COMPETITION September 10
, 2015
LEP

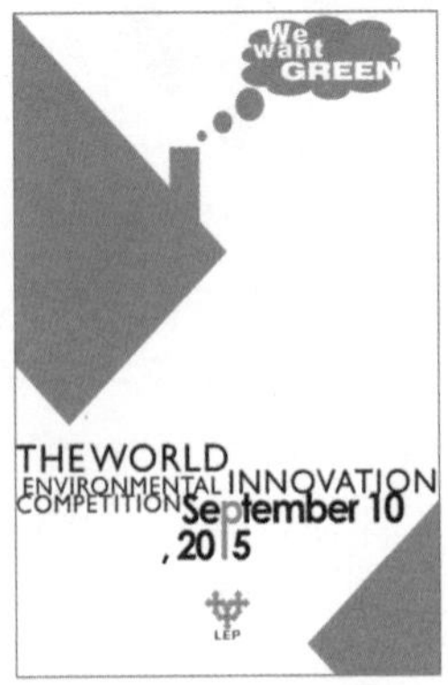

图12.43 完成设计

12.3 招聘海报设计

本实例主要使用【贝塞尔工具】、【立体化工具】、【封套工具】等制作出婉约大方、清新宜人的招聘海报设计，最终效果如图12.44所示。

图12.44 最终效果

本例主要学习【贝塞尔工具】、【封套工具】的使用；掌握【形状工具】、【导入】命令的应用；了解海报设计的侧重点。

视频文件：movie\12.3 招聘海报设计.avi

源文件：源文件\第12章\招聘海报设计.cdr

操作步骤 CorelDRAW X8

12.3.1 制作底版（墙体）

1 单击工具箱中的【贝塞尔工具】按钮，在页面中绘制一个三角形和一个四边形，如图12.45所示。

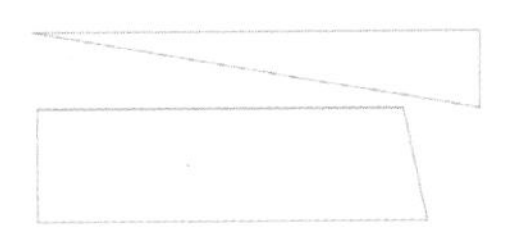

图12.45 绘制封闭图形

2 将四边形复制一份，并将其与另外两个图形组合到一起，然后单击工具箱中的【形状工具】按钮，将细节部分略加调整，增加整体感，效果如图12.46所示。

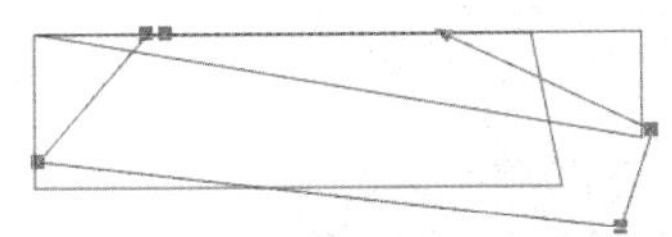

图12.46 排列封闭图形

3 分别选中不同的封闭图形，为其填充黑色、灰色（C：63；M：53；Y：55；K：7）、深灰色（C：78；M：76；Y：78；K：58），设置【轮廓】为无。调整彼此之间的位置关系与上下关系，如图12.47所示。

知识链接：更改位图的颜色模式为灰度模式

灰度色彩模式使用亮度（L）来定义颜色，颜色值的定义范围为0～255。灰度模式有彩色信息的，可以用于作品的黑白印刷。应用灰度模式后，可以去掉图像中的色彩信息，只保留0～255不同级别的灰度颜色，因此图像中只有黑、白、灰的颜色显示。

转换为灰度模式的方法是使用【选择工具】选取对象，然后执行菜单栏中的【位图】|【模式】|【灰度】命令，即可将该图像转换为灰度效果。

4 选中四边形，复制一个封闭图形。然后选中三角形，复制两份。将复制出的3个封闭图形，调整位置和大小并排列在一起，分别填充为灰色（C：0；M：0；Y：0；K：10），浅灰色（C：0；M：0；Y：0；K：20），如图12.48所示。

图12.47 复制并填充颜色　图12.48 复制并填充颜色

5 分别选中两部分并组合到一起，调节位置和大小，使二者相互交接部分更显融洽，效果如图12.49所示。

图12.49 组合图形

6 执行菜单栏中的【文件】|【导入】命令，打开【导入】对话框，选择云下载文件中的“调用素材\第12章\桂花树.CDR”文件，单击【导入】按钮。在页面中单击，图形便会显示在页面中，如图12.50所示。

7 选中素材，执行菜单栏中的【对象】|【PowerClip】|【置于图文框内部】命令，将素材放置在图形中间面积最大的封闭图形内部，如图12.51所示。

图12.50 导入素材　图12.51 置于图文框内部

8 执行菜单栏中的【对象】|【PowerClip】|【编辑PowerClip】命令，编辑图形。将素材选中，单击工具箱中的【封套工具】按钮，将封套四条边上的中心节点全部删除。然后依次右键单击四条边，在弹出的快捷菜单中选择【到直线】命令，将四条边改成直线，如图12.52所示。

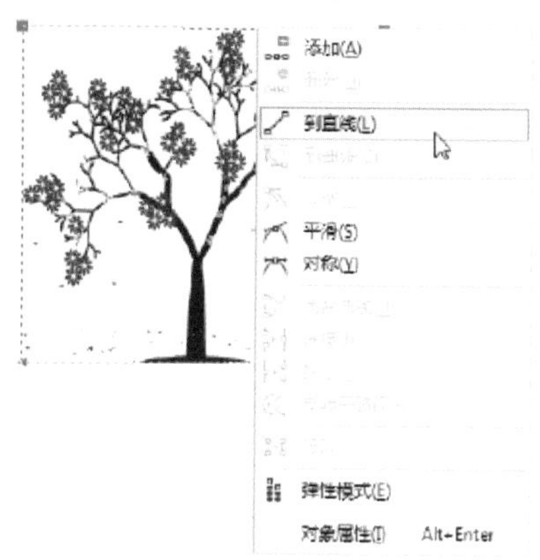

图12.52 选择【到直线】命令

9 按住封套左上角的编辑点，垂直向下拖动少许，然后再按住封套右下角的编辑点，垂直向上拖动少许，将素材完成变形效果，使其形状角度与灰色"墙面"达成一致，如图12.53所示。

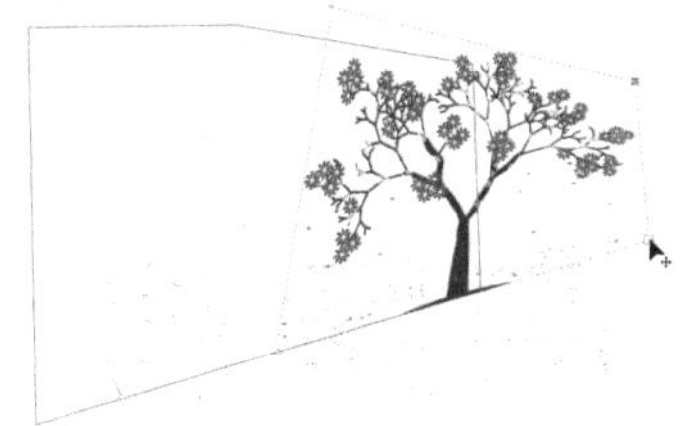

图12.53 应用封套工具效果

10 将素材复制一份，放置到不规则图形的左侧，调整其大小只露出局部。最后执行菜单栏中的【对象】|【PowerClip】|【结束编辑】命令，结束编辑，效果如图12.54所示。

图12.54 完成背景"墙面"设计

知识链接：更改位图的颜色模式为黑白模式

位图的黑白模式与灰度模式不同，应用黑白模式后，图像只显示为黑白色。这种模式可以清楚地显示位图的线条和轮廓图，适用于艺术线条和一些简单的图形。

转换为黑白模式的方法是，选择需要调整的位图，执行菜单栏中的【位图】|【模式】|【黑白】命令，弹出【转换为1位】对话框，在【转换为1位】对话框中，设置【转换方法】和【强度】的参数，单击【确定】按钮即可改变位图的颜色模式。

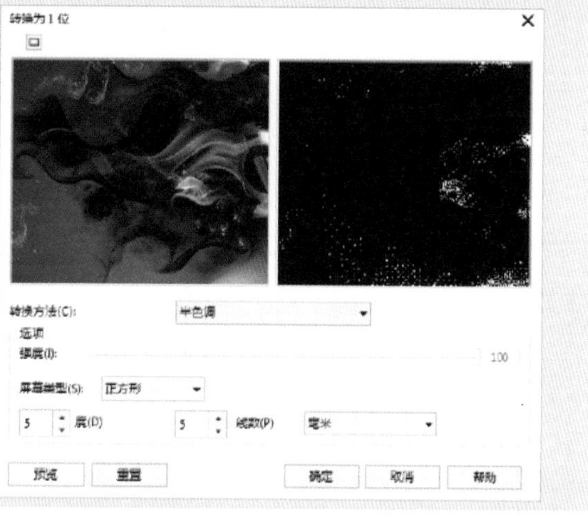

技巧

在【转换为1位】对话框中选择了不同的转换方法后，所出现的对话框选项也会发生相应的改变，用户可以根据实际需要对画面效果进行调整。

12.3.2 制作文字

1 单击工具箱中的【文本工具】字按钮，输入3个中文“聘”，分别设置文字【字体】为“黑体”“幼圆”“华文中宋”，如图12.55所示。

图12.55 输入文字

2 选中文字，执行菜单栏中的【对象】|【转换为曲线】命令，将文字转曲。单击工具箱中的【形状工具】按钮，选中每个字的不同偏旁，通过删除节点来删除个别笔画，如图12.56所示。

图12.56 将不同偏旁删除

3 将剩下的偏旁重新组合放置，调整不同大小和彼此之间的位置关系、距离，效果如图12.57所示。

4 单击工具箱中的【椭圆形工具】按钮，绘制一个【宽度】为100mm，【高度】为100mm的正圆形。然后复制一份，调整【宽度】为46mm，【高度】为46mm，并相交地放置在一起，如图12.58所示。

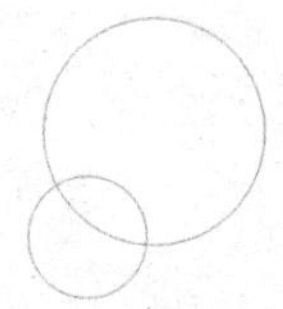

图12.57 复制并水平翻转　图12.58 复制并相交效果

5 将两个圆形全部选中，单击属性栏中的【合并】按钮，将两个圆焊接成一个不规则图形，效果如图12.59所示。

6 将图形填充为洋红色（C：0；M：100；Y：0；K：0），设置【轮廓】为无，效果如图12.60所示。

图12.59 焊接圆形　图12.60 为图形填充颜色

知识链接：更改位图的颜色模式为双色模式

双色模式包括单色调、双色调、三色调和四色调4种类型，可以使用1~4种色调构建图像色彩，使用双色模式可以为图像构建统一的色调效果。

转换为双色模式的方法是，使用【选择工具】选取对象，然后执行菜单栏中的【位图】|【模式】|【双色】命令，弹出【双色调】对话框，在该对话框的【类型】下拉列表框中可选择双色模式的类型，设置好参数后，单击【预览】按钮可以显示相应的效果，然后单击【确定】按钮，即可将图像调整为【双色调】模式。

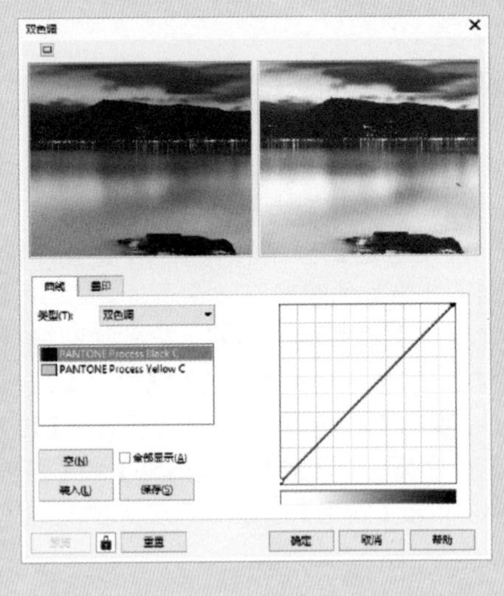

7 将之前制作完成的文字“聘”，放置到焊接后的洋红色图形中，调整大小和位置。单击工具箱中的【文本工具】字按钮，在中文上方输入英文“PIN”，设置字体为“黑体”，效果如图12.61所示。

图12.61 将文字放置在图形上

8 将文字与图形全部选中，单击属性栏中的【修剪】按钮，然后选中文字，按Delete键将其删除，完成图形修剪，效果如图12.62所示。

图12.62 完成修剪效果

9 选中修剪之后的图形，单击工具箱中的【立体化工具】按钮，按住鼠标从图形左下角向右上角直线拖动，如图12.63所示。

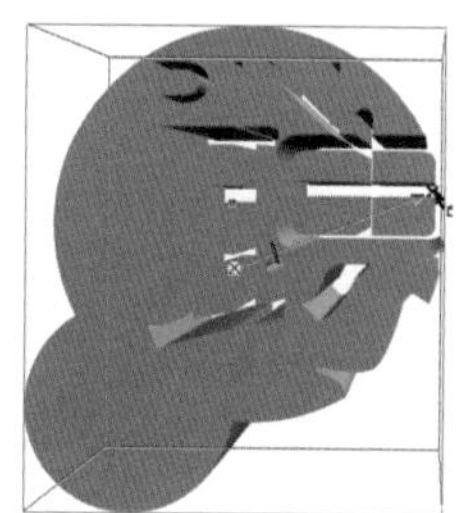

图12.63 绘制矩形重组文字

10 将光标放置在直线中间的调节点上并向右上角拖动，使图形立体厚度减小，进而突显出文字，如图12.64所示。

图12.64 将文字放置到背景中

11 单击属性栏中的【立体化颜色】按钮，打开【颜色】面板，在【颜色】一栏中选择【使用递减的颜色】，然后设置从洋红色（C：0；M：100；Y：0；K：0）到灰色（C：0；M：0；Y：0；K：50），效果如图12.65所示。

12 单击工具箱中的【椭圆形工具】按钮，绘制一个【宽度】为30mm，【高度】为30mm的正圆形。将此圆放置到洋红色下方的小圆之上，设置【轮廓】为无，【填充】为白色。再复制一份并缩小，设置其【填充】为无，【轮廓】为洋红（C：0；M：100；Y：0；K：0），【轮廓宽度】为3mm，效果如图12.66所示。

图12.65 编辑投影到立体色

图12.66 绘制其他圆形

12.3.3 添加文字完成设计

1 将绘制完成的“聘”放置到背景中的左下角，并调整位置和大小。然后单击工具箱中的【文本工具】字按钮，输入中文：诚、英、“材”，设置【字体】分别为“汉仪中宋简”和“华文细黑”，如图12.67所示。

诚 英 “材”

图12.67 输入中文

2 选中文字，执行菜单栏中的【对象】|【拆分美术字】命令，将文字拆分并将其分别添加到背景“墙面”。单击工具箱中的【封套工具】

按钮，将个别文字稍加修改，使其在角度上和形状上都能与"墙面"相辅相成，如图12.68所示。

图12.68 封套效果

知识链接：【双色调】对话框中的参数介绍

执行菜单栏中的【位图】|【模式】|【双色】命令，弹出【双色调】对话框，在此将该对话框中的参数做个简单介绍。

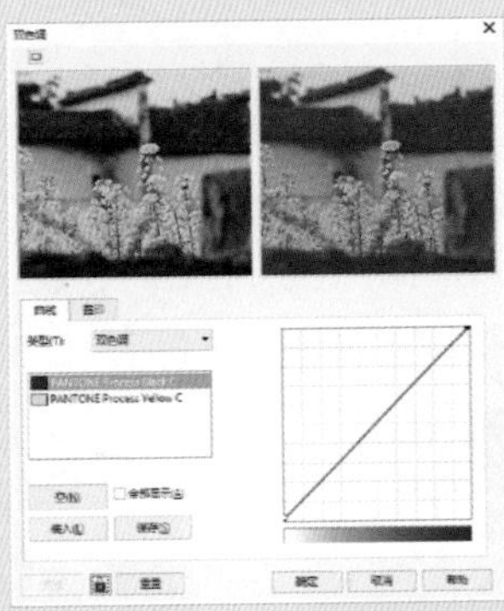

- 【类型】选项：在此选择色调的类型，有单色调、双色调、三色调和四色调4个选项。
- 【颜色列表】：显示了目前色调类型中的颜色。单击选择一种颜色，在右侧窗口中可以看到该颜色的色调曲线。在色调曲线上单击鼠标，可添加一个调节节点，通过拖动该节点改变曲线上这一点颜色百分比。双击【颜色列表】中的颜色块或颜色名称，可以在弹出的【选择颜色】对话框中选择其他的颜色。
- 【全部显示】复选框：选中该复选框，显示目前色调类型中所有的色调曲线。
- 【保存】按钮：单击该按钮，保存目前的双色调设置。
- 【预览】按钮：单击该按钮，显示图像的双色调效果。
- 【重置】按钮：单击该按钮，恢复对话框默认状态。

3 再次单击工具箱中的【文本工具】字按钮，输入其他所有文字，并调节不同大小，放置到不同地方，如图12.69所示。

图12.69 输入其他文字

4 选中个别文字，复制一份并放置到下方，然后单击属性栏中的【垂直镜像】按钮，调整大小之后，单击工具箱中的【透明度工具】按钮，从上到下拖动鼠标，为其应用透明度效果。

5 选中"加入我们"，然后按照前面讲过的方法，同样将文字复制一份制作倒影效果，完成招聘设计，最终效果如图12.70所示。

图12.70 完成设计

知识链接：更改位图的颜色模式为调色板模式

调色板模式最多能够使用256种颜色来保存和显示图像。位图转换为调色板模式后，可以减小文件的大小。系统提供了不同的曲线类型，也可以根据位图中的颜色来创建自定义调色板。如果要精确地控制调色板所包含的颜色，还可以在转换时指定使用颜色的数量和灵敏度范围。首先选取对象，然后执行【位图】|【模式】|【调色板色】命令，弹出【转换至调色板色】对话框。该对话框包括3个选项卡，分别是【选项】、【范围的灵敏度】和【已处理的调色板】。

- 【平滑】选项：拖动滑块设置颜色过渡的平滑程度。
- 【调色板】选项：在其下拉列表框中选择调色板的类型。
- 【递色处理的】选项：在其下拉列表框中选择图像抖动的处理方式。
- 【颜色】选项：在【调色板】中选择【适应性】和【优化】两种调色板类型后，可以在【颜色】文本框中设置位图的颜色数量。
- 在【范围的灵敏度】选项卡中，可以设置转换颜色过程中某种颜色的灵敏程度。
- 在【已处理的调色板】选项卡中，可以看到当前调色板中所包含的颜色。

12.4 比萨宣传海报设计

实例解析 CorelDRAW X8

本例讲解比萨宣传海报设计，本例的制作以比萨饼为主视觉图像，将圆弧图形与之相结合，整个海报具有不错的视觉传递感受，最终效果如图12.71所示。

图12.71 最终效果

学习目标 CorelDRAW X8

本例主要学习【矩形工具】□、【置于图文框内部】命令、【钢笔工具】、【椭圆形工具】○的使用；掌握比萨宣传海报设计方法。

云盘下载

视频文件：movie\12.4 比萨宣传海报设计.avi

源文件：源文件\第12章\比萨宣传海报设计.cdr

操作步骤 CorelDRAW X8

12.4.1 制作海报轮廓

1 单击工具箱中的【矩形工具】□按钮，绘制一个矩形，如图12.72所示。

2 执行菜单栏中的【文件】|【导入】命令，导入“比萨.jpg”文件，在当前页面中单击导入素材并放大，如图12.73所示。

图12.72 绘制图形

图12.73 导入素材

3 选中图像，执行菜单栏中的【对象】|PowerClip】|【置于图文框内部】命令，将图形放置到矩形内部，如图12.74所示。

4 单击工具箱中的【钢笔工具】按钮，在图像下方绘制一个不规则图形，设置其【填充】为黄色（R：255，G：236，B：201），【轮廓】为无，如图12.75所示。

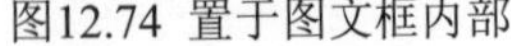

图12.74 置于图文框内部

图12.75 绘制图形

5 选中图形，按Ctrl+C组合键复制，按Ctrl+V组合键粘贴，将粘贴的图形【填充】更改为橙色（R：247，G：127，B：40），如图12.76所示。

6 单击工具箱中的【形状工具】按钮，拖动橙色图形顶部节点将其稍微变形，如图12.77所示。

图12.76 复制图形

图12.77 将图形变形

7 以同样的方法将图形再次复制两份并适当变形，如图12.78所示。

图12.78 复制图形

8 单击工具箱中的【矩形工具】□按钮，在底部位置绘制一个矩形，设置其【填充】为橙

色（R：247，G：127，B：40），【轮廓】为无，如图12.79所示。

9 单击工具箱中的【形状工具】按钮，拖动矩形右上角节点，将其转换为圆角矩形，如图12.80所示。

图12.79 绘制矩形

图12.80 转换为圆角矩形

10 在海报的底部再次绘制一个矩形，如图12.81所示。

11 单击工具箱中的【矩形工具】按钮，海报左下角位置绘制一个矩形，设置其【填充】为无，【轮廓】为无，如图12.82所示。

图12.81 绘制矩形

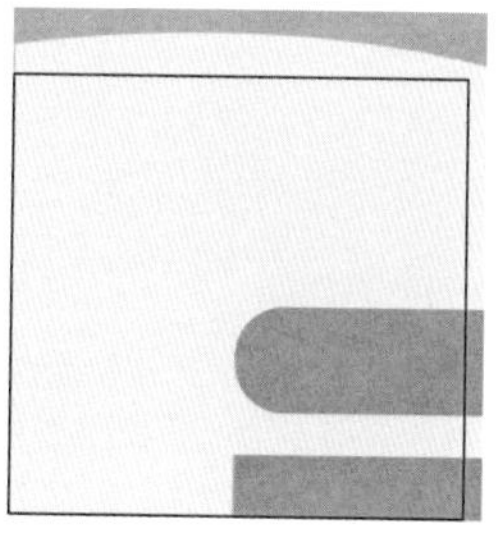

图12.82 绘制矩形框

12 单击工具箱中的【钢笔工具】按钮，在海报左下角绘制一个不规则图形，设置其【填充】为橙色（R：247，G：127，B：40），【轮廓】为黄色（R：255，G：236，B：201），【轮廓宽度】为2，如图12.83所示。

13 选中图形，执行菜单栏中的【对象】|PowerClip】|【置于图文框内部】命令，将图形放置到矩形框内部，如图12.84所示。

14 选中图形，将【轮廓】更改为无，如图12.85所示。

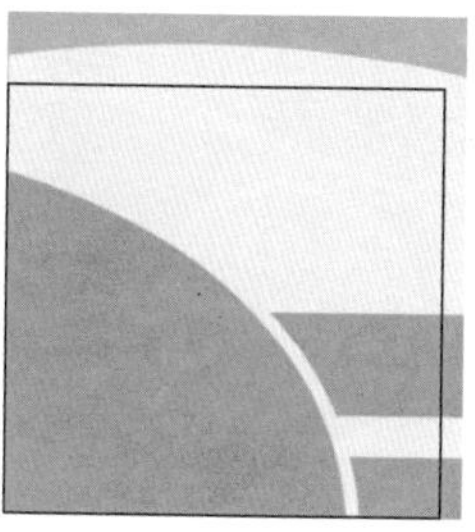

图12.83 绘制图形　　图12.84 置于图文框内部

图12.85 取消轮廓

12.4.2 处理海报配图

1 单击工具箱中的【椭圆形工具】按钮，在海报左侧按住Ctrl键绘制一个正圆，设置其【填充】为无，【轮廓】为黄色（R：255，G：236，B：201），【轮廓宽度】为2，如图12.86所示。

2 执行菜单栏中的【文件】|【导入】命令，导入"比萨2.jpg"文件，在海报位置单击，如图12.87所示。

图12.86 绘制正圆

图12.87 导入素材

3 选中图像，执行菜单栏中的【对象】|PowerClip】|【置于图文框内部】命令，将图形放置到正圆内部并等比缩小，如图12.88所示。

4 以同样的方法在右侧位置再次绘制两个正圆，如图12.89所示。

图12.88 置于图文框内部

图12.89 绘制正圆

5 执行菜单栏中的【文件】|【导入】命令，导入“比萨3.jpg、比萨4.jpg”文件，在适当位置单击，如图12.90所示。

6 以刚才同样的方法分别将两个图像置于图文框内部，如图12.91所示。

图12.90 导入素材

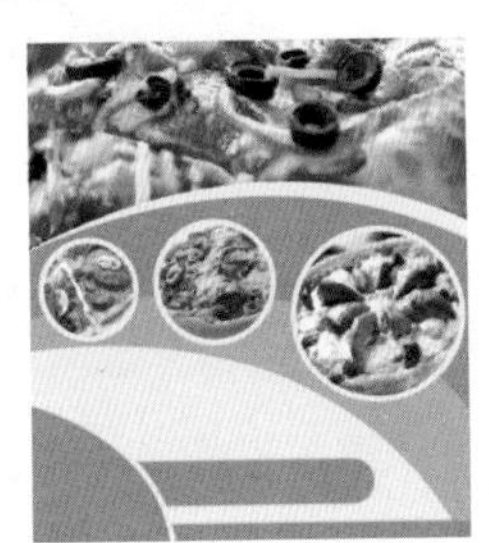

图12.91 置于图文框内部

7 执行菜单栏中的【文件】|【打开】命令，导入“图标.cdr”文件，将打开的图标拖入海报左下角位置并更改颜色为黄色（R：255，G：236，B：201），如图12.92所示。

8 单击工具箱中的【文本工具】**字**按钮，在适当位置输入文字（Calibri 粗体、Calibri 常规），这样就完成了效果的制作，如图12.93所示。

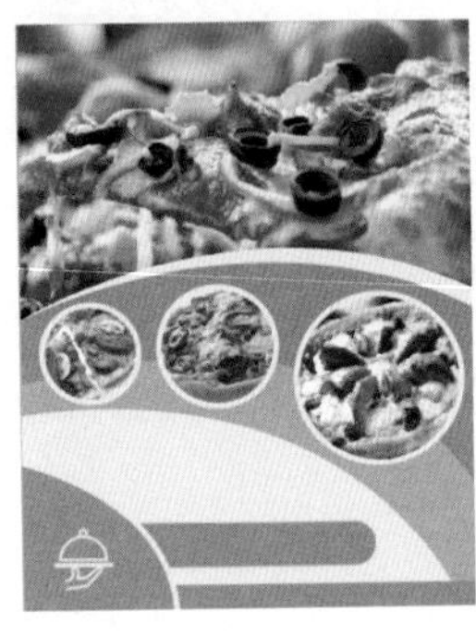

图12.92 添加素材

图12.93 最终效果

12.5 礼品海报设计

本例讲解礼品海报设计。本例海报整体的版式元素比较丰富，以整个大礼盒图像为主体视觉，通过图形式的表达，将海报信息与之相结合，整体效果十分出色，最终效果如图12.94所示。

图12.94 最终效果

本例主要学习【矩形工具】□、【置于图文框内部】命令、【钢笔工具】、【形状工具】、【封套工具】的使用；掌握礼品海报设计方法。

视频文件：movie\12.5 礼品海报设计.avi

源文件：源文件\第12章\礼品海报设计.cdr

操作步骤

12.5.1 绘制主视觉图像

1 单击工具箱中的【矩形工具】□按钮，绘制一个矩形，设置【填充】为浅红色（R：147，G：211，B：236），【轮廓】为无，如图12.95所示。

2 执行菜单栏中的【文件】|【导入】命令，导入"派大星.png文件，在矩形左上角单击并适当缩小图像宽度，如图12.96所示。

图12.95 绘制矩形

图12.96 导入素材

3 单击工具箱中的【矩形工具】□按钮，在派大星下方绘制一个矩形，设置其【填充】为浅红色（R：251，G：153，B：202），【轮廓】为无。

4 在矩形上方再次绘制一个矩形制作礼物盖，设置其【填充】为浅红色（R：253，G：168，B：210），【轮廓】为无，如图12.97所示。

5 单击工具箱中的【矩形工具】□按钮，在礼物盖左侧绘制一个矩形并旋转，设置其【填充】为浅红色（R：251，G：153，B：202），【轮廓】为无，如图12.98所示。

图12.97 绘制矩形

6 选中矩形，向右侧平移复制数份，如图12.99所示。

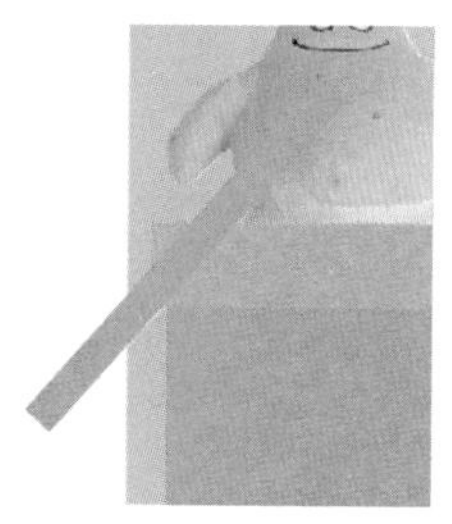

图12.98 绘制矩形

图12.99 复制矩形

7 选中所有倾斜矩形，执行菜单栏中的【对象】|【PowerClip】|【置于图文框内部】命令，将图形放置到矩形内部，如图12.100所示。

8 单击工具箱中的【矩形工具】□按钮，在礼物盖下方绘制一个矩形，设置其【填充】为浅红色（R：238，G：114，B：176），【轮廓】为无，如图12.101所示。

9 单击工具箱中的【矩形工具】□按钮，在礼物盒上方绘制一个矩形，设置其【填充】为紫色（R：230，G：75，B：150），【轮廓】为无，如图12.102所示。

图12.100 置于图文框内部　图12.101 绘制矩形

10 在矩形上单击鼠标右键，从弹出的快捷菜单中选择【转换为曲线】命令。

11 单击工具箱中的【钢笔工具】按钮，在矩形中间单击添加节点，如图12.103所示。

图12.102 绘制矩形　图12.103 添加节点

12 单击工具箱中的【形状工具】按钮，拖动节点将其变形，如图12.104所示。

13 单击工具箱中的【矩形工具】□按钮，在经过变形的矩形下方再次绘制一个矩形，设置其【填充】为紫色（R：230，G：75，B：150），【轮廓】为无，如图12.105所示。

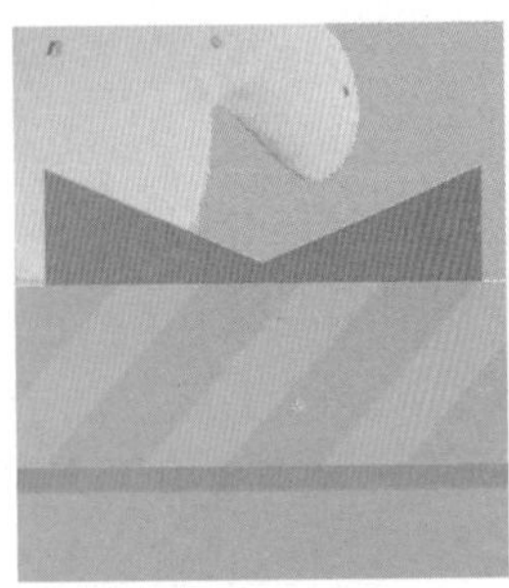

图12.104 将矩形变形　图12.105 绘制矩形

12.5.2 处理装饰图形

1 单击工具箱中的【钢笔工具】按钮，在派大星左侧绘制一个心形，设置其【轮廓】为白色，【轮廓宽度】为0.75，如图12.106所示。

2 选中心形，将其向上方移动复制一份，如图12.107所示。

图12.106 绘制心形　图12.107 复制图形

3 单击工具箱中的【钢笔工具】按钮，绘制一个不规则图形，设置其【填充】为在派大星右侧绘制图形，设置【轮廓】为白色，【轮廓宽度】为0.75。

4 在图形左上角再次绘制三个稍小的线段，如图12.108所示。

图12.108 绘制图形

5 单击工具箱中的【文本工具】字按钮，在海报右上角输入文字（方正兰亭中粗黑_GBK），如图12.109所示。

6 单击工具箱中的【钢笔工具】按钮，在礼盒右上角绘制一个不规则图形，设置其【填充】为深灰色（R：31，G：27，B：29），【轮廓】为无，如图12.110所示。

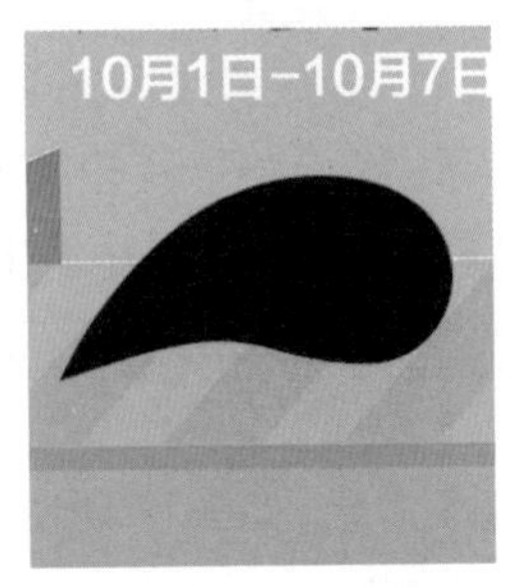

图12.109 输入文字　图12.110 绘制图形

7 单击工具箱中的【文本工具】字按钮，在绘制的图形位置输入文字（汉仪小康美术体简），如图12.111所示。

8 选中文字，单击工具箱中的【封套工具】按钮，拖动文字控制点将其变形，如图12.112所示。

图12.111 输入文字

图12.112 将文字变形

12.5.3 制作燕尾标签

1 单击工具箱中的【矩形工具】□按钮，在礼物盒子靠上半部分位置绘制一个矩形，设置其【填充】为白色，【轮廓】为无，如图12.113所示。

2 在矩形上单击鼠标右键，从弹出的快捷菜单中选择【转换为曲线】命令。

3 单击工具箱中的【钢笔工具】按钮，在矩形中间单击添加节点。

4 单击工具箱中的【形状工具】按钮，拖动节点将其变形，如图12.114所示。

图12.113 绘制矩形

图12.114 将图形变形

5 以同样方法在矩形右侧边缘单击添加节点，再以同样方法将其变形，如图12.115所示。

6 单击工具箱中的【文本工具】字按钮，在图形位置输入文字（方正兰亭黑_GBK、方正兰亭中粗黑_GBK），如图12.116所示。

图12.115 将矩形变形

图12.116 输入文字

12.5.4 处理素材图像

1 执行菜单栏中的【文件】|【导入】命令，导入“小包包.png、公仔.png、牛奶杯.png、手机壳.png文件，在适当位置单击并缩小，如图12.117所示。

图12.117 导入素材

2 单击工具箱中的【2点线工具】按钮，在素材底部绘制一条水平线段，设置其【轮廓】为浅红色（R：255，G：214，B：235），【轮廓宽度】为0.25，在【轮廓笔】面板中，将【样式】更改为一种虚线样式。

3 在素材图像之间绘制相同虚线线段将其隔开，如图12.118所示。

图12.118 绘制线段

4 单击工具箱中的【文本工具】**字**按钮，在礼盒底部位置输入文字（方正兰亭黑_GBK、Aparajita 粗体-斜体），这样这就完成了效果制作，最终效果如图12.119所示。

图12.119 最终效果

12.6 专车服务海报设计

本例讲解专车服务海报设计。本例信息十分直观，以柔和的粉色作为背景色，将素材及文字信息完美结合，最终效果如图12.120所示。

图12.120 最终效果

本例主要学习【矩形工具】、【高斯式模糊】命令、【动态模糊】命令、【透明度工具】、【2点线工具】的使用；掌握专车服务海报设计方法。

视频文件：movie\12.6 专车服务海报设计.avi

源文件：源文件\第12章\专车服务海报设计.cdr

12.6.1 处理素材

1 单击工具箱中的【矩形工具】□按钮，绘制一个【宽度】为500，【高度】为700的矩形，设置【填充】为浅红色（R：238，G：172，B：200），【轮廓】为无，如图12.121所示。

2 执行菜单栏中的【文件】|【导入】命令，导入“汽车.esp、手机.psd”文件，在靠上半部分位置单击添加素材，如图12.122所示。

图12.121 绘制图形

图12.122 添加素材

3 单击工具箱中的【椭圆形工具】○按钮，在汽车底部绘制一个椭圆，如图12.123所示。

图12.123 绘制椭圆

4 选中椭圆图形，执行菜单栏中的【位图】|【转换为位图】命令，在弹出的对话框中分别选中【光滑处理】及【透明背景】复选框，完成之后单击【确定】按钮。

5 执行菜单栏中的【位图】|【模糊】|【高斯式模糊】命令，在弹出的对话框中将【半径】更改为15像素，完成之后单击【确定】按钮，如图12.124所示。

图12.124 添加高斯式模糊

6 执行菜单栏中的【位图】|【模糊】|【动态模糊】命令，在弹出的对话框中将【半径】更改为450像素，完成之后单击【确定】按钮，如图12.125所示。

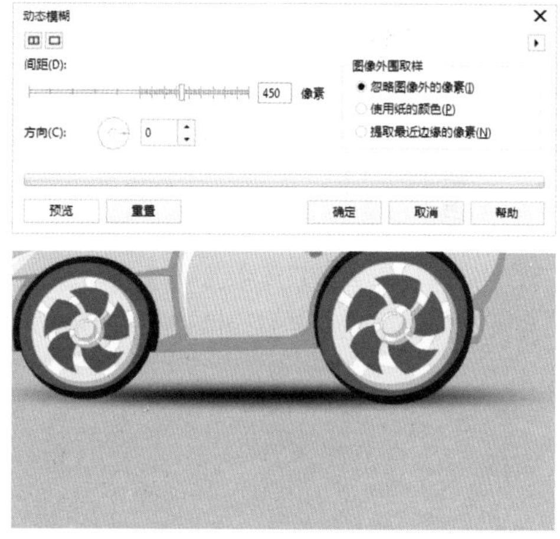

图12.125 设置动态模糊

7 选中阴影图像，单击工具箱中的【透明度工具】▩按钮，将【透明度】更改为70，如图12.126所示。

8 选中阴影图像，按住Shift键同时再按住鼠标左键，向右侧拖动并按下鼠标右键，将图形复制，再适当缩小图像高度，如图12.127所示。

图12.126 降低透明度

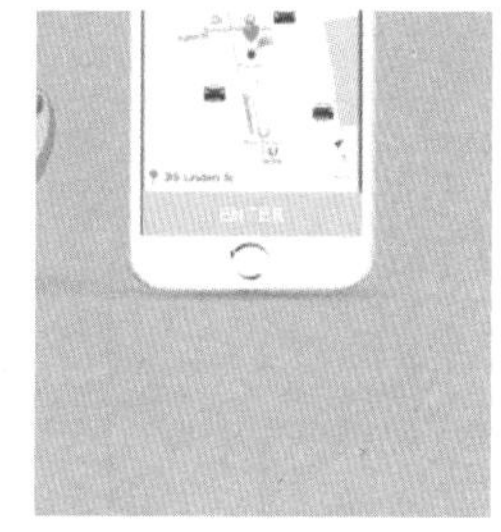

图12.127 复制并变换图像

12.6.2 绘制对话图形

1 单击工具箱中的【钢笔工具】按钮，在汽车图像左上角位置绘制一个云朵对话图形，将其【填充】设置为白色，【轮廓】为黑色，【轮廓宽度】为0.2，如图12.128所示。

2 在云朵图形右下角位置，再绘制一个弧形线条，如图12.129所示。

图12.128 绘制图形

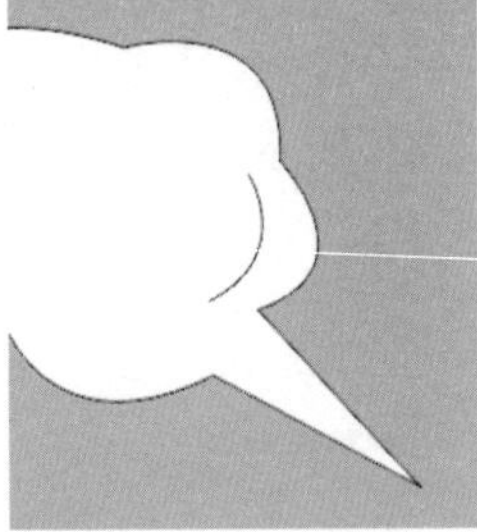

图12.129 绘制线段

3 单击工具箱中的【文本工具】字按钮，在云朵图形位置输入文字（Calibri常规斜体），如图12.130所示。

图12.130 输入文字

4 单击工具箱中的【2点线工具】按钮，在手机图像顶部位置按住Shift键拖动绘制一条线段，设置【轮廓】为白色，【轮廓宽度】为1。

5 以同样方法在其左侧位置再次绘制数条相似线段，如图12.131所示。

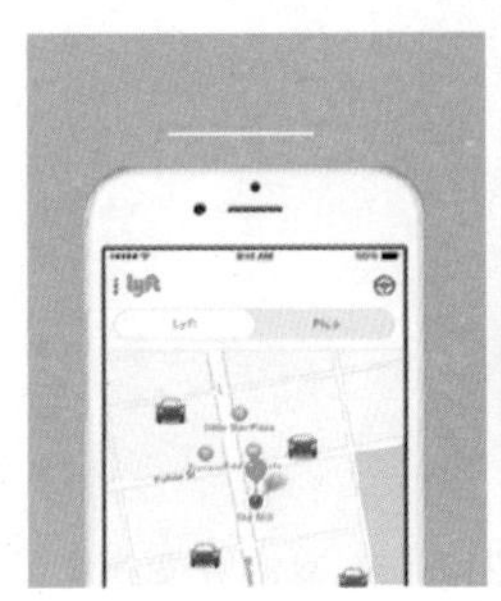

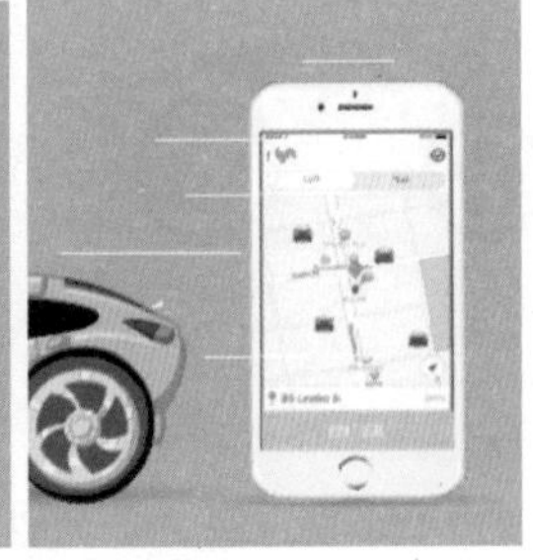

图12.131 绘制线段

6 单击工具箱中的【文本工具】字按钮，在海报靠顶部位置输入文字（方正兰亭黑_GBK、方正兰亭中粗黑_GBK），如图12.132所示。

图12.132 输入文字

7 单击工具箱中的【矩形工具】□按钮，在上行文字左侧按住Ctrl键绘制一个矩形，设置【填充】为白色，【轮廓】为无，如图12.133所示。

8 选中矩形，在选项栏中【旋转】后方文本框中输入45，如图12.134所示。

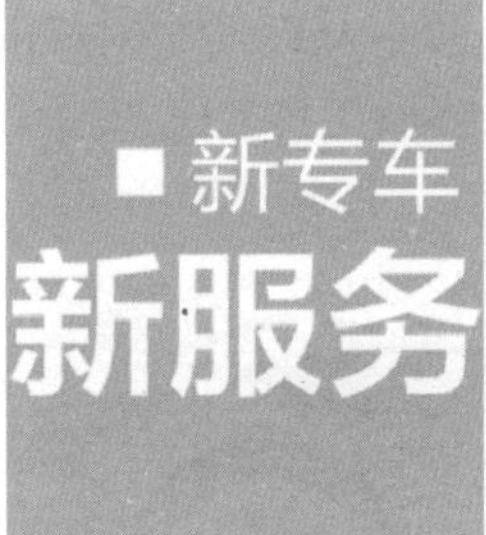

图12.133 绘制矩形

图12.134 旋转矩形

9 选中矩形，在单击鼠标右键，从弹出的快捷菜单中选择【转换为曲线】命令，如图12.135所示。

10 单击工具箱中的【形状工具】按钮，选中图形右侧节点将其删除，再将图形高度适当缩小，如图12.136所示。

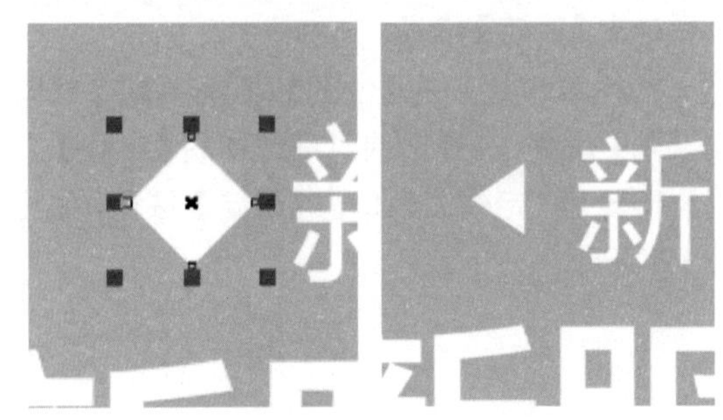

图12.135 将图形转换为曲线　图12.136 删除节点

11 选中图形，向右侧平移复制，再单击属性栏中【水平镜像】按钮，将图形水平镜像，如图12.137所示。

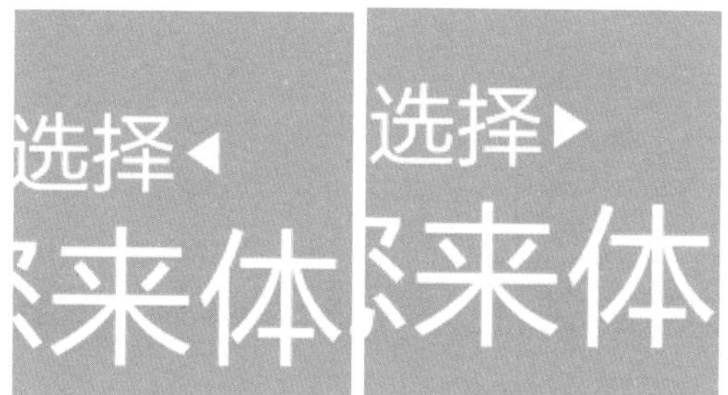

图12.137 复制图形并镜像

12.6.3 处理细节信息

1 单击工具箱中的【文本工具】字按钮，在素材图像下方位置输入文字（方正兰亭黑_GBK），如图12.138所示。

图12.138 输入文字

2 单击工具箱中的【2点线工具】按钮，在文字位置按住Shift键拖动绘制一条水平线段，设置【轮廓】为白色，【轮廓宽度】为1，如图12.139所示。

3 单击工具箱中的【矩形工具】□按钮，在线段中间绘制一个比文字稍宽的矩形，【填充】和【轮廓】均为默认，如图12.140所示。

图12.139 绘制线段　图12.140 绘制矩形

4 同时选中矩形及线段，单击属性栏中的【修剪】按钮，对图形进行修剪，如图12.141所示。

5 选中矩形将其删除，如图12.142所示。

图12.141 修剪图形　图12.142 删除矩形

6 单击工具箱中的【椭圆形工具】○按钮，在左侧线段右侧顶端位置绘制一个正圆，设置【填充】为白色，【轮廓】为无。

7 选中正圆图形按住Shift键同时再按住鼠标左键，向右侧平移拖动并按下鼠标右键，将其复制，如图12.143所示。

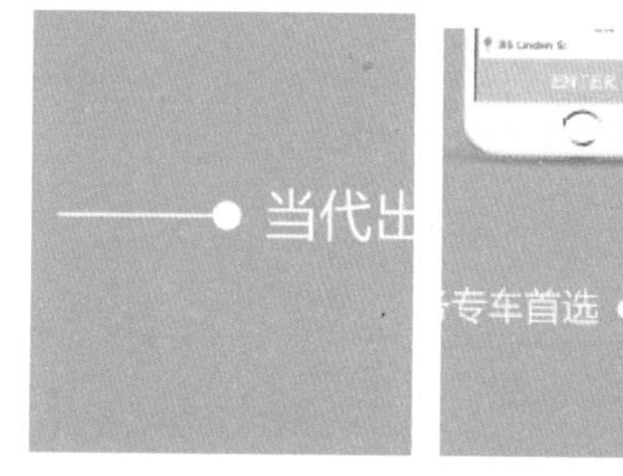

图12.143 绘制及复制正圆

8 单击工具箱中的【椭圆形工具】○按钮，在海报下方位置绘制一个正圆，设置【填充】为白色，【轮廓】为无。

9 选中正圆，按住Shift键同时再按住鼠标左键，向右侧平移拖动并按下鼠标右键，将其复制，再将其复制两份，如图12.144所示。

提示

绘制正圆之后，可以同时选中正圆，在【对齐与分布】面板中，单击【水平分散排列中心】图标。

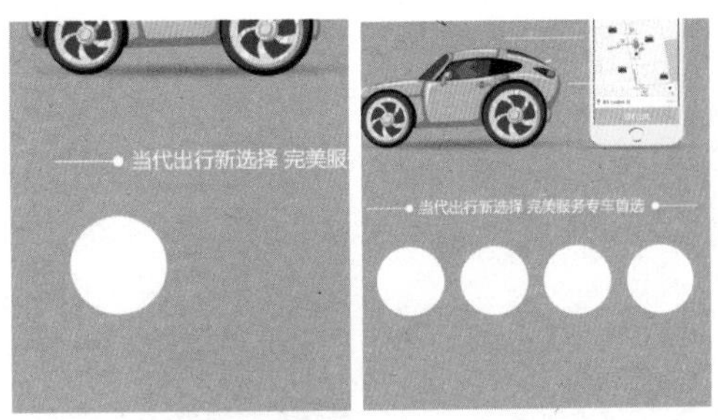

图12.144 绘制及复制正圆

10 执行菜单栏中的【文件】|【导入】命令，导入“图标.cdr”文件，将打开的素材图像移至刚才绘制的正圆位置，如图12.145所示。

11 单击工具箱中的【文本工具】**字**按钮，在页面底部适当位置输入文字（方正兰亭中粗黑_GBK、Candara粗体-斜体），这样就完成了效果的制作，如图12.146所示。

图12.145 导入素材

图12.146 最终效果

第13章

精品包装设计

13.1 assice时尚饮品包装设计

本实例主要使用【矩形工具】□、【贝塞尔工具】等制作出包装的主体内容，使用【透明度工具】制造空间感极强的立体效果。本实例的最终效果如图13.1所示。

图13.1 最终效果图

学习目标 CorelDRAW X8

本例主要学习【贝塞尔工具】、【透明度工具】、【形状工具】、【阴影工具】及【文本工具】的应用；掌握包装设计的技巧，并且能够了解包装，尤其是饮料包装各个面的立体关系及色彩的变化。

视频文件：movie\13.1 assice时尚饮品包装设计.avi

源文件：源文件\第13章\assice时尚饮品包装设计.cdr

13.1.1 绘制包装形状

1 单击工具箱中的【矩形工具】□按钮，绘制一个【宽度】为20mm，【高度】为54mm的矩形，然后在矩形上方与下方各绘制一个宽度不变，【高度】为18mm的矩形，如图13.2所示。

2 将上下两个矩形同时选中并执行菜单栏中的【对象】|【转换为曲线】命令，将矩形转换为曲线。然后单击工具箱中的【形状工具】按钮，通过分别移动上下两个节点的位置，来改变矩形的形状，如图13.3所示。

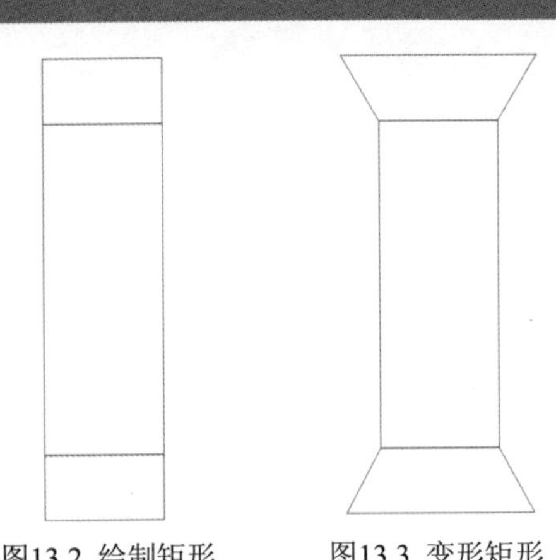

图13.2 绘制矩形　　图13.3 变形矩形

3 单击工具箱中的【贝塞尔工具】按钮，沿着图形的右侧外轮廓绘制一个图形，如图13.4所示。复制一份，确认选中图形之后，单击属性栏中的【水平镜像】按钮，对图形进行水平翻转，然后放置在不规则图形的另一侧，如图13.5所示。

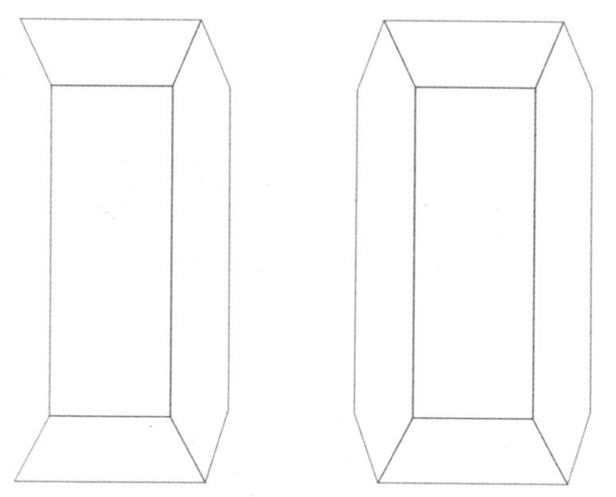

图13.4 绘制不规则图形　　图13.5 复制并水平翻转

4 选中图形上方的“倒梯形”，然后单击工具箱中的【形状工具】按钮，在顶端的那条边上添加两个节点并选中向内拖动，如图13.6所示。

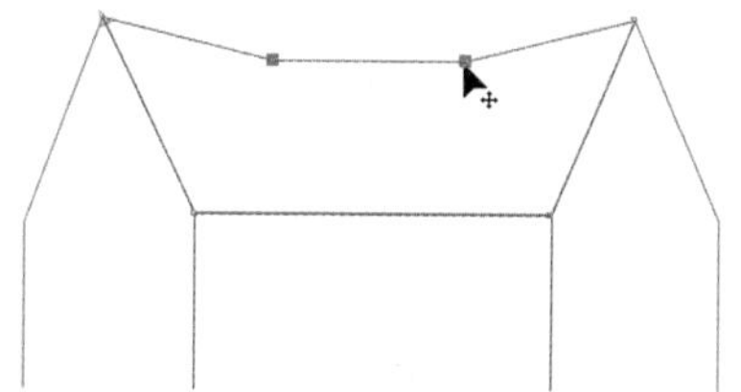

图13.6 添加并移动节点

5 单击工具箱中的【贝塞尔工具】按钮，沿着图形的外轮廓绘制一个图形，如图13.7所示。

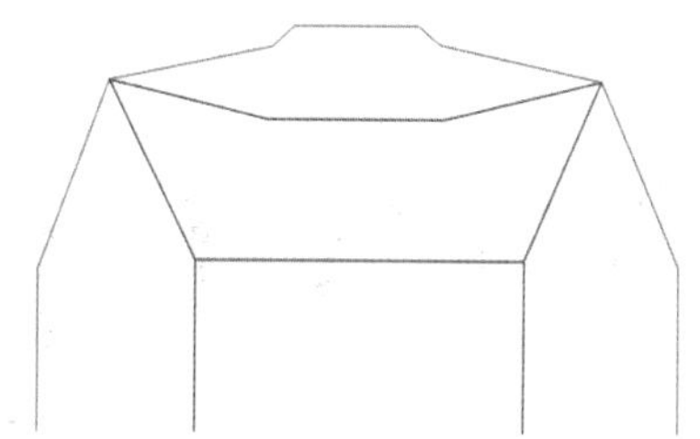

图13.7 绘制不规则图形

6 单击工具箱中的【贝塞尔工具】按钮，在图形上绘制一个圆柱形，如图13.8所示。将圆柱形复制一份，缩小并放置在圆柱之上，并在顶上绘制一个椭圆形，效果如图13.9所示。

图13.8 绘制圆柱形

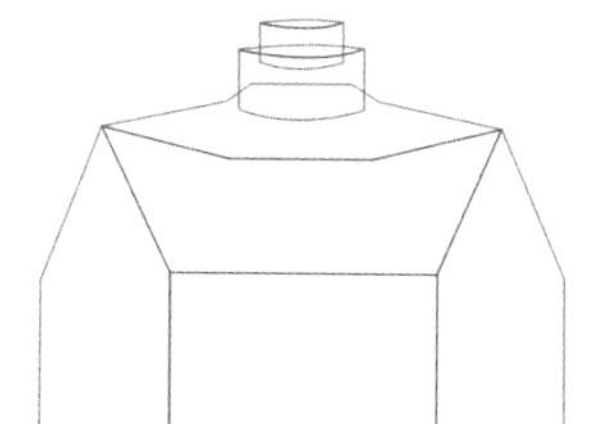

图13.9 复制并将两者结合到一起

7 将图形中心的标准矩形与其上下相邻的两个图形全部选中，单击属性栏中的【合并】按钮，将图形焊接，效果如图13.10所示。再次调整整体图形的宽度和高度，改变数值为标准【宽度】为40mm，【高度】为96mm，如图13.11所示。至此，包装框架绘制完成。

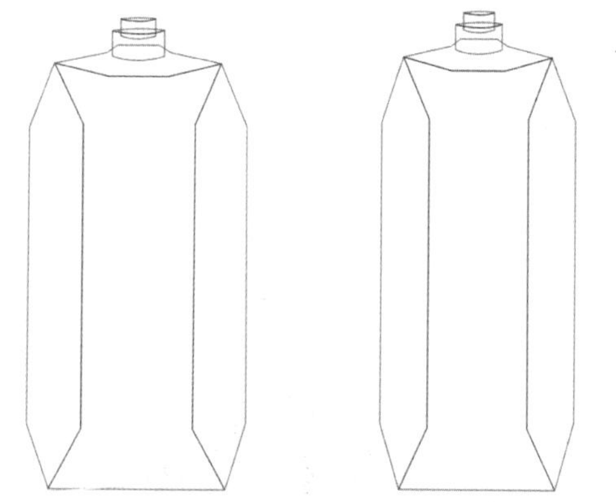

图13.10 焊接部分图形　图13.11 调整比例并完成绘制

知识链接：两个合并命令在功能上的区别

执行菜单栏中的【对象】|【合并】命令和【对象】|【造形】|【合并】命令的区别在于：【合并】命令是将对象合并为有相同属性的单一对象，而【合并】命令则是将对象合并至带有单一填充和轮廓的单一曲线对象中。

13.1.2 绘制标识及标准字

1 单击工具箱中的【贝塞尔工具】按钮，分别绘制“a”和“4”的线条效果图，如图13.12所示。再单击工具箱中的【形状工具】按钮进行局部调整，完成之后，设置【轮廓宽度】为4.0mm，效果如图13.13所示。

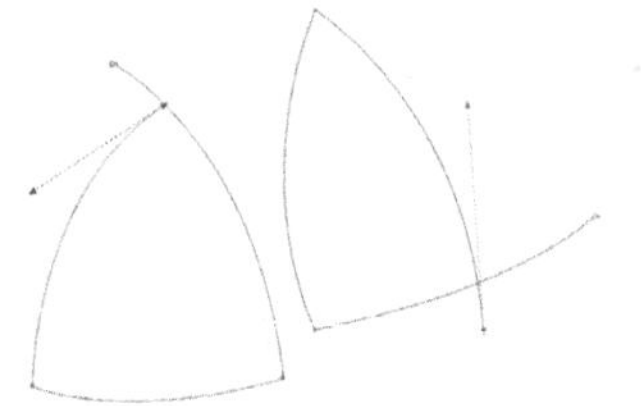

图13.12 置于图文框内部

图13.13 组合摆放

2 选中图形，执行菜单栏中的【对象】|【将轮廓转换为对象】命令，将线条图转换成可填充的矢量图，如图13.14所示。然后将其填充为淡绿色（C：20；M：0；Y：85；K：0）和土黄色（C：1；M：16；Y：87；K：0），产品标识绘制完成，如图13.15所示。

图13.14 将轮廓转换为对象

图13.15 填充颜色

3 单击工具箱中的【文本工具】**字**按钮，输入英文“ASSICE”，设置【字体】为“Adobe黑体 Std R”，如图13.16所示。将字母逐一选中，调整大小不等，并单击工具箱中的【形状工具】按钮，进行文字间距的调整，制作出参差不齐的艺术效果，如图13.17所示。

ASSICE

图13.16 输入英文

ASSICE

图13.17 调整文字

4 确认选中文字，执行菜单栏中的【对象】|【转化为曲线】命令，将文字转换为曲线，并对字母“A”进行编辑。单击工具箱中的【形状工具】按钮，依次选择横线的任意一边节点，将其拖动至同一侧上面的节点上，如图13.18所示，完成文字变形。最后完成标准字体的设计，如图13.19所示。

图13.18 调整节点

ΛSSICE

图13.19 完成字体设计

知识链接：调整单个文字

使用【形状工具】可以很容易地选择整个文本中的某一个文字或多个文字。当文字被选择后，就可以对其调整。选择输入的文本，然后单击工具箱中的【形状工具】按钮，此时文本中每个字符的左下角会出现一个白色的小方形。

单击相应文字的白色小方形，即可选择相应的文字；按住Shift键单击相应的白色小方形，可以增加选择的文字。另外，利用框选的方法也可以选择多个文字。文字选择后，下方的白色小方形将变为黑色小方形。

使用【形状工具】选择单个文字后，即可通过设置属性栏中的选项参数来调整单个文字的属性。

13.1.3 整理组合，完成设计

1 选中包装框架，为其从左到右填充3种颜色：淡灰色（C：0；M：0；Y：0；K：10）、灰褐色（C：0；M：20；Y：20；K：60）、深灰色（C：0；M：0；Y：0；K：80），效果如图13.20所示。

2 单击工具箱中的【文本工具】**字**按钮，输入英文“Chocolate”，设置【字体】为“Century Gothic”，并将其与之前绘制完成的标识以及文字分别添加到包装之上，再次调整大小以及位置，并填充为白色，效果如图13.21所示。

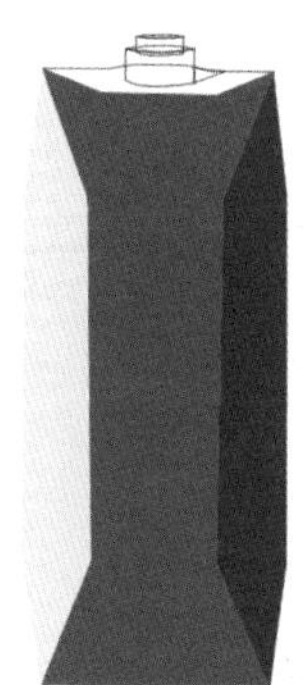

图13.20 填充部分颜色

图13.21 添加部分文字

3 选中瓶口下方的不规则图形，填充为淡灰色（C：0；M：0；Y：0；K：10）。然后将瓶口两个圆柱分别填充为淡灰色（C：0；M：0；Y：0；K：20）到白色再到淡灰色（C：0；M：0；Y：0；K：30）的线性渐变填充，如图13.22所示。

图13.22 填充渐变色

4 将圆柱顶上的椭圆形填充为淡灰色（C：0；M：0；Y：0；K：30）到白色的线性渐变，使用Shift+PageUp组合键或Shift+PageDown组合键调整图形的前后关系，效果如图13.23所示。

图13.23 完成填充后的效果

知识链接：调整文本的段间距

段间距就是指两个段落之间的间隔量。在段落文本框中每按一次Enter键就会创建一个段落。使用【形状工具】选择文本，然后在按Ctrl键的同时，向下或向上拖动调整行距箭头，即可调整段间距。

5 将瓶身标识复制多份，随机摆放至包装下半部分，调整不同大小，并在阴影区域适当地改变其颜色色温及调整其宽度和扭曲度，使其更加符合光影效果与立体效果，如图13.24所示。

图13.24 复制摆放标识图形

6 单击工具箱中的【矩形工具】按钮，绘制一个矩形，并放置在标识"a"的折线位置，如图13.25所示。

图13.25 编辑标识图形

7 将中间图形与大"a"全部选中，并单击属性栏中的【相交】按钮，即可完成相交。提取相交之后的图形，再次将矩形和大"a"选中，单击属性栏中的【修剪】按钮，将图形"a"修剪。将其填充为不同的颜色，如图13.26所示。用同样的方法将"4"也加以编辑，并改变其颜色，突出立体感和真实感，效果如图13.27所示。

图13.26 编辑图形"a"

图13.27 完成编辑

8 单击工具箱中的【矩形工具】按钮，绘制两个长条形矩形。然后单击工具箱中的【形状工具】按钮进行局部调整，设置【轮廓】为无，分别填充为白色与淡灰色（C：0；M：0；Y：0；K：10），放置在瓶身上，如图13.28所示。单击工具箱中的【透明度工具】按钮，为矩形应用透明效果，效果如图13.29所示。

图13.28 添加矩形

图13.29 应用透明效果

9 利用同样的方法，在其右侧的区域中也添加矩形并应用透明效果。单击工具箱中的【贝塞尔工具】按钮，在包装口部的右侧绘制一个多边形，设置其【轮廓】为无，【填充】为浅灰色（C：0；M：0；Y：0；K：50），如图13.30所示。

图13.30 完成绘制

10 将绘制完成的包装复制两份，并填充不同的颜色，制作同款产品，不同口味的饮品。然后使用【文本工具】字为其添加相应的文字，完成组合套装产品，效果如图13.31所示。

图13.31 更改颜色绘制系列产品

知识链接：【编辑文本】对话框

选择要进行编辑的文本，然后执行菜单栏中的【文本】|【编辑文本】命令，打开【编辑文本】对话框，可以对所选的美术文本或段落文本进行编辑，还可以输入新的文本、检查文本语法与拼写以及设置文本的其他属性。

在【字体】下拉列表框中，可以选择文本所要使用的字体；在【字号】下拉列表框中可以设置所选文本的大小；单击【粗体】按钮、【斜体】按钮或【下划线】按钮，可以加粗、倾斜文本或为所选文本加上下划线。

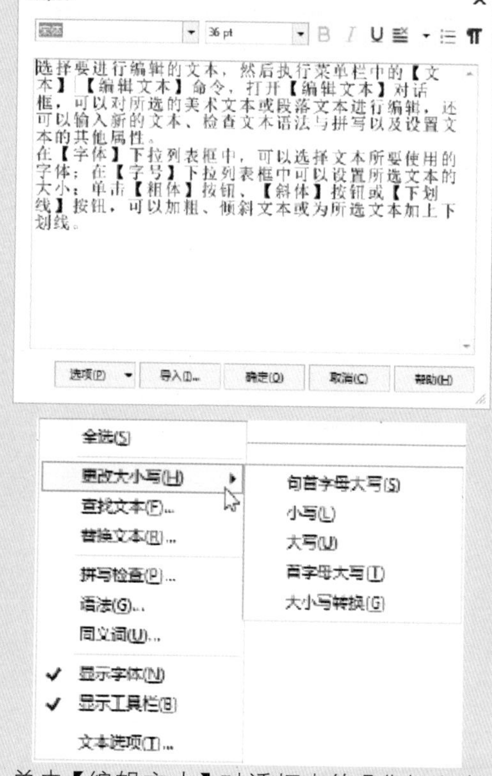

单击【编辑文本】对话框中的【非打印字符】¶按钮，可以标识文本中的硬回车和软回车，即回车符和空格符等。

单击【选项】按钮，将弹出选项菜单，其中【更改大小写】命令，可以对选择的英文字母进行大小转换。选择此命令，将弹出下一级子菜单。

单击【导入】按钮，可以将在其他软件中输入的文本导入到当前软件中。

13.1.4 绘制立体效果

1 单击工具箱中的【矩形工具】□按钮，绘制一个【宽度】为290mm，【高度】为118mm的矩形，设置其【轮廓】为无，并填充为灰色（C：60；M：49；Y：49；K：5）到淡灰色（C：23；M：18；Y：18；K：0）的椭圆形渐变填充，如图13.32所示。

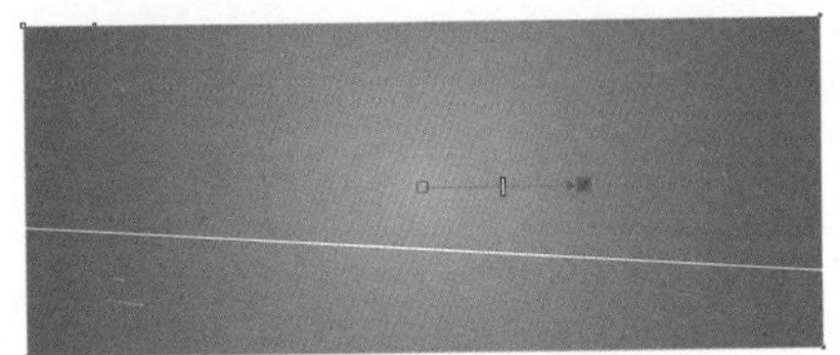

图13.32 绘制矩形填充渐变色

2 将之前完成制作的标准字放入图形之中。确认选中文字，单击工具箱中的【阴影工具】按钮，按住鼠标从左下角向右上角直线拖动，释放鼠标，为其应用阴影效果。用同样的方法使用【文本工具】**字**，输入“coffee”，并设置【字体】为“Century Gothic”并填充为白色，为其应用阴影效果，如图13.33所示。

图13.33 添加标准文字并应用阴影效果

3 单击工具箱中的【矩形工具】□按钮，绘制一个【宽度】为35mm，【高度】为20mm的小矩形，设置【轮廓】为无，填充为淡灰色（C：0；M：0；Y：0；K：10）。将小矩形放置到大矩形的左侧并与边贴齐，如图13.34所示。

图13.34 添加矩形

4 将之前绘制完成的标识图形与标准文字摆放在一起并缩小，放到黑色的小矩形中，填充为灰色（C：56；M：46；Y：46；K：4），效果如图13.35所示。

图13.35 在矩形中添加标识与文字

5 将绘制完成的3个包装并排放置在大矩形中的右侧，调整彼此之间的距离，如图13.36所示。然后单击工具箱中的【贝塞尔工具】按钮，在每个包装右侧绘制两个封闭图形，如图13.37所示。

图13.36 添加包装

图13.37 绘制不规则图形

6 在新绘制的5个封闭图形中，选中背景中的3个图形，填充为深灰色（C：89；M：78；Y：67；K：61）；然后选中蓝色包装上的图形，填充为黑色；再选中白色包装上的图形，填充为黑蓝色（C：94；M：83；Y：58；K：35），如图13.38所示。

图13.38 填充颜色

7 单击工具箱中的【透明度工具】按钮，为图形逐一应用透明效果，效果如图13.39所示。

图13.39 应用透明效果

知识链接：转换文本为曲线的方法

在编辑文字时，虽然系统中提供的字体非常多，但都是规范的，有时候不能满足用户的创意需要，此时可以将文本转换为曲线性质，任意改变其形状，使创意得到更大的发挥。

如果当前文件中选用了不是系统自带的字体，且将编辑完成的文件保存后再在另一台计算机中打开时，经常会出现替换字体提示对话框，也就是这台计算机并没有安装当前文件选用的特殊字体，系统将默认与选取的特殊字体最相似的字体进行替换。将文本转换为曲线性质后，在其他的计算机中打开时，将不会弹出替换字体提示对话框。

优秀作品

优秀作品

转换文本为曲线的方法是，选择需要转换的美术文本或段落文本，然后执行菜单栏中的【对象】|【转换为曲线】命令，或者按键盘上的Ctlr+Q组合键，或者单击鼠标右键，在弹出的快捷菜单中选择【转换为曲线】命令，此时选择的文本就被转换成了曲线，也就是将文本转换成了曲线性质。

技巧

文本转换成曲线后，就不再具有文本的属性了，一般将文字转换为曲线之前要将原文件保存，将文字转换为曲线后再进行另存。这样保存一个备份，可避免不必要的麻烦。

8 单击工具箱中的【贝塞尔工具】按钮，在每个包装的瓶口右侧绘制一个图形，并分别填充为灰色（C：0；M：0；Y：0；K：50）、深蓝色（C：97；M：80；Y：31；K：4）、灰色（C：0；M：0；Y：0；K：50），完成瓶口的阴影效果。至此，完整的包装设计以及其立体效果图绘制完成，最终效果如图13.40所示。

图13.40 完成设计

13.2 功夫茶包装设计

本实例主要使用【矩形工具】□、【文本工具】字、【贝塞尔工具】等制作出“功夫茶”的包装设计以及其组合立体效果。本实例的最终效果如图13.41所示。

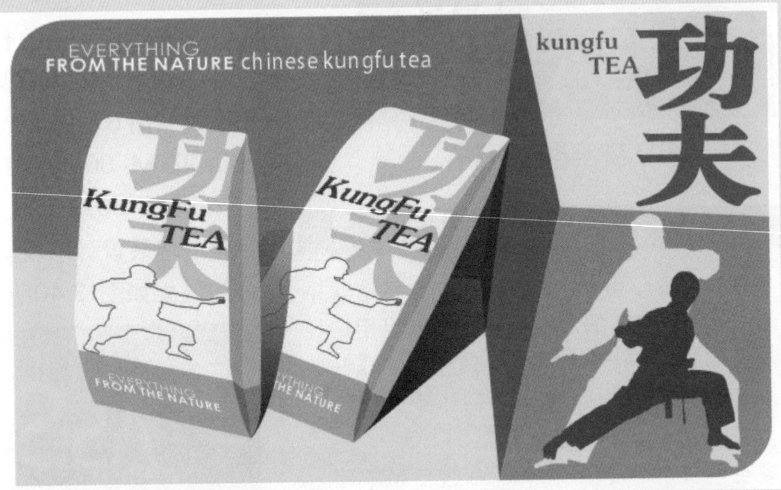

图13.41 最终效果

本例主要学习【矩形工具】、【阴影工具】、【贝塞尔工具】、【文本工具】的应用；掌握茶叶包装设计的技巧。

云盘下载

视频文件：movie\13.2 功夫茶包装设计.avi

源文件：源文件\第13章\功夫茶包装设计.cdr

13.2.1 绘制茶叶袋袋身平面图

1 单击工具箱中的【矩形工具】□按钮，绘制一个【宽度】为80mm，【高度】为180mm的矩形，设置其【轮廓】为无，【填充】为淡黄色（C：2；M：4；Y：13；K：0）。再绘制一个【宽度】为80mm，【高度】为25mm的矩形，设置其【轮廓】为无，【填充】为草绿色（C：45；M：4；Y：99；K：0），如图13.42所示。

2 单击工具箱中的【文本工具】字按钮，输入中文“功夫”，单击属性栏中的【将文本更改为垂直方向】按钮，将文字更改成竖式排列结构，然后将【字体】设置为“汉仪超粗宋简”，【大小】为“155pt”。调整完成后放置于矩形右上方，如图13.43所示。

图13.42 绘制矩形并填充颜色　图13.43 添加中文

知识链接：美术文本与段落文本互换

美术文本与段落文本虽各有特性，但它们可以互相转换。如果要转换文本，只需选中美术文本或段落文本，然后执行菜单栏中的【文本】|【转换为段落文本】命令，或单击鼠标右键，在弹出的快捷菜单中选择【转换为段落文本】命令，即可将美术文本与段落文本互相转换。

千山鸟飞尽，万径人踪灭。　千山鸟飞尽，万径人踪灭。

另外，需要注意的是，在有些情况下，不能将段落文本转换为美术文本，例如段落文本的框架与其他框架链接、段落文本应用了封套效果等。

3 将文字和大矩形全部选中，单击属性栏中的【相交】按钮，完成相交。选中文字，按Delete键将其删除，并将相交之后的图形填充为青绿色(C：20；M：2；Y：96；K：0)，效果如图13.44所示。

图13.44 相交之后改变颜色

4 单击工具箱中的【文本工具】字按钮，输入英文“kungfu TEA”，设置【字体】为“方正水柱简体”，将其填充为深绿色(C：90；M：51；Y：95；K：24)，调整完成后将文字“kungfu TEA”放置到大矩形上方。同样输入其他英文内容，设置【字体】为“Century Gothic”，将其填充为白色，将其中某些文字加粗并放置于绿色矩形之内，如图13.45所示。

5 执行菜单栏中的【文件】|【导入】命令，打开【导入】对话框，选择云下载文件中的“调用素材\第13章\武术人形1.AI”文件，单击【导入】按钮。在页面中单击，图形便会显示在页面中，如图13.46所示。

图13.45 添加英文　图13.46 导入素材

6 选中素材图片，设置【轮廓宽度】为0.2mm，【颜色】为深绿色(C：90；M：51；Y：95；K：24)，【填充】设置为淡黄色(C：2；M：4；Y：13；K：0)。调整大小之后将其放置于矩形之内，完成包装袋身的平面设计，效果如图13.47所示。

图13.47 完成袋身展开图

知识链接：使段落文本环绕图形的方法

在CorelDRAW X8中，可以将段落文本围绕图形进行排列，使画面更加美观。段落文本围绕图形排列称为文本绕图。使段落文本环绕图形的具体操作步骤如下：

单击工具箱中的【文本工具】字按钮，输入段落文本。使用绘图工具绘制任意图形或导入位图图像，将图形或图像放置在段落文本上，使其与段落文本有重叠的区域。

每年农历的正月十五日，春节刚过，迎来的就是中国汉族的传统节日之一的元宵节，正月是农历的元月，古人称夜为“宵”，所以称正月十五为元宵节。正月十五日是一年中第一个月圆之夜，也是一元复始，大地回春的夜晚，人们对此加以庆祝，也是庆贺新春的延续。元宵节又被称为“上元节”。
按中国民间的传统，在这天上皓月高悬的夜晚，人们要点起彩灯万盏，以示庆贺。出门赏月、燃灯放焰、喜猜灯谜、共吃元宵，合家团聚、同庆佳节，其乐融融。

使用【选择工具】选中图形，然后单击属性栏中的【文本换行】按钮，系统将弹出【换行样式】选项面板。文本绕图主要有两种方式：一种是围绕图形的轮廓进行排列；另外一种是围绕图形的边界框进行排列。在【轮廓图】和【正方形】选项中单击任意一选项，即可设置文本绕图效果。在【文本换行偏移】选项下方的文本框中输入数值，可以设置段落文本与图形之间的距离。如果要取消文本绕图，可以选择【换行样式】选项面板中的【无】选项。

13.2.2 绘制茶叶袋袋身立体图

1 单击工具箱中的【贝塞尔工具】按钮，在页面中绘制两个封闭图形，如图13.48所示。

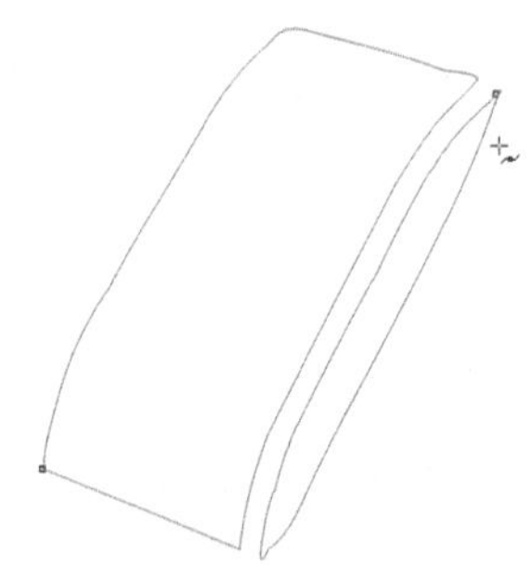

图13.48 绘制轮廓图

2 将两个封闭图形相互吻合地放在一起，并选中之前绘制完成的袋身展开图，执行菜单栏中的【对象】|【PowerClip】|【置于图文框内部】命令，将图形放置在左侧的图形内部，如图13.49所示。

图13.49 置于图文框内部

3 执行菜单栏中的【对象】|【PowerClip】|【编辑PowerClip】命令，编辑图形。确认选中袋身展开图，单击工具箱中的【封套工具】按钮，利用移动、增加节点、删除节点、到直线、到曲线等方法仔细地将展开图的轮廓一点点地与不规则图形的轮廓达成一致，如图13.50所示。最后执行菜单栏中的【对象】|【PowerClip】|【结束编辑】命令，结束编辑，效果如图13.51所示。

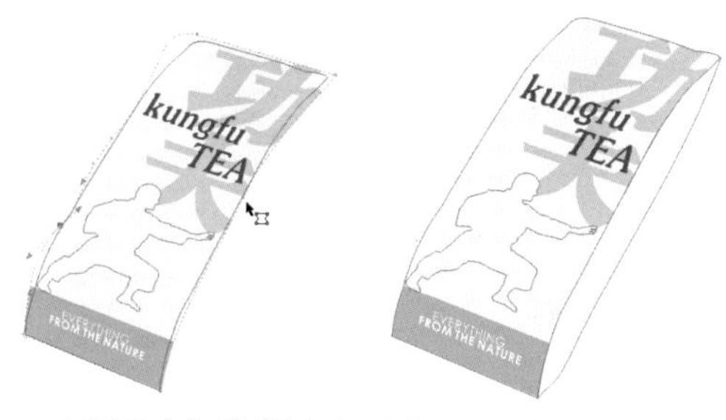

图13.50 在图形内部编辑图形　图13.51 结束编辑

4 将右侧的不规则图形填充为土褐色（C：31；M：26；Y：54；K：0）。然后将两个图形的【轮廓】均设置为无，此时完整的包装袋基本上完成了，如图13.52所示。

5 单击工具箱中的【贝塞尔工具】按钮，沿着土褐色的右侧一边，绘制一个封闭图形，如图13.53所示。

图13.52 填充侧立面颜色　图13.53 绘制不规则图形

6 选中新绘制的图形，设置其【轮廓】为无，【填充】为浅土褐色（C：23；M：19；Y：46；K：0），制作光照的立体效果，如图13.54所示。

图13.54 为不规则图形填充颜色

7 再次单击工具箱中的【贝塞尔工具】按钮，沿着袋身底部的绿色矩形，在其右侧同样依照明暗交界线绘制两个不规则图形，设置【轮廓】为无，并填充不同深浅的绿色，比如深绿色（C：71；M：31；Y：99；K：3）和黄绿色（C：59；M：18；Y：90；K：0），用以体现出立体感和空间感，完成袋身的侧面立体效果，如图13.55所示。

图13.55 完成袋身立体设计

13.2.3 绘制组合立体效果图

1 单击工具箱中的【矩形工具】按钮，绘制一个【宽度】为300mm，【高度】为180mm的矩形，将其填充为淡黄色（C：6；M：5；Y：74；K：0），设置【轮廓】为无。并在属性栏的【圆角半径】左上角与右下角数值框中输入22，将矩形的两个直角改变成圆角，如图13.56所示。

2 单击工具箱中的【矩形工具】按钮，任意绘制一个矩形。执行菜单栏中的【对象】|【PowerClip】|【置于图文框内部】命令，将图形放置在矩形内部，如图13.57所示。

图13.56 绘制新图形

图13.57 将矩形放置到容器中

3 确认选中矩形，执行菜单栏中的【对象】|【转换为曲线】命令，将文字转换为曲线。然后单击工具箱中的【形状工具】按钮，将矩形变形，并复制出两个，依次首尾相接，如图13.58所示。

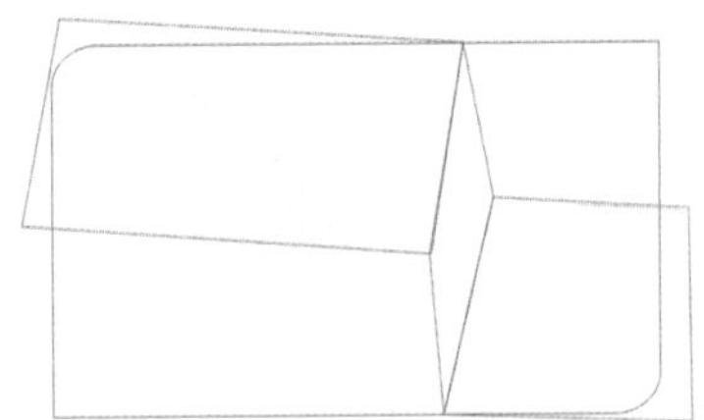

图13.58 复制并连接矩形

4 分别选中变形之后的矩形，设置其【轮廓】为无，依次为其填充翠绿色（C：65；M：19；Y：100；K：0）、深绿色（C：85；M：36；Y：99；K：5）、浅绿色（C：55；M：14；Y：100；K：0），效果如图13.59所示。

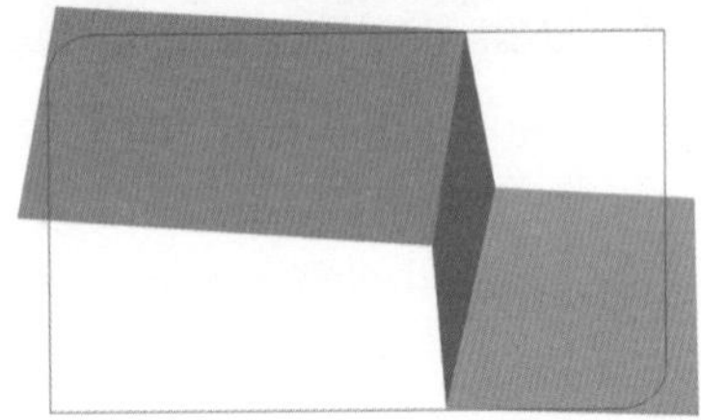

图13.59 填充颜色

5 执行菜单栏中的【对象】|【PowerClip】|【结束编辑】命令，结束编辑。立体展示背景图便制作完成了，如图13.60所示。

图13.60 结束编辑

知识链接：【曲线/对象上的文字】属性栏的参数介绍

在将文本适合路径后，在属性栏上可以看到以下一些选项：

- 【文本方向】：单击该按钮，在弹出的下拉列表框中设置适配路径后的文字相对于路径的方向。
- 【与路径的距离】：设置文本与路径之间的距离。参数为正值时，文本向外扩展；参数为负值时，文本向内放缩。
- 【偏移】：设置文本在路径上偏移的位置。数值为正值时，文本按顺时针方向旋转偏移；数值为负值时，文本按逆时针方向旋转偏移。
- 【镜像文本】：对文木进行镜像设置，单击【水平镜像文本】按钮，可以使文本在水平方向上镜像；单击【垂直镜像文本】按钮，可以使文本在垂直方向上镜像。
- 【贴齐标记】按钮：单击该按钮，将弹出【贴齐标记】选项面板。选择【打开贴齐记号】选项，在调整路径中的文本与路径之间的距离时，会按照设置的【记号间距】参数自动捕捉文本与路径之间的距离。选择【关闭贴齐记号】选项，将关闭该功能。

6 将之前绘制完成的袋身侧面立体图形复制一份，并单击转换为旋转模式，适当地旋转和扭曲，与原图一起放置到背景图中，如图13.61所示。

图13.61 将袋身放置到背景图

7 单击工具箱中的【贝塞尔工具】按钮，在两个袋身的右侧分别绘制3个封闭图形，并通过【形状工具】调整节点位置，使阴影更加真实，效果如图13.62所示。

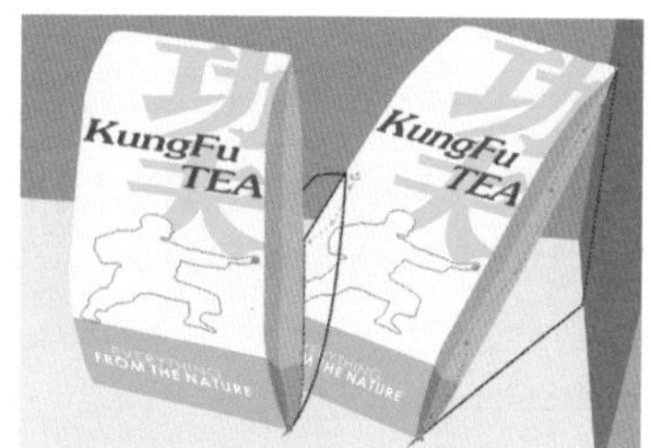

图13.62 绘制不规则图形

8 选中这3个不规则图形，设置【轮廓】为无，将左侧袋子的阴影填充为深灰色（C：0；M：0；Y：0；K：90），右侧袋子的阴影填充为墨绿色（C：90；M：64；Y：85；K：54），再单击工具箱中的【透明度工具】按钮，为其依次应用透明效果，如图13.63所示。

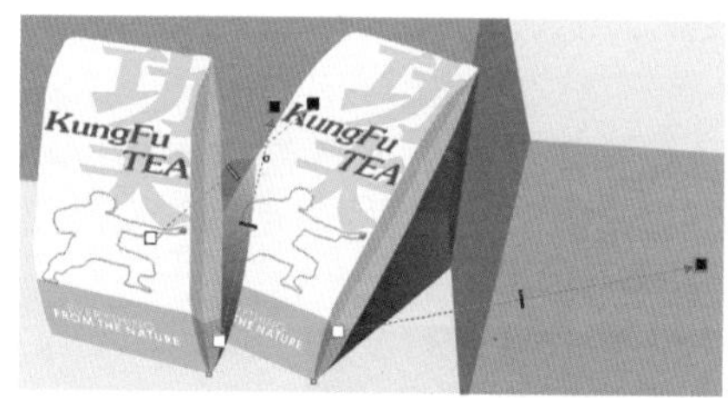

图13.63 添加颜色之后应用透明效果

9 执行菜单栏中的【文件】|【导入】命令，打开【导入】对话框，选择云下载文件中的"调用素材\第13章\武术人形2.AI"文件，单击【导入】按钮。在页面中单击，图形便会显示在页面中，如图13.64所示。

图13.64 导入素材

10 将两个人物分别填充为淡黄色（C：6；M：5；Y：74；K：0）和深绿色（C：91；M：46；Y：96；K：14），并叠加放置在一起，调整大小之后放入背景图中的右下角位置，效果如图13.65所示。

图13.65 变换颜色叠加到一起放置到背景中

11 单击工具箱中的【文本工具】字按钮，输入中文"功夫"，英文"kungfu TEA"以及其他介绍性文字，将"功夫"【字体】设置为"汉仪超粗宋简"，设置中文【大小】为"154pt"，将"kungfu TEA"【字体】设置为"方正水柱简体"，然后将二者填充为深绿色（C：85；M：36；Y：99；K：5）并放置于背景图右上方，将其他所有文字填充为白色，【字体】设置为"Adobe 黑体 Std R"和"Century Gothic"，并放置在背景图上方中心位置，完成立体图的最终设计，如图13.66所示。

图13.66 完成设计

知识链接：使文本适合框架的方法

在封闭曲线图形或矩形、椭圆形、多边形对象中，可以放入段落文本，并可以选择使用【使文本适合框架】命令，使整个文本适合于框架显示，

选择一个封闭曲线图形或矩形、椭圆形、多边形对象，单击工具箱中的【文本工具】字按钮，将光标移至绘制的图形上，当光标变为形状时单击鼠标左键，这时该图形内缘会自动产生一个虚线文本框架，并在其上端出现一个文字游标。在该文本框内直接输入文字，或者使用【复制】和【粘贴】命令将事先创建的段落文本放入其中。

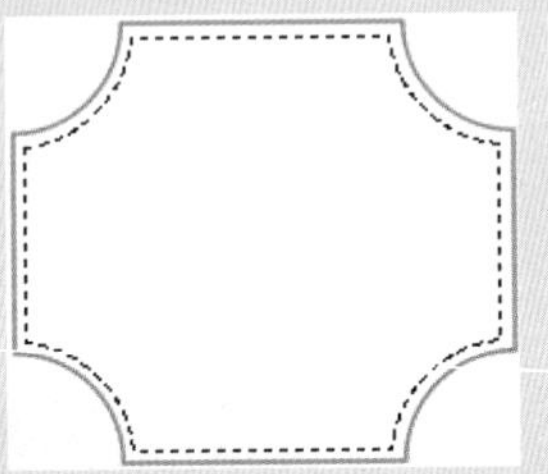

你站在桥
上看风景 看
风景的人在楼上看你
明月装饰了你的窗子
你装饰了别人的梦

如果输入的文字太多，有部分文字无法出现在文本框架内，可以执行菜单栏中的【文本】|【段落文本框】|【使文本适合框架】命令，系统就会根据文本框架的大小而自动调整字体大小，以使整个段落文本呈现在文本框中。

你站在桥
上看风景
看风景的人在楼
上看你 明月
装饰了你

你站在桥
上看风景 看
风景的人在桥上看
你 明月装饰了你的
窗子 你装饰了
别人的梦

13.3 moon water系列运动饮料包装设计

本实例主要使用【矩形工具】□、【贝塞尔工具】等制作出易拉罐饮料包装的形状和轮廓，使用【透明度工具】制造金属的质地感与空间感极强的立体效果。本实例的最终效果如图13.67所示。

图13.67 最终效果

本例主要学习【贝塞尔工具】、【透明度工具】、【渐变工具】及【文本工具】的应用；掌握包装设计的技巧。

视频文件： movie\13.3 moon water系列运动饮料包装设计.avi

源文件： 源文件\第13章\moon water系列运动饮料包装设计.cdr

13.3.1 设计罐体形状

1 单击工具箱中的【矩形工具】□按钮，绘制一个【宽度】为25mm，【高度】为35mm的矩形，并将图形转换为曲线。单击工具箱中的【封套工具】按钮，将矩形变形，如图13.68所示。

2 单击工具箱中的【椭圆形工具】○按钮，绘制一个【宽度】为23mm，【高度】为2mm的椭圆形。单击工具箱中的【贝塞尔工具】按钮，沿着椭圆形的外圈绘制一个封闭图形，将其与椭圆形吻合，如图13.69所示。

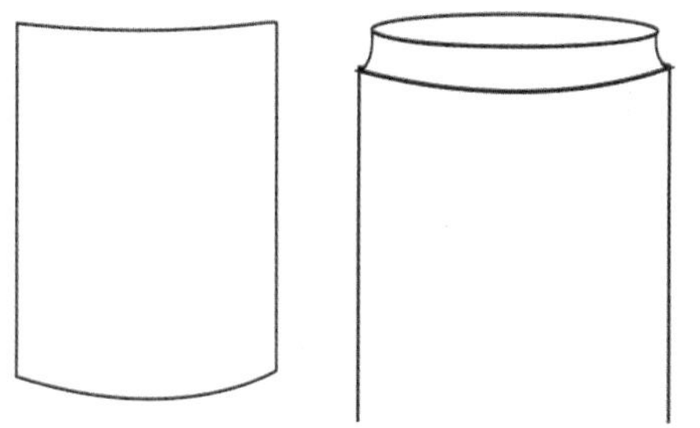

图13.68 变形矩形　　图13.69 绘制罐颈部分

3 单击工具箱中的【椭圆形工具】○按钮，绘制一个【宽度】为25mm，【高度】为2mm的椭圆形，并将椭圆形复制一份，上下叠加摆放，如图13.70所示。

图13.70 叠加椭圆

4 将两个椭圆形全部选中，单击属性栏中的【相交】按钮，删除不需要的椭圆形，留下的就是罐口部分，如图13.71所示。

图13.71 罐口部分

知识链接：使文本适合框架的另一种方法

用户也可以选择创建好的段落文本，然后单击鼠标右键不放，将其拖动到绘制的图形中，此时光标显示为⊕形状，释放鼠标右键，在弹出的快捷菜单中选择【内置文本】命令，如此便将文本呈现在框架里了。

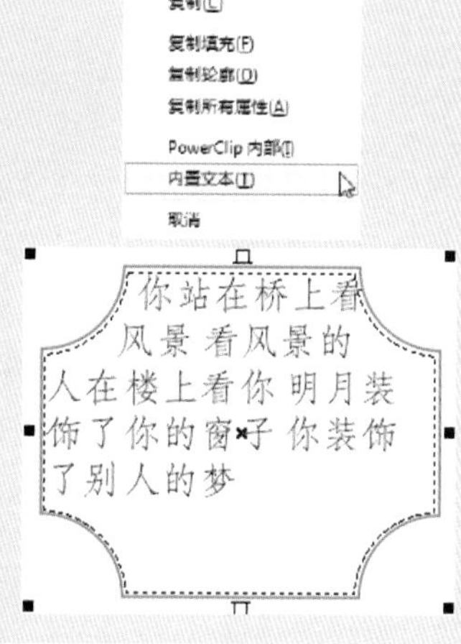

5 单击工具箱中的【贝塞尔工具】按钮，沿着罐口下方绘制一块弧形长条，将其与罐口相连，如图13.72所示。

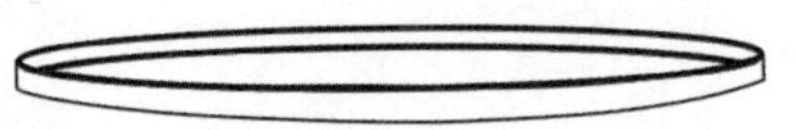

图13.72 制作罐口

6 按Ctrl+G组合键将绘制的图形进行群组，然后与罐颈部分相接，效果如图13.73所示。

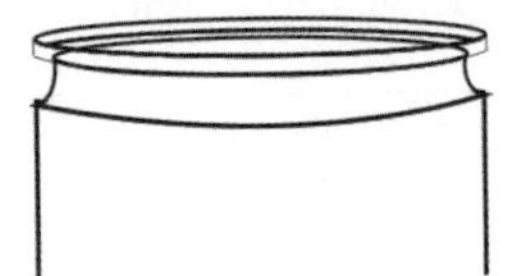

图13.73 连接完成

7 复制罐口部分，将后来绘制的弧形长条复制两份，并放置在图形下部，如图13.74所示。

图13.74 底座的完成

8 至此，罐体形状基本完成，效果如图13.75所示。

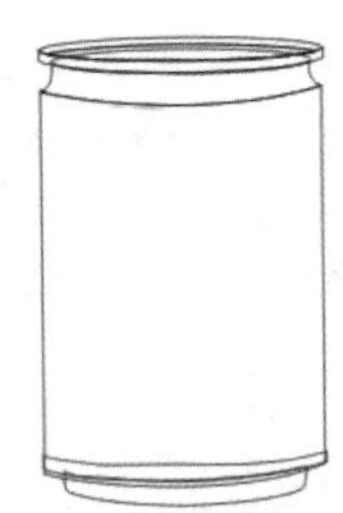

图13.75 罐体合成效果

9 分别选中罐体各个部分，选择工具箱中的【交互式填充工具】，在属性栏中单击【编辑填充】按钮，打开【编辑填充】对话框，如图13.76所示。单击【渐变填充】按钮，然后在【类型】下方单击【线性渐变填充】，编辑填充不同深浅的灰色，填充完毕单击【确定】按钮，为其应用渐变效果。然后对罐体做最后的修改，调整之后将完成的罐体重新按Ctrl+G组合键进行群组，罐体最终效果如图13.77所示。

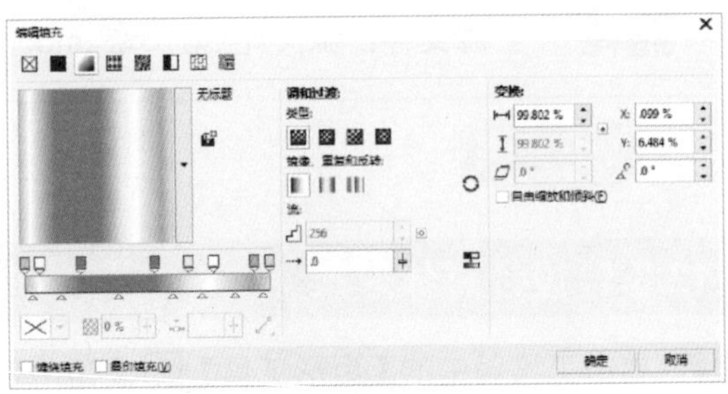

图13.76 【编辑填充】对话框

图13.77 罐体完成立体效果

提示

在使用渐变填充进行立体化处理的时候，一定要遵从光线的一致原则，以及高光和反光的分布关系，往往瓶口与瓶身以及瓶底的光线是处于不断变化的，尤其是这种光泽度极高的金属制品、玻璃制品、抛光处理的光滑表面等，不可一成不变地向一个方向渐变。

13.3.2 设计罐体花色底纹

1 单击工具箱中的【矩形工具】按钮，为罐身绘制出红色（C：0；M：100；Y：100；K：0）的底色矩形。选中矩形并单击工具箱中的【封套工具】按钮，调整矩形与罐身的形状和角度；选择工具箱中的【交互式填充工具】，在属性栏中单击【编辑填充】按钮，打开【编辑填充】对话框，为其编辑红色（C：0；M：100；Y：100；K：0）到白色的线性渐变效果，如图13.78所示。

2 复制图形，并将图形设置为【无填充】，【轮廓】设置为细线，将以上两个图形叠加，注意上下留边，效果如图13.79所示。

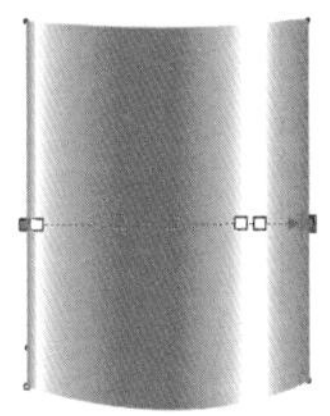

图13.78 红色渐变图形

图13.79 叠加图形

知识链接：使文本适合框架中需要注意的细节

如果在【选项】对话框的【工作区】|【文本】|【段落文本框】选项中，选中了【按文本缩放段落文本框】复选框，则菜单栏中的【文本】|【段落文本框】|【使文本适合框架】命令呈灰色，无法使用。

当对图形对象进行任何变动时，其中的段落文本也会做相同的变动。例如移动图形，则文本框架也随之移动。如果不希望文本随对象移动，则必须将对象与文本框架分离。如果需要分离对象与文本框架，应先使用【选择工具】选中对象与文本框架，然后执行菜单栏中的【对象】|【拆分路径内的段落文本】命令，即可将对象与文本框架分离。使用鼠标将分离的文本框架移开一些，即可查看到分离的效果。

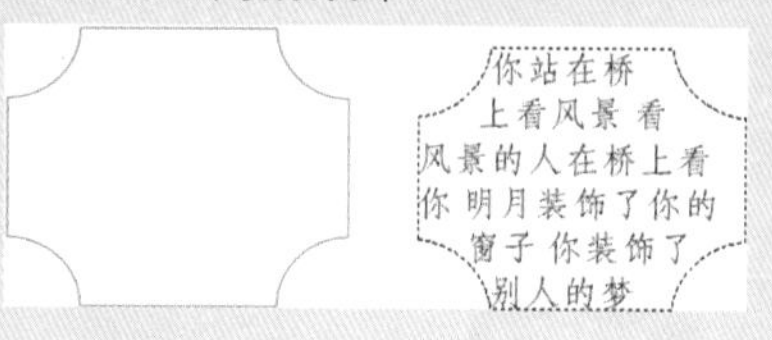

3 将叠加的两个图形按Ctrl+G组合键进行群组，并添加到罐体部分；运用工具箱中的【封套工具】，调整位置和边缘弧度，效果如图13.80所示。

图13.80 添加到罐身

知识链接：导入位图的方法

在CorelDRAW X8中，导入位图的具体操作步骤如下：

(1) 执行菜单栏中的【文件】|【导入】命令或者单击【标准工具栏】中的【导入】按钮，弹出【导入】对话框。

(2) 选择需要导入的位图，单击【导入】按钮，同时在光标后面会显示该文件的大小和导入时的操作说明。

(3) 在页面上按住鼠标左键拖出一个红色的虚线框，释放鼠标后，图片将以虚线框的大小被导入进来。

另外，还可以在键盘上按Ctrl+I组合键，或者在工作区域中的空白位置上单击鼠标右键，在弹出的快捷菜单中选择【导入】命令，即可导入位图。导入到CorelDRAW X8中的位图，可以按照变换对象的方法，使用【选择工具】或【自由变换工具】等对位图进行缩放、旋转、倾斜和扭曲等变换操作。

4 执行菜单栏中的【文件】|【导入】命令，打开【导入】对话框，选择云下载文件中的“调用素材\第13章\橙色激情.cdr”文件，单击【导入】按钮，单击将图形导入到页面中。选中新导入的素材，执行菜单栏中的【对象】|【PowerClip】|【置于图文框内部】命令，将图形放置在前面绘制的无填充图形内部；执行菜单栏中的【对象】|【PowerClip】|【编辑PowerClip】命令，编辑图形。单击工具箱中的【封套工具】按钮，再次调整边缘和角度，效果如图13.81所示。

图13.81 编辑内部

5 执行菜单栏中的【对象】|【PowerClip】|

【结束编辑】命令，结束编辑。此时，罐体图案如图13.82所示。

图13.82 添加素材

6 单击工具箱中的【矩形工具】□按钮，为罐体绘制高光条，并单击工具箱中的【透明度工具】按钮，调整明暗关系，也可复制叠加。至此，罐体花色底纹就绘制完成了，效果如图13.83所示。

图13.83 高光效果

提示

在将素材置于图文框内部时，一定要单击工具箱中的【封套工具】按钮，对其进行变形，因为在突出的器皿表面，任何附着物都会产生变形。因此，在做立体效果时，一定将素材变形，才会更立体、更真实、更美观。

知识链接：链接位图的方法

在CorelDRAW X8中插入链接的位图的方法是执行菜单栏中的【文件】|【导入】命令，在弹出的【导入】对话框中选择需要链接到CorelDRAW X8中的位图，单击【导入】旁边的▼按钮，在下拉菜单中选择【导入为外部链接的图像】选项，然后单击【导入】按钮，即可导入位图。

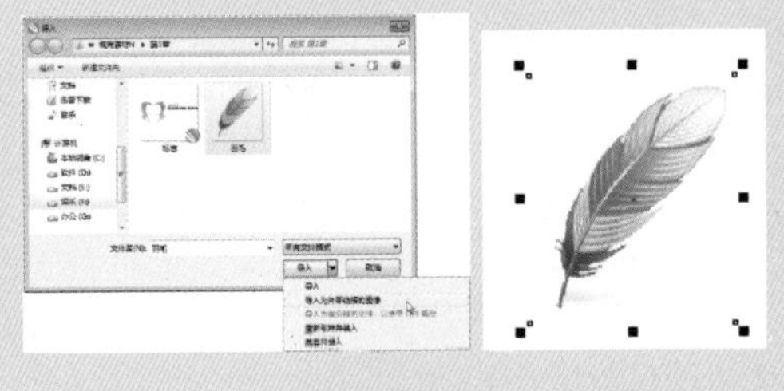

13.3.3 设计罐体文字

1 单击工具箱中的【文本工具】字按钮，输入中文“橙色激情”与英文“moon water”。执行菜单栏中的【对象】|【拆分美术字】命令，或者按Ctrl+K组合键，将英文拆分，设置中文【字体】为“微软雅黑”，英文“moon”【字体】为“Arial Black”；“water”【字体】为“微软雅黑”，调整完成后，选中中文，单击属性栏中的【将文本更改为垂直方向】按钮，将“橙色激情”编辑为垂直文字，如图13.84所示。

2 单击工具箱中的【封套工具】按钮，将文字进行局部调整，颜色填充为白色，并摆放到罐身适当位置，如图13.85所示。

橙色激情 water moon

图13.84 罐身文字组合

图13.85 完成效果图

13.3.4 绘制背景及展示效果

1 按照相同的方法，执行菜单栏中的【文件】|【导入】命令，打开【导入】对话框，选择云下载文件中的“调用素材\第13章\蓝色魅力.cdr和绿色青春.cdr”文件，将前面完成的效果图复制两份，只需分别将素材与文字替换，3个易拉罐便制作完成了，如图13.86所示。

图13.86 不同款式的易拉罐

2 单击工具箱中的【矩形工具】□按钮，绘制一个矩形，颜色填充为灰色（C：0；M：0；Y：0；K：80）。

3 将3个易拉罐依次摆放在矩形中，单击工具箱中的【贝塞尔工具】按钮，为3个易拉罐绘制简易的倒影；单击工具箱中的【阴影工具】按钮，为3个易拉罐应用阴影效果，如图13.87所示。

图13.87 阴影及倒影效果

4 一切完成之后，在矩形的右上角嵌入商品的品牌LOGO（标识），或广告语宣传语之类的装饰素材，制作出整体感突出，品牌感强烈的展示设计，效果如图13.88所示。

图13.88 最终展示效果

提示

工具箱中的【阴影工具】按钮，是针对简单的图形所开发的智能阴影，如果图形阴影要求真实、有力，且随光线变化有多个阴影，那么就应该单击工具箱中的【贝塞尔工具】按钮，亲自为它们绘制一个阴影。

13.4 红酒包装设计

本实例主要使用【矩形工具】□、【形状工具】等制作出红酒包装的立体效果。本实例的最终效果图如图13.89所示。

图13.89 最终效果图

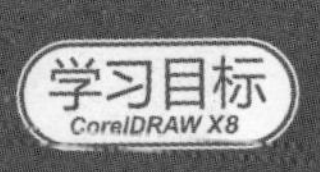

本例主要学习【形状工具】、【阴影工具】、【贝塞尔工具】、【矩形工具】及【透明度工具】的应用；掌握酒类包装设计的技巧。同时，能够捕捉到设计时的灵感，在用色、用光包括背景的装饰都应推陈出新，但一定要遵循最基本的常识性问题和大众的审美习惯。这就是商业设计与其他设计种类最大的区别。

视频文件：movie\13.4 红酒包装设计.avi

源文件：源文件\第13章\红酒包装设计.cdr

操作步骤 CorelDRAW X8

13.4.1 绘制瓶身包装

1 单击工具箱中的【矩形工具】□按钮，绘制一个【宽度】为170mm，【高度】为45mm的矩形，设置其【轮廓】为无，【填充】为金色（C：20；M：40；Y：90；K：0）。

2 单击工具箱中的【文本工具】字按钮，输入英文“GRANDEUR WINE”，设置【字体】为“adobe caslon pro bold”，设置文字【大小】为“50pt”，并将文字放置于矩形上方，如图13.90所示。

GRANDEURWINE

图13.90 放置到矩形上

3 将文字和矩形全部选中，单击属性栏中的【合并】按钮，完成焊接，效果如图13.91所示。

图13.91 焊接图形

知识链接：嵌入位图中需要注意的细节

如果要修改链接到CorelDRAW X8的图像，必须在创建源文件的软件中进行，例如链接的图像为JPG格式，就必须在Photoshop中进行修改。在修改源文件后，执行菜单栏中的【位图】|【自链接更新】命令，即可更新链接的图像。如果要直接在CorelDRAW 中编辑和修改链接的图像，可执行菜单栏中的【位图】|【中断链接】命令，断开位图与源文件的链接，这样CorelDRAW就会将该图像作为一个独立的对象处理。

4 单击工具箱中的【贝塞尔工具】按钮，在图形左侧绘制一条弧形图案，如图13.92所示。

图13.92 绘制弧形图案

5 将两个图形全部选中，单击属性栏中的【修剪】按钮，完成修剪，并删除黑色轮廓，效果如图13.93所示。

图13.93 修剪图形

6 将制作完成的图形复制一份，调整一个【宽度】为30mm，【高度】为30mm的正方形，并在下方输入“SINCE 1895”字样，设置【字体】为“Felix Titling”，作为红酒的产品标识，如图13.94所示。然后将其放置于矩形正中，全部填充为白色，效果如图13.95所示。

图13.94 产品标识

图13.95 放置到矩形中

7 沿着图形的外框绘制一个【宽度】为170mm，【高度】为64mm的矩形，将其填充为淡灰色（C：0；M：0；Y：0；K：10），设置【轮廓】为无，如图13.96所示。

图13.96 添加产品标识

知识链接：导入位图时裁剪位图

在【导入】对话框中选取需要导入的图像，单击【导入】旁边的▼按钮，在下拉菜单中选择【裁剪并装入】选项，弹出【裁剪图像】对话框。在【裁剪图像】对话框的预览窗口中，可以拖动裁剪框四周的控制点，控制图像的裁剪范围。在控制框内按住鼠标左键并拖动，可调整控制框的位置，被框选的图像将被导入到文件中，其余部分将被裁剪掉。

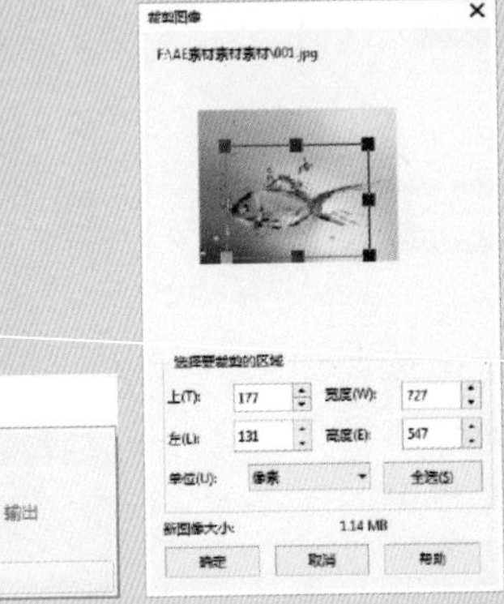

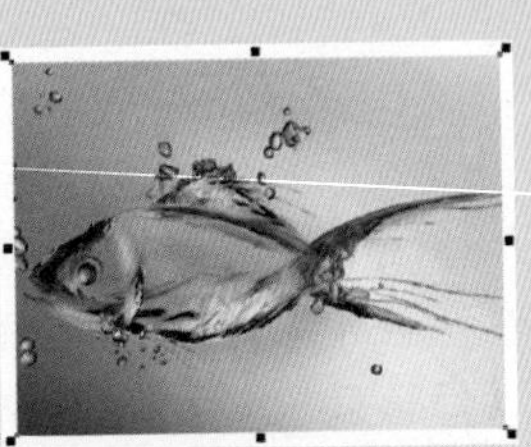

在【选择要裁剪的区域】中，可通过输入数值来精确地调整裁剪框的大小，此时【新图像大小】选项将显示裁剪后的图像大小。如果对裁剪区域不满意，则单击【全选】按钮，重新设置修剪选项参数。设置好后，单击【确定】按钮，同时在光标右下角将显示图像的相关信息，此时单击鼠标可导入图像，也可将图像按指定的大小进行导入。

13.4.2 导入素材制作酒瓶立体包装

1 执行菜单栏中的【文件】|【导入】命令，打开【导入】对话框，选择云下载文件中的“调用素材\第13章\装饰文字.ai”文件，单击【导入】按钮。在页面中单击，图形便会显示在页面中，如图13.97所示。

VINTAGE STYLE
SAMPLE TEXT
HERE YOUR SAMPLE TEXT SAMPLE
TEXT HERE YOUR
SAMPLE TEXT SAMPLE TEXT HERE
YOUR SAMPLE TEXT SAMPLE TEXT
HERE YOUR SAMPLE TEXT SAMPLE TEXT
HERE YOUR SAMPLE TEXT
SAMPLE TEXT HERE YOUR SAMPLE TEXT
SAMPLE TEXT HERE YOUR SAMPLE
TEXT SAMPLE TEXT HERE YOUR
SAMPLE TEXT SAMPLE TEXT
HERE YOUR SAMPLE TEXT SAMPLE
TEXT HERE YOUR SAMPLE TEXT
SAMPLE TEXT HERE YOUR SAMPLE

图13.97 装饰文字

2 将导入的图形填充为淡黄色（C：5；M：5；Y：50；K：0），调整大小之后放置到前面制作完成的包装图形上，如图13.98所示。

图13.98 添加到矩形中

3 执行菜单栏中的【文件】|【导入】命令，打开【导入】对话框，选择云下载文件中的“调用素材\第13章\酒瓶.ai”文件，单击【导入】按钮。在页面中单击，图形便会显示在页面中，如图13.99所示。

图13.99 修剪之后效果

4 将前面制作完成的瓶身包装图复制一份，群组并放置到酒瓶瓶身上，注意标识应放在瓶身正中，如图13.100所示。

图13.100 将包装放到瓶身正中

5 单击工具箱中的【矩形工具】□按钮，顺着瓶身外侧直到瓶身以外的包装图绘制矩形，如图13.101所示。

图13.101 绘制矩形

知识链接：使用【裁剪工具】裁剪位图

单击工具箱中的【裁剪工具】按钮，在位图上按鼠标左键并拖动，创建一个裁剪控制框。拖动控制框上的控制点，调整裁剪控制框的大小，按回车键即可将控制框外的图像裁剪掉。

6 按住Shift键的同时选中包装图，单击属性栏中的【修剪】按钮，将瓶身左侧的包装图修剪掉，效果如图13.102所示。

图13.102 修剪一侧效果

7 按照同样的方法修剪掉另外一侧，效果如图13.103所示。单击工具箱中的【封套工具】按钮，对修剪后的包装图上、下两条边进行曲线调整，步骤与效果如图13.104所示。

图13.103 修剪效果

图13.104 封套编辑步骤

8 单击工具箱中的【矩形工具】□按钮，在瓶身上绘制两个长条状矩形，并填充为白色，如图13.105所示。然后单击工具箱中的【透明度工具】按钮，对两个白色矩形分别应用透明度效果，方向相反，垂直拖动为瓶身添加立体高光，步骤与效果如图13.106所示。

图13.105 绘制白色矩形

图13.106 绘制高光条步骤

知识链接：使用【形状工具】裁剪位图

单击工具箱中的【形状工具】按钮，选择位图图像，此时在图像边角上将出现4个控制节点，按照调整曲线形状的方法进行操作，即可将位图裁剪为指定的形状。

9 选中高光条。执行菜单栏中的【对象】|【转换为曲线】命令，或者按Ctrl+Q组合键将矩形转换为曲线，单击工具箱中的【形状工具】按钮，在左侧长条图形上下两条边单击鼠标右键，在弹出的快捷菜单中选择【到曲线】命令，将直线变成曲线。同样的方法，将右侧高光条也变成曲线，完成后效果如图13.107所示。

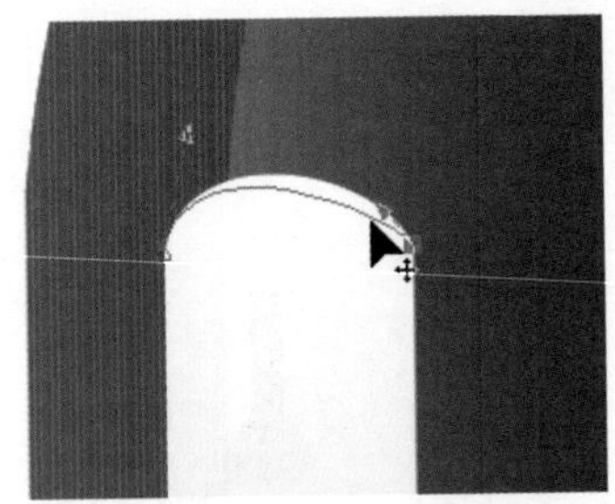

图13.107 将直线调整到曲线

10 复制高光条并调整大小，粘贴到瓶身其他高光部位，增强酒瓶的立体感，展现高贵、雍容、大气的红酒包装，效果如图13.108所示。

图13.108 添加高光

13.4.3 绘制立体展示效果

1 将制作好的酒瓶和包装展开面各复制一个，执行菜单栏中的【对象】|【组合】|【取消组合对象】命令，将图形解散群组，并将土黄色修改成深绿色（C：89；M：40；Y：100；K：47），制作出同款、不同系列的商品包装，效果如图13.109所示。

图13.109 同款不同系列的商品包装

知识链接：使用【形状工具】裁剪位图时需要注意的细节

在使用【形状工具】裁切位图图像时，按住Ctrl键可使鼠标在水平或垂直方向移动。使用【形状工具】裁切位图与控制曲线的方法相同，可将位图边缘调整成直线或曲线，用户可根据需要，将位图调整为各种所需的形状。

2 单击工具箱中的【矩形工具】□按钮，绘制两个【宽度】为300mm，【高度】为100mm的矩形，设置【轮廓】为无，上下排列并分别填充为深灰色（C：0；M：0；Y：0；K：90）和浅灰色（C：0；M：0；Y：0；K：80）。将制作完成的平面图和酒瓶放置到背景中，如图13.110所示。

图13.110 放置到背景中

3 将酒瓶复制一份，执行菜单栏中的【位图】|【转换为位图】命令，打开【转换为位图】对话框，单击【确定】按钮，将酒瓶图形转换为位图。单击工具箱中的【橡皮擦工具】按钮，将酒瓶包装以上部分全部擦除，如图13.111所示。

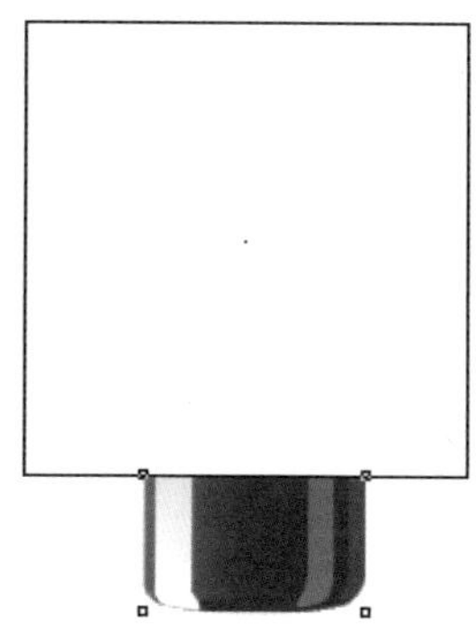

图13.111 擦除效果

4 选中剩余的部分，单击属性栏中的【垂直镜像】按钮，将图形垂直翻转，并放置于瓶底，如图13.112所示。

图13.112 放置于瓶底

5 单击工具箱中的【透明度工具】按钮，

选中图形，从上到下垂直拖动，即可应用透明效果，如图13.113所示。

图13.113 倒影效果

6 按照同样的方法，为包装展开面制作倒影效果，并为所有图形应用阴影效果。最后在背景周围添加装饰，完成最终设计，效果如图13.114所示。

图13.114 完成设计

第14章

商业广告设计

14.1 制作秋装上新热促banner

本例讲解制作秋装上新热促banner。本例在制作过程中以艺术化字体为主视觉元素，将整个banner的信息完美表达，最终效果如图14.1所示。

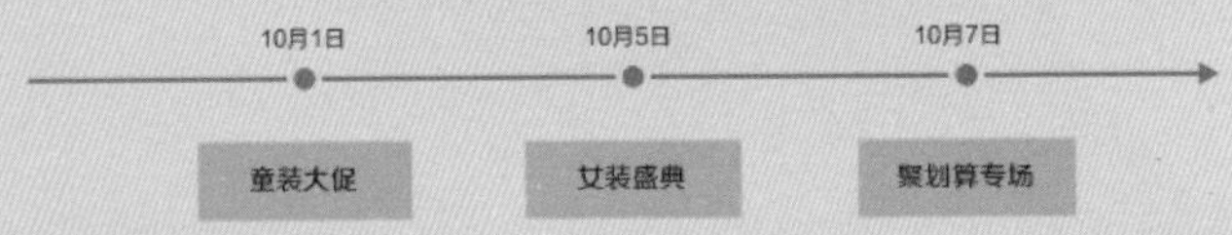

图14.1 最终效果

本例主要学习【矩形工具】□、【文本工具】字、【椭圆形工具】○、【2点线工具】↗的使用；掌握秋装上新热促banner设计方法。

视频文件：movie\14.1 制作秋装上新热促banner.avi

源文件：源文件\第14章\制作秋装上新热促banner.cdr

14.1.1 制作艺术字

1 单击工具箱中的【矩形工具】□按钮，绘制一个矩形，设置其【填充】为浅红色（R：245，G：220，B：233），【轮廓】为无，如图14.2所示。

图14.2 绘制矩形

2 单击工具箱中的【文本工具】字按钮，输入文字（MStiffHei PRC UltraBold），如图14.3所示。

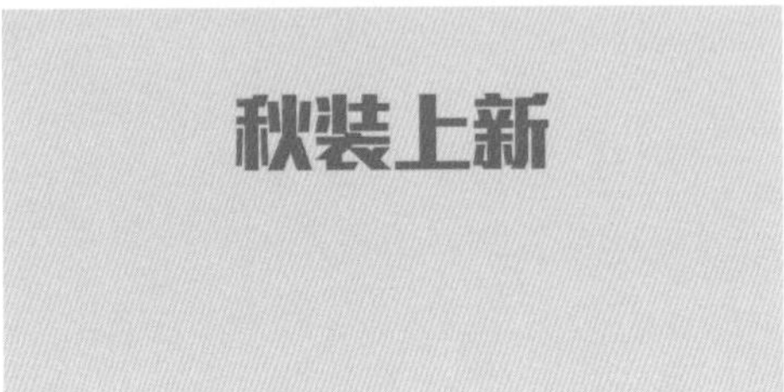

秋装上新

图14.3 输入文字

3 在文字上单击鼠标右键，从弹出的快捷菜单中选择【转换为曲线】命令，如图14.4所示。

4 单击工具箱中的【形状工具】按钮，拖动将文字变形，如图14.5所示。

图14.4 转换为曲线　　图14.5 将文字变形

5 单击工具箱中的【轮廓图工具】按钮，在文字左侧拖动将轮廓偏移，如图14.6所示。

6 在文字上单击鼠标右键，从弹出的快捷菜单中选择【拆分轮廓图群组】命令，选中上方图形，将其【填充】更改为无，在【轮廓笔】面板中，将【颜色】更改为白色，【宽度】为细线，【样式】为虚线样式，如图14.7所示。

图14.6 将轮廓偏移　　图14.7 更改轮廓

7 执行菜单栏中的【文件】|【打开】命令，打开“衣服.cdr”文件，将打开的文件拖入当前页面中，如图14.8所示。

图14.8 添加素材

14.1.2 绘制指向标签

1 单击工具箱中的【椭圆形工具】按钮，按住Ctrl键绘制一个正圆，设置其【填充】为橙色（R：255，G：68，B：0），【轮廓】为无，如图14.9所示。

2 单击工具箱中的【钢笔工具】按钮，在正圆左下角绘制一个三角图形，设置其【填充】为橙色（R：255，G：68，B：0），【轮廓】为无，同时选中两个图形，单击属性栏中的【合并】按钮，将图形合并，如图14.10所示。

图14.9 绘制正圆　　图14.10 绘制图形

3 单击工具箱中的【文本工具】字按钮，在标签位置输入文字（方正兰亭黑_GBK），如图14.11所示。

图14.11 输入文字

4 单击工具箱中的【文本工具】字按钮，在适当位置输入文字（Times New Roman 粗体-斜体），如图14.12所示。

5 选中文字，单击工具箱中的【透明度工具】按钮，在属性栏中将【合并模式】更改为柔光，将【透明度】更改为50，如图14.13所示。

图14.12 输入文字

图14.13 更改合并模式

提示

文字颜色会直接影响到更改合并模式后的效果。

6 单击工具箱中的【星形工具】☆按钮，在左上角按住Ctrl键绘制一个星形，设置其【填充】为黑色，【轮廓】为无，如图14.14所示。

7 选中星形，单击工具箱中的【透明度工具】▩按钮，在属性栏中将【合并模式】更改为柔光，将【透明度】更改为50，如图14.15所示。

图14.14 绘制星形

图14.15 更改合并模式

8 选中星形，将其复制数份并分别放在适当的位置，如图14.16所示。

9 选中所有超出矩形的星形，执行菜单栏中的【对象】|【PowerClip】|【置于图文框内部】命令，将图形放置到矩形内部。

图14.16 复制图形

10 单击工具箱中的【文本工具】**字**按钮，在适当位置输入文字（方正兰亭中粗黑_GBK），如图14.17所示。

图14.17 输入文字

14.1.3 处理图文细节

1 单击工具箱中的【2点线工具】⟋按钮，绘制一条线段，设置其【轮廓】为橙色（R：255，G：68，B：0），【轮廓宽度】为0.5，在【轮廓笔】面板中选择一种箭头样式，如图14.18所示。

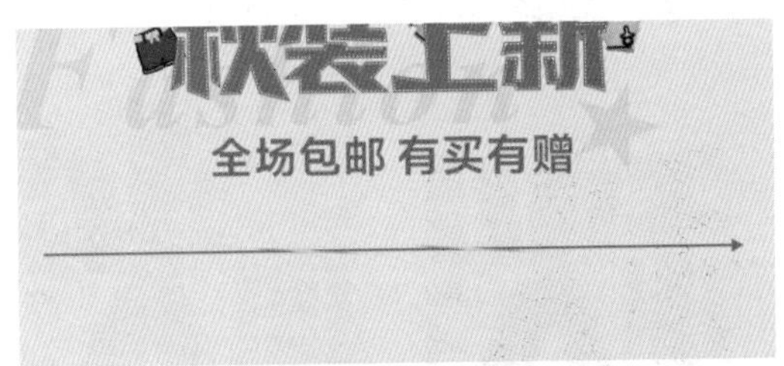

图14.18 绘制线段

2 单击工具箱中的【椭圆形工具】○按钮，在线段靠左侧位置按住Ctrl键绘制一个正圆，设置其【填充】为橙色（R：255，G：68，B：0），【轮廓】为无，如图14.19所示。

3 选中正圆，向右侧平移复制两份，如图14.20所示。

图14.19 绘制正圆　　图14.20 复制正圆

4 选中线段，执行菜单栏中的【对象】|【将轮廓转换为对象】命令。

5 选中图形，单击属性栏中的【修剪】按钮，对图形进行修剪，并适当移动位置，如图14.21所示。

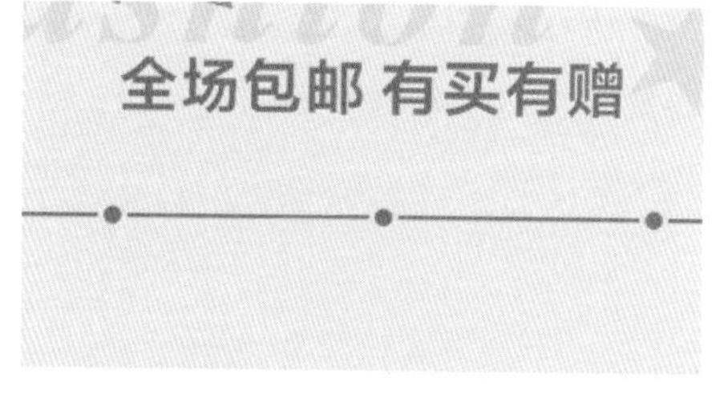

图14.21 修剪图形

6 单击工具箱中的【矩形工具】□按钮，在靠底部位置绘制一个矩形，设置其【填充】为浅红色（R：230，G：170，B：200），【轮廓】为无，如图14.22所示。

7 选中矩形，将其向右侧平移复制两份，如图14.23所示。

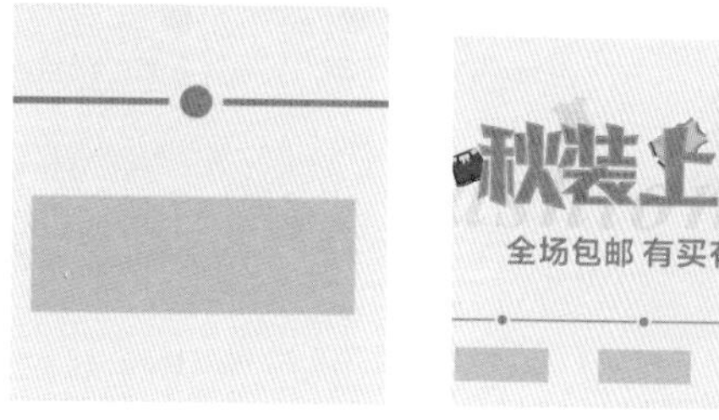

图14.22 绘制矩形　　图14.23 复制矩形

8 单击工具箱中的【文本工具】字按钮，在矩形位置输入文字（方正兰亭黑_GBK、方正正准黑简体），这样就完成了效果的制作，如图14.24所示。

图14.24 最终效果

14.2 随手拍领红包设计

实例解析 CorelDRAW X8

本例讲解随手拍领红包设计。本例的制作重点在于手形图像的绘制，注意图形的结合，最终效果如图14.25所示。

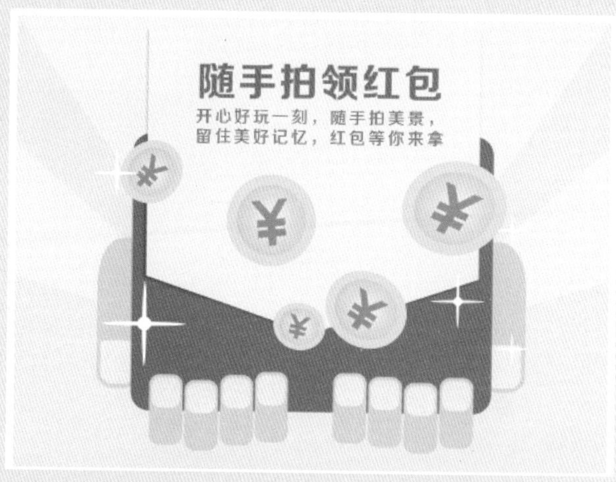

图14.25 最终效果

学习目标 CorelDRAW X8

本例主要学习【矩形工具】、【贝塞尔工具】、【水平镜像】、【透明度工具】的使用；掌握随手拍领红包设计方法。

云盘下载

视频文件： movie\14.2 随手拍领红包设计.avi

源文件： 源文件\第14章\随手拍领红包设计.cdr

操作步骤 CorelDRAW X8

14.2.1 制作立体感背景

1 单击工具箱中的【矩形工具】□按钮，绘制一个【宽度】为200，【高度】为150的矩形，设置【填充】为黄色（R：255，G：228，B：147），【轮廓】为无，如图14.26所示。

2 单击工具箱中的【贝塞尔工具】按钮，绘制一个不规则图形，设置其【填充】为白色，【轮廓】为无，如图14.27所示。

图14.26 绘制矩形

图14.27 绘制图形

3 在刚才绘制的图形左侧位置再次绘制一个三角形图形，如图14.28所示。

4 选中三角形图形，按Ctrl+C组合键复制，再按Ctrl+V组合键粘贴，单击属性栏中的【水平镜像】按钮，将图形水平镜像并平移至右侧与之相对位置，如图14.29所示。

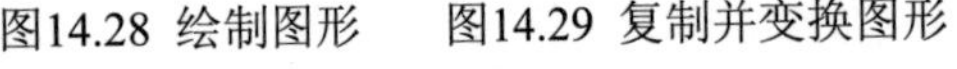

图14.28 绘制图形　图14.29 复制并变换图形

5 同时选中刚才绘制的三个白色图形，单击工具箱中的【透明度工具】按钮，将【透明度】更改为50，并在属性栏中将【合并模式】更改为柔光，如图14.30所示。

图14.30 降低透明度

14.2.2 处理红包图像

1 单击工具箱中的【矩形工具】□按钮，在黄色矩形位置再次绘制一个矩形，设置其【填充】为红色（R：240，G：50，B：83），【轮廓】为无，如图14.31所示。

2 单击工具箱中的【形状工具】按钮，选中矩形左上角节点向内侧拖动，将矩形变形圆角矩形，如图14.32所示。

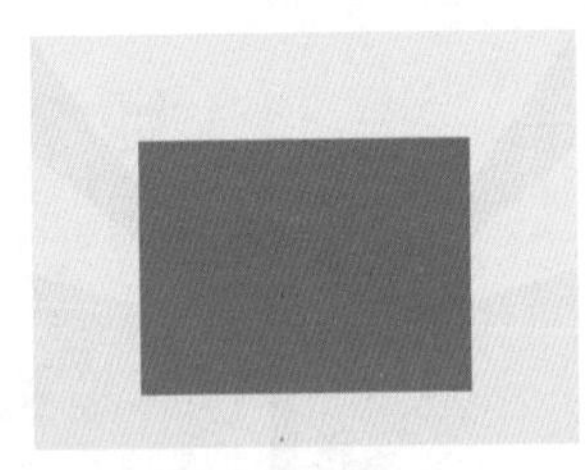

图14.31 绘制矩形

图14.32 将图形变形

3 单击工具箱中的【矩形工具】□按钮，在红色矩形左侧靠下方位置绘制一个矩形，并将其移至红色矩形下方位置，设置【填充】为黄色（R：250，G：200，B：168），【轮廓】为无，如图14.33所示。

4 以刚才同样的方法，单击工具箱中的【形状工具】按钮，选中矩形左上角节点向内侧

拖动，将矩形变形圆角矩形，如图14.34所示。

图14.33 绘制矩形　　图14.34 将图形变形

5 将矩形转换成曲线，单击工具箱中的【形状工具】按钮，选中图形顶部靠左侧节点，按Delete键将其删除，如图14.35所示。

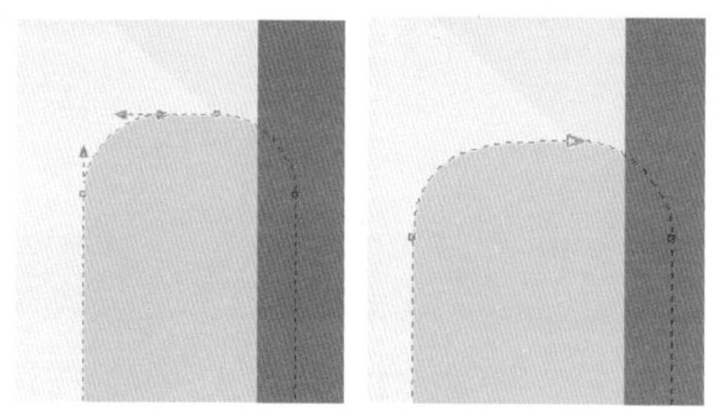

图14.35 删除节点

6 选中图形左侧节点向下拖动，再选中右侧节点向上拖动，将图形变形，如图14.36所示。

图14.36 拖动节点

提示

在拖动节点过程中，可以根据大拇指的大致轮廓将图形变形。

7 单击工具箱中的【矩形工具】□按钮，在刚才绘制的黄色矩形靠下半部分位置绘制一个矩形，设置其【填充】为白色，【轮廓】为无，如图14.37所示。

8 选中白色矩形，单击工具箱中的【透明度工具】按钮，在属性栏中将【合并模式】更改为柔光，如图14.38所示。

图14.37 绘制矩形

图14.38 更改合并模式

9 以刚才同样的方法，单击工具箱中的【形状工具】按钮，选中矩形左上角节点向内侧拖动，将矩形变形圆角矩形，如图14.39所示。

10 在矩形上单击鼠标右键，从弹出的快捷菜单中选择【转换为曲线】命令，如图14.40所示。

图14.39 将图形变形

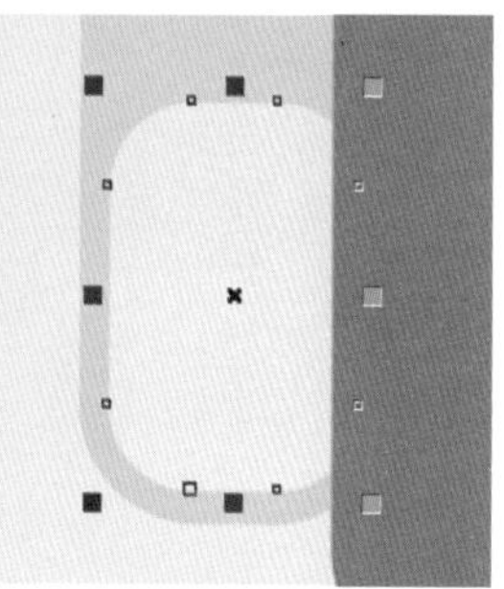

图14.40 转换为曲线

11 单击工具箱中的【形状工具】按钮，分别选中顶部两个锚点，按Delete键将其删除，如图14.41所示。

12 分别拖动左侧和右侧控制杆将图形变形，如图14.42所示。

图14.41 删除节点

图14.42 拖动节点

13 同时选中手指形状的两个图形，按Ctrl+G组合键将其编组，再按Ctrl+C组合键复制，按Ctrl+V组合键粘贴，单击属性栏中的【水平镜像】按钮，将图形水平镜像，如图14.43所示。

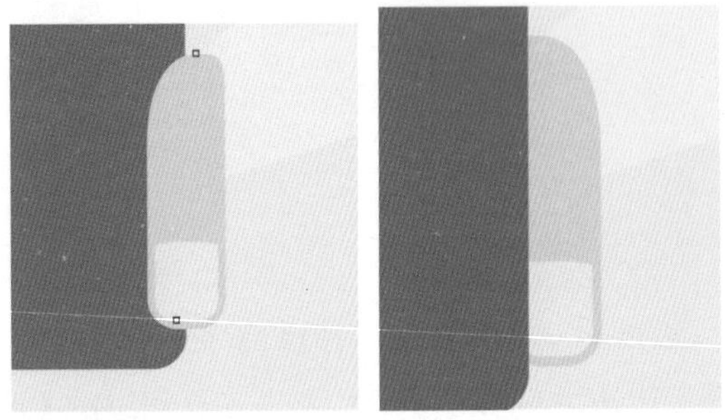

图14.43 复制图形并镜像

14 以刚才同样的方法在红色图形底部位置绘制数个手指图形，如图14.44所示。

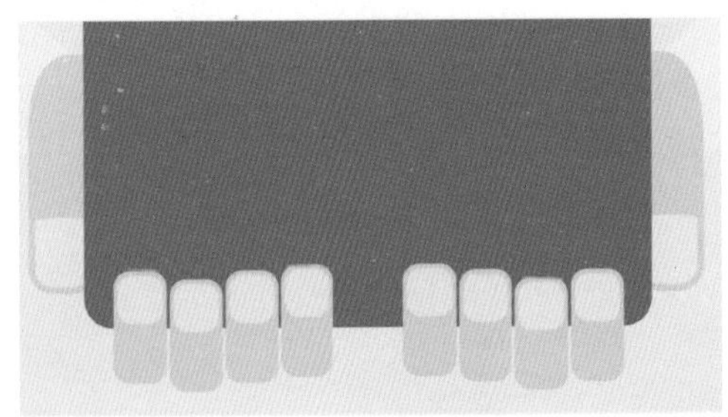

图14.44 绘制手指

15 单击工具箱中的【矩形工具】□按钮，在红色图形上方位置绘制一个矩形，设置其【填充】为黄色（R：255，G：238，B：156），【轮廓】为无，如图14.45所示。

16 将矩形转换成曲线，单击工具箱中的【钢笔工具】按钮，在刚才绘制的矩形底部边缘中间位置单击添加节点，如图14.46所示。

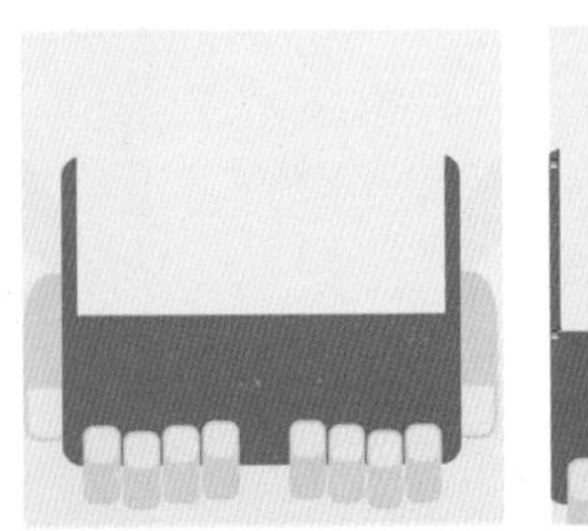

图14.45 绘制矩形

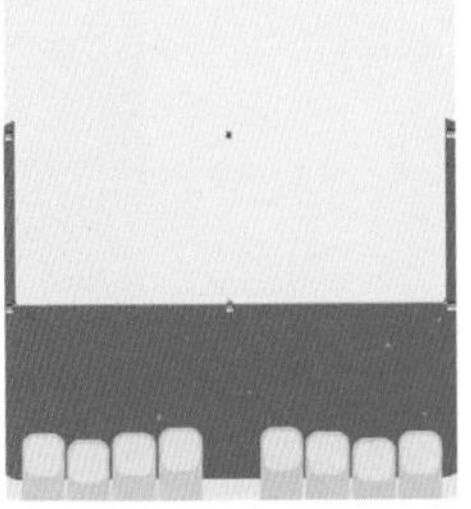

图14.46 添加节点

17 单击工具箱中的【形状工具】按钮，向下拖动添加的节点将图形变形，如图14.47所示。

18 选中经过变形的图形，单击工具箱中的【阴影工具】按钮，在图形上拖动为其添加阴影，在属性栏中将【阴影的不透明度】更改为30，【阴影羽化】更改为2，如图14.48所示。

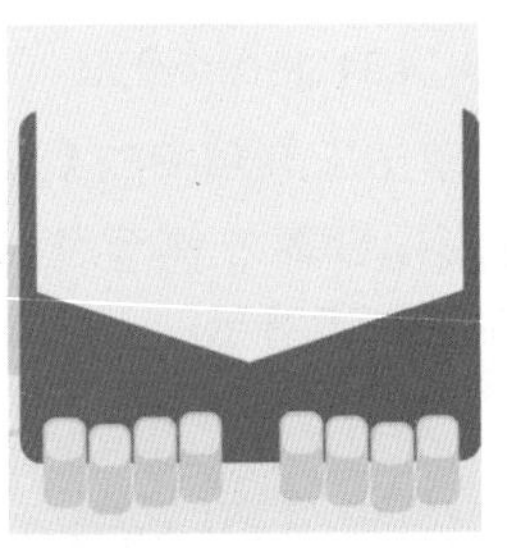

图14.47 将图形变形

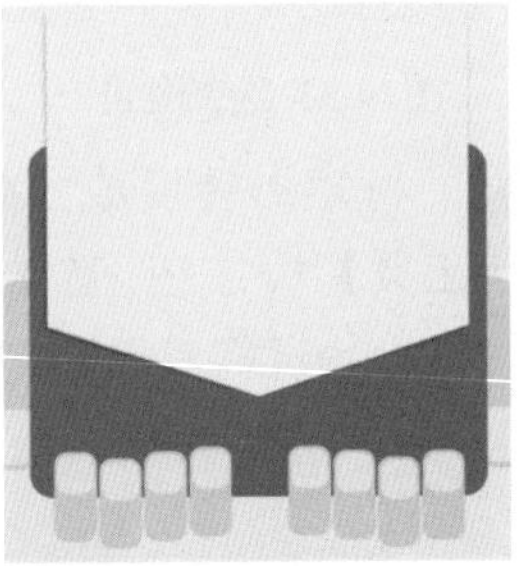

图14.48 添加阴影

14.2.3 绘制金币

1 单击工具箱中的【椭圆形工具】○按钮，在适当位置按住Ctrl键绘制一个正圆，设置其【填充】为黄色（R：255，G：219，B：53），【轮廓】为无，如图14.49所示。

2 选中正圆，按Ctrl+C组合键复制，按Ctrl+V组合键粘贴，再按住Shift键等比缩小后并单击工具栏中的【渐变填充】按钮，在图形上拖动填充浅黄色（R：255，G：238，B：150）到黄色（R：250，G：200，B：30）的椭圆形渐变，如图14.50所示。

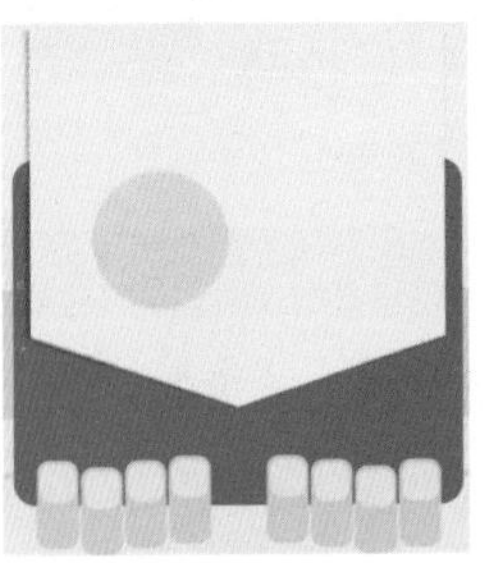

图14.49 绘制正圆

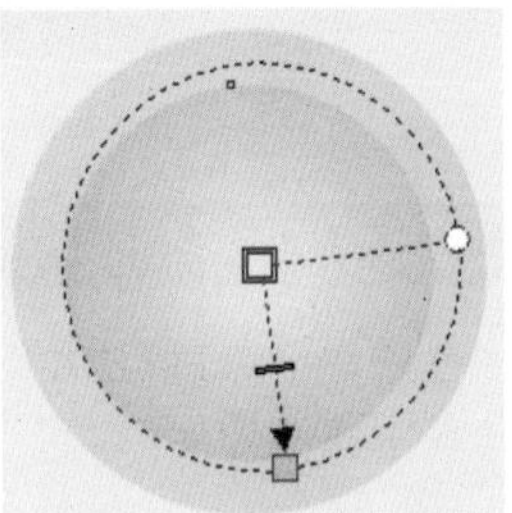

图14.50 复制并缩小图形

3 单击工具箱中的【文本工具】字按钮，在刚才绘制的正圆位置输入文字（时尚中黑简体），将文字【填充】更改为黄色（R：200，G：

138，B：0），如图14.51所示。

4 选中金币图形，将其复制数份并分别放在图形适当位置，如图14.52所示。

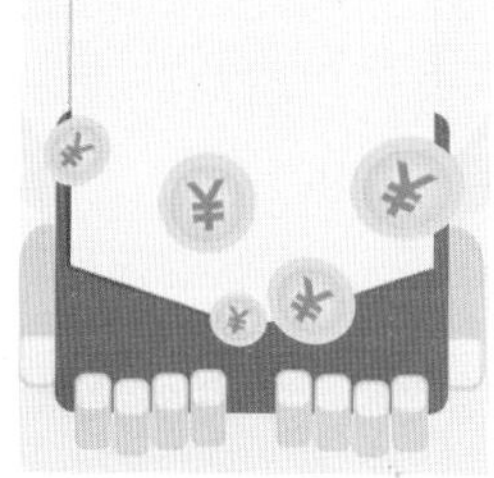

图14.51 输入文字　　图14.52 复制并变换图形

5 单击工具箱中的【椭圆形工具】○按钮，在适当位置绘制一个扁长的椭圆图形，如图14.53所示。

6 选中正圆，按Ctrl+C组合键复制，按Ctrl+V组合键粘贴，在属性栏的【旋转角度】文本框中输入90，如图14.54所示。

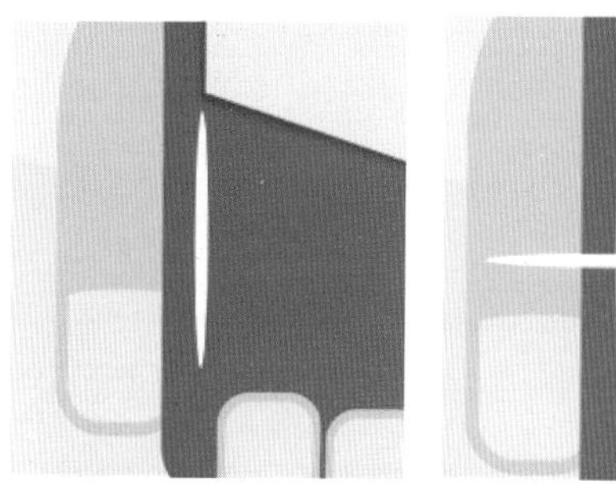

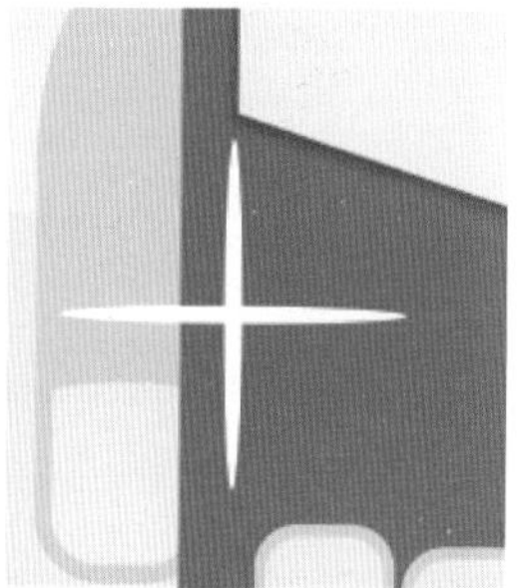

图14.53 绘制图形　　图14.54 复制并旋转图形

7 单击工具箱中的【椭圆形工具】○按钮，在2个图形交叉位置按住Ctrl键绘制一个正圆，如图14.55所示。

8 选中刚才绘制的三个图形，按Ctrl+G组合键将其编组，再将其复制数份分别放在适当位置，如图14.56所示。

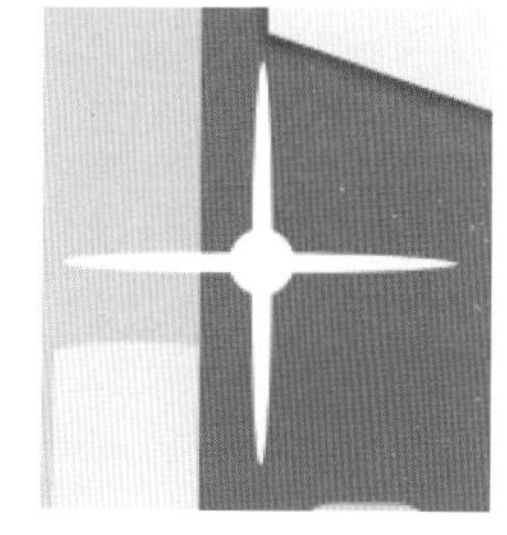

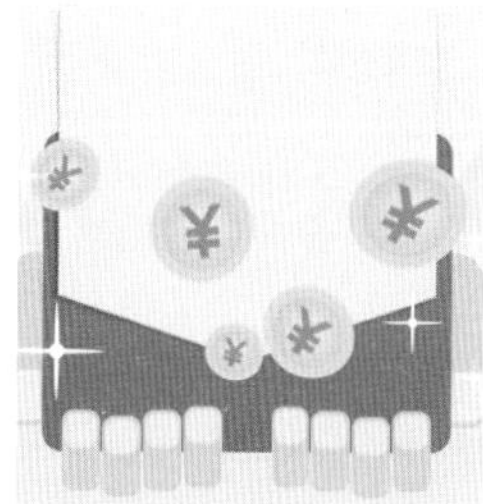

图14.55 绘制正圆　　图14.56 复制并变换图形

9 单击工具箱中的【文本工具】字按钮，在适当位置输入文字（方正正粗黑简体、方正正准黑简体），这样就完成了效果的制作，如图14.57所示。

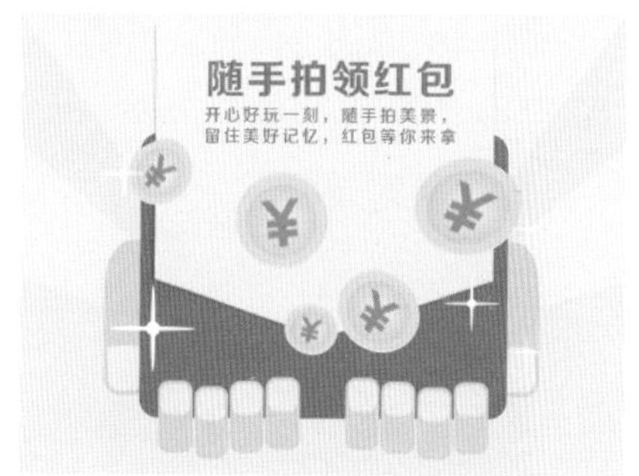

图14.57 最终效果

14.3 优惠购促销页设计

本例讲解优惠购促销页设计。本例的视觉效果相当出色，以协调的色调与直观的文字信息相结合，整个促销页的信息十分易读，最终效果如图14.58所示。

图14.58 最终效果

学习目标 CorelDRAW X8

本例主要学习【矩形工具】□、【交互式填充工具】◈、【阴影工具】❏、【文本工具】字的使用；掌握优惠购促销页设计方法。

云盘下载

视频文件：movie\14.3 优惠购促销页设计.avi

源文件：源文件\第14章\优惠购促销页设计.cdr

操作步骤 CorelDRAW X8

14.3.1 制作星形背景

1 单击工具箱中的【矩形工具】□按钮，绘制一个【宽度】为200，【高度】为220的矩形，【轮廓】为无。

2 单击工具箱中的【交互式填充工具】◈按钮，再单击属性栏中的【渐变填充】■按钮，在矩形上从右上角向左下角方向拖动填充蓝色（R：80，G：140，B：224）到紫色（R：233，G：0，B：232）的渐变，如图14.59所示。

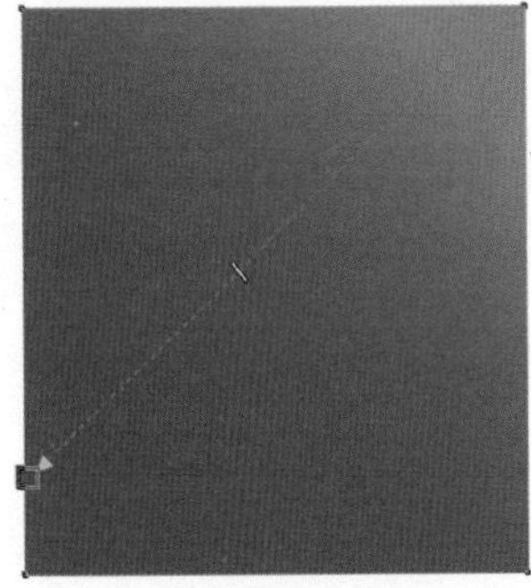

图14.59 填充渐变

3 单击工具箱中的【星形工具】☆按钮，在矩形靠上半部分位置绘制一个星形，将其【轮廓】设置为青色（R：70，G：197，B：250），【轮廓宽度】为5，在属性栏中将【边数】更改为5，【锐度】更改为40。

4 单击工具箱中的【交互式填充工具】◈按钮，再单击属性栏中的【渐变填充】■按钮，在图形上拖动填充紫色（R：67，G：0，B：98）到紫色（R：40，G：0，B：100）的线性渐变，如图14.60所示。

5 选中星形，按Ctrl+C组合键复制，再按Ctrl+V组合键粘贴，将【填充】更改为无，在【轮廓笔】面板中将【宽度】更改为0.3，选择一种虚线样式，再按住Shift键将图形等比放大，如图14.61所示。

图14.60 绘制图形　图14.61 复制并变换图形

14.3.2 处理主视觉

1 单击工具箱中的【文本工具】字按钮，在五角星位置输入文字（MStiffHei PRC UltraBold），如图14.62所示。

2 单击工具箱中的【阴影工具】❏按钮，在文字上拖动为其添加阴影，如图14.63所示。

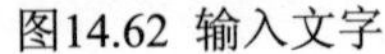

图14.62 输入文字　图14.63 添加阴影

3 单击工具箱中的【贝塞尔工具】按钮，在文字位置绘制一个不规则图形，设置其【填充】为紫色（R：147，G：0，B：206），【轮廓】为无，如图14.64所示。

4 以刚才同样的方法，单击工具箱中的【阴影工具】按钮，在图形上拖动为其添加阴影，如图14.65所示。

图14.64 绘制图形

图14.65 添加阴影

5 执行菜单栏中的【文件】|【导入】命令，导入“炫光.jpg”文件，在文字右侧位置单击添加素材，如图14.66所示。

6 选中炫光素材，单击工具箱中的【透明度工具】按钮，在属性栏中将【合并模式】更改为屏幕，如图14.67所示。

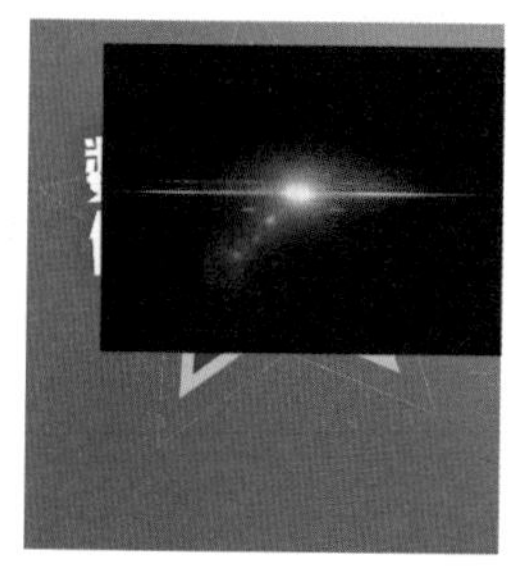

图14.66 导入素材

图14.67 更改合并模式

7 单击工具箱中的【矩形工具】按钮，在文字左下角位置绘制一个矩形，如图14.68所示。

8 在矩形上单击，在出现的变形框顶部边缘中间位置拖动将矩形变形并适当旋转，如图14.69所示。

9 选中经过变形的图形，单击工具箱中的【阴影工具】按钮，在图形上拖动为其添加阴影，在选项栏中将【阴影不透明度】更改为20，【阴影羽化】更改为2，如图14.70所示。

图14.68 绘制图形

图14.69 将图形变形

10 选中经过变形的矩形，按住Shift键的同时再按住鼠标左键，向右上角方向拖动并按下鼠标右键，将图形复制并修改填充颜色，如图14.71所示。

图14.70 添加阴影

图14.71 复制图形

11 以同样的方法选中红色图形，为其添加相似阴影，如图14.72所示。

图14.72 添加阴影

12 单击工具箱中的【文本工具】字按钮，在左侧矩形位置输入文字（方正兰亭中粗黑_GBK），如图14.73所示。

13 以刚才同样的方法选中文字，将其斜切变形，如图14.74所示。

14 在红色矩形上添加相应文字信息并变形，如图14.75所示。

图14.73 输入文字　　图14.74 将文字斜切变形

图14.75 添加文字并变形

15 单击工具箱中的【贝塞尔工具】按钮，在文字左上角位置绘制一个三角形图形，设置其【填充】为黄色（R：253，G：206，B：14），【轮廓】为无，如图14.76所示。

16 以同样方法在三角形位置再次绘制两个三角形，将三个三角形组合成一个立体图形，如图14.77所示。

图14.76 绘制三角形　　图14.77 绘制立体图形

14.3.3 处理素材图像

1 选中立体图形，将其复制数份并适当缩放三角形大小，同时将其移至适当位置，如图14.78所示。

2 执行菜单栏中的【文件】|【导入】命令，导入“运动相机.png、相机.png”文件，在文字下方单击添加素材，如图14.79所示。

图14.78 复制并变换图形　　图14.79 导入素材

3 选中运动相机，单击工具箱中的【阴影工具】按钮，图像拖动为其添加阴影，在属性栏中将【阴影羽化】更改为2，如图14.80所示。

4 以同样的方法为相机添加阴影效果。

图14.80 添加阴影

5 单击工具箱中的【钢笔工具】按钮，在素材图像底部位置绘制两个大小不一的三角形图形，如图14.81所示。

图14.81 绘制图形

6 单击工具箱中的【文本工具】字按钮，在页面底部位置输入文字（方正兰亭黑_GBK），这样就完成了效果的制作，如图14.82所示。

图14.82 最终效果

14.4 旅行宣传页设计

本例讲解旅行宣传页设计。本例在制作过程中以突出的文字为主线，将漂亮的云朵背景与之结合，整个宣传效果相当不错，主题信息最终效果如图14.83所示。

图14.83 最终效果

本例主要学习【矩形工具】□、【交互式填充工具】◈、【椭圆形工具】○、【钢笔工具】✒、【动态模糊】命令的使用；掌握旅行宣传页设计方法。

视频文件： movie\14.4 旅行宣传页设计.avi

源文件： 源文件\第14章\旅行宣传页设计.cdr

操作步骤
CorelDRAW X8

14.4.1 制作主题背景

1 单击工具箱中的【矩形工具】□按钮，绘制一个【宽度】为130，【高度】为85的矩形，设置【轮廓】为无。

2 单击工具箱中的【交互式填充工具】按钮，再单击属性栏中的【渐变填充】及【椭圆形渐变填充】按钮，在矩形上从中心向外侧拖动填充蓝色（R：118，G：202，B：213）到蓝色（R：26，G：100，B：150）的渐变，如图14.84所示。

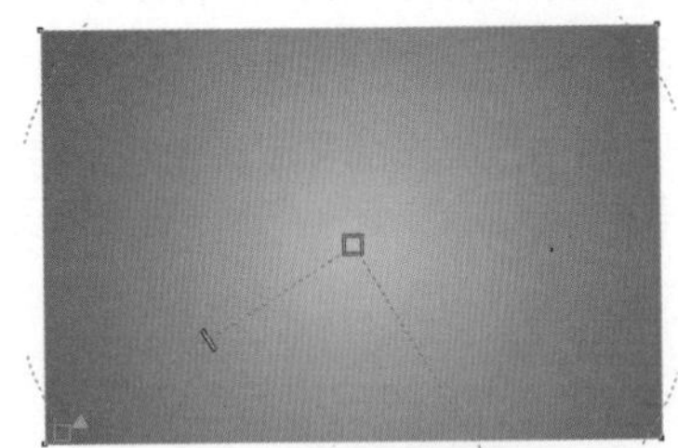

图14.84 填充渐变

3 执行菜单栏中的【文件】|【导入】命令，导入“地球.esp”文件，在矩形中间位置单击添加素材，如图14.85所示。

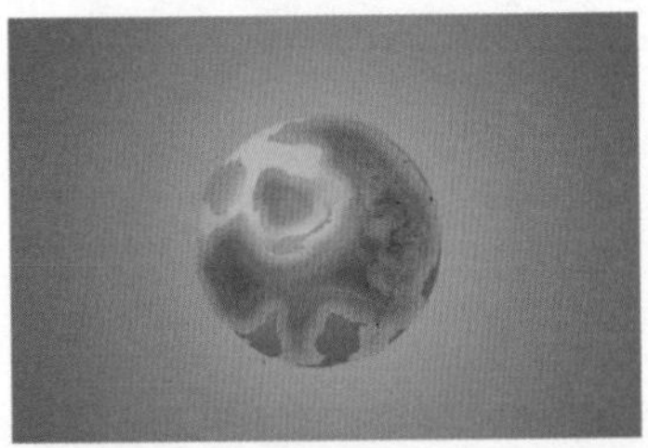

图14.85 导入素材

4 单击工具箱中的【椭圆形工具】○按钮，在地球图像底部绘制一个椭圆图形，设置其【填充】为黑色，【轮廓】为无，如图14.86所示。

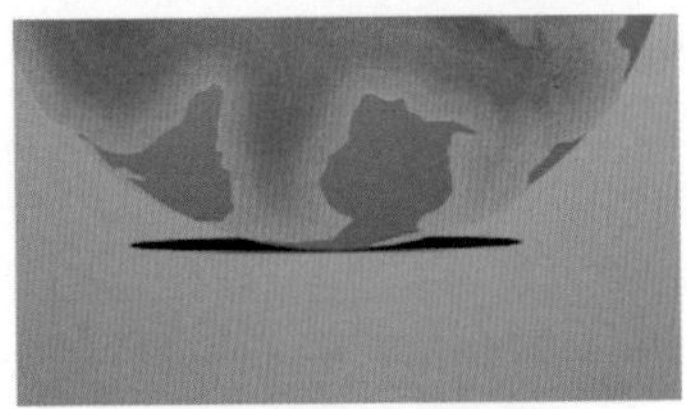

图14.86 绘制椭圆

5 选中绘制的椭圆，执行菜单栏中的【位图】|【转换为位图】命令，在弹出的对话框中分别选中【光滑处理】及【透明背景】复选框，完成之后单击【确定】按钮。

6 执行菜单栏中的【位图】|【模糊】|【高斯式模糊】命令，在弹出的对话框中将【半径】更改为4像素，完成之后单击【确定】按钮，效果如图14.87所示。

图14.87 添加高斯式模糊

7 执行菜单栏中的【位图】|【模糊】|【动态模糊】命令，在弹出的对话框中将【间距】更改为100像素，完成之后单击【确定】按钮，效果如图14.88所示。

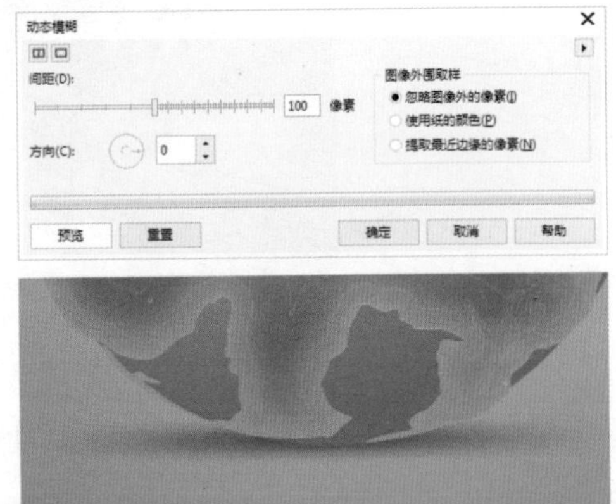

图14.88 设置动态模糊

14.4.2 制作主视觉图形

1 单击工具箱中的【钢笔工具】按钮，在地球位置绘制一个三角图形，设置其【填充】为无，【轮廓】为黄色（R：255，G：233，B：0），【轮廓宽度】为5，如图14.89所示。

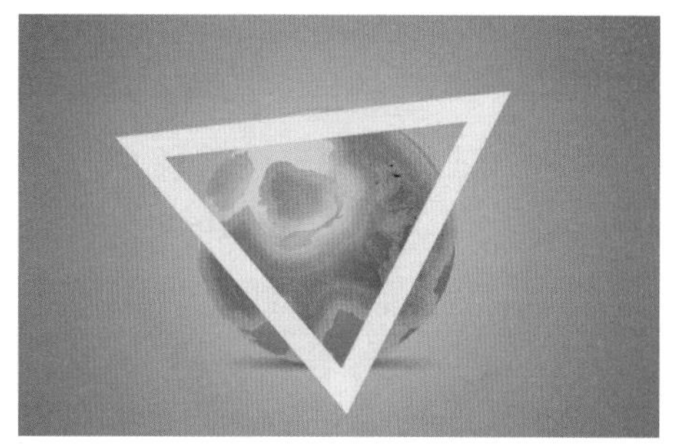

图14.89 绘制三角形

2 选中三角形，按Ctrl+C组合键复制，再按Ctrl+V组合键粘贴，如图14.90所示。

3 选中下方三角形，将【轮廓宽度】更改为6，【颜色】更改为蓝色（R：30，G：100，B：177），如图14.91所示。

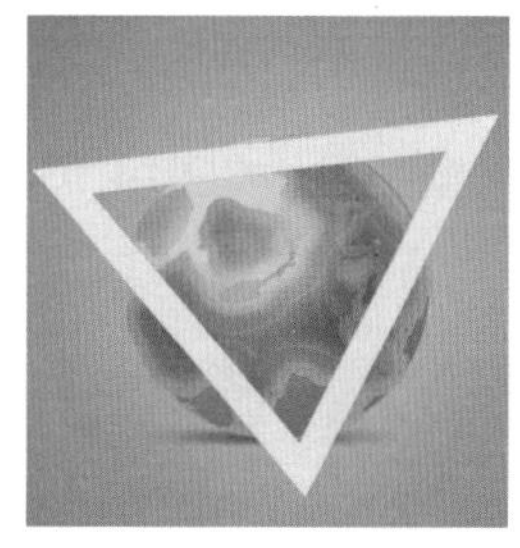

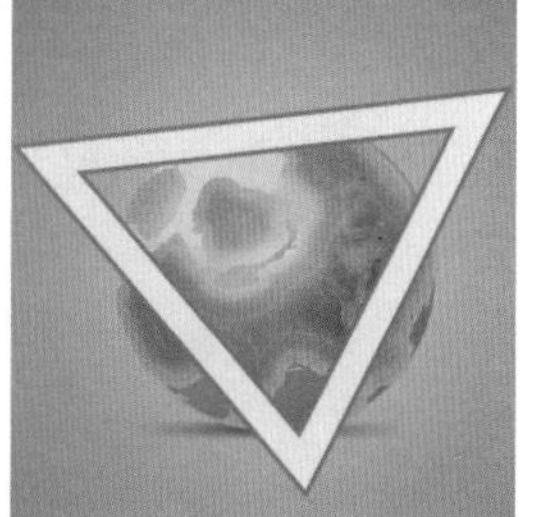

图14.90 复制图形　　图14.91 更改颜色

4 单击工具箱中的【钢笔工具】按钮，在三角形内部绘制一个不规则图形，设置其【填充】为蓝色（R：32，G：48，B：143），【轮廓】为无。以同样的方法分别在左右两侧再次绘制两个相似图形，如图14.92所示。

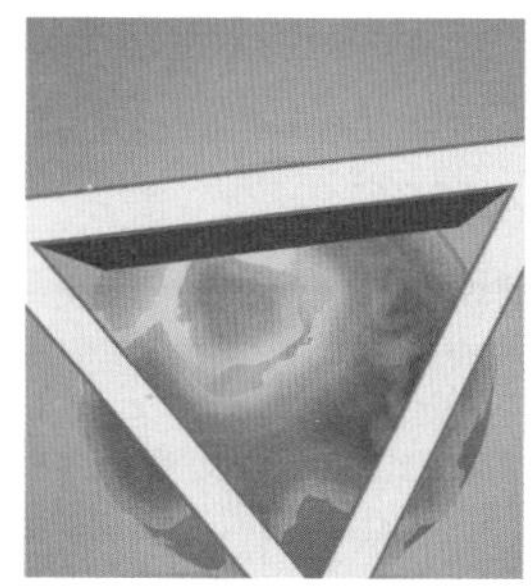

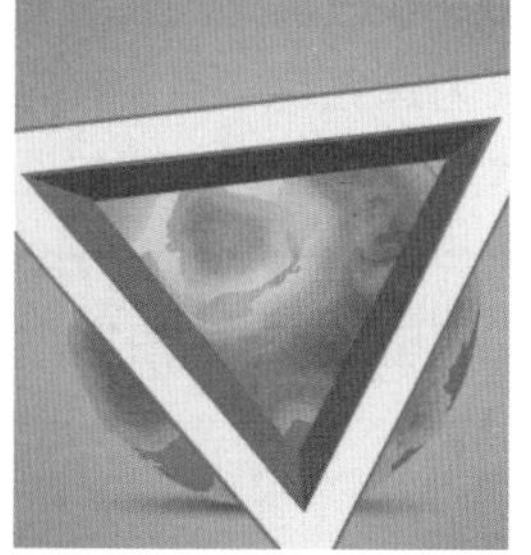

图14.92 绘制图形

5 单击工具箱中的【文本工具】字按钮，在三角形位置输入文字（MStiffHei PRC UltraBold），如图14.93所示。

6 在文字上单击鼠标右键，从弹出的快捷菜单中选择【转换为曲线】命令，单击工具箱中的【形状工具】按钮，拖动文字部分节点将其变形，如图14.94所示。

图14.93 添加文字　　图14.94 转换为曲线并变形

7 单击工具箱中的【钢笔工具】按钮，沿文字边缘绘制一个不规则图形，设置其【填充】为蓝色（R：32，G：48，B：143），【轮廓】为无，并在空缺的位置绘制数个小三角形，如图14.95所示。

图14.95 绘制图形

8 同时选中刚才绘制的几个图形，按Ctrl+G组合键将其编组，如图14.96所示。

9 选中图形，单击工具箱中的【阴影工具】按钮，在图形上拖动为其添加阴影，如图14.97所示。

图14.96 将图形编组　　图14.97 添加阴影

14.4.3 制作装饰元素

1 执行菜单栏中的【文件】|【导入】命令，导入“椰树.esp、飞机esp”文件，在文字右上角位置单击添加素材，如图14.98所示。

图14.98 导入素材

2 单击工具箱中的【2点线工具】按钮，在飞机尾部绘制一条线段，将【轮廓】设置为白色，【轮廓宽度】为细线，如图14.99所示。

3 单击工具箱中的【透明度工具】按钮，单击属性栏中图标，在线段上拖动将部分线段隐藏，如图14.100所示。

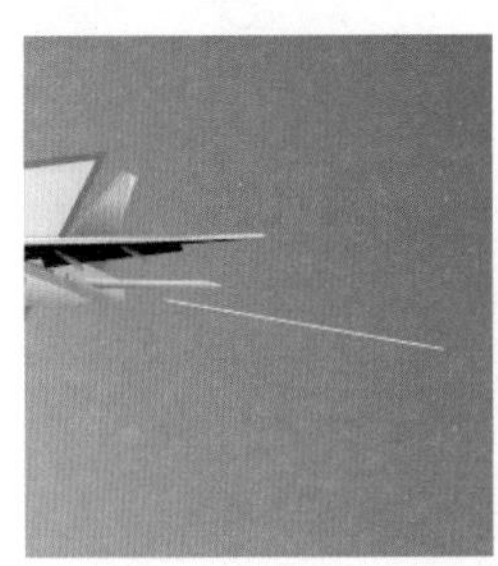

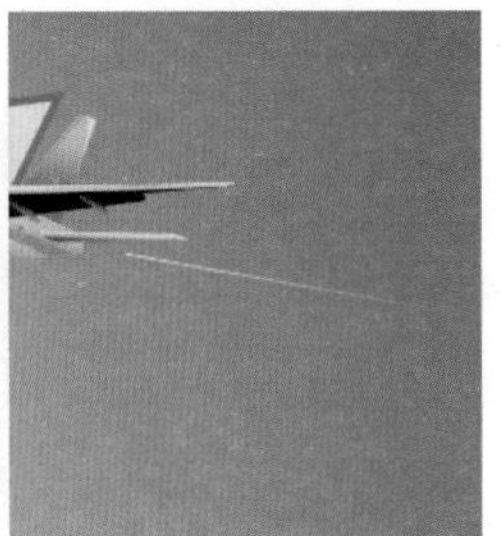

图14.99 绘制线段　　图14.100 隐藏线段

4 选中线段，将其复制2份，如图14.101所示。

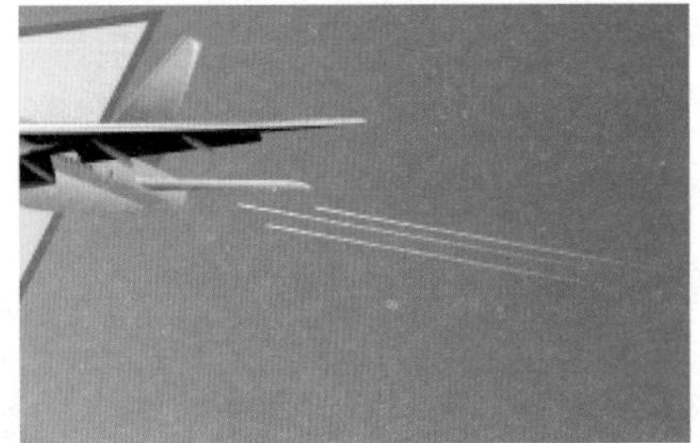

图14.101 复制线段

14.4.4 制作热气球

1 单击工具箱中的【钢笔工具】按钮，设置【填充】为红色（R：226，G：60，B：42），【轮廓】为无，绘制热气球图形，如图14.102所示。

2 以同样方法再绘制一个黄色（R：255，G：233，B：0）条纹图形，如图14.103所示。

图14.102 绘制热气球图形　图14.103 绘制条纹图形

3 将两个图形选中复制并水平镜像，以刚才同样的方法在热气球中间位置绘制条纹图形，如图14.104所示。

4 在热气球下方绘制吊篮图形，如图14.105所示。

图14.104 绘制图形　　图14.105 绘制吊篮

5 单击工具箱中的【2点线工具】按钮，在球身和吊篮之间绘制一条线段，将【轮廓】设置为深红色（R：184，G：39，B：22），【轮廓宽度】设置为0.2，如图14.106所示。

6 选中线段图形，复制两份并分别放在中间和右侧位置，如图14.107所示。

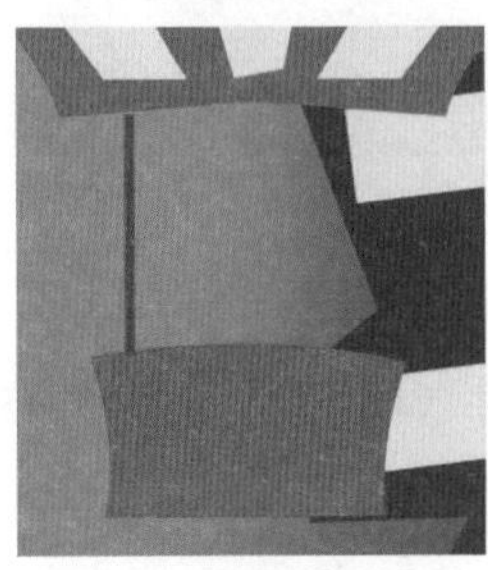

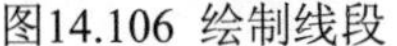

图14.106 绘制线段　　图14.107 复制线段

7 同时选中所有和热气球相关图形，将其等比缩小以适合文字比例，如图14.108所示。

8 选中热气球图形，按住Shift键同时再按住鼠标左键，向右侧拖动并按下鼠标右键，将图形复制并等比缩小，如图14.109所示。

图14.108 缩小图形　图14.109 复制并缩小图形

9 单击工具箱中的【贝塞尔工具】按钮，在文字左侧位置绘制一个云朵图形，将其【轮廓】设置为无。

10 单击工具箱中的【交互式填充工具】按钮，再单击属性栏中的【渐变填充】图标，在图形靠上半部分区域拖动填充白色到浅蓝色（R：135，G：207，B：230）的渐变，如图14.110所示。

11 选中云朵图形将其复制数份，将部分图形等比缩小，如图14.111所示。

图14.110 绘制图形　图14.111 复制并变换图形

12 执行菜单栏中的【文件】|【导入】命令，导入“汽车.cdr”文件，在页面左下角位置单击添加素材，如图14.112所示。

13 单击工具箱中的【文本工具】字按钮，在页面右下角位置输入文字（汉仪小康美术体简），如图14.113所示。

图14.112 导入素材　图14.113 添加文字

14 选中右下角文字，单击工具箱中的【阴影工具】按钮，在文字上拖动为其添加阴影，这样就完成了效果的制作，如图14.114所示。

图14.114 最终效果

14.5 制作西服促销季banner

实例解析

本例讲解制作西服促销季banner。此款banner的设计感很强，信息简洁明了，整个制作过程比较简单，最终效果如图14.115所示。

图14.115 最终效果

学习目标

本例主要学习【矩形工具】□、【添加透视】命令、【钢笔工具】、【置于图文框内部】命令的使用；掌握西服促销季banner设计方法。

云盘下载

视频文件： movie\14.5 制作西服促销季banner.avi

源文件： 源文件\第14章\制作西服促销季banner.cdr

操作步骤

14.5.1 制作背景

1 单击工具箱中的【矩形工具】□按钮，绘制一个矩形，设置其【填充】为红色（R：210，G：62，B：58），【轮廓】为无，如图14.116所示。

图14.116 绘制矩形

2 选中矩形，按Ctrl+C组合键复制，按Ctrl+V组合键粘贴，将粘贴的矩形【填充】更改为浅红色（R：255，G：242，B：242），再将图形宽度等比缩小，如图14.117所示。

3 选中圆角矩形，执行菜单栏中的【效果】|【添加透视】命令，按住Ctrl+Shift组合键将矩形透视变形，如图14.118所示。

4 单击工具箱中的【钢笔工具】按钮，在矩形左侧绘制一个不规则图形，设置【填充】为浅红色（R：217，G：72，B：67），【轮廓】为无，如图14.119所示。

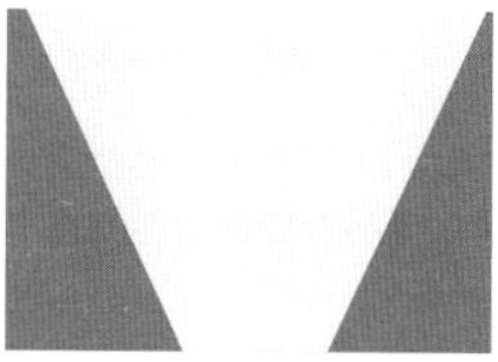

图14.117 复制并粘贴图形　图14.118 将矩形变形

5 选中图形，向右下角方向移动复制，将其【填充】更改为浅红色（R：230，G：85，B：80），如图14.120所示。

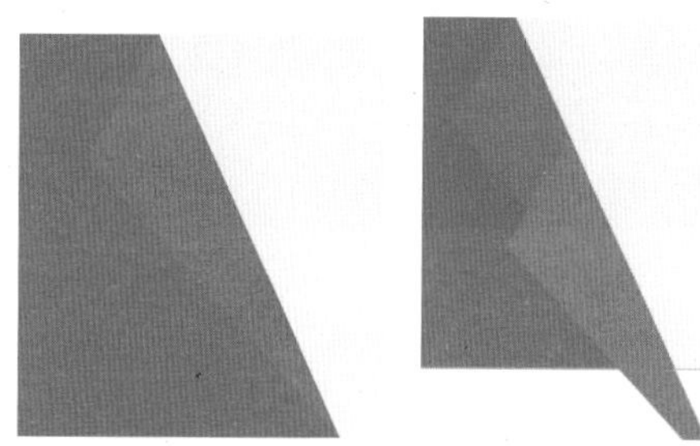

图14.119 绘制图形　图14.120 复制图形

6 同时选中两个图形向右侧平移复制，单击属性栏中的【水平镜像】按钮，将其水平镜像，如图14.121所示。

7 同时选中4个图形，执行菜单栏中的【对象】|【PowerClip】|【置于图文框内部】命令，将图形放置到矩形内部，如图14.122所示。

图14.121 复制图形　图14.122 置于图文框内部

14.5.2 处理信息

1 单击工具箱中的【文本工具】字按钮，输入文字（Square721 Cn BT、方正兰亭超细黑简体、方正兰亭细黑_GBK），如图14.123所示。

2 单击工具箱中的【钢笔工具】按钮，在文字左侧绘制一条折线，设置其【填充】为无，【轮廓】为黑色，【轮廓宽度】为细线，如图14.124所示。

图14.123 输入文字

3 选中线段向右侧平移复制，单击属性栏中的【水平镜像】按钮，将其水平镜像，如图14.125所示。

图14.124 绘制折线　图14.125 复制线段

4 单击工具箱中的【矩形工具】□按钮，在文字下方绘制一个矩形，设置其【填充】为红色（R：210，G：62，B：58），【轮廓】为无，如图14.126所示。

图14.126 绘制矩形

5 单击工具箱中的【文本工具】字按钮，在矩形位置输入文字（Square721 Cn BT、方正兰亭细黑_GBK），这样就完成了效果的制作，如图14.127所示。

图14.127 最终效果

14.6 DJ音乐汇Banner设计

实例解析 CorelDRAW X8

本例讲DJ音乐汇Banner设计。本例以DJ图像元素为视觉焦点，与多边形图形相结合，将整个音乐元素完美体现，最终效果如图14.128所示。

图14.128 最终效果

学习目标 CorelDRAW X8

本例主要学习【矩形工具】□、【交互式填充工具】、【置于图文框内部】、【合并】、【转换为位图】命令的使用；掌握DJ音乐汇banner设计方法。

视频文件：movie\14.6 DJ音乐汇Banner设计.avi

源文件：源文件\第14章\DJ音乐汇Banner设计.cdr

14.6.1 制作碎块化图像

1 单击工具箱中的【矩形工具】□按钮，绘制一个矩形，设置其【轮廓】为无。

2 单击工具箱中的【交互式填充工具】按钮，再单击属性栏中的【渐变填充】按钮，在图形上拖动填充深青色（R：6，G：63，B：80）到深蓝色（R：2，G：43，B：63）的线性渐变，如图14.129所示。

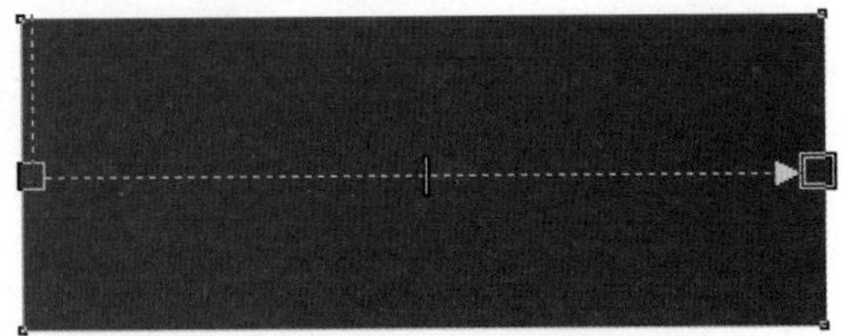

图14.129 填充渐变

3 单击工具箱中的【钢笔工具】按钮，绘制一个不规则图形，设置其【填充】为白色，【轮廓】为无，如图14.130所示。

图14.130 绘制图形

4 以同样方法在三角形左右两侧绘制两个相似图形，如图14.131所示。

5 执行菜单栏中的【文件】|【导入】命令，导入“图片.jpg、图片2.jpg、图片3.jpg”文件，在图形旁边位置单击导入素材，如图14.132所示。

图14.131 复制图形　　图14.132 导入素材

6 选中最大图片，执行菜单栏中的【对象】|【PowerClip】|【置于图文框内部】命令，将图形放置到中间三角形内部。

7 以同样的方法分别选中其他两个图片，分别将其置于左右两个三角形内部，如图14.133所示。

图14.133 置于图文框内部

8 单击工具箱中的【钢笔工具】按钮，在图像位置绘制一条折线，设置其【填充】为无，【轮廓】为白色，【轮廓宽度】为0.5，如图14.134所示。

9 选中折线，执行菜单栏中的【对象】|【PowerClip】|【置于图文框内部】命令，将图形放置到下方矩形内部。

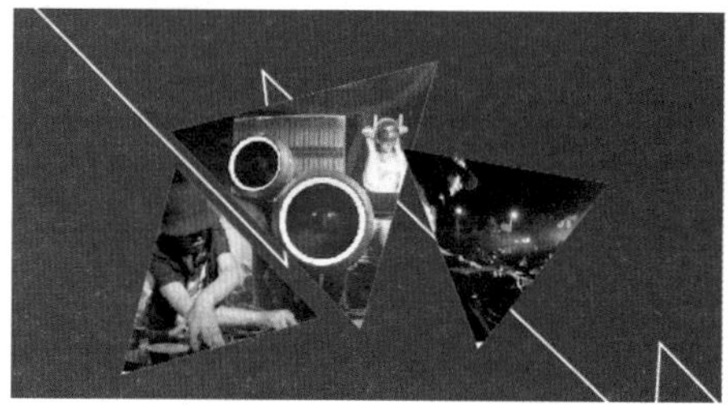

图14.134 绘制折线

10 单击工具箱中的【钢笔工具】按钮，在图像适当位置再次绘制一个白色三角形，如图14.135所示。

11 单击工具箱中的【2点线工具】按钮，在三角形一条边缘绘制一条线段，设置其【填充】为，【轮廓】为蓝色（R：50，G：102，B：153），【轮廓宽度】为1，如图14.136所示。

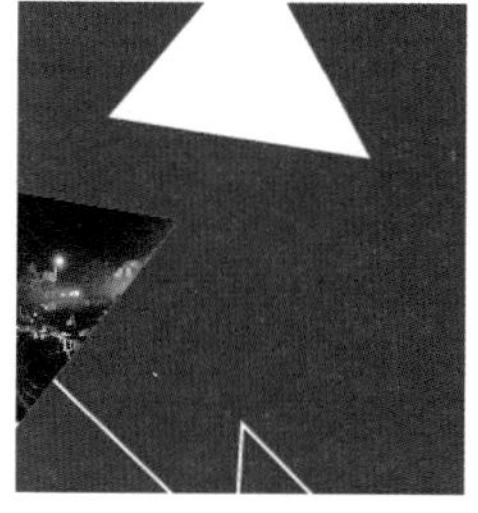

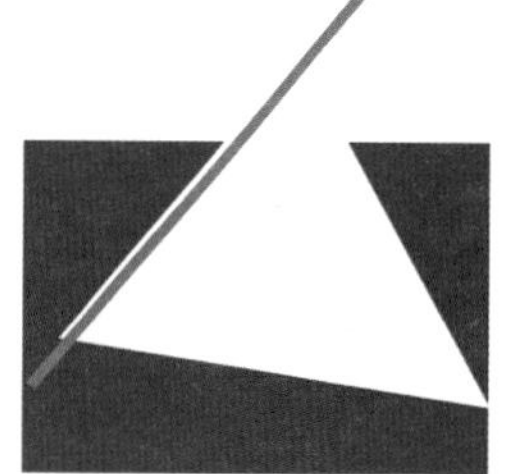

图14.135 绘制三角形　　图14.136 绘制线段

14.6.2 绘制条纹装饰图像

1 选中线段将其复制多份，如图14.137所示。

2 选中线段，单击属性栏中的【合并】按钮，将图形合并，执行菜单栏中的【对象】|【PowerClip】|【置于图文框内部】命令，将图形放置到三角形内部，如图14.138所示。

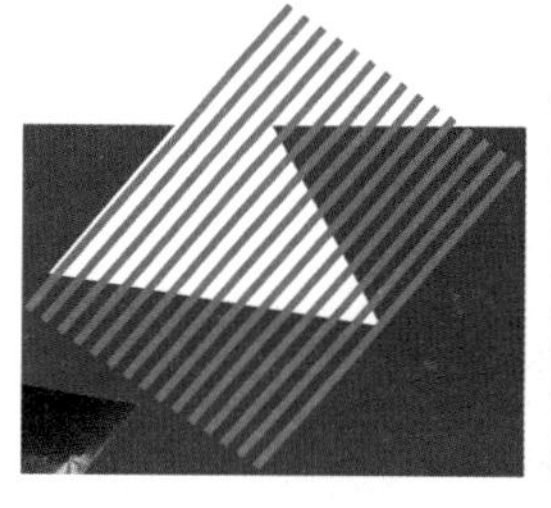

图14.137 复制线段　　图14.138 置于图文框内部

3 选中三角形，将【填充】更改为无，再将其复制一份并移至右下角位置，如图14.139所示。

4 同时选中两个三角形，单击属性栏中的【合并】按钮，将图形合并，执行菜单栏中的【对象】|【PowerClip】|【置于图文框内部】命令，将图形放置到下方矩形内部，如图14.140所示。

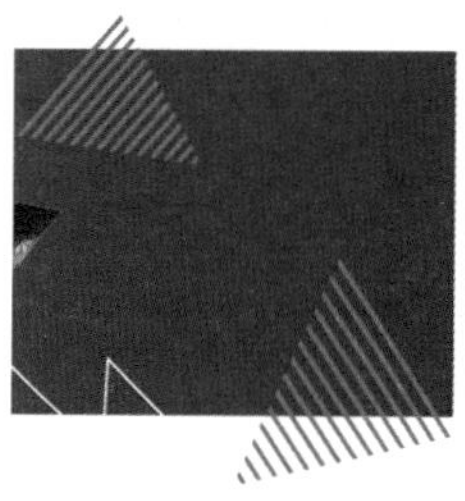

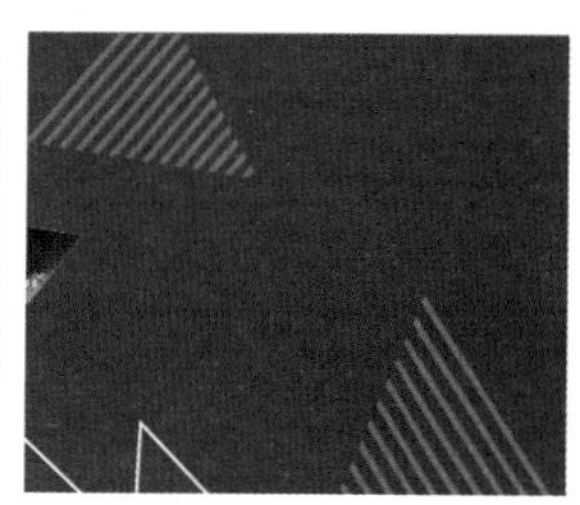

图14.139 复制三角形　　图14.140 复制图形

5 单击工具箱中的【钢笔工具】按钮，在图像适当位置绘制一个三角形，设置其【填充】为青色（R：0，G：255，B：255），【轮廓】为无，如图14.141所示。

6 单击工具箱中的【椭圆形工具】○按钮，在适当位置按住Ctrl键绘制一个正圆，设置其【填充】为浅青色（R：168，G：255，B：255），【轮廓】为无，如图14.142所示。

图14.141 绘制三角形　　图14.142 绘制正圆

7 以同样的方法在Banner其他位置绘制数个三角形和圆制作装饰图形，如图14.143所示。

图14.143 绘制装饰图形

14.6.3 渲染图像

1 单击工具箱中的【文本工具】**字**按钮，在Banner靠右侧位置输入文字（方正兰亭黑_GBK），如图14.144所示。

图14.144 输入文字

2 单击工具箱中的【椭圆形工具】○按钮，在适当的位置按住Ctrl键绘制一个正圆，设置其【填充】为青色（R：0，G：255，B：255），【轮廓】为无，如图14.145所示。

3 执行菜单栏中的【位图】|【转换为位图】命令，在弹出的对话框中分别选中【光滑处理】及【透明背景】复选框，完成之后单击【确定】按钮。

4 执行菜单栏中的【位图】|【模糊】|【高斯式模糊】命令，在弹出的对话框中将【半径】更改为10像素，完成之后单击【确定】按钮，如图14.146所示。

图14.145 绘制正圆　　图14.146 添加高斯式模式

5 将模糊图像复制数份并分别放置在适当位置，这样就完成了效果的制作，如图14.147所示。

图14.147 最终效果

附录　色彩对照表

清新的 纯真的

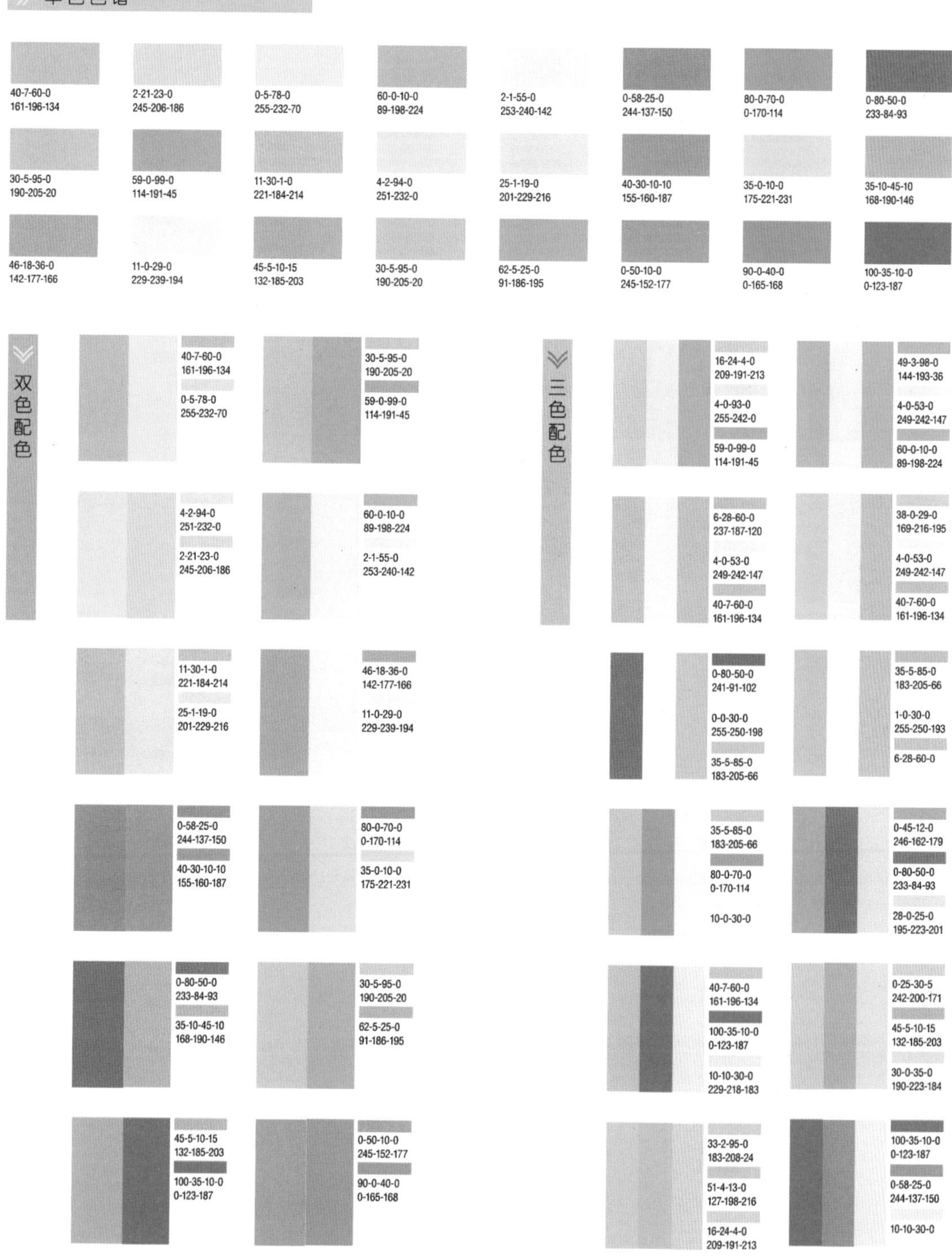

新鲜的 清朗的

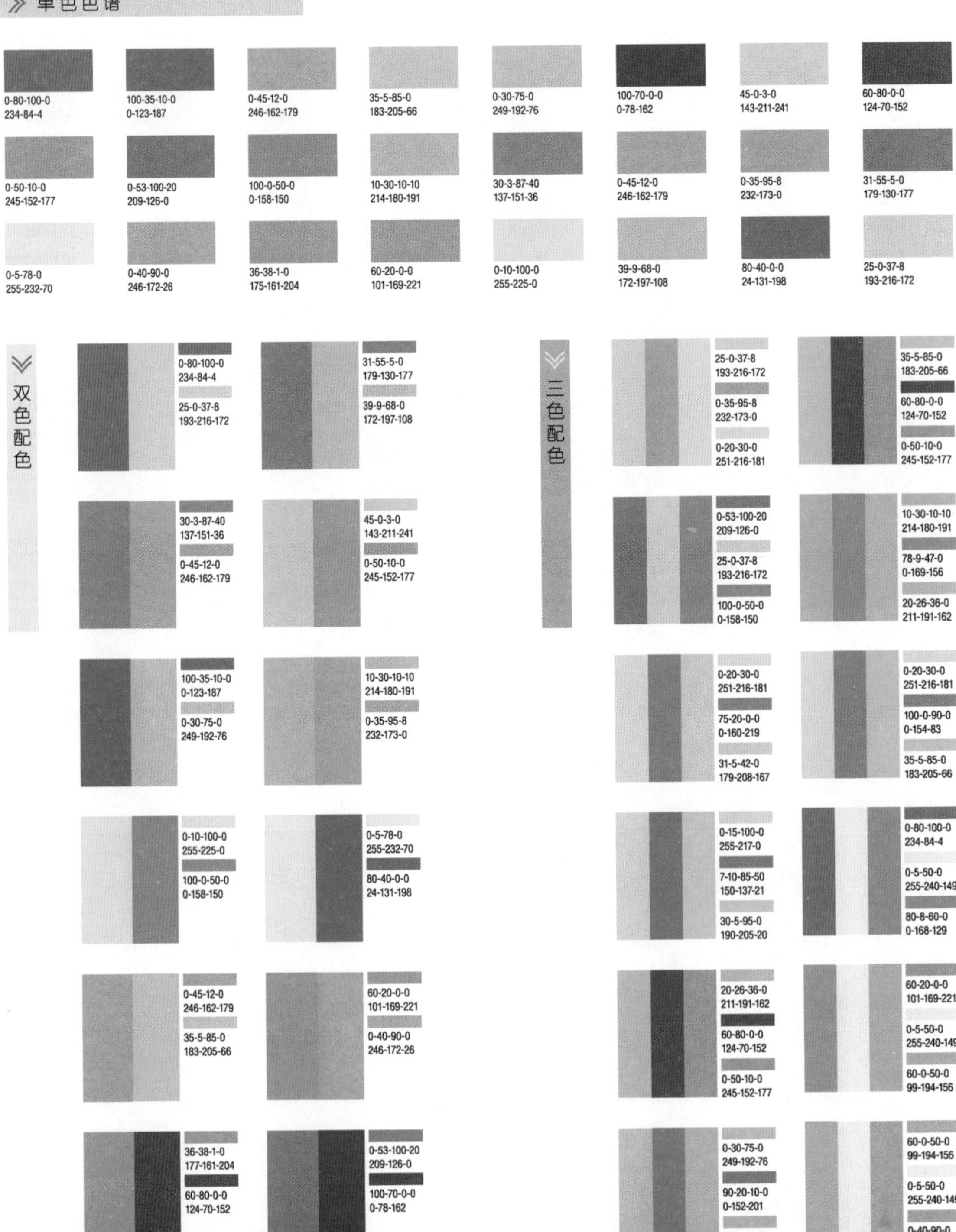

单色色谱
0-80-100-0
234-84-4
100-35-10-0
0-123-187
0-45-12-0
246-162-179
35-5-85-0
183-205-66
0-30-75-0
249-192-76
100-70-0-0
0-78-162
45-0-3-0
143-211-241
60-80-0-0
124-70-152
0-50-10-0
245-152-177
0-53-100-20
209-126-0
100-0-50-0
0-158-150
10-30-10-10
214-180-191
30-3-87-40
137-151-36
0-45-12-0
246-162-179
0-35-95-8
232-173-0
31-55-5-0
179-130-177
0-5-78-0
255-232-70
0-40-90-0
246-172-26
36-38-1-0
175-161-204
60-20-0-0
101-169-221
0-10-100-0
255-225-0
39-9-68-0
172-197-108
80-40-0-0
24-131-198
25-0-37-8
193-216-172
双色配色
0-80-100-0
234-84-4
25-0-37-8
193-216-172
31-55-5-0
179-130-177
39-9-68-0
172-197-108
30-3-87-40
137-151-36
0-45-12-0
246-162-179
45-0-3-0
143-211-241
0-50-10-0
245-152-177
100-35-10-0
0-123-187
0-30-75-0
249-192-76
10-30-10-10
214-180-191
0-35-95-8
232-173-0
0-10-100-0
255-225-0
100-0-50-0
0-158-150
0-5-78-0
255-232-70
80-40-0-0
24-131-198
0-45-12-0
246-162-179
35-5-85-0
183-205-66
60-20-0-0
101-169-221
0-40-90-0
246-172-26
36-38-1-0
177-161-204
60-80-0-0
124-70-152
0-53-100-20
209-126-0
100-70-0-0
0-78-162
三色配色
25-0-37-8
193-216-172
0-35-95-8
232-173-0
0-20-30-0
251-216-181
35-5-85-0
183-205-66
60-80-0-0
124-70-152
0-50-10-0
245-152-177
0-53-100-20
209-126-0
25-0-37-8
193-216-172
100-0-50-0
0-158-150
10-30-10-10
214-180-191
78-9-47-0
0-169-156
20-26-36-0
211-191-162
0-20-30-0
251-216-181
75-20-0-0
0-160-219
31-5-42-0
179-208-167
0-20-30-0
251-216-181
100-0-90-0
0-154-83
35-5-85-0
183-205-66
0-15-100-0
255-217-0
7-10-85-50
150-137-21
30-5-95-0
190-205-20
0-80-100-0
234-84-4
0-5-50-0
255-240-149
80-8-60-0
0-168-129
20-26-36-0
211-191-162
60-80-0-0
124-70-152
0-50-10-0
245-152-177
60-20-0-0
101-169-221
0-5-50-0
255-240-149
60-0-50-0
99-194-156
0-30-75-0
249-192-76
90-20-10-0
0-152-201
60-0-10-0
89-198-224
60-0-50-0
99-194-156
0-5-50-0
255-240-149
0-40-90-0
246-172-26

奢华的 圆润的

秋 Autumn

单色色谱

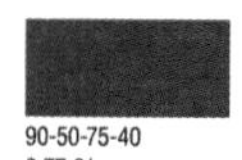
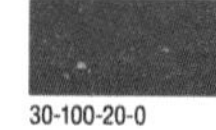

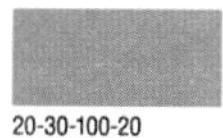
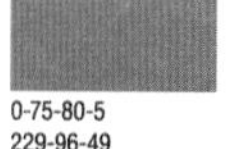

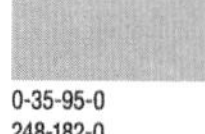

- 90-50-75-40 0-77-61
- 30-100-20-0 182-1-113
- 0-15-100-0 255-217-0
- 30-5-13-25 155-181-185
- 20-30-100-20 185-154-0
- 0-75-80-5 229-96-49
- 50-90-20-50 92-20-77
- 0-35-95-0 248-182-0

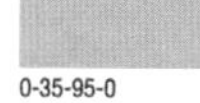
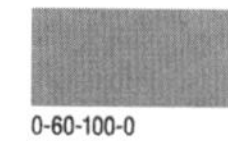
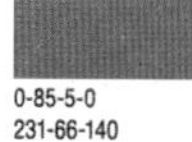

- 0-35-95-18 218-160-0
- 0-25-55-0 253-197-129
- 10-50-55-60 121-77-54
- 90-70-0-0 29-80-162
- 0-35-95-0 248-182-0
- 40-70-15-0 167-98-148
- 0-60-100-0 240-130-0
- 0-85-5-0 231-66-140

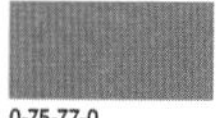

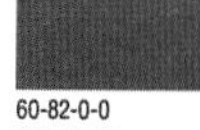

- 0-75-77-0 235-97-56
- 20-30-100-20 185-154-0
- 0-30-10-0 247-191-206
- 20-75-83-10 191-87-48
- 30-0-50-5 186-207-147
- 0-70-70-0 237-110-70
- 100-50-0-50 0-64-113
- 60-82-0-0 125-66-150

双色配色

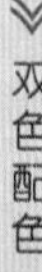
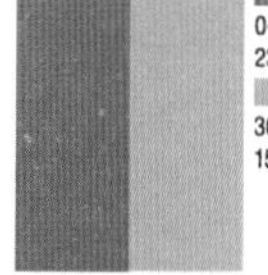

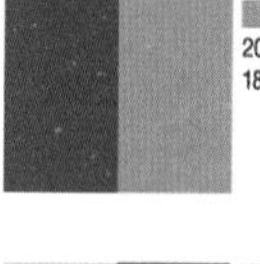

- 0-85-5-0 231-66-140 / 30-5-13-25 155-181-185
- 30-100-20-0 182-1-113 / 20-30-100-20 185-154-0
- 20-75-83-10 191-87-48 / 0-35-95-0 248-182-0
- 0-30-10-0 247-191-206 / 60-82-0-0 125-66-150

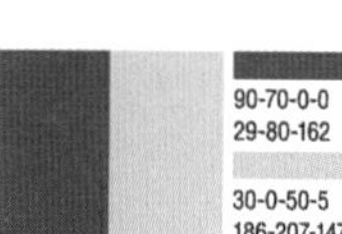
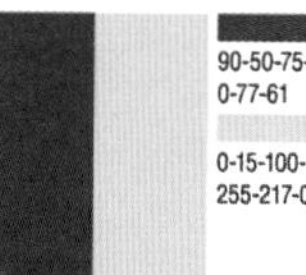

- 90-70-0-0 29-80-162 / 30-0-50-5 186-207-147
- 90-50-75-40 0-77-61 / 0-15-100-0 255-217-0

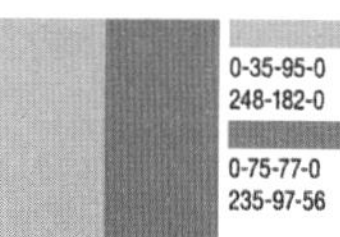

- 0-35-95-0 248-182-0 / 0-75-77-0 235-97-56
- 40-70-15-0 167-98-148 / 0-35-95-18 218-160-0

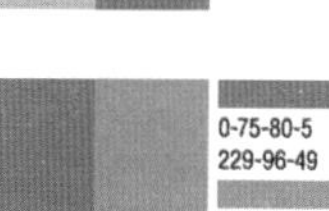
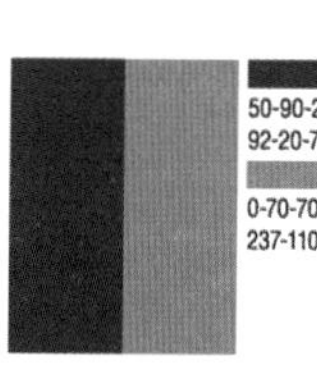

- 0-75-80-5 229-96-49 / 20-30-100-20 185-154-0
- 50-90-20-50 92-20-77 / 0-70-70-0 237-110-70

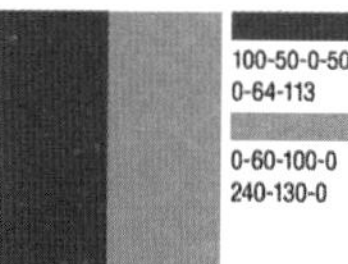
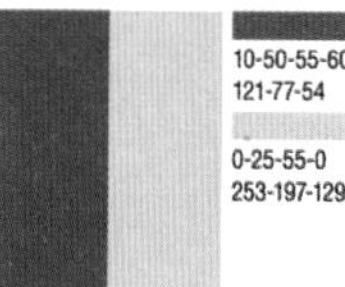

- 100-50-0-50 0-64-113 / 0-60-100-0 240-130-0
- 10-50-55-60 121-77-54 / 0-25-55-0 253-197-129

三色配色

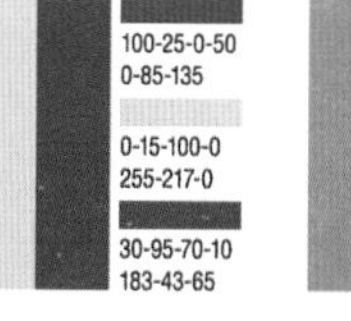
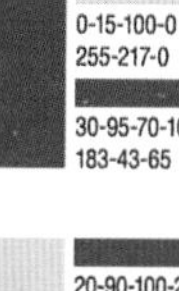

- 100-25-0-50 0-85-135 / 0-15-100-0 255-217-0 / 30-95-70-10 183-43-65
- 20-30-100-20 185-154-0 / 30-95-70-10 183-43-65 / 0-35-95-0 248-182-0

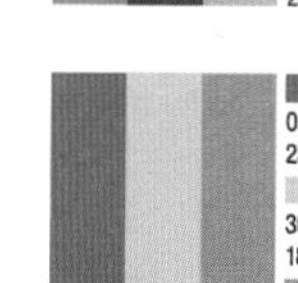
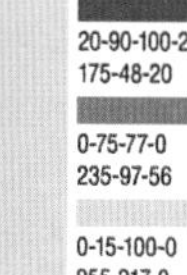
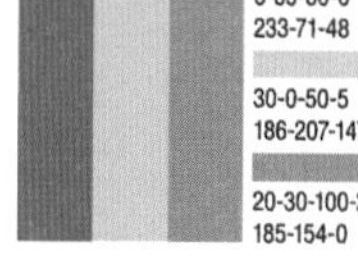

- 20-90-100-20 175-48-20 / 0-75-77-0 235-97-56 / 0-15-100-0 255-217-0
- 0-85-80-0 233-71-48 / 30-0-50-5 186-207-147 / 20-30-100-20 185-154-0

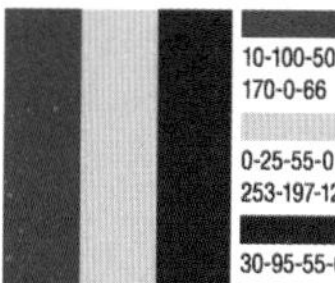
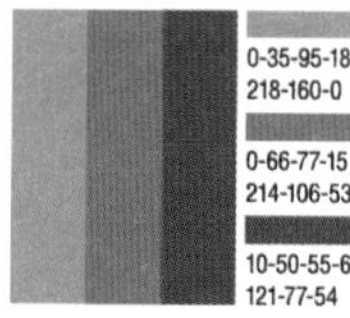

- 10-100-50-30 170-0-66 / 0-25-55-0 253-197-129 / 30-95-55-60 99-0-37
- 0-35-95-18 218-160-0 / 0-66-77-15 214-106-53 / 10-50-55-60 121-77-54

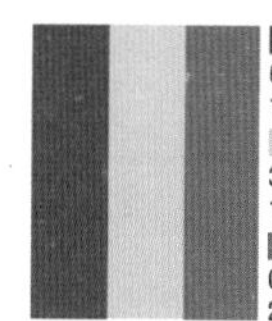
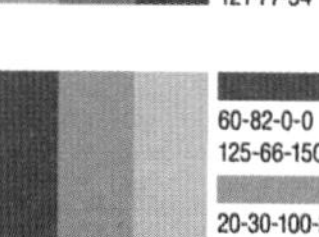
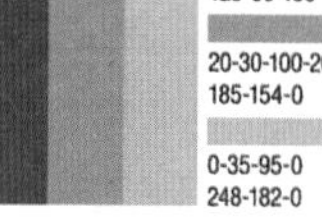

- 60-82-0-0 125-66-150 / 30-0-50-5 186-207-147 / 0-85-80-0 233-71-48
- 60-82-0-0 125-66-150 / 20-30-100-20 185-154-0 / 0-35-95-0 248-182-0

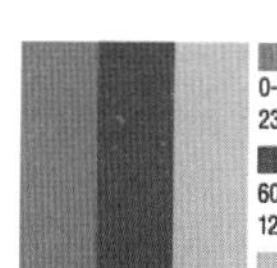
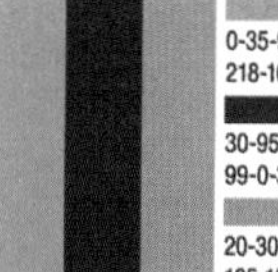
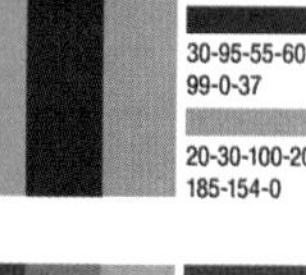

- 0-75-77-0 235-97-56 / 60-82-0-0 125-66-150 / 0-35-95-0 248-182-0
- 0-35-95-18 218-160-0 / 30-95-55-60 99-0-37 / 20-30-100-20 185-154-0

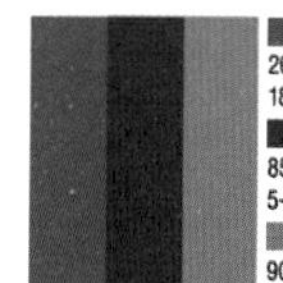
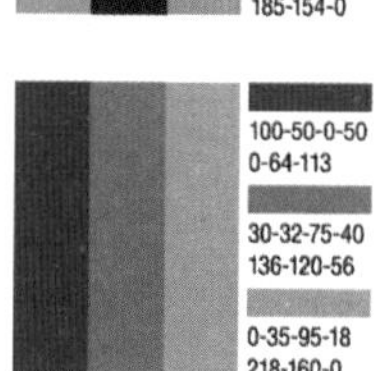

- 20-100-100-0 180-106-7 / 85-60-10-60 5-46-90 / 90-18-40-10 0-140-146
- 100-50-0-50 0-64-113 / 30-32-75-40 136-120-56 / 0-35-95-18 218-160-0

坚强的 稳重的

冬 Winter

单色色谱

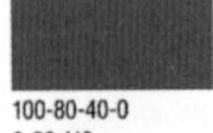

100-80-40-0 0-68-113	80-100-0-0 84-27-134	10-25-60-30 182-155-90	25-0-30-50 124-143-122	30-45-50-70 78-60-50	85-5-30-5 0-160-178	35-10-45-10 168-190-146	10-10-10-80 81-77-77
70-70-20-97 2-0-11	20-40-80-0 211-162-67	80-60-20-0 63-99-152	40-30-10-10 155-160-187	70-90-0-30 82-33-116	8-5-5-60 128-128-129	100-50-0-50 0-64-113	60-20-0-0 101-169-221
90-80-0-30 33-48-123	10-20-30-10 217-196-169	30-0-0-0 186-224-249	90-65-20-40 4-61-107	75-20-0-0 0-160-219	15-30-40-0 216-186-151	45-45-0-20 133-116-164	35-17-40-20 155-168-141

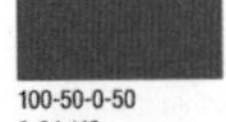
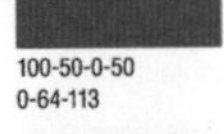

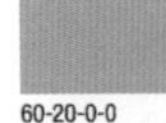

双色配色

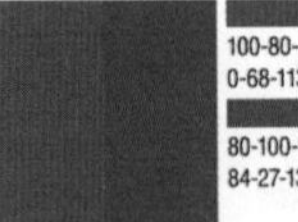

100-80-40-0
0-68-113
80-100-0-0
84-27-134

10-20-30-10
217-196-169
70-70-20-97
2-0-11

100-50-0-50
0-64-113
75-20-0-0
0-160-219

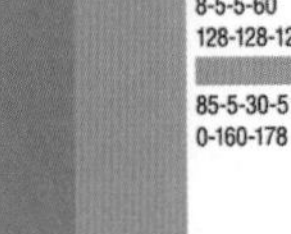

8-5-5-60
128-128-129
85-5-30-5
0-160-178

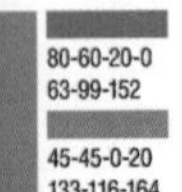

80-60-20-0
63-99-152
45-45-0-20
133-116-164

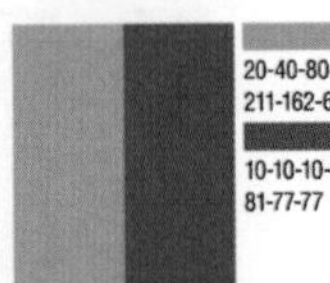

20-40-80-0
211-162-67
10-10-10-80
81-77-77

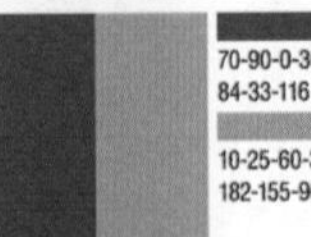

70-90-0-30
84-33-116
10-25-60-30
182-155-90

40-30-10-10
155-160-187
15-30-40-0
216-186-151

30-45-50-70
78-60-50
90-65-20-40
4-61-107

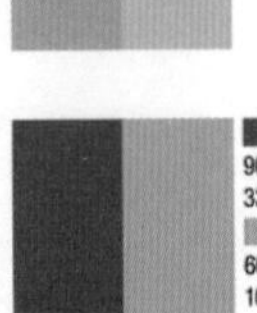

90-80-0-30
33-48-123
60-20-0-0
101-169-221

25-0-30-50
124-143-122
30-0-0-0
186-224-249

35-17-40-20
155-168-141
35-10-45-10
168-190-146

三色配色

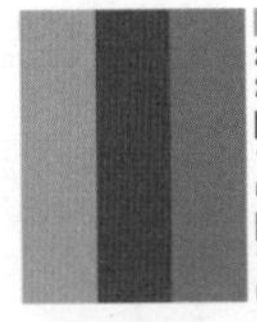

20-40-80-0
211-162-67
100-50-0-50
0-64-113
100-40-20-0
0-124-170

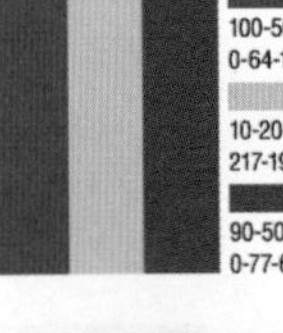

100-50-0-50
0-64-113
10-20-30-10
217-196-169
90-50-75-40
0-77-61

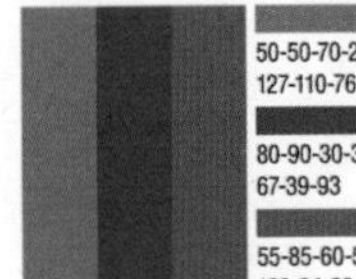

50-50-70-20
127-110-76
80-90-30-30
67-39-93
55-85-60-5
132-64-82

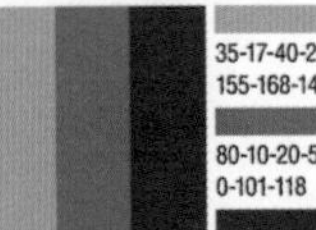
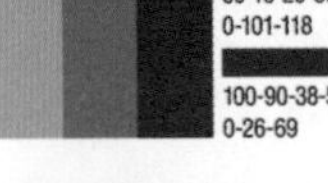

35-17-40-20
155-168-141
80-10-20-50
0-101-118
100-90-38-50
0-26-69

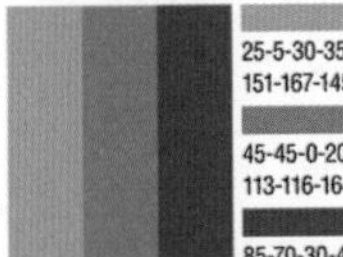

25-5-30-35
151-167-145
45-45-0-20
113-116-164
85-70-30-40
35-59-92

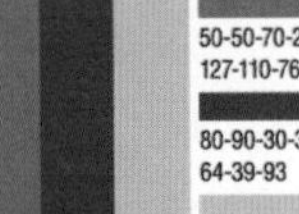

50-50-70-20
127-110-76
80-90-30-30
64-39-93
10-20-30-10
217-196-169

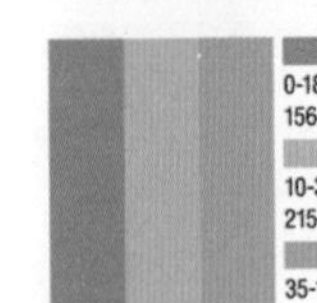

0-18-35-50
156-136-108
10-30-30-10
215-178-160
35-17-40-20
155-168-141

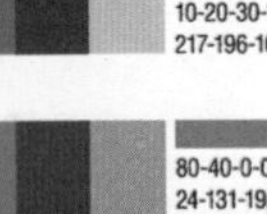

80-40-0-0
24-131-198
85-70-30-40
35-59-92
10-25-60-30
182-155-90

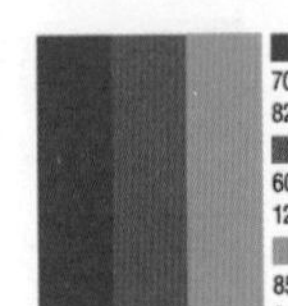

70-90-0-30
82-33-116
60-82-0-0
125-66-150
85-5-30-5
0-160-178

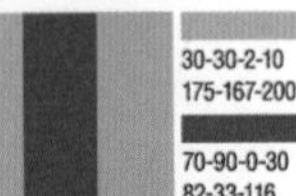

30-30-2-10
175-167-200
70-90-0-30
82-33-116
60-20-0-0
101-169-221

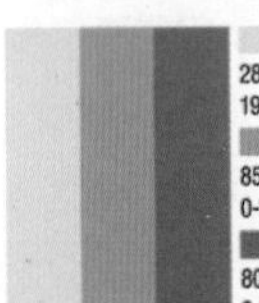

28-0-25-0
195-223-201
85-5-30-5
0-160-178
80-10-20-50
0-101-118

25-0-30-50
124-143-122
25-0-37-8
193-216-172
0-18-35-50
156-136-108